Educação, Ambiente, Corpo & Decolonialidade

COLEÇÃO
CULTURAS
DIREITOS HUMANOS
E DIVERSIDADES
NA EDUCAÇÃO
EM CIÊNCIAS

Débora Santos de Andrade Dutra
Bruno A. P. Monteiro
Hiata Anderson Silva do Nascimento
María Angélica Mejía-Cáceres
Celso Sánchez
Suzani Cassiani

ORGANIZADORES

Educação, Ambiente, Corpo & Decolonialidade

Editora Livraria da Física
São Paulo | 2023

Copyright © 2023 Débora Santos de Andrade Dutra, Bruno A. P. Monteiro, Hiata Anderson Silva do Nascimento, María Angélica Mejía-Cáceres, Celso Sánchez, Suzani Cassiani.

Editor: José Roberto Marinho
Editoração Eletrônica: Horizon Soluções Editoriais
Capa: Horizon Soluções Editoriais
Revisão: Horizon Soluções Editoriais

Texto em conformidade com as novas regras ortográficas do Acordo da Língua Portuguesa.

Dados Internacionais de Catalogação na Publicação (CIP)
(Câmara Brasileira do Livro, SP, Brasil)

Educação, ambiente, corpo e decolonialidade / organizadores Débora Santos de Andrade Dutra...[et al.]. – 1. ed. – São Paulo: Livraria da Física, 2023. – (Culturas, direitos humanos e diversidades na educação em ciência)

Outros organizadores: Bruno A. P. Monteiro, Hiata Anderson Silva do Nascimento, María Angélica Mejía-Cáceres, Celso Sánchez, Suzani Cassiani.
Bibliografia.
ISBN 978-65-5563-325-2
DOI: 10.29327/5220270

1. Ciências - Estudo e ensino 2. Decolonialidade 3. Educação ambiental 4. Educação em ciências 5. Educação - Aspectos sociais - Brasil 6. Ensino - Finalidade e objetivos 7. Práticas educativas I. Dutra, Débora Santos de Andrade. II. A. P. Monteiro, Bruno. III. Anderson Silva do Nascimento, Hiata. IV. Mejía-Cáceres, María Angélica. V. Sánchez, Celso. VI. Cassiani, Suzani. VII. Série.

23-151288   CDD–507

Índices para catálogo sistemático:

1. Ciências: Estudo e ensino   507

Henrique Ribeiro Soares – Bibliotecário – CRB-8/9314

ISBN: 978-65-5563-325-2

Todos os direitos reservados. Nenhuma parte desta obra poderá ser reproduzida sejam quais forem os meios empregados sem a permissão dos organizadores. Aos infratores aplicam-se as sanções previstas nos artigos 102, 104, 106 e 107 da Lei n. 9.610, de 19 de fevereiro de 1998.

Impresso no Brasil • *Printed in Brazil*

Editora Livraria da Física
Fone/Fax: +55 (11) 3459-4327 / 3936-3413
www.livrariadafisica.com.br

COLEÇÃO "CULTURAS, DIREITOS HUMANOS E DIVERSIDADES NA EDUCAÇÃO EM CIÊNCIAS"

A ELABORAÇÃO da coleção "Culturas, Direitos Humanos e Diversidades na Educação em Ciências" está inserida em um cenário de política educacional nacional que valoriza a formação de professores a partir de valores sociais pertinentes aos Direitos Humanos. Esse entendimento se fortaleceu no Brasil como política de Estado a partir da constituição de 1988 e, posteriormente, a partir da construção dos Programas Nacionais de Direitos Humanos – PNDH (Brasil, 2003) e do Plano Nacional de Educação em Direitos Humanos – PNEDH (Brasil, 2006), nos quais a Educação em Direitos Humanos é compreendida como um processo que articula três dimensões: a) conhecimentos e habilidades: compreender os direitos humanos e os mecanismos existentes para a sua proteção, assim como incentivar o exercício de habilidades na vida cotidiana; b) valores, atitudes e comportamentos: desenvolver valores e fortalecer atitudes e comportamentos que respeitem os direitos humanos; c) ações: desencadear atividades para a promoção, defesa e reparação das violações aos direitos humanos. Em 2012, o Conselho Nacional de Educação aprovou as Diretrizes Nacionais para a Educação em Direitos Humanos (Brasil, 2012), reforçando em seu artigo 40 que a Educação em Direitos Humanos possui como base a afirmação de valores, atitudes e práticas sociais que expressem a cultura dos direitos humanos em todos os espaços da sociedade e a formação de uma consciência cidadã capaz de se fazer presente nos níveis cognitivo, social, cultural e político.

Por fim, destacamos que em 2015, as Diretrizes Curriculares Nacionais para a Formação Inicial e Continuada dos profissionais do Magistério da Educação Básica (Brasil, 2015) reafirmaram o compromisso dos professores da Educação Básica e Superior com a Educação em Direitos Humanos, considerando-a como uma "necessidade estratégica na formação dos profissionais do magistério e na ação educativa em consonância com as Diretrizes Nacionais para a Educação em Direitos Humanos".

Tendo em vista esse cenário imaginamos que a criação dessa coleção possa proporcionar aos investigadores(as) da área de Educação em Ciências a publicação de suas pesquisas e indagações fomentando diálogos a partir das seguintes questões:

1. Educação em Direitos Humanos na formação e na prática de professores de Ciências
2. Questões étnico-raciais na formação e na prática de professores de Ciências
3. Sexualidades na formação e na prática de professores de Ciências
4. Saberes tradicionais e científicos na formação e na prática de professores de Ciências
5. Questões de Gênero na formação e na prática de professores de Ciências
6. Cultura e Território na formação e na prática de professores de Ciências
7. Estudos decoloniais na formação e na prática de professores de Ciências

Aguardamos suas contribuições e vamos juntos construir uma Educação em Ciências mais humanizada. Feita por pessoas e para as pessoas – todas elas.

Roberto Dalmo Varallo Lima de Oliveira
Glória Regina Pessôa Campello Queiroz

Referências

BRASIL. Direitos Humanos. **Plano Nacional de Educação em Direitos Humanos**. Brasília: 2003.

_____. Secretaria Especial dos Direitos Humanos. **Plano Nacional de Educação em Direitos Humanos**. Brasília: 2006.

_____. Ministério da Educação. Conselho Nacional de Educação. **Diretrizes Nacionais para a Educação em Direitos Humanos**. Brasília: Diário Oficial da União: 30 de maio de 2012.

_____. **Diretrizes Curriculares Nacionais para a formação inicial e continuada dos profissionais do magistério da Educação Básica**. Publicado no D.O.U. 25 de junho de 2015.

CONSELHO EDITORIAL

Roberto Dalmo Varallo Lima de Oliveira (Dr. UFU) – coordenador
Glória Regina Pessôa Campello Queiroz (Dra. UERJ) – coordenadora
Ana Carolina Amaral de Pontes (Dra. UFRPE)
Andreia Guerra (Dra. CEFET-RJ)
Bárbara Carine Soares Pinheiro (Dra. UFBA)
Bruno Andrade Pinto Monteiro (Dr. UFRJ)
Celso Sánchez Pereira (Dr. UNIRIO)
Claudia Miranda (Dra. UNIRIO)
Helena Esser dos Reis (Dra. UFG)
Irlan von Linsingen (Dr. UFSC)
Isabel Martins (Dra. UFRJ)
José Euzébio Simões Neto (Dr. UFRPE)
José Gonçalves Teixeira Júnior (Dr. UFU)
Juliano Soares Pinheiro (Dr. UFU)
Katemari Rosa (Dra. UFBA)
Katia Dias Ferreira Ribeiro (Dra. UFMT)
Leonardo Moreira Maciel (Dr. UFRJ)
Luiz Claudio da Silva Câmara (Dr. UFRJ)
Luiz Fernando Marques Dorvillé (Dr. UERJ)
Marcelo Andrade (Dr. PUC-RIO)
Maria de Lourdes Nunes (Dra. UFPI)
Maria Luiza Gastal (Dra. UNB)
Marlon Herbert Flora Soares (Dr. UFG)
Martha Marandino (Dra. USP)
Maura Ventura Chinelli (Dra. UFF)
Mônica Andréa Oliveira Almeida (Dra. CAp-UERJ)
Natália Tavares Rios Ramiarina (Dra. UFRJ)
Nicéa Quintino Amauro (Dra. UFU)
Paulo Cesar Pinheiro (Dr. UFSJ)
Plábio Marcos Martins Desidério (Dr. UFT)
Pedro Pinheiro Teixeira (Dr. CAP – UFRJ)
Suzani Cassiani (Dra. UFSC)

AGRADECIMENTOS

O presente trabalho foi realizado com apoio da Coordenação de Aperfeiçoamento de Pessoal de Nível Superior – Brasil (CAPES) – Código de Financiamento - PROEX-85/2022 PROCESSO: 23038.002866/2022-47 do Programa de Pós-Graduação em Educação Científica e Tecnológica.

Agradecemos o apoio para a realização desse trabalho:

Ao Programa de Pós-Graduação de Educação Científica e Tecnológica – PPGECT – Universidade Federal de Santa Catarina – UFSC

Ao Programa de Pós-Graduação em Educação em Ciências e Saúde PPGECS/ Nutes – Universidade Federal do Rio de Janeiro – UFRJ

Ao Instituto Federal do Espírito Santo – IFES

Ao Grupo de Pesquisa LINEC – Linguagens no Ensino de Ciências (UFRJ – Macaé)

Ao GEASUR – Grupo de Estudos em Educação Ambiental "desde el Sur" (UNIRIO)

Ao Grupo de Pesquisas e Estudos em Educação Científica e Tecnológica (UFSC)

À Rede Internacional de Estudos Decoloniais na Educação Científica e Tecnológica – RIEDECT

À Coordenação de Aperfeiçoamento de Pessoal de Nível Superior – CAPES

Ao Conselho Nacional de Desenvolvimento Científico e Tecnológico – CNPq

APRESENTAÇÃO

O futuro com que sonhamos não é inexorável. Temos de fazê-lo, de produzi-lo, ou não virá da forma como mais ou menos queríamos. É bem verdade que temos que fazê-lo não arbitrariamente, mas com os materiais, com o concreto que dispomos e mais com o projeto, com o sonho porque lutamos.

Paulo Freire

EM 2019, após um amplo esforço que contou com a participação de diversos/as pesquisadores/as em Educação em Ciências do Brasil e de outros lugares da América Latina, tivemos a alegria de publicar o livro **Decoloniadades na Educação em Ciências pela Editora Livraria da Física**. É uma honra sabermos que essa obra faz parte não apenas da história da Educação em Ciências como também da própria abordagem epistemológica, ética e política conhecida como decolonial.

O lançamento dessa coletânea de textos nos revela a importância das alianças acadêmicas e dos mais simples gestos de solidariedade e espírito democrático nesses tempos difíceis e nem sempre favoráveis ao exercício do pensamento crítico e eticamente embasado. Nesse sentido, consideramos que os desafios que estão postos diante de nossos olhos, de nossos corpos e de nossas vidas nos colocam, não apenas novas questões, mas, sobretudo, apontam para novos temas, para novos dramas e a necessidade de aprofundamento das questões que nos atingem direta ou indiretamente, num cenário marcado pelo surgimento e fortalecimento de discursos autoritários, antidemocráticos e de tentativas sucessivas de silenciamento e apagamento do outro.

Como docentes e pesquisadores/as, como sujeitos sociais cuja matéria de trabalho e de intervenção no mundo passa pelo diálogo e pelo palavrear público, assumimos um novo desafio, de ampliar nossos espaços de discussão e, quem sabe, propor saídas que primem pela valorização do humano e do não humano em meio a processos acentuados de fragilização da vida que temos presenciado. Nesses termos, propomos um novo projeto que teve como eixos de reflexão as temáticas da "educação, do ambiente, do corpo e da decolonialidade", temas que em nosso entendimento, perpassam os desafios do nosso tempo, apontando não apenas para a crítica do presente, mas também para um esforço conjunto de imaginarmos mundos outros, diferentes desses nos quais habitamos e construímos nossas histórias. Trata-se de um projeto pleno de utopias, sem as quais perdemos a nossa capacidade de transcender o imediato da existência. Utopias que movem nossos sonhos, a partir do campo da educação, e nossas aspirações e que nos mobilizam para - juntos/as - construirmos saídas para o caos e para a barbárie que estão no âmago da nossa cultura. Utopias criadas e imaginadas não no vazio do sem sentido, mas a partir de experiências concretas de vida e que se relevam nos contextos mais diversos da existência, uma existência que se constitui também como resistência, como fôlego necessário para que não encerremos nossas vidas e nossos sonhos no desespero da desesperança e do nada fazer.

Trabalhar de forma conectada com os temas da "educação, do ambiente, do corpo e da decolonialidade" permite-nos pensar numa pluralidade de possibilidades de reflexão e de intervenção, cruzando as fronteiras não apenas dos aspectos teóricos e epistemológicos que permeiam essas diferentes temáticas, mas também as suas ligações com projetos de intervenção política e didático-pedagógica em curso em diversos espaços da vida social. O cenário atual convoca-nos para um posicionamento que demanda posições políticas e éticas e que também passa pelo modo como concebemos o processo de produção do conhecimento e os limites do que é possível de ser pensado e imaginado. Nesses termos surgem questões tais como: De que forma intervir em sala de aula, nas políticas públicas e junto às comunidades se nos encontramos diante de um contexto nada favorável aos projetos outros de mundo e de sociedade? Onde situar uma educação ambiental crítica diante dos avanços de forças econômicas descomprometidas com a vida e com a preservação ambiental? Quais as novas formas de produção de corpos precários nesses tempos neoliberais e de desmonte de políticas de proteção aos mais vulneráveis? Por que o neoliberalismo se constitui numa versão atualizada da Colonialidade e de que maneira está apoiado na perpetuação de silenciamentos e apagamentos de corpos? Que impactos isso tem sobre os processos educacionais? No processo de construção de nossas tomadas de posição no mundo, com quem temos dialogado? Quais pontos de conexão e divergência encontramos nesses diálogos e de que maneira isso pode se constituir numa possibilidade de criação de alternativas outras ou inéditos viáveis? Que lugar as alianças com perspectivas críticas diversas e nem sempre conciliáveis, ocupa nesse cenário muitas vezes desanimador? Como a decolonialidade tem nos ajudado a pensar as "figuras do humano" ou no tensionamento dessa categoria colonizada pela Colonialidade e que circunscreve a um leque restrito de possibilidades corporais e subjetivas o sentido do humano?

Frente a todos esses aspectos e indagações, acreditamos que a nossa proposta contempla duas alças éticas e epistemológicas: a) em sintonia com o pensamento de Paulo Freire, a valorização de uma educação dialógica, o respeito às diferenças e a valorização dos saberes outros; b) o refletir sobre os desafios contemporâneos para a Educação, ao ambiente, aos corpos considerados dissidentes e abjetos e à decolonialidade, num esforço conjunto de reflexão e de prováveis propostas de intervenção que passem pelo campo das alianças necessárias aos enfrentamentos de uma lógica colonial que nos desafia e que nos desqualifica enquanto vidas e formas outras de existência.

No livro leitores e leitoras vão encontrar capítulos em português e espanhol, escritos por pessoas que aceitaram o desafio de fazer esse projeto emergir dos diversos suis globais e de suas trincheiras de luta contra opressão.

Esperamos que as ideias apresentadas no livro possam inspirar novas ações, teorias e transformações no campo da educação, da educação em ciências e das práticas educativas e sociais.

Desejamos uma boa leitura e agradecemos a atenção da comunidade.

Débora Santos de Andrade Dutra
Bruno Andrade Pinto Monteiro
Hiata Anderson Silva do Nascimento
María Angélica Mejía-Cáceres
Celso Sánchez
Suzani Cassiani

PREFÁCIO

Claudia Miranda

NO "BRASIL DO CONTRAGOLPE", as batalhas travadas, para a garantia de direitos e, sobretudo, para a garantia da Democracia, incluem a reinterpretação das experiências sociais. Sob fortes ataques, os valores da República viraram alvos de grupos extremistas, inspirados em ditames fascistas. Novos movimentos por maior pluralidade de referenciais para a dinamização da transposição cultural, passam a ganhar importância.

O mote, para iniciarmos o prefácio do livro "Educação, Ambiente, Corpo e Decolonialidade" - lançado em um período de insegurança alimentar, insegurança jurídica, de avanço do negacionismo -, é a resistência. A Coleção "Culturas, Direitos Humanos e Diversidades na Educação em Ciências" tem privilegiado justamente um temário capaz de refletir as urgências do tempo presente enfrentando o já legitimado socialmente como "conhecimento de referência". Sobre isso, importa localizarmos o lugar no qual nos desempenhamos. Importa dar ênfase para o lugar de importância de instâncias decisivas, para amplas movimentações emancipatórias, pautadas na saúde coletiva, na garantia de experiências colaborativas e que visam fomentar percursos mais fluidos, também no campo da produção de conhecimentos.

Fazemos parte de esferas responsáveis por críticas contundentes, ao instituído. Atuamos na contramão do *status quo* justamente por acreditamos em um outro projeto de sociedade, onde a racialização é contestada permanentemente. Como produzir conhecimento e formar novos/as profissionais, sem rever os currículos euro centrados, ao longo da História da Educação brasileira? Como participamos de rupturas inevitáveis, nas concepções de pesquisa e, de Educação? No "Brasil da insurgência", onde grupos racializados saem das margens para o centro, mesmo a contrapelo, é urgente avaliar como os conhecimentos selecionados como "não válidos" foram clandestinizados e mantidos no subterrâneo dos sistemas educacionais.

No final da década de 1990, os temas transversais – Ética, Saúde, Meio Ambiente, Orientação Sexual, Pluralidade Cultural – emergiram como uma proposta de reconhecimento de demandas curriculares indo de encontro dos movimentos pedagógicos empenhados na revisão das referências para a construção de conhecimento. Os Parâmetros Curriculares Nacionais (1998) foram apresentados como parte dos referenciais que pudessem ampliar e aprofundar um debate na contramão do instituído. Com ênfases pontuais, o texto incluiu, como parte dos seus objetivos, orientar o desenvolvimento de projetos educativos, bem como a reflexão sobre a prática pedagógica. Visava, ainda, colabora com a formação e atualização profissional.

Chegamos ao século XXI correndo os mesmos riscos, tendo em vista a ausência de compromissos de setores diversos dos sistemas educacionais, com viradas epistemológicas que pudessem incidir no imaginário coletivo sobre, por exemplo, a ideia de Ciência. Em outro lugar, pontuamos que a reflexão sobre práxis decoloniais nas (re) aprendizagens sobre conhecimento(s) de "referência", e possíveis interfaces com o ensino de Ciências, deveria incluir a política curricular brasileira e o pressuposto delineado no conjunto de documentos reguladores (MIRANDA, 2019).

Nessa direção, defendemos a ampliação dos discursos sobre o conhecimento de referência e, para esse exercício, é indispensável flexibilizar as noções cristalizadas sobre o que é válido e sobre o que ficou de fora, da seleção realizada para limitar as referências de "conhecimento a ser ensinado". Apresentamos aqui, uma proposta de livro, explicitamente, contra hegemônico. Intelectuais insurgentes se agruparam para, mais uma vez, ocupar um espaço chave na disputa por outros referenciais filosóficos que possam impulsionar desenhos "mais ao Sul" e, menos al Norte, no Ensino de Ciências.

Em "Decolonialidades na Educação em Ciências" (MONTEIRO et al, 2019), afirma-se que "não é possível ignorar o papel desempenhado pela ciência moderna ocidental como um elemento central e constitutivo da modernidade". A rede de intelectuais da Educação em Ciências, se consolida com o compromisso da criticidade e, portanto, se colocando em busca de outros referenciais para o campo no qual se desempenham.

A participação de grupos de estudos situados nas das Instituições de Ensino Superior (IES), em contextos de alta complexidade, como é o caso da América Latina e Caribe, tem sido um traço relevante, no âmbito das lutas por justiça social. Ensino, Extensão e Pesquisa são eixos indispensáveis na defesa da legitimidade das esferas responsáveis pela profissionalização e, acima de tudo, da politização das juventudes e de pessoas adultas, inseridas no acontecimento universitário.

Como partícipes de grupos de pesquisa, devidamente vinculados aos órgãos de fomento, como a Coordenação de Aperfeiçoamento de Pessoal de Nível Superior (CAPES) e, o Conselho Nacional de Desenvolvimento Científico e Tecnológico (CNPq), voltamo-nos para as demandas mais urgente por conta dos vínculos que nos definem, como, por exemplo, questões advindas dos movimentos sociais. Sendo assim, algumas perguntas são centrais para entendermos a proposição de novos estudos no âmbito da formação academia, em sentido mais amplo: Em que medida podemos incidir na análise sobre o papel das IES na reinterpretação do que é formulado como "Ciência", mas sobretudo como se interrompe estigmatizações e as formas de degenerescência de um conjunto de conhecimentos historicamente clandestinizados?

Por tudo isso, saímos na frente na discussão sobre rupturas no campo da pesquisa acadêmica e, consequentemente, na crítica sobre outros itinerários filosóficos e educacionais. Como um grande guarda-chuva, o campo da Educação é profícuo pelas multi linguagens que o adorna e orienta. Senso assim, ao assumirmos as abordagens interculturais propostas, por diferentes coletivos e, por associações dos movimentos sociais, para a elaboração de estudos e de metodologias, nos colocamos lado a lado, das comunidades que dependem das transformações efetivas, nos seus cotidianos, nas suas múltiplas performatividades.

A área da Educação em Ciências conta com uma abordagem alinhada com eixos tais como "Educação em Direitos Humanos na formação e na prática de professores de Ciências", "Questões étnico-raciais na formação e na prática de professores de Ciências", "Sexualidades na formação e na prática de professores de Ciências", "Saberes tradicionais e científicos na formação e na prática de professores de Ciências", "Questões de Gênero na formação e na prática de professores de Ciências", "Cultura e Território na formação e na prática de professores de Ciências" e, ainda, "Estudos decoloniais na formação e na prática de professores de Ciências". E, sob tal orientação, o livro "Educação, Ambiente, Corpo e Decolonialidade", reúne um mosaico conceitual vasto, que sustenta estudos que refletem práxis educativas contra hegemônicas, comprometidos com demandas do mundo da vida.

Dentre as diversas elaborações formuladas e, que resultam de pesquisas sobre territorialidade, emergências climáticas, racismo ambiental, povos indígenas, saberes tradicionais quilombolas, ciências encantadas, emocionalidade, relação humano/natureza, pode-se apreender como a crítica decolonial latino-americana sustenta as respectivas análises elaboradas. Notadamente, as disputas epistemológicas e filosóficas, exigidas nas pautas dos movimentos antirracistas, na agenda internacional por justiça climática, nos coletivos estudantis, nos feminismos diversos e, no debate das agrupações de professoras/es, que organizam movimentos pedagógicos, estão contempladas.

A decolonialidade está expressa, também, no formato de pesquisa colaborava alcançada em rede, em coautoria. Partícipes de diferentes IES, Débora Santos de Andrade Dutra, Bruno Monteiro, Hiata Anderson Silva do Nascimento, María Angélica Mejía-Cáceres, Suzani Cassiani e Celso Sánchez dão testemunho de como à brasileira, se promove ambiências decoloniais que só podem ser alcançadas, dialogicamente e, portanto, em coautoria. Ao nos voltarmos para a perspectiva decolonial latino-americana, pode-se compreender, a importância das reinterpretações epistemológicas exigidas, na contemporaneidade. Ao tomarmos como referencial, o que elabora Rita Laura Segato (2013, p. 18), em *"Ejes argumentales de la perspectiva de la Colonialidad del Poder"*, a proposta de Aníbal Quijano (1930-2018) inaugura um novo rumo para a leitura da história mundial, e impõe, de tal forma, uma torção ao nosso olhar, sendo possível falar, inclusive, de uma franca mudança de paradigma.

Ao vivenciarmos o acontecimento universitário, em um país afetado pela colonialidade do ser, do saber e do poder, somos levadas/os a rever os limites impostos – ao longo de séculos, de relações assimétricas –, onde os saberes e conhecimentos dos estratos racializados, foram estrategicamente excluídos, da transposição cultural realizada nos sistemas educacionais. Cabe ressaltar que o campo de Educação em Ciências tem sido alimentado pela coragem de grupos de pesquisa, alinhados com o *ethos* revolucionário herdado das lutas por educação para todos e inspirado na perspectiva de justiça curricular. Encharcado de utopias libertadoras, o presente livro ocupa um espaço fundamental na crítica decolonial à brasileira. É reflexo da compreensão das mudanças em curso, no tempo presente.

Referências

BRASIL. Secretaria de Educação Fundamental. **Parâmetros curriculares nacionais**: terceiro e quarto ciclos: apresentação dos temas transversais. Secretaria de Educação Fundamental. Brasília: MEC/SEF, 1998.

MIRANDA, Claudia. Práxis decoloniais e (re)aprendizagens sobre conhecimento(s) de "referência": interfaces para o ensino de ciências. In. MONTEIRO, Bruno; DUTRA, Débora; CASSIANI, Suzani; SÁNCHEZ, Celso; OLIVEIRA, Roberto. **Decolonialidades na Educação em Ciências**. 1.ed. – São Paulo: Editora Livraria da Física, 2019.

MONTEIRO, Bruno; DUTRA, Débora; CASSIANI, Suzani; SÁNCHEZ, Celso; OLIVEIRA, Roberto. **Decolonialidades na Educação em Ciências**. 1.ed. – São Paulo: Editora Livraria da Física, 2019.

SEGATO, Rita Laura. Ejes argumentales de la perspectiva de la Colonialidad del Poder. **Revista Casa de las Américas**, n. 272, 2013 pp. 17-39.

SUMÁRIO

COLEÇÃO "CULTURAS, DIREITOS HUMANOS E DIVERSIDADES NA EDUCAÇÃO EM CIÊNCIAS", **5**

APRESENTAÇÃO, **11**

PREFÁCIO, **15**

01   Colonialidade, precariedade e luto: contribuições onto-epistêmicas para a Educação em Ciências, **25**
Hiata Anderson Nascimento e Bruno Monteiro

02   Aprendizagens nos rodopios: saberes e ciências encantadas, **55**
Vívian Parreira da Silva; Luiz Rufino e Celso Sánchez

03   Decolonizando a Educação em Ciências e sua pesquisa: provocações sobre processos teórico-metodológicos, **73**
Suzani Cassiani; Yonier Alexander Orozco Marín; Mara Karidy Polanco Zuleta

04   Decolonialidade à brasileira: apontamentos para uma reflexão preliminar, **103**
Fabiana de Freitas Poso; Débora Santos de Andrade Dutra; Hiata Anderson Silva do Nascimento; Bruno Andrade Pinto Monteiro

05   Emoções, encantamentos e cinema como possibilidades formativas docente, **129**
Rita Silvana Santana dos Santos; Rafael Nogueira Costa; Celso Sánchez

06   Conflitos entre relações humano/natureza no Livro Didático de Biologia: o silenciamento dos outros da modernidade, **147**
Humberto Martins; María Angélica Mejía-Cáceres; Isabel Martins

07   Lápis cor de Pele? De qual corpo humano falamos?, **173**
Angela de Oliveira Pinheiro Torres; Katemari Rosa; Bárbara Carine Soares Pinheiro

08   Saberes tradicionais quilombolas e a pesquisa de interface Ciência e Literatura: examinando Torto Arado e Roça É Vida, **195**
Caio Ricardo Faiad; Daisy de Brito Rezende

09   Concepciones de los Profesores en formación inicial y su relación con la descolonización del conocimiento, **225**
Maritza Mateus-Vargas; Bárbara Carine Soares Pinheiro; Adela Molina Andrade

10 O racismo ambiental como herança colonial: diálogos entre educação ambiental e direitos humanos na formação de professoras/ES, **263**
Jacson Oliveira dos Santos; Ayane de Souza Paiva; Claudia Sepúlveda

11 Linguagem, educação e decolonialidade: caminhos para pensar a ecologia dos saberes, **281**
Vicente Paulino

12 Los educadores ambientales, actores clave para la descolonización de la educación ambiental, **309**
Leyson Jimmy Lugo Perea; Jairo Andrés Velásquez Sarria

13 Cultura alimentar e cosmovisão africana como pressupostos pedagógicos no ensino das ciências naturais e dos alimentos, **333**
Marta Regina dos Santos Nunes; Micaela Severo da F. Jessof

14 A Educação ambiental de Base comunitária para adiar o fim do mundo: diálogos suleadores entre Paulo Freire e Ailton Krenak, **355**
Marcelo Aranda Stortti e Damires França

15 Cuando las semillas de la resistencia y la memoria florecen: Desvío a la Raíz-Agricultura Ancestral, un proyecto decolonial, **375**
Guadalupe Román

16 El conocimiento profesional del profesor de ciencias naturales desde la diversidad cultural: El parto como elemento dialógico, **389**
Yovana Alexandra Grajales Fonseca

17 Conocimiento-en-la-lucha y la niñez del Movimiento de los Trabajadores Rurales Sin Tierra en Mossoró/RN, **405**
Júlia Amélia de Sousa Sampaio Barros Leal de Oliveira; Celiane Oliveira dos Santos; Samuel Penteado Urban

18 Pensando una Educación Popular Ambiental desde los territorios, **419**
Constanza Urdampilleta; Patricia García; Raúl Esteban Ithuralde

19 Telas escuras e vozes silenciadas nos estudos remotos: em busca de educações descolonizadoras, **441**
Luciana Azevedo Rodrigues; Márcio Norberto Faria; Camila Sandim de Castro

20 Metodoestesis-Paidagoestesis en la ambientalización de la Educación: las sendas del sentir en la creación-re-creación de mundos-otros desde el Pensamiento Ambiental Sur, **459**
Ana Patricia Noguera de Echeverri; Carlos Alberto Chacón Ramírez

21 Paulo Freire, Ensino de Ciências e Decolonialidade, **471**
Marcília Elis Barcellos; Elisabeth Gonçalves de Souza; Soraia Wanderosck Toledo

22 Relações indígenas com o meio ambiente: o que trabalhos de Ensino de Ciências têm a nos dizer?, **495**
Sheila Cristina Ribeiro Rego; Yago Sacramento Moriello

Sobre as autoras e os autores, **513**

doi.org/10.29327/5220270.1-1

Capítulo 1

COLONIALIDADE, PRECARIEDADE E LUTO: CONTRIBUIÇÕES ONTO-EPISTÊMICAS PARA A EDUCAÇÃO EM CIÊNCIAS

Hiata Anderson Silva do Nascimento
Bruno Andrade Pinto Monteiro

Introdução

A CRÍTICA DECOLONIAL desenvolvida por pesquisadores/as do campo da Educação em Ciências tem na categoria epistemológica da colonialidade um dos seus mais importantes marcos de sustentação. Trata-se de uma ferramenta de análise que tem permitido a realização de um trabalho de crítica direcionado à epistemologia ocidental, sobre a qual foi construída toda institucionalidade da ciência moderna. Todavia, mesmo considerando a importância dessa ferramenta conceitual na elaboração de uma crítica decolonial no contexto da Educação em Ciências, temos que considerar algumas de suas limitações. Para tanto faz-se necessária a incorporação de outros aportes teórico-epistemológicos como forma de ampliar a potência crítico-analítica do conceito.

Neste trabalho, propomos que a noção de colonialidade pode ser potencializada por meio da incorporação de elementos presentes na abordagem desenvolvida pela filósofa estadunidense Judith Butler, em especial os conceitos de luto e precariedade. Buscamos relacionar esses conceitos como chaves para ampliar o raio de abrangência da crítica decolonial no contexto da Educação em Ciências.

A reflexão realizada por Butler aponta para novas perspectivas capazes de expandir os potenciais críticos de várias dimensões das chamadas teorias subalternas, dentre as quais destaca-se a decolonialidade. Ao propor uma forma de intervenção social que se coloque para além do que vem sendo realizado no contexto das demandas identitárias, Butler abre caminho para uma forma original de pensarmos o corpo como espaço não apenas de vulnerabilidade, mas também de resistência ética e política - assim como o luto não como uma vivência solipsista ou privada, mas como uma experiência ética, política e unificadora capaz de reconfigurar os modos de relacionalidade e de formação de alianças, sobretudo em tempos de precarização da vida em decorrência do avanço neoliberal por várias regiões do planeta.

O capítulo encontra-se organizado em três partes: na primeira são feitas breves considerações acerca da categoria da colonialidade e algumas de suas limitações analíticas. Em seguida, descrevemos o que tem sido a crítica decolonial no contexto da Educação em Ciências. Na segunda parte, são apresentados elementos do debate butleriano sobre a precariedade e o luto. Na terceira, conclui-se com uma reflexão em torno da incorporação dos aportes do pensamento de Butler para o campo da Educação em Ciências em sintonia com as contribuições já realizadas pela teoria da colonialidade.

A crítica decolonial no contexto da Educação em Ciências

Esclarecimentos conceituais e críticas à colonialidade

A decolonialidade resulta de uma reflexão conjunta entre pensadores/as procedentes de variados campos da teoria social e tem o mérito de colocar sobre novas bases o debate acerca da modernidade ao propor a inserção da América Latina no centro do processo de constituição do mundo capitalista moderno. Em outros termos, para além do ideário emancipador que marcou as leituras eurocêntricas sobre a modernidade, a abordagem decolonial surge com a pretensão de abrir novas frentes de pensamento crítico, explicitando as nuances violentas e obscurecidas do projeto da modernidade, de modo especial as suas alianças com a empresa colonizadora que se formou a partir de 1492 com a "descoberta" das Américas. A modernidade trouxe em seu bojo a produção de "não existências" ao postular uma lógica monolítica e ao criar linhas abissais que separam os diferentes saberes e dignificam os conhecimentos produzidos pelo Ocidente, em detrimento daqueles gerados no contexto de outras racionalidades A perspectiva decolonial afirma que a

América Latina ocupa o centro do relato da modernidade, tendo sido a condição sem a qual a Europa, tal como a conhecemos, não teria existido (Ballestrin, 2013; Sousa Santos, 2020).

Nesse contexto, uma das figuras mais emblemáticas é o sociólogo peruano Aníbal Quijano (1930-2018) que ao elaborar a categoria analítica da colonialidade, abriu espaço para um novo modo de pensar a condição colonial. Para além das formas de intrusão político-econômicas sofridas por diversas populações que foram submetidas ao controle de um Estado estrangeiro invasor, Quijano propõe que pensemos no colonialismo como uma espécie de gramática social, como um código por meio do qual possamos compreender o legado e a permanência da mentalidade e das relações sociais coloniais, mesmo após a independência política de muitos países. Nesses termos, a colonialidade surge como o signo dessa gramática social e como o emblema da continuidade da condição colonial. De um ponto de vista político e enquanto categoria de análise, a colonialidade avança no debate já colocado pela teoria crítica acerca das interfaces capitalismo e modernidade ao postular as relações entre estes e o colonialismo (Palermo, 2014; Quijano, 2017).

A categoria colonialidade, compreendida como o nó epistêmico da decolonialidade, salienta que com a conquista das Américas teve início um novo padrão de poder, de abrangência mundial, assentado sobre um violento processo de racialização e de desumanização dos povos subjugados e mantidos em regime de dominação colonial. Quijano faz referência a uma colonialidade do poder na qual as relações sociais são configuradas como relações de exploração, conflito e dominação, de disputas em torno do controle dos meios básicos da existência: o trabalho, o sexo, a natureza, a autoridade coletiva e a subjetividade. A colonialidade do poder atinge dimensões ontológicas ao delimitar – com base no critério racial – quem é ou não humano (a dicotomia estruturante do novo padrão de poder constituído a partir da intrusão colonizadora). Atinge também o âmbito epistemológico ao circunscrever as fronteiras do conhecimento, impondo uma "verdade" ou uma única forma de apreender a existência. Tais procedimentos nascem de um percurso violento no qual encontramos o genocídio e o epistemicídio nos fundamentos da inteligibilidade ocidental hegemônica (Curiel, 2016; Grosfoguel, 2016).

A colonialidade do poder constitui-se por meio da classificação e da reclassificação da população mundial mediante a criação de um novo dispositivo de controle – a raça biologicamente definida – e voltado para a naturalização das relações de poder vigentes no espaço social. Isso significa que a raça – concebida como realidade biológico-natural – operava no sentido de ocultar as origens da dominação, do controle e da exploração, que passaram a ser vistos como fatos naturais e, portanto, desprovidos de historicidade. Ao lado da raça, outros elementos foram acionados com o fim de garantir a instalação da colonialidade: a formação de um aparato institucional que garantia a administração dessa classificação (manicômios, prisões, escolas, universidades, igrejas, Estado etc); "a definição de espaços adequados para esses objetivos" e; uma perspectiva epistemológica para sustentar a nova matriz de poder. "O eurocentrismo torna-se, [...], uma metáfora para descrever a colonialidade do poder, na perspectiva da subalternidade. Da perspectiva epistemológica, o saber e as histórias locais europeias foram vistos como projetos globais" (Mignolo, 2020, p. 41). Ou seja, passaram a se colocar como projetos universais.

Trata-se de um padrão de poder modelado por meio da diferença colonial, ou seja, de uma forma do exercício do poder alimentado por "uma energia e um maquinário" que transformaram as diferenças em valores, e que capturaram os corpos subjugados numa teia classificatória que os colocava no ponto de transição entre a humanidade e a subumanidade, quando não na completa animalidade (Bidaseca, Carvajal, Mines Cuenya, & Nuñes Lodwick, 2016; Quijano, 2017; Mignolo, 2020).

No entanto, mesmo considerando as potencialidades éticas, políticas e epistemológicas da colonialidade, faz-se necessário apontarmos algumas de suas limitações com o fim de construirmos argumentos que sejam capazes de fazer frente aos avanços do discurso neoconservador e das agendas econômicas neoliberais por meio das quais a colonialidade se presentifica. Para este trabalho foram elencadas duas críticas: a) a questão do poder e; b) a ênfase numa visão biologicista sobre o sexo e suas implicações éticas e epistêmicas.

No que tange ao primeiro ponto, a perspectiva colocada por Quijano apresenta elementos que a caracterizam como uma teoria hierárquica do poder, numa linha de raciocínio em que as relações mais globais de poder estruturam as menos globais ou as locais, sendo quase impossível que estas escapem da ação daquelas. Nesse sentido, o micro se subordina ao macro, num movimento conceitual que pode ser encontrado tanto no pensamento de Marx e Engels (2009), quanto na teoria do sistema mundo construída por Wallerstein (1999). Em Quijano (2014a, 2014b), o racismo comparece como o elemento constitutivo e instrumental, como condição para o funcionamento do padrão de poder capitalista colonial moderno – ao passo que a raça surge como elemento transversal a ocupar a posição de princípio estruturante das diversas hierarquias do sistema mundo. A alternativa a essa concepção que acaba por perder de vista outras dimensões dos processos de sujeição social, seria uma teoria heterárquica do poder, ao estilo foucaultiano, segundo a qual a vida social é constituída por cadeias de poder conectadas de forma parcial, sem que haja um determinante em última instância a atuar sobre o conjunto da vida coletiva (Castro-Gómez 2007; Huguet 2012; Nascimento e Gouvêa, 2021).

No que concerne à visão acerca do sexo/gênero, a primazia da raça como categoria estruturante da colonialidade acabou por encobrir o lugar que o gênero assume na formação da colonialidade e na delimitação das fronteiras entre o humano e o não humano. A reflexão apresentada por Quijano tem sido considerada insuficiente, essencialista e naturalizadora ao não problematizar as categorias homem e mulher, apreendidas em seu arcabouço conceitual como fatos naturais. O sociólogo peruano teria assumido uma visão biologicista acerca do sexo e não teria trabalhado de forma mais acurada as relações sexo/heterossexualidade. De acordo com Lugones (2008), Quijano não tomou consciência de sua aceitação do significado hegemônico do gênero. Tentando ampliar o enfoque dado pelo sociólogo peruano, a autora argentina salienta a centralidade do gênero para a colonialidade do poder, formulando o que denominou "sistema de gênero moderno/colonial" – vindo daí a sua concepção de colonialidade do gênero constituída por um lado claro, no qual teríamos os plenamente humanos: brancos, homens e mulheres, o dimorfismo sexual e o patriarcado. E um lado sombrio ou obscuro, formado pelas sexualidades desviantes, pelos seres não brancos e tidos como não humanos, restringidos ao campo da animalidade/não humanidade. Frente a essa arquitetura de poder, negros e indígenas passaram a ser vistos não como pessoas, mas como força de trabalho e de reprodução de mais escravos, seres passíveis de violação e submetidos a um mortal sistema de trabalhos forçados (Lugones, 2008; Curiel, 2016; Bidaseca *et al.* 2016; Gomes, 2018). No que diz respeito ao gênero observamos que:

> En el patrón de Quijano, el género parece estar contenido dentro de la organización de aquel "ámbito básico de la existência" que Quijano llama "sexo, sus recursos y produtos" (2000b:378). Es decir, dentro de su marco, existe una descripción de género que no se coloca bajo interrogación y que es demasiado estrecha e hiper-biologizada ya que presupone el dimorfismo sexual, la heterosexualidad, la distribución patriarcal del poder y otras presuposiciones de este tipo (Lugones, 2008, p. 82).

Se de um lado a raça marcava e marca os corpos, delimitando as fronteiras nas quais eles se movem e os parâmetros para o seu reconhecimento/não reconhecimento, por outro, o sexo/gênero se acopla a essa categoria acentuando ainda mais os processos de desumanização e colonialidade. Às pessoas colonizadas era atribuído um sexo já que eram consideradas seres da natureza, desprovidas de razão e de cultura, mas não um gênero, visto como um aspecto cultural/simbólico. Com isso, entre os colonizados não haveria homens e mulheres, mas apenas machos e fêmeas. A não atribuição de um gênero funcionava como um expediente de expulsão das pessoas colonizadas do terreno da humanidade (Gomes, 2018). Sexo e gênero, nesse sentido, devem ser pensados como categorias de classificação e enquadramento no espectro do humano/não humano. Ao lado da raça são fundamentais para pensarmos os mecanismos simbólicos vigentes que normatizam corpos e saberes.

A crítica decolonial e a Educação em Ciências

A introdução da decolonialidade na Educação em Ciências integra parte de um esforço de releitura das bases onto-epistemológicas e éticas não apenas da ciência em si, como também do campo da educação. Trata-se de um projeto com dimensões ambiciosas e desafiadoras, na medida em que tem como *background* a formação de uma Educação em Ciências outra e que pressupõe um diálogo intenso e caloroso não apenas com as tradições de ensino e pesquisa do campo, como também o enfrentamento da autoridade coletiva representada pela ação do Estado na consolidação da colonialidade.

Do nosso ponto de vista, a inserção da decolonialidade na Educação em Ciências é antecedida pela incorporação de uma série de novas questões e demandas que são apresentadas ao campo. Em primeiro lugar, a despeito de todas as transformações ocorridas no interior do campo e que representaram embates políticos e epistemológicos, damos atenção especial aos estudos que começaram a ressaltar a importância da inserção das leituras em filosofia, sociologia e história da ciência no processo de formação docente e nas reflexões fomentadas em sala de aula. Parte dessas proposições vem enfatizando a urgência em se pensar a ciência como patrimônio cultural da humanidade e em apresentá-la não a partir de seus produtos, mas dos processos desencadeados pela pesquisa, aproximando-os das realidades dos/as estudantes e suas comunidades. Isso com o objetivo de se desmistificar a representação do trabalho científico como um privilégio de uma casta isolada do mundo, cujos membros executariam suas investigações em contextos de solidão e isolamento. Uma saída para o trabalho nessa perspectiva seria desenvolver em sala de aula atividades relacionadas com questões contemporâneas e que sejam capazes de mostrar como as atividades da ciência são feitas em grupos de pesquisa espalhados pelo mundo, marcados pela falta de consenso e pelos esforços para construí-lo, assim como por interações, trocas e compartilhamentos de ideias, tentativas, erros e acertos[1] (Matthews, 1994; Cachapuz, Praia, & Jorge, 2004; Ramos, 2008; Almeida, & Mendoça, 2016; Martins, 2019).

Em segundo lugar, os aportes de Paulo Freire, um dos pensadores considerados centrais para a compreensão da perspectiva decolonial – a despeito das controvérsias acerca dos elementos decoloniais presentes em sua proposta crítica (Mota Neto, 2016). A análise das atas das edições do ENPEC (Encontro Nacional de Pesquisa em Educação em Ciências) mostra que o arcabouço freireano tem sido utilizado por um número cada vez maior de pesquisadores/as do campo, num esforço de pensar e fazer um ensino de ciências contextualizado e sintonizado com projetos pedagógicos comprometidos com a emancipação e a politização das práticas de ensino. Entendemos que as apropriações da obra de Freire surgem como um antecedente relevante para a entrada da decolonialidade na Educação em Ciências. Dessa maneira, os precedentes da abordagem decolonial podem ser localizados no conhecimento e no repertório crítico que vários/as pesquisadores/as da área já possuíam em virtude de contatos pregressos não apenas com a teoria crítica, mas de modo especial com o pensamento de Paulo Freire.

---

[1] Um exemplo atual tem sido as investigações e os intercâmbios realizados por vários grupos de pesquisa em todo o mundo e com o objetivo de desenvolver vacinas para a Covid-19.

hooks[2] (2018) destaca que há no pensamento do educador brasileiro um elo entre a descolonização e a insistência na conscientização, tida como a necessidade de pensarmos criticamente sobre nós mesmos/as e sobre nossas identidades frente às circunstâncias políticas, numa aliança entre teoria e prática, leitura e transformação do mundo. Na crítica desenvolvida por Freire (2002) contra a chamada educação bancária, localizamos o enfrentamento com as "pedagogias opressoras", de corte colonial e eurocentrado, com o fim de abrir espaço para o aparecimento de práticas pedagógicas emancipadoras surgidas a partir dos saberes subalternos.

E, por fim, o movimento Ciência-Tecnologia-Sociedade (CTS) surgido no contexto de crítica ao modelo de desenvolvimento e seus impactos negativos sobre o meio ambiente e de uma reflexão acerca do papel da ciência na sociedade. A despeito de sua diversidade interna, o movimento CTS trouxe novas questões para o campo da Educação em Ciências, ao abrir espaço para as demandas por uma educação científica comprometida com a formação da cidadania e de uma sociedade sobre bases mais democráticas e igualitárias. Em outros termos, com o movimento CTS foi possível aprofundar os sentidos da educação científica e sua relação com o modelo de sociedade descrito (Santos, & Auler, 2011).

Contudo, se há uma incorporação da decolonialidade na Educação em Ciências, no que consiste a leitura decolonial sobre os processos pedagógicos? Como essa abordagem lê a educação e a escola? Que lugar a educação ocupa no processo de crítica das bases epistemológicas consagradas pela modernidade? Ocaña, López, & Conedo (2018) destacam que a decolonialidade deu pouca atenção às questões pedagógicas, mas ressaltam que isso não significa a ausência de uma perspectiva acerca das ciências da educação. Considerando a colocação em cena dos saberes subalternos e sua importância para a decolonialidade, **é possível afirmar que fazer educação numa perspectiva decolonial implica em saber transitar pelas bordas e caminhar sem temer os movimentos nas fronteiras epistêmicas**.

> Decolonizar la educación significa, entre otros argumentos, reconocer que los indígenas, campesinos, afrodescendientes o no-oyentes vienen a la universidad no solo a aprender y trans-

---

[2] A grafia do nome de bell hooks em letra minúscula segue como forma de atender ao desejo da autora de colocar em destaque a sua escrita mais do que a sua pessoa.

EDUCAÇÃO, AMBIENTE, CORPO E DECOLONIALIDADE

> formarse, sino también a enseñar. La decolonialidad de la educación se logra en la misma medida en que se reconoce la validez e importancia de los saberes 'otros' no oficializados por la matriz colonial (Ocaña; López, & Conedo, 2018, p. 205).

Decolonizar significa reconhecer que todos/as têm o que aprender e o que ensinar. Implica em reconhecer o caráter arbitrário e autoritário da epistemologia ocidental que nega aos não ocidentais a condição de seres humanos plenos, na medida em que lhes faltaria a capacidade de se constituírem como sujeitos da história e produtores de conhecimentos. A decolonização nos convida ao enfrentamento da violência epistêmica que ocorreu no passado, mas que se reproduz no cotidiano através de um sistema educativo – que vai do ensino básico à universidade – e que estabelece diferenças negativamente valoradas e tidas como insuperáveis entre povos e culturas - e por meio das quais despreza-se não apenas os conhecimentos não ocidentais, mas também aqueles produzidos pelos segmentos subalternizados no interior da própria sociedade moderna. Decolonizar é desafiar a organização binária do nosso quadro epistemológico, trazendo à luz os afetos e saberes construídos e representados por modos outros de viver e sentir (Palermo, 2014).

Nesses termos, acreditamos tratar-se de uma perspectiva que, ao questionar as bases da epistemologia ocidental, tende a provocar um giro no âmbito da Educação em Ciências – um giro que pode ser vislumbrado mediante a proposição de um novo "para quê" Educação em Ciências, reposicionando seu sentido e sua relevância social. De certo modo, isso foi ressaltado por Selles (2020) ao afirmar que, independentemente da perspectiva metodológica e dos objetos construídos pelos/as pesquisadores/as, a abordagem decolonial enquanto crítica epistemológica poderá pautar os compromissos ético-políticos do campo. Para tanto, faz-se necessário retornar às origens mesmas da epistemologia e aos fundamentos do ensino de ciências, criticando e desmontando os objetivos para os quais ele foi criado – num percurso que culmine não no desaparecimento do campo ou na fragilização da ciência, mas na criação de um novo compromisso social e com o estabelecimento de novas regras para o diálogo entre os saberes, ou ainda, na reformulação das condições nas quais as conversações entre os conhecimentos acontecem.

A nossa participação em dois grupos de pesquisas ao longo do ano de 2020 mostrou que um dos temas mais presentes no debate Educação em Ciências/decolonialidade tem sido o da raça/racismo, numa espécie de retorno a uma das questões mais caras à ciência ocidental, o que expressa um movimento de retomada de uma questão ainda não devidamente esclarecida e mantida sob certo sigilo. Um dos pontos elencados entre falas e posicionamentos tomados ao longo das participações nesses grupos diz respeito ao silenciamento dos livros de Biologia quanto à temática racial e à forma como esse campo científico participou do processo de construção do racismo. Em outros momentos põe-se em reflexão os impactos da colonialidade do saber que postula como o único modelo válido de produção do conhecimento aquele presente na epistemologia ocidental moderna. Em sintonia com o que vem sendo discutido pela professora Bárbara Carine Pinheiro, da Universidade Federal da Bahia, muitos desses debates têm procurado considerar os processos de "pilhagem epistêmica" por meio dos quais ocorreu a "apropriação criminosa e desonesta" – por parte dos colonizadores europeus - de conhecimentos produzidos, por exemplo, por povos africanos – conhecimentos que, uma vez pilhados, entraram para a história como criações euro-ocidentais (Pinheiro, 2019).

Nesses debates, a inserção do tema da raça e do racismo em chave decolonial justifica-se, no nosso entendimento, a partir de três vetores: a) a centralidade que o tema ocupa na decolonialidade, sobretudo na obra de Aníbal Quijano (2017); b) no papel que a ciência – sobretudo a Biologia e a Antropologia – desempenhou na configuração das relações saber/poder e na legitimação do racismo no mundo colonial e; c) nas exigências políticas e educacionais contemporâneas. Nesse último caso, há a busca por uma maior compreensão acerca dos impactos que a escravidão provocou na formação social, política e cultural brasileira, com suas violências, descarte de vidas humanas, desumanização e genocídio como estratégias de controle social. Nesse sentido, demanda-se ações de intervenção contra o racismo que podem ser percebidas por meio do papel que os movimentos sociais tiveram na formulação de uma série de políticas públicas e de seus aparatos legais de sustentação. Ademais, há o reconhecimento de que o racismo e a escravidão que lhe deu forma, sustentação e a sua face de terror, atuam no sentido de degradar as relações sociais, destruindo as possibilidades de construção de formas mais humanas de viver, sustentadas na solidariedade social (Nascimento, 2016; Almeida, 2020).

Nascimento e Gouvêa (2020) num mapeamento realizado nas atas do grupo de trabalho Diversidade, Multiculturalismo e Educação em Ciências, do ENPEC, concluíram que entre 2009 e 2019 houve o crescimento expressivo no número de trabalhos sobre decolonialidade e os temas que lhe são próximos, como é o caso da interculturalidade. O crescimento do número de pesquisas realizadas com base nessa abordagem parece sinalizar para a sua institucionalização na Educação em Ciências.

Contudo, o crescimento da decolonialidade na Educação em Ciências não tem se limitado às inscrições e apresentações de trabalhos nas edições do ENPEC. Seminários online sobre a temática têm sido cada vez mais frequentes, assim como a produção de obras bibliográficas que aos poucos vão se colocando como referências para todas as pessoas interessadas em conhecer e se aprofundar no tema. Em especial destacamos Oliveira e Queiroz (2017), Pinheiro e Rosa (2018) e Monteiro, Dutra, Cassiani, Sánchez e Oliveira (2019). Por diferentes caminhos e enfoques, todas trazem em seu bojo elementos da decolonialidade, mesmo quando isso não fica explícito, como é o caso de Oliveira e Queiroz (2017). Dentre os elementos decoloniais que podem ser citados nessas obras, salientamos: o esforço teórico de pensar formas de reconectar a razão ao corpo, em contraposição ao legado cartesiano pautado na separação entre essas duas dimensões; o destaque dado aos corpos marcados como menos cidadãos/menos humanos e às suas epistemologias da experiência; o diálogo com as vivências subalternas e o reconhecimento de que elas são produtoras de conhecimento; o esforço de se criar pontes para o diálogo entre a ciência que se ensina em sala de aula e os saberes gerados no contexto das subalternidades das quais muitos/as estudantes são procedentes; a elaboração de propostas didático-pedagógicas que apreendam as demandas de reconhecimento por parte de vários segmentos, historicamente, estigmatizados; o fortalecimento de uma perspectiva crítico-decolonial no campo da educação ambiental e; certamente, o desafio da reflexão teórico-epistemológica para o campo da Educação em Ciências.

Esforços iniciais têm sido feitos no sentido da formação de um outro modo de pensar a Educação em Ciências, posto que as obras citadas acima buscam transitar pelas frestas ou pelas bordas do conhecimento, formulam uma crítica ao eurocentrismo presente na escola e nos materiais didáticos, aproximam-se das fronteiras epistêmicas, desnaturalizam o mito da neutralidade do conhecimento, revelando seus vínculos com a sujeição de saberes e viveres, e colocam-se, ética e politicamente, ao lado dos corpos subalternizados ao reconhecerem as potências presentes na construção de diálogos entre eles e a ciência moderna.

Todavia, se há avanços, muitos são os desafios. Um deles diz respeito à tarefa do desprendimento (Palermo, 2014) ou da decolonização diária de mentes forjadas nos umbrais da racionalidade hegemônica, da qual todos/as nós fazemos parte. Desprendimento esse que nos remete ao sentido da subversão epistemológica ou de construção não apenas de um projeto social, mas também pessoal de contra-hegemonia. Há também a necessidade – ainda não adequadamente teorizada – de problematização da interface Educação em Ciências/decolonialidade/autoridade coletiva, por meio da qual espera-se aprofundar os aspectos relacionados com o controle e a participação no aparato do Estado em contextos de retrocesso político e de avanço de pautas reacionárias e que tendem a frear a constituição de espaços democráticos e populares na sociedade brasileira.

Por fim, para além das nossas pesquisas, outro desafio diz respeito à operacionalização de tudo o que temos produzido. De que forma toda essa produção teórica afeta a formação docente e a dinâmica da sala de aula? Como a abordagem decolonial poderá impactar as tradições curriculares do campo, muitas das quais mantém franca associação com a colonialidade? Como poderão influenciar na elaboração de novos textos didáticos em tempos de "restauração conservadora"? Essas são questões para as quais ainda não temos respostas claras. Entretanto, todas elas devem ser consideradas no contexto do reconhecimento de que disputas epistemológicas são embates políticos. Envolvem interesses e jogos de poder tanto interna quanto externamente ao campo. E nada disso poderá ser levado a cabo sem que tenhamos claro quais são nossas posições no âmbito da vida social, permeada que é pela luta, pelas disputas e pela política.

Precariedade e luto na perspectiva de Judith Butler

A premissa que sustenta este trabalho é a de que, a despeito de não ser considerada uma pensadora do movimento decolonial, Judith Butler apresenta em sua abordagem ética, epistemológica e política, elementos que podem ser úteis para o desenvolvimento e para a dinamização de algumas das posições que vêm sendo defendidas nos marcos da decolonialidade. Butler é considerada uma das pensadoras mais importantes da atualidade e acreditamos que qualquer abordagem ética e epistêmica hoje em curso, necessita, mesmo que seja para se contrapor, estabelecer algum diálogo com o que vem sendo proposto pela filósofa estadunidense.

Judith Butler ficou conhecida como uma estudiosa das questões de gênero e da chamada teoria *queer*. Contudo, a partir de 2001, quando do acontecimento do 11 de setembro e seus desdobramentos, Butler tem se dedicado a explorar outras fronteiras sem, no entanto, haver abdicado do seu objeto de análise inicial e, tampouco, de suas posições éticas e políticas. Na verdade, o que se tem desde então é a ampliação do raio de análise da autora e o refinamento de muitas das categorias analíticas desenvolvidas ao longo dos anos de 1990. Nesse sentido, não há duas fases – uma do gênero e outra da ética – mas o desdobramento das posições que desde o início de seus trabalhos vêm sendo defendidas pela pensadora.

Nesse aspecto, Butler (2018, p. 34) coloca-nos a seguinte questão: "Como transitar de uma teoria da performatividade de gênero para uma consideração sobre as vidas precárias?" Ou, segundo compreendemos, como passar de um instante no qual a teoria da performatividade de gênero dá o tom de sua reflexão para um outro momento no qual a precariedade passa a ser a categoria a pautar suas análises? É possível localizar algum elemento comum entre a precariedade e a performatividade? E prossegue seu argumento afirmando que

> A "precariedade" designa a situação politicamente induzida na qual determinadas populações sofrem as consequências da deterioração das redes de apoio sociais e econômicas mais do que outras, e ficam diferencialmente expostas ao dano, à violência e à morte. (...), **a precariedade é, portanto, a distribuição di-**

> **ferencial da condição precária**. Populações diferencialmente expostas sofrem um risco mais alto de doenças, pobreza, fome, remoção e vulnerabilidade à violência sem proteção ou reparações adequadas (p. 40 e 41. Grifo nosso).

Tendo em vista a exposição maior à violência à qual a população *queer* encontra-se sujeita, conclui-se que o tema da precariedade já se faz presente nos momentos iniciais da reflexão levada a cabo por Butler nos anos 1990, pois, segundo ela, "[...] a precariedade está, talvez de maneira óbvia, diretamente ligada às normas de gênero, uma vez que sabemos que aqueles que não vivem seu gênero de modos inteligíveis estão expostos a um risco mais elevado de assédio, patologização e violência (2018, p. 41). É nesse sentido que há um fio condutor que perpassa toda a reflexão por ela realizada no decorrer dos anos, sendo as análises mais recentes consequências do refinamento e do adensamento de tais reflexões. Cabe ressaltar que a condição precária faz referência à condição universal à qual todo ser vivo encontra-se submetido (uma condição ontológico-social), na medida em que todos estamos entregues ao adoecimento e à morte –, ao passo que a precariedade (uma condição ontológico-política) diz respeito ao modo de distribuição desigual da condição precária.

Ao falar numa ontologia política e social, Butler (2015, p. 15) faz o seguinte esclarecimento:

> Referir-se à "ontologia" nesse aspecto não significa reivindicar uma descrição de estruturas fundamentais do ser distantes de toda e qualquer organização social e política. Ao contrário, nenhum desses termos existe fora de sua organização e interpretação políticas. O "ser" do corpo ao qual essa ontologia se refere é um ser que está sempre entregue a outros, a normas, a organizações sociais e políticas que se desenvolveram historicamente a fim de maximizar a precariedade para alguns e minimizar a precariedade para outros.

A precariedade produz a cisão entre vidas que importam e vidas que não importam, entre os corpos que contam e os corpos que pesam. Esse corte ontológico decorre da ação de determinados esquemas normativos que delimitam as fronteiras entre o humano e o não humano – a dicotomia estruturante da colonialidade. A ideia de marcos de inteligibilidade implica numa formulação epistemológica por meio da qual a autora salienta que as fronteiras do pensável estão previamente definidas à ação de pensar. Isso significa dizer que pensamos e sentimos a partir de quadros normativos que demarcam as bordas do cognoscível ou do inteligível, daquilo que pode e daquilo que não deve ser captado por nossa compreensão. Com isso, não há um significado do humano desde sempre dado e constituído, mas a ação do poder presente nas normas ou nos quadros de inteligibilidade que circunscrevem quais vidas e quais corpos podem ser ou não considerados humanos. "[...] pensemos o humano como um valor e uma morfologia que podem ser atribuídos e retirados, enaltecidos, personificados, degradados e negados, elevados e afirmados" (Butler, 2015, p. 117).

Daí a razão pela qual Butler se pergunta sobre quais condições devemos cumprir para nos tornarmos reconhecíveis/enlutáveis como humanos. Ou, em outros termos, por quem se chora e a quem é negado o direito de luto e de lamento diante da perda de suas vidas? O luto aparece no pensamento de Butler como uma categoria ética e política, na medida em que a negação do direito de ser enlutado ocorre apenas nos casos de perdas que não são consideradas perdas, das vidas perdidas que não são consideradas vidas humanas de fato (Butler, 2015, 2019a, 2019b).

Ao salientar a importância do reconhecimento público das perdas, Butler (2017, p. 30), amparada na ética judaica nos dirá:

> [...] as práticas de luto (o repouso da *shivá* e a reza *kadish*) na tradição judaica acentuam a importância do reconhecimento comunitário e público das perdas como uma maneira de continuar afirmando a vida. A vida não pode ser afirmada enquanto estamos sozinhos – ela requer outras pessoas com quem e diante de quem podemos lamentar abertamente (grifo da autora).

Portanto, o luto ocupa a posição de eixo por meio do qual são delimitadas as vidas que são de fato consideradas vidas e aquelas que não passam de meros espectros ou fantasmas do humano, vivências cuja humanidade plena encontra-se negada pelas normas de inteligibilidade. O não reconhecimento público de determinadas perdas implica no confinamento da existência perdida numa zona límbica, na qual a morte e a perda são despidas de todos os seus sentidos existenciais e simbólicos – elementos tipicamente humanos. Representa também a explicitação de existências que não foram reconhecidas quando vivas. É nesse sentido que podemos afirmar que o direito ao luto ou a sua negação antecede o momento da morte de alguém, uma vez que as vidas são valoradas negativa ou positivamente desde o instante em que nascem. A descartabilidade de uma existência em vida, ou seja, a sua condenação à precariedade, é a antessala de sua condição de ser não enlutado quando de sua morte. O ser digno ou não de luto diz respeito ao modo como se nasce e como se vive (Kubissa, 2017; Rodrigues, 2020).

Butler (2018, p. 218) nos diz:

> **A razão por que alguém não vai ser passível de luto, ou já foi estabelecido como alguém que não deve ser passível de luto, é o fato de não haver uma estrutura ou um apoio que vá sustentar essa vida**, o que implica a sua desvalorização como algo que, para os esquemas dominantes de valor, não vale a pena ser apoiado e protegido enquanto vida. O próprio futuro da minha vida depende dessa condição de apoio [...]. **É preciso, [...], ser passível de luto antes de ser perdida**, antes de qualquer dúvida sobre negligência ou abandono, e deve ser capaz de viver uma vida sabendo que a perda dessa vida que eu sou poderia ser lamentada, de forma que todas as medidas fossem tomadas para prevenir essa perda (grifo nosso).

Por essa razão podemos afirmar que "**El discurso mismo del luto establece el límite de lo que es la inteligibilidad humana**: mediante la prohibición y la exclusión del discurso público se produce la deshumanización, que significa la violencia contra quienes no cuentan como vidas, ni por tanto como pérdidas ni, por lo mismo, como ocasión de duelo (Kubissa, 2017, p. 137. Grifo nosso).

A delimitação do humano implica na exclusão daquele/a que não é assim considerado/a, forjando uma zona de não existência ou de abjeção, a constituição de um domínio sombrio da existência, de um mundo não habitado, mas contraditoriamente povoado por viventes cuja condição humana é reiteradamente negada seja em função de seu sexo, de seu gênero, de sua atribuição racial etc (Pulgarin, 2011; Kubissa, 2017; Butler, 2018, 2019b). Ou seja, seguindo as pistas dadas por Fanon (2008), cria-se, a partir do caráter excludente da normalidade, a "zona do ser" e o seu corolário e contraponto necessário – a "zona do não ser". A concessão do estatuto de humano varia conforme a atribuição da raça, a morfologia corporal, o sexo e o gênero, etnicidade etc. E disso decorrem graves consequências sociais e políticas, na medida em que aqueles/as lançados/as no campo da não inteligibilidade ficam desprovidos/as de todos os direitos e banidos/as da condição de vidas que merecem reconhecimento. A normalidade exige a constituição da anormalidade como forma de justificar a sua condição hierárquica e humanamente superior. Butler (2018, p. 44) dirá: "[...] podemos ver que as normas do humano são formadas por modos de poder que buscam normalizar determinadas versões do humano em detrimento de outras, fazendo distinções entre humanos ou expandindo o campo do não humano conforme a sua vontade".

O desafio para o qual Butler nos convoca é o de encontrarmos formas de superar as hierarquias – em especial, diríamos, aquela que estrutura a colonialidade – entre quem tem e quem não tem direito ao luto, já que tais processos de hierarquização fomentam a produção de vidas meritórias e não meritórias (Kubissa, 2017). Nesse sentido, o que nos propõe Butler é um desafio ético e político, mas, sobretudo epistemológico: o de ampliarmos o escopo da humanidade por meio do tensionamento dos esquemas categoriais que nos precedem e o de forçarmos a flexibilização dos quadros normativos que estabelecem quem é e quem não é humano. Segundo a filósofa, isso não significa destruir as normas, mas torná-las mais leves, de maneira que as vidas dissidentes e não normativas possam ser vividas com possibilidades de prosperar. O que se deseja é a não fixação do humano, mas a sua abertura para que formas outras de ser e de estar no mundo, negligenciadas no curso da história humana, possam ser dignas da proteção e do direito de existir (Butler, 2014, 2018).

Entendemos que a chave de interpretação apresentada pela filósofa estadunidense passa pelo embate crítico com a colonialidade; um percurso que exige que questionemos como as normas são criadas, em que contexto e em prejuízo de quem. "[...] é apenas por meio de uma abordagem crítica das normas de reconhecimento que podemos começar a desconstruir esses modos mais perversos de lógica que sustentam formas de racismo e antropocentrismo" (Bulter, 2018, p. 44).

Além disso, o que mais pretende Butler? Ao salientar as relações corpo, vulnerabilidade e resistência, ela nos propõe o desafio de pensarmos a formação de uma comunidade política não a partir da força ou dos jogos de poder, mas por meio do reconhecimento da vulnerabilidade comum. Ou seja, pelo deslocamento da condição precária para o centro da discursividade política. Isso significa a ampliação dos sentidos e dos compromissos das chamadas políticas identitárias, vistas pela pensadora como incapazes de fomentar uma concepção mais ampla do que significa viver junto e em conexão com as diferenças que se colocam frente a frente graças à coabitação não escolhida. Significa também o enfrentamento com os imperativos neoliberais construídos sobre a fantasia de um sujeito autônomo e que independe dos demais para viver. Nesses termos, Butler coloca em cena uma demanda ético-política construída sobre três postulados: a interdependência, a vulnerabilidade comum e a responsabilidade ética com o outro. A filósofa questiona a figura do *self-made* ao destacar que a nossa existência exige a presença de muitos outros dos quais somos - direta ou indiretamente - dependentes. Se não podemos escolher quem deve e quem não deve habitar o mundo, precisamos pensar formas de convivência que sejam capazes de fomentar o sentido de um mundo comum e de uma vida não violenta. Por isso Butler (2018, p. 34) nos dirá:

> Agora estou trabalhando a questão das alianças entre várias minorias ou populações consideradas descartáveis; [...], estou preocupada com a maneira pela qual a precariedade [...], pode operar, ou está operando, como um lugar de aliança entre grupos de pessoas que de outro modo não teriam muito em comum e entre as quais algumas vezes existe até mesmo desconfiança e antagonismo.

A autora prossegue: "Apesar de nossas diferenças de lugar e história, minha hipótese é que é possível recorrer a um 'nós', pois todos temos a noção do que é ter perdido alguém. A perda nos transformou em um tênue 'nós'" (Butler, 2019a, p. 40). Butler assume a existência de variados marcadores de desigualdade, mas trabalha no sentido de elaborar uma concepção de aliança a partir desse "nós" que se constitui mediado pela nossa experiência com a morte e com as perdas que ela nos impõe. Nesses termos, a vulnerabilidade comum e a responsabilidade ética para com o outro aparecem como cimento dessa nova concepção de comunidade política proposta por Butler. Se as agendas identitárias não têm sido capazes de fomentar um projeto político comum, quiçá a vulnerabilidade e a perda ou luto sejam capazes de construir a liga necessária às alianças dos subalternos em seus enfrentamentos com a colonialidade que se presentifica pelo neoliberalismo, uma forma de (ir)racionalidade que opera pela precarização dos sistemas de apoio social, pelo desmonte do Estado de proteção e pelo deslocamento ininterrupto de muitas vidas para o campo do descartável, do supérfluo e do não humano.

Com isso, o que se coloca nos termos crítico-butlerianos é perceber que no contexto contemporâneo, a questão não é se se trata de uma concepção utópica de comunidade política, mas de ressignificar a condição precária enquanto operador ético capaz de dar um novo impulso ao imperativo das alianças. Trata-se também de compreender a permanente tensão entre o medo de sofrer a violência e o medo de exercê-la. É nesse temor que se encontra o limite para aquilo que se pode nomear de humano, na medida em que todos/as estamos submetidos/as à possibilidade da violência e da destruição (Kubissa, 2017).

Colonialidade, precariedade e luto: aportes para a Educação em Ciências

A categoria ética, política e epistêmica da colonialidade tem sido um dos mais potentes instrumentos de análise não apenas para a Educação em Ciências, mas para o conjunto do pensamento crítico. No entanto, mesmo considerando os importantes aportes que ela tem dado às ciências sociais, não podemos nos descuidar de seus limites analíticos. Nesse sentido, as contribuições de Butler para a renovação não apenas da teoria crítica, mas para o próprio movimento de reinvenção das ideias de emancipação e de articulações políticas entre as experiências subalternas, precisam ser consideradas.

Contudo, a apropriação do pensamento de Butler por parte dos/as pesquisadores/as do campo da Educação em Ciências tem sido tímida e tardia. Segundo Nascimento e Gouvêa (2020), as poucas pesquisas nas quais ela é mencionada estão circunscritas ao âmbito das discussões de gênero, e mesmo assim de forma periférica, na medida em que sua proposta teórica não se constitui na principal referência que articula esses trabalhos. Os autores enfatizam também que não há registro de investigações que incorporem as mais recentes reflexões realizadas pela autora.

Dadas a abrangência e as dimensões da obra de Butler, considera-mos apenas alguns de seus aspectos, mas acreditamos que todo o seu arca-bouço teórico apresenta subsídios capazes de potencializar o modo como a categoria epistemológica da colonialidade tem sido acionada pelo campo da Educação em Ciências. Numa mirada rápida destacaríamos os seguintes elementos:

1. A interpretação conservadora acerca do sexo/gênero encontrada em Quijano e já questionada por autoras como Lugones (2008), Curiel (2016) e muitas outras pensadoras feministas, também pode ser tensionada pela teoria da performatividade, desenvolvida por Butler, que esvazia o gênero de qualquer substância ou elemento essencialista, ao mesmo tempo em que postula a não existência do sexo pré-discursivo. Nesses termos, tanto o gênero quanto o sexo não existiriam fora das normas culturais que os definem desse ou daquele modo. Não há, portanto, um sexo e um gênero naturais, mas efeitos das normas que são reiteradamente repetidas não apenas pelos sujeitos, mas pelo conjunto das instituições sociais, sustentando uma ficção de gênero ideal e que se mantém – frequentemente – pelo uso da força, da violência e da possibilidade de morte dos corpos dissidentes. Rodrigues (2019, p. 54) salienta que com a performatividade de gênero ocorre "[...] o esvaziamento da fundamentação das normas (de gênero), que passam a ser compreendidas como convenções vazias de sentido, como operações de poder sobre os corpos, como biopolítica [...] e como formas de controle da reprodução da mão de obra para o funcionamento do sistema capitalista."

2. Nascimento e Gouvêa (2020) sugerem que as reflexões alavancadas por Butler podem ser instrumentos para a análise da forma como as normas de gênero são produzidas e reproduzidas nas linguagens acionadas em sala de aula, nas interações entre alunos/as e professores/as e pelo modo como damos sentido aos estudos da natureza. Sua abordagem pode contribuir para pensarmos a própria ideia de natureza – elaborada em contraposição à ideia de cultura - como um cons-

truto da racionalidade ocidental e que pressupõe que o homem ocidental - herdeiro do "eu penso", do "eu conquisto" e do "eu domino" – constitui-se numa entidade não natural, eminentemente cultural, e que acredita ter a missão de "civilizar" o mundo, subordinando não apenas a natureza, mas os povos considerados como menos humanos – um processo civilizador que tem como "efeito colateral" o uso da violência como "mal necessário" e o apagamento de outras formas de ser e de compreender, conforme discutido por Dussel citado por Oliveira (2016). A decolonialidade implica o enfrentamento com a ideia de natureza forjada pela racionalidade moderna e, nesse sentido, Butler poderá nos ajudar a pensar.

3. Outra contribuição para a perspectiva da colonialidade é o conceito de quadros ou marcos de inteligibilidade. Trata-se de uma categoria epistemológica por meio da qual Butler analisa as condições que fazem com que uma vida seja considerada humana ou as condições que tornam uma vida vivível. Dessa forma, se queremos compreender de que modo as vidas foram classificadas em enlutáveis e não enlutáveis, devemos enfrentar o conceito de marcos morais de inteligibilidade elaborado pela autora. A construção da raça, do racismo e a inferiorização de indígenas e negros resulta da elaboração de um gigantesco quadro de inteligibilidade por meio do qual as vidas foram marcadas, originando a dicotomia fundante da colonialidade: aquela que divide os viventes em humanos e não humanos. A sustentação desse marco de inteligibilidade pode ser percebida mediante a construção de toda uma institucionalidade que lhe dá forma e materialidade, ao lado da colonização do imaginário, invadido que foi por concepções imagéticas, científicas, médicas, religiosas, jurídico-legais ocidentais etc e que redefiniram o campo da compreensão humana. As nossas percepções quanto ao valor de uma vida encontram-se condicionadas pela ação desses esquemas de compreensibilidade. A ideia de marcos de inteligibilidade implica na construção do outro como não humano e capta dimensões tanto da colonialidade do poder quanto das colonialidades do ser e do saber. Sua abrangência não

se limita a apreender a dimensão racial da matriz colonial, mas incorpora outros marcadores por meio dos quais as vidas passam a ser diferencialmente valoradas. Nesse sentido, se trabalhamos com a interface Educação em Ciências/decolonialidade, devemos ter em mente o seguinte aspecto: com a colonialidade nasceu uma outra inteligibilidade. Com a colonialidade veio à tona um novo esquema de compreensibilidade. A colonialidade constitui-se num ataque ao humano (Mpofu, & Steyn, 2021).

Os pontos de conexão entre a decolonialidade e a abordagem encabeçada por Butler podem ser identificados a partir de vários matizes e, em que pese as suas divergências, a apropriação de Butler e Quijano nos marcos da Educação em Ciências pode se constituir num promissor encontro.

Quijano e Butler fazem coro com todos os/as pensadores/as que denunciaram a falácia do sujeito cartesiano, moderno, autônomo e autocentrado, uma criatura que veio de lugar algum e que adentrou a esfera pública como representante universal da humanidade. No lugar desse sujeito, pensemos numa multiplicidade de corpos, histórias e vivências. Corpos vulneráveis, mas ao mesmo tempo potentes e capazes de empreender grandes feitos em favor de uma vida digna para todos/as/es. Rompamos com a história única (Adichie, 2019) e abracemos a pluriversalidade das histórias contadas e recontadas por todos os povos no decurso de sua trajetória sobre a terra.

Se a Educação em Ciências tem questionado a presença da colonialidade nas suas fronteiras e na sua fundamentação epistemológica, é importante pensarmos quais configurações essa colonialidade tem assumido no tempo presente – uma colonialidade que se mantém pela exploração ambiental dos recursos naturais das ex-colônias e que se faz presente nas pesquisas em engenharia genética e da biologia molecular no âmbito do capitalismo financeiro e globalizado, cuja "produção", voltada para o lucro, tende a não contemplar os interesses sociais. Uma colonialidade que se expande sobre a economia em sua versão neoliberal, que pressupõe uma nova concepção de educação e que tende a implodir as dimensões éticas e humanas do processo ensino-aprendizagem, na medida em que o conhecimento passa a ser pautado pela capacidade de atender aos imperativos do capital. Nesses termos, para além de uma concepção econômica, a lógica neoliberal assume os contornos de uma nova forma de subjetivação – mediante a constituição do ideal de um sujeito individualista, agressivo, competitivo e empresário de si mesmo – numa aberta negação da nossa condição de seres vulneráveis e interdependentes (Castro-Gómez, 2005; Nussbaum, 2015; Butler, 2018; Brown, 2018; Laval, 2019).

A abordagem decolonial tem nos ajudado a pensar os elos entre os processos de exploração em curso e a colonialidade. Numa dimensão pedagógica, tem favorecido uma leitura que nos desafia a pensar como operacionalizar uma educação outra, que rompa com o modelo de escola centrado na formação de subjetividades capturadas pela lógica do mercado e do capital. Butler, por sua vez, postula a necessidade de construirmos, para além das demandas identitárias, alianças pautadas na vulnerabilidade. Trata-se de perspectivas que se conectam com a crítica ao neoliberalismo que fomenta não apenas uma necropolítica, mas uma necroeconomia, na medida em que opera em escala planetária e com o fim de gerar uma população excedente e supérflua, desimportante para o funcionamento da máquina do capital. É nesse cenário que Mbembe (2018) fala de um "devir negro do mundo", no qual a condição do negro escravizado transcende aos corpos negros e se impõe sobre um conjunto cada vez maior e diverso de experiências de vida – borrando as fronteiras que separam o humano, a mercadoria e a coisa.

Na lógica da produção neoliberal não há espaço para o luto e tampouco para a elaboração das perdas. Como na colônia, na qual a morte de um escravizado não causava comoção e nem justificava a parada da máquina de produção, na atual conjuntura os corpos são lançados à produção desprovidos dos tradicionais mecanismos de proteção trabalhista. São vidas cujos direitos estão sendo negados e destruídos, ensejando um dos momentos mais cruéis na história do trabalho, na medida em que a produção do lucro passa a se dar de forma direta, sem mediações legais que garantam o amparo e segurança do/a trabalhador/a (Antunes, 2020) e que funcionam como "colchões de amortecimento" da exploração. É a obtenção do lucro a qualquer custo, situação agravada pelas condições pandêmicas (Covid-19) nas quais a economia tem tido primazia frente à saúde das pessoas que diariamente são enviadas para serem sacrificadas em nome dos imperativos no mercado e do lucro. E quem são essas pessoas? São aquelas já precarizadas e marcadas como de menor valor pelos componentes coloniais que insistem em se fazer presentes na sociedade brasileira.

Como dito anteriormente, a distinção entre quem será e quem não será passível de luto serve para separar os humanos dos não humanos – a dicotomia estruturante da colonialidade. O não reconhecimento comunitário de uma perda revela-se uma das formas mais violentas de desumanização de uma vida. Basta nos lembrarmos que humanizamos os nossos animais de estimação quando estes vivem, mas de modo especial quando morrem. Quando vivemos a dor por sua perda, postamos suas fotos na internet e escrevemos textos rememorando a importância que tiveram para as nossas vidas. Se a morte de um animal é humanizada pela nomeação e pelo direito ao luto que a ele atribuímos, a negação desse direito a outros seres humanos implica num dos mais violentos instrumentos de desumanização que os mecanismos do poder foram capazes de implementar. E é para isso que Butler tem chamado a nossa atenção. Aos considerados não humanos, criados pela lógica colonial (indígenas e negros/as escravizados/as), estava negado o direito ao luto e ao reconhecimento. O mesmo podendo ser dito sobre a produção em massa de cadáveres nos campos de extermínio nazista ou nas subvidas presentes nas zonas de sacrifício ambiental dos lixões e campos de mineração. Em todos esses casos, há um processo de desumanização que justifica a divisão entre vidas matáveis e corpos que importam; entre aqueles/as aos/às quais é garantida a proteção e aqueles/as aos/às quais resta a sobrevivência nos limites da não humanidade e cujas mortes não serão mencionadas.

Por fim, diante do cenário político e social não muito satisfatório, temos o desafio de aprofundarmos a nossa compreensão sobre a colonialidade e como ela opera tanto no interior do campo quanto fora dele. Isso passa pelo questionamento das bases epistemológicas da Educação em Ciências e pelo reconhecimento dos valores que pautam as práticas pedagógicas performadas nas escolas e nos processos de formação docente. Implica também na radicalização dos valores de justiça e emancipação que, uma vez conectados com o debate sobre o luto e a precariedade, devem pautar um movimento onto-epistemológico de recusa radical da dicotomia estruturante da colonialidade. Nesses termos, pensamos numa Educação em Ciências que reafirme a importância da ciência, mas de forma crítica, mantendo clareza e distanciamento em relação aos negacionismos que grassam pelos espaços sociais. A respeitabilidade do/pelo campo passa pela marcação de território frente aos movimentos negacionistas, sob pena de sermos mal compreendidos mesmo dentro das nossas fileiras.

Pensamos numa Educação em Ciências outra, que abdique da fantasia da neutralidade do conhecimento e que nomeie os processos de estigmatização desencadeados ao longo do tempo tanto pela política, quanto pela religião e pela ciência. Uma Educação em Ciências comprometida com as reparações epistêmicas e com a restituição à condição de humanos os saberes e os corpos marcados como não humanos pela ação da colonialidade.

> O grande desafio na educação talvez permaneça o mesmo: **o de repensar o que é educar, como educar e para que educar**. Em uma perspectiva não normalizadora, educar seria uma atividade dialógica em que as experiências até hoje invisibilizadas, não reconhecidas ou, mais comumente, violentadas, passassem a ser incorporadas no cotidiano escolar, modificando a hierarquia entre quem educa e quem é educado e buscando estabelecer mais simetria entre eles de forma a se passar da educação para um aprendizado relacional e transformador para ambos (Miskolci, 2017, p. 57. Grifo nosso).

Se a educação e a ciência são construções humanas e se, no decurso do tempo, elas têm contribuído para a permanência da colonialidade, então, é certo que há possibilidades para a formação de um modo outro de pensar o conhecimento e os processos pedagógicos. O fato de ambas serem artefatos humanos confere-nos a esperança de que no contexto de nossas histórias e de nossos embates políticos seremos capazes de dar vitalidade e materialidade a uma nova concepção de ciência, de educação e de humanidade. As articulações entre a colonialidade, a precariedade e o luto como referências para a Educação em Ciências estão apenas no início e podem nos ajudar nesse processo de renovação teórica, ética e epistêmica, sobretudo nesses tempos de tantos retrocessos e ataques ao pensamento crítico.

Referências

Adichie, C. N. **O perigo de uma história única**. Editora Companhia das Letras, 2019.

Almeida, B., & Mendonça, P. C. Natureza da ciência e ensino de ciências: perspectivas e possibilidades. In: **XVIII Encontro Nacional de Ensino de Química**. Florianópolis/SC, 2016.

Almeida, S. **Racismo estrutural** (Coleção Feminismos Plurais). Editora Jandaíra, 2020.

Antunes, R. **O privilégio da servidão:** o novo proletariado de serviços na era digital. Editora Boitempo, 2020.

Ballestrin, L. América Latina e o giro decolonial. **Revista Brasileira de Ciência Política**, (11), 89-117, 2013. https://doi.org/10.1590/S0103-33522013000200004.

Bidaseca, K., Carvajal, F., Mines Cuenya, A., & Nuñez Lodvick, L. "La articulación entre raza, género y clase a partir de Aníbal Quijano: diálogos interdisciplinarios y lecturas desde el feminismo. **Papeles del Trabajo**, 10(18), pp. 195-218, 2016.

Brown, W. **Cidadania sacrificial:** neoliberalismo, capital humano e políticas de austeridade. Zazie Edições, 2018.

Butler, J. **Repensar la vulnerabilidad y la violencia**. Conferencia em la Universidad de Alcalá. XV Simposio de la Asociación Internacional de Filósofas, 2014. Disponível em http://paroledequeer.blogspot.com/2014/06/repensar-la-vulnerabilidad-por-judith.html. Acesso em 09 de julho de 2019.

Butler, J. **Quadros de guerra:** quando a vida é passível de luto? Civilização Brasileira, 2015.

Butler, J. **Caminhos Divergentes:** judaicidade e crítica do sionismo. Editora Boitempo, 2017.

Butler, J. **Corpos em aliança e a política das ruas:** notas para uma teoria performativa de assembleia. Editora Civilização Brasileira, 2018.

Butler, J. **Vida precária:** os poderes do luto e da violência. Editora Autêntica, 2019a.

Butler, J. **Corpos que importam:** os limites discursivos do sexo. N-1 Edições e Crocodilo Edições, 2019b.

Cachapuz, A., Praia, J., & Jorge, M. Da Educação em Ciência às orientações para o ensino das ciências: um repensar epistemológico. **Ciência & Educação**, 10(3), 363-381, 2004.

Castro-Gómez, S. **La poscolonialidad explicada a los niños**. Editorial Universidad del Cauca, 2005.

Castro-Gómez, S. Michel Foucault y la colonialidad del poder. **Tábula Rasa**, 6, 153-172, 2007.

Curiel, O. **Feminismo decolonial:** prácticas políticas transformadoras (vídeo). Disponível em: https://www.youtube.com/watch?v=B0vLlIncsg0. Acesso em 07 de novembro de 2016.

Fanon, F. **Pele negra, máscaras brancas**. Edufba. 2008.

Freire, P. **Pedagogia do oprimido**. Editora Paz e Terra, 2002.

Gomes, C. de M. Gênero como categoria de análise decolonial. **Civitas**, 18(1), 65-82, 2018.

Grosfoguel, R. A estrutura do conhecimento nas universidades ocidentalizadas: racismo/sexismo epistêmico e os quatro genocídios/epistemicídios do longo século XVI. **Sociedade e Estado**, 31(1), 25–49, 2016. https://doi.org/10.1590/S0102-69922016000100003

hooks, b. **Ensinando a transgredir:** a educação como prática da liberdade. Editora Martins Fontes, 2018.

Huguet, M. G. El análisis del poder: Foucault y la teoria decolonial". **Tábula Rasa**, 16, 59-77, 2012.

Kubissa, L. P. Feminismo y guerra. A propósito de Judith Butler. **Isegoría. Revista de Filosofia Moral y política**, 56, 127-144, 2017.

Laval, C. **A escola não é uma empresa**. Boitempo, 2019.

Lugones, M. Colonialidad y género. **Tábula Rasa**, 9, 73-101, 2008.

Martins, A. F. P. **Física, Cultura e Ensino de Ciências**. Editora Livraria da Física, 2019.

Marx, K., & Engels, F. **A ideologia alemã**. Expressão Popular, 2009.

Matthews, M. R. Historia y epistemología de las ciencias. **Enseñanza de las ciências**, 12 (2), 255-277, 1994.

Mbembe, A. **Crítica da razão negra**. N-1 Edições, 2018.

Mignolo, W. **Histórias locais/projetos globais:** colonialidade, saberes subalternos e pensamento liminar. Editora UFMG, 2020.

Miskolci, R. **Teoria queer: um aprendizado das diferenças**. Editora Autêntica, 2017.

Monteiro, B. A. P., Dutra, D. S. A., Cassiani, S., Sánchez, C., & Oliveira, R. D. V. L. **Decolonialidades na Educação em Ciências**. Editora Livraria da Física, 2019.

Mota Neto, J. C. **Por uma pedagogia decolonial na América Latina:** reflexões em torno do pensamento de Paulo Freire e Orlando Fals Borda. Editora CRV, 2016.

Mpofu, W., & Steyn, M. **Decolonising the human:** reflections from Africa on difference and oppression. Wits University Press, 2021.

Nascimento, A. **O genocídio do negro brasileiro:** processo de um racismo mascarado. Editora Perspectiva, 2016.

Nascimento, H. A., & Gouvêa, G. Diversidade, Multiculturalismo e Educação em Ciências: Olhares a partir do ENPEC. **Revista Brasileira De Pesquisa Em Educação Em Ciências**, *20*(u), 469–496, 2020. https://doi.org/10.28976/1984-2686rbpec2020u469496.

Nascimento, H. A., & Gouvêa, G. Pensamento crítico e subversão onto-epistêmica: propondo um diálogo entre Butler e Quijano. **Dissonância. Revista de Teoria Crítica**, publicação online avançada, 2021. Disponível em https://www.ifch.unicamp.br/ojs/index.php/teoria-critica/issue/view/247.

Nussbaum, M. **Sem fins lucrativos:** por que a democracia precisa das humanidades? Editora WMF Martins Fontes, 2015.

Ocaña, A L. O, López, M. I. A., & Conedo, Z. E. P. Pedagogía decolonial: hacia la configuración de biopráxis pedagógicas decolonizantes. **Revista Ensayos Pedagógicos**, XIII (2), 201-233, 2018.

Oliveira, R. D. V. L., & Queiroz, G. R. P. C. **Conteúdos cordiais:** química humanizada para uma escola sem mordaça. Editora Livraria da Física, 2017.

Palermo, Z. **Para una pedagogía decolonial**. Ediciones Del Signo, 2014.

Pinheiro, B. C. S. Educação em Ciências na Escola Democrática e as Relações Étnico-Raciais. **Revista Brasileira De Pesquisa Em Educação Em Ciências**,19, 329–344, 2019. https://doi.org/10.28976/1984-2686rbpec2019u329344.

Pinheiro, B. C. S., Rosa, K. **Descolonizando saberes:** a lei 10639/2003 no ensino de ciências. Editora Livraria da Física, 2019.

Pulgarin, J. M. P. Judith Butler: una filosofía para habitar el mundo. **Universitas Philosophica**, 57, 61-85, 2011.

Quijano, A. Colonialidade do poder e classificação social. In: B. Sousa Santos, & M. P. Meneses. **Epistemologias do sul**. Editora Cortez, 2017.

Quijano, A. "Raza", "etnia" y "nación" en Mariategui: cuestiones abiertas. In: Z. Palermo, & P. Quinteiro. **El desprendimiento**: Aníbal Quijano - textos de fundación. Ediciones del Signo, 2014a.

Quijano, A. ¡Que raza! In: Z. Palermo, & P. Quintero. **El desprendimiento**: Aníbal Quijano - textos de fundación. Ediciones del Signo, 2014b.

Ramos, M. Epistemologia e ensino de ciências: compreensões e perspectivas. In: Roque Moraes (Org.). **Construtivismo e ensino de ciências**. EDIPUCRS, 13-36, 2008.

Rodrigues, C. Para além do gênero: anotações sobre a recepção da obra de Butler no Brasil. **Em Construção**: Arquivos de Epistemologia, História e Estudos de Ciência, 5, 59-72, 2019.

Rodrigues, C. Por uma filosofia política do luto. **O Que Nos Faz Pensar**, *29*(46), 58-73, 2020. DOI:10.32334/oqnfp.2020n46a737.

Santos, W. L. P, & Auler, D. **CTS e educação científica**: desafios, tendências e resultados de pesquisa. Editora UnB, 2011.

Selles, S. **A trajetória da Abrapec e seu papel na formação e consolidação da pesquisa em Educação em Ciências** (vídeo). Disponível em: https://www.youtube.com/watch?v=H11ejGrZVh4. Acesso em 20 de novembro de 2020.

Sousa Santos, B. **O fim do império cognitivo**: a afirmação das epistemologias do sul. Editora Autêntica, 2020.

Wallerstein, I. Análise dos sistemas mundiais. In: A. Giddens & J. Turner. **Teoria social hoje**. Editora Unesp, 1999.

doi.org/10.29327/5220270.1-2

Capítulo 2
APRENDIZAGENS NOS RODOPIOS:
SABERES E CIÊNCIAS ENCANTADAS

Vívian Parreira da Silva, Luiz Rufino e Celso Sánchez

Da traquinagem

EM UM ENCONTRO com mestre de catira[3] Sr. José Antônio, depois de ouvir, cantar e dançar ele nos convidou para uma roda de prosa. Em um momento da conversa nos contou, que certa vez, ele junto da sua família, foi obrigado a deixar a casa que ocupavam na zona rural de uma região de Minas Gerais. Segundo ele, arrumar a mudança não foi difícil pois tinham apenas meia dúzia de coisas, um burro velho e uma carroça de roda dura. E assim, ele e a família seguiram na carroça rumo a outro chão. Caminho longo, seco, quente, lá pelas tantas na estrada ele olhou para o lado e avistou um Saci. O mestre seguiu o papo, mas nós que o ouvíamos fomos fisgados por essa afirmação de que ele tinha avistado o moleque peralta. E então, uma pessoa levanta a mão e pergunta: mestre o senhor disse que viu um Saci? E ele com sossego e um riso no rosto pergunta: *Saci uai, você nunca viu Saci não?*

Esse questionamento feito pelo mestre nunca mais deixou de povoar as cismas que nos mobilizam, que entrelaçada aos acontecimentos vividos nas rodas, danças e poesias vão firmando o chão que caminhamos, que são os muitos tempos e espaços que tecemos enquanto educadoras e educadores.

Sentar-se, ouvir o mestre, cultivar a dúvida, ampliar caminhos, disponibilizar a escuta, ir ao pé do tambor, dançar, entrar na roda, brincar de ser, aprender e compartilhar saberes. A cada pergunta lançada nos afastamos das certezas e ganhamos a oportunidade de experimentarmos a multiplicidade que compõe o mundo e somos tocados para nos deslocar, pois é

---

[3] Prática que reúne dança, canto, percussão com palmas e batidas dos pés, a catira está presente em diferentes regiões do Brasil, sobretudo no Sudeste e centro oeste. A dança e o canto são acompanhados por violeiros ou violeiras que seguem as linhas percussivas de quem canta e dança. As histórias contadas e cantadas por meio dos versos falam das lidas de quem canta, dos trabalhos na roça, das plantações, das colheitas, de amores, dos mutirões, de pelejas e alegrias.

"possível que nossa principal lição, labor educativo, seja a de aprender a ser rio, planta, vento, pedra, calor, bicho, grão de areia miúda; aquela que resguarda a sapiência da plenitude de uma experiência ecológica." (SIMAS; RUFINO 2019 p. 61). Como permitir-se a porosidade daquilo que muitas vezes a condição de ser humano não sente? O não sentir nesse caso é utilizado para conotar aquilo que os classificados como humanos ao longo do tempo têm se afastado. Como pensar uma educação a partir das formas encantadas que se apresentam e praticam o mundo? O Saci como ser encantado das matas brasileiras tem algo a nos ensinar, mas antes é necessário credibilizar o que Simas e Rufino (2020) nos dizem:

> A noção de encantamento traz para nós o princípio da integração entre todos as formas que habitam a biosfera, a integração entre o visível e o invisível (materialidade e espiritualidade) e a conexão e relação responsiva/responsável entre diferentes espaços-tempos (ancestralidade). Dessa maneira, o encantado e a prática do encantamento nada mais são que uma inscrição que comunga desses princípios. Para nós, é muito importante tratar a problemática colonial na interlocução com essa orientação" (p. 7).

Com os pés na educação, e a invocando como um campo que tem a vida como matriz e motricidade, aprendemos também com Paulo Freire que a condição inconclusa dos seres é de caráter vital. Dessa forma, onde existe vida há inacabamento (FREIRE, 1996), portanto para enfrentarmos uma política que constitui um mundo monológico é necessário darmos conta dos nossos inacabamentos, incompletudes e impermanências que refletem e refratam também esses aspectos como sendo concernentes as existências como um todo.

É bem-vindo que nos livremos da pretensão acerca de uma certa ideia de totalidade, sobretudo aquelas que reivindicam a completude, a permanência e o acabamento como finitude, explicitada na ideia de uma única verdade. Refutemos a ideia de nos reivindicar como sendo o centro das coisas, essa atitude pode ser um bom caminho que nos permita reconhecer nossa força para aprendizagens que apontem outros rumos. Assim, em diálogo com Freire (1996), firmamos que o inacabamento não é apenas uma finalidade, é, portanto, um princípio:

> Aqui chegamos ao ponto de que devêssemos ter partido. O do inacabamento do ser humano. Na verdade, o inacabamento do ser ou a sua inconclusão é próprio da experiência vital. Onde há vida, há inacabamento. Mas só entre mulheres e homens o inacabamento se tornou consciente. (p.50).

Trazer à cena os nossos inacabamentos, incompletudes e impermanências como força geradora de uma educação que precisa contrariar e aprender outras formas para além da métrica dominante, assim como uma aparição traquina de Saci é também desafiar essa lógica de um tempo findado, finito e acabado, e, portanto, regido na dominação colonial. Aqui percebemos a tensão de uma experiência com as temporalidades, que se apresenta para além das linearidades impostas pela ortopedia colonial. Reivindicamos o pulo do Saci como uma peraltagem no tempo, como a experimentação de temporalidades outras que desafiam o cronos monocultural da dominação, cuja sua marcação nos quer escassos de experiências e nos quer produtivistas. Como nos diz Rufino (2020, p. 36), [...] *não há um único tempo como também não há uma única forma de interagir e explicar as coisas do mundo. Existem muitas experiências e formas de transmiti-las que dão o jeito de escapulir do sentido temporal posto em linha reta.* Então, nosso movimento nessa roda é viver e invocar múltiplas existências, dialogar e partilhar o jogo.

Na lógica colonial o tempo encapsulado na dimensão do relógio, dos ritmos da produção, consumo, restringindo a vida a uma funcionalidade utilitarista e comunitaricida[4] nos destitui a vivacidade e nos torna mais uma peça da engrenagem de um sistema de desencante. Somos nós que produzimos as mercadorias, são elas que nos produzem?

Em outro ritmo, a roda, que é um modo que invoca outras temporalidades, chama a vida para outras invenções, jogos, batalhas e brincadeiras. A roda como continuidade, cura, jogo e ação dialógica. No amplo repertório das chamadas culturas populares a roda, o corpo e a memória são instituições que emanam as energias e assentam as gramáticas que servirão para experimentar

---

[4] Perda, morte do sentido de comunidade, do vínculo comunitário e da percepção da vida em sua dimensão comunitária. Esvaziamento da percepção do tempo da comunidade, da lógica e da política da comunidade, a perda desses sentidos é o que chamamos de comunitaricídio. Suspeitamos que em substituição à vida em comunidade, o mundo liberal, que exacerba o individualismo impõe em opilação ao comunitário o condomínio, a lógica imposta para a vida em conjuntos sejam habitacionais ou quaisquer outros tipo de conjuntos humanos onde a lógica e a política opera outras políticas de ser e existir completamente diferentes ao comunitário (ver Grosfoguel, 2018)

o mundo. Não há dentro e fora da roda, já que ela é um tempo/espaço para inscrever o mundo, assim a roda nos convoca a problematizar as travessias e formas de jogo que faremos nessas passagens pelos vários tempos. Por isso, segundo o mestre, é possível ver Saci e mais que vê-lo é brincar com a dúvida que desperta para a exploração de outras maneiras de experimentar o todo.

É aqui que a educação faz caminho para inscrever um projeto político pedagógico que confronta os efeitos da dominação colonial que se expressam na constituição de pedagogias prisioneiras de uma certa linearidade, que enrijece o tempo a uma existência limitada e empobrecida em termos ontológicos.

Este tempo que se quer único, o tempo da contagem colonial, da transformação de tudo em coisa, mercadoria e consumo é o mesmo que produz esquecimentos, que nos fatia em horas e regula o que é importante. É o tempo que sustenta a desumanização, é o tempo que destaca a vida dos sujeitos, dos rios, das árvores, das pedras. É o tempo do antropoceno, tempo das monoculturas da mente (Shiva, 2003). É sobre essa base cronológica que se assenta e se justifica a ideia de progresso, de acumulação e de finitude.

Desta maneira como aprisionado em um único tempo que compromete a liberdade de experimentação do mundo posso aprender a ser bicho, água, verso, tambor? Como posso contar a história a cada ponto da costura da minha saia? Como posso ser brincante, entrar na roda e cantar a vida? Como fazer educação rompendo com a lógica do tempo único, linear, monocronológico?[5] A lógica colonial forjou em nossos corpos os fundamentos da dominação em todas as suas possibilidades, entre elas está uma dominação das múltiplas formas de interação com o tempo. Como mesmo nascendo em terras de Jussaras, Juremas, Iaras, Kaiporas, Sacis e tantos seres, forças e existências somos capazes de viver um tempo que esqueceu do que já fomos, somos ou podemos nos tornar?

A descolonização é antes de tudo uma energia inconformada com a retirada da liberdade via um estado radical de violência e terror, por isso ela explode como ato das corporeidades[6] daqueles que tiveram seus mundos tomados, fraturados e invadidos. A descolonização como ato pode emergir

---

[5] História única, um tempo de um narrador só um tempo linearizado.

[6] É no corpo que se inscrevem as infinitas possibilidades de existências, saberes, potências e continuidades, o corpo ancora, enraíza, transforma, re-cria, possibilita. Nosso corpo é tempo e espaço de aprendizagens onde se inscrevem nossas histórias e é nele e com ele que experimentamos as dimensões da vida.

EDUCAÇÃO, AMBIENTE, CORPO E DECOLONIALIDADE **59**

como uma pergunta mandigueira: *Saci uai, você nunca viu Saci não?* A descolonização está implicada com mais do que meramente uma independência das chamadas colônias, por isso se faz necessário ainda falarmos usando esse termo. A descolonização diz acerca da emergência de batalhar cotidianamente por um desbloqueio cognitivo[7] que invoque subjetividades não adequadas a métrica dominante para inscrever outras rotas de aprendizagem. Nesse sentido, educação e descolonização confluem[8] na emergência de firmar presenças, saberes e gramáticas plurais que mais do que reivindicarem uma justiça social devem batalhar por uma justiça bio-cósmica[9].

> Esse processo, permeado de conflito, proporciona a crítica, a invocação da dúvida, a disponibilidade para o diálogo e o reconhecimento do caráter inconcluso dos seres e do mundo. A educação como parte de uma aprendizagem das coisas do mundo permite um contínuo refazer de si- autônomo, livre e em permanente afetação pelo outro. (RUFINO, 2021, p. 19).

A cisma plantada em forma de pergunta pelo mestre brota para nós, seus interlocutores, como algo que pode ser lido na problematização de algo que une questões da crítica ao colonialismo a questões da educação ambiental. Em nossas leituras entendemos que esse diálogo reivindica um giro enunciativo e de um modo de sentir/pensar que considere a crítica da educação ambiental para além de uma interação humanos com outros humanos. Assim, essa crítica convoca para uma disposição e capacidade de interação existencial com outros seres nas mais variadas inscrições de natureza. Esse giro vai ao encontro do que Antônio Bispo dos Santos (2015) chama de *biointeração*. Para ele a noção de *biointeração* compreende a dimensão ontológica

---

[7] De acordo com Tavares (2015), uma das estratégias do projeto colonial, que se sustenta no racismo cotidiano, é *a blindagem cognitiva*. Segundo o autor, existem metáforas que operam como "bloqueadores de memórias e das experiências vividas", provocando uma desconexão. Esta ação de negação, aniquilação e morte são obstáculos ontológicos na construção, afirmação e identificação do ser com a sua própria existência. Esta blindagem cognitiva nos impede de reconhecermos e empreendermos saberes que não estão a serviço da colonialidade.

[8] De acordo com Nego Bispo, "Confluência é a lei que rege a relação de convivência entres os elementos da natureza e nos ensina que nem tudo que se ajunta se mistura, ou seja, nada é igual" (SANTOS, 2015, p. 89). É uma percepção de mundo alicerçada nos saberes dos povos originários, dos povos quilombolas e afro-pindorâmicos.

[9] Basilele nos apresenta a defesa dos direitos biocósmicos e nos convida a reagir a partir de valores que se referem aos direitos da terra, direitos da natureza, direitos ecológicos. Este debate descentraliza o humano como única verdade, saber e importância, e traz a comunidade- universo-natureza como caminho de vida e responsabilidade em confluir as comunidades de vida que compõem o *Biso-Cósmico* (MALOMALO, 2019).

de modos ecológicos de existência. Esses modos fluentes em uma experiência orgânica com o todo, estabelecem conexões incapazes de serem capturadas pela ótica da separatividade e da totalidade. Em suas palavras ele nos diz:

> Assim, como dissemos, a melhor maneira de guardar o peixe é nas águas. E a melhor maneira de guardar os produtos de todas as nossas expressões produtivas é distribuindo entre a vizinhança, ou seja, como tudo que fazemos é produto da energia orgânica esse produto deve ser reintegrado a essa mesma energia. Com isso quero afirmar que nasci e fui formado por mestras e mestres de ofício em um dos territórios da luta contra a colonização. (SANTOS, p. 85)

A colonização como algo não superado, mas sim continuado pelas vias de suas obras, pela perpetuação de suas políticas e por seus danos nas esferas sensíveis da existência pavimentará o chão daqueles que irão ler o mestre Antônio Catireiro como um ser exótico, anacrônico, romântico, primitivo, incivilizado, tacanho e talvez até mentiroso. Porém, fluentes em outras línguas e afetados pela emergência de um reposicionamento político/epistemológico que tenha a descolonização como orientação lemos o mestre como alguém que pratica e é sensível às percepções mencionadas por Antônio Bispo dos Santos em seu conceito de biointeração. Afinal, o que é um Saci? Só poderá responder quem o viu.

Do rodopio

Compreendemos a partir daí, a biointeração e as confluências como um exercício de vida responsável que exige a disponibilidade para abandonarmos nosso desejo de totalidade, centralidade e nos lançarmos a coexistir, condição do ser comprometido com todos os seres sem que haja opressão e a ideia de superioridade. Este desafio para sermos em diálogo não extingue os conflitos, não se trata de romantização e ausência de discordâncias, mas sim de exercitarmos com comprometimento os desafios e belezas que a circularidade da roda nos apresenta, pois como já dissemos ela acolhe e celebra as possibilidades e ações que tenham como fundamento a vida.

É nesta perspectiva que entendemos que estas relações e entrelaçamentos estabelecem uma condição que podemos chamar de eco-existenciais.

Essa noção implica na disponibilidade e responsabilidade em coexistir sendo sensível aos fluxos e interações, que vão produzir ou não, confluências em maiores ou menores dimensões em função dos afetos para experimentar as sensações que pairam diante de nós, mas são despotencializadas pelas obras coloniais. Então, experimentamos a terrexistência como condição de ser em conectividade e biointeração com a vida e a ecossitêmica que a constitui em dinâmicas flutuantes, tênues, sensíveis, efêmeras onde outros biorritmos e outras frequências pulsam e geram outras possibilidades de sentir e ser.

> A terrexistência seria, portanto, a condição constitutiva ecológico-existencial, dos viventes capazes de compor sociedades com a natureza. Em outras palavras, uma característica de sociedades cuja biodinâmica e ecossistêmica[10] estabelecem experiências societais ecologicamente harmônicas em relação ao tempo ecológico e ecossistêmico, assim bioritmos e frequências então radicalmente afinados entre seus sujeitos, comunidades e o tempo da natureza...Podemos falar que terrexistir, como um devir mais que humano, configura uma dimensão responsiva e responsável em termos biocósmicos que se inscreve como uma das tarefas da descolonização. (Renaud, Rufino e Sánchez, 2020, p.4).

A interação com outros seres é também uma forma de ampliar nossas relações no que tange comunidades de sentido, por isso entendemos que essas experiências nos permitam aprendizagens e educações que tem o poder de cura[11]. Essa cura é aqui lida não como erradicação total do problema, mas como cuidado de si no gerenciamento de ações que tenham a capacidade de espantar as mazelas herdadas do processo colonial. Em cada ginga, em cada gargalhada, em cada poesia, em cada giro de saia na roda moram nossas crenças para continuarmos de pé, e mostrarmos que o projeto que se quer único e total não venceu[12]. Nos nossos terreiros, quintais e ruas, as bandeiras que se erguem

---

[10] Aqui estamos assumindo a perspectiva ecossistêmica da compreensão das relações entre fatores bióticos e abióticos compreendendo a dimensão da cultura e dimensão imaterial como parte deste processo e da compreensão das fronteiras cada vez mais fluidas entre vida e não vida humanos e não humanos.

[11] Sobre a noção de cura estabelecemos diálogo com bell hooks (2020).

[12] Este é o fundamento da Pedagogia das Encruzilhadas (RUFINO, 2018), a cada ebó arriado nas esquinas, a cada roda, a cada gira que se abre respondemos com o vida ao projeto que nos quer mortos. O autor nos apresenta a Pedagogia das Encruzilhadas como possibilidades e caminhos para a educação a partir de vivências, sabedorias e experiências dos viveres afro-brasileiros.

para saudar as forças invisíveis, a alegria forjada na partilha do trabalho, das cantorias e das festas desconcerta o sistema que nos quer ausentes de vida.

Nas rodas, na escuta e nas prosas com os mestres, nas danças partilhadas, nas brincadeiras, nos encontros, nas louvações, nas encantarias invocamos um tempo dedicado à nossa existência, um tempo dedicado à recriação e à re invenção. Esses saberes que moram nas miudezas, nas brechas, nas frestas (RUFINO, 2018), nos ensinam que existem diversos jeitos e existências que compõem mundos. Então, aprender e interagir com múltiplas formas de existir se torna um comprometimento ético para vivenciarmos e construirmos experiências pluriversais.

E como nossa boca não serve apenas para desfilar fonemas, cantamos as palavras para espantar o carrego e nos nutrir, a palavra é compromisso com as nossas existências, é corpo onde se assentam saberes, inventividade e axé, a força vital que dinamiza a vida. Nossa palavra deve ter o compromisso do encantamento, de emanar e praticar as diferentes rotas. Mestre Gil do Jongo de Piquete nos ensina que na ciência jongueira, a palavra busca, reverencia, encanta, reivindica, dinamiza e potencializa os saberes da ancestralidade, a palavra é flecha certeira que sai da boca e acerta o alvo. A palavra uma vez lançada não tem mais volta, a palavra é presença e invocação, é corpo onde se assentam ancestralidades, sabedorias e inventividades.

> O preto velho que me sopra o ouvido já dizia "meu filho, palavra não se volta atrás." Palavra é corpo e por onde o corpo passa não há como fazer o caminho de volta, o que resta é somente um novo curso. Não se banha duas vezes da mesma maneira na beirada do Paraíba. As palavras são invocação da presença, os jongueiros já sabiam que os habitantes do invisível as encarnam. Palavras chamam longe os moradores do invisível para incorporarem em bananeiras, bichos e se cruzarem aos seus no compasso do transe. Para a ciência moderna Ocidental, as palavras são indispensáveis ao exercício explicativo, por isso devem ser exploradas ao máximo para o alcance daquilo que convencionamos enquanto crítica e compreensão. Para os saberes que se riscam de forma encruzada, para as epistemologias codificadas na encruza ou uma ciência encantada, as palavras vão além: são detentoras de axé, são construtoras de mundo, invocam e fazem baixar moradores do invisível, desobsediam a má sorte e abrem caminhos. As palavras podem dizer mais quando não são ditas, falam mais ainda quando são dobradas,

> enigmatizadas como poemas enfeitiçados. Daí surge o ponto, o verso, o gungunado, o sopro, a letra atirada como flecha. O tom dessas palavras, perspectivadas por uma lógica em encruzilhadas/encante, é o tom corporal. Palavra é corpo, tudo se assenta nos princípios e potências de Bara e Elegbara (RUFINO, 2017, p. 212-213).

Nas intersubjetividades e nos caminhos cruzados, as sabedorias assentes nas culturas da diáspora socializam sensibilidades e criam repertório de comunicações não verbais que transgridem a lógica colonial. Estas transgressões operam nas miudezas, nas brechas, nos guetos e é nelas e com elas que compensamos os esvaziamentos provocados pela lógica colonial que quer nos aprisionar no: penso, logo existo.

> Nesta engenharia de signos não verbais foi-se formando um gueto: o rizoma, a invisibilidade e a mandala mandingada que a memória corporal armazenou como fonte de um programa de atitudes corporais, caracterizando uma rede de resistências realizadas em práticas corporais. Desta rede faz parte o candomblé, o maculelê o jongo, e tantas outras festas. O corpo nestas práticas se constitui em ponto de apoio do processo energético em constituição. Nele se localizam as formulações nas quais a comunidade se ajusta, a fim de compensar as jornadas exaustivas que sobre o mesmo corpo, diariamente recaem. Dele se espera o máximo de energia, a fim de que, catarticamente, se realize e recondução a todo o universo ancestral (TAVARES, 1997, p. 219).

O corpo é palavra que cria mundos e possibilidades, e como não há saber que não passe pelo corpo e que não seja experimentado com ele, para exercitarmos uma educação que possa criar mundos, reivindicar as pluriversalidades e existências, devemos praticar o que falamos. Se estamos aqui a defender o encantamento como política de vida nossa palavra deve ser implicada com nossas ações no mundo aonde estamos. A descolonização é um projeto a ser vencido coletivamente e cotidianamente. Então, desde os nossos lugares, precisamos agir com disponibilidade e comprometimento para a reconfiguração desta ordem devastadora.

Portanto é fundamental compreender que sobre o corpo atua e se inscreve o projeto colonial. Sobre o corpo docilizado opera-se o apagamento da condição eco-existencial da terrexistência, como consequência dos efeitos de colonialidade do ser. E, como efeitos da colonialidade cosmogônica, vemos sobre o corpo, a operação do esquecimento e do apagamento das confluências e das biointerações. A colonialidade ataca o corpo, portanto, é nele que as interdições, opressões, percepções dos efeitos desta colonialidade do ser, do saber, do poder e da natureza atuam diretamente. O projeto colonial quer aniquilar nossas memórias, nossas expressividades e performatividades, nossa saúde, enfim, quer aniquilar nossa própria existência.

A colonialidade impõe o reordenamento da expressão da corporeidade que influi no que olhamos, percebemos, sentimos, sob os efeitos da colonialidade do corpo, vemos os dispositivos que mantêm acesos os projetos de dominação, aniquilação e esvaziamento de sentido. Na tentativa de um "poder disciplinar" sobre o corpo se opera toda a ortopedia colonial, e é ele, o corpo colonizado, o território escolhido *a priori*, para se injetar doses maiores ou menores, cruéis ou sutis, os ordenamentos e disciplinamentos, é no corpo onde se vai impor o terror, a linearidade e monocromia da gramática linear da história única, do tempo sem ancestralidades.

A colonização opera em diversas dimensões, deste modo, nossas ações precisam ir além de uma resolução puramente conceitual, como nos ensina Mestre Nego Bispo, nossa trajetória deve sustentar nossos discursos. Portanto é importante revisar nossas práticas, com o que e com quem nos comprometemos. Para exercitarmos a educação como radical de vida é importante que esta seja praticada como encantamento, pois o encantamento é uma "atitude diante do mundo" (OLIVEIRA 2006, p. 7), e também uma "atitude de alteridade, ninguém se encanta sozinho, ninguém encanta ninguém, encanta-se sempre em coletividade" (OLIVEIRA, 2007 p. 258). Daí a importância de vivermos a comunidade como prática de vida e não apenas como conceito resolutivo de trabalhos acadêmicos.

A comunidade é esteio onde são forjados propósitos de vida, saberes, espaço e tempo onde podemos partilhar e exercer nossos dons. Para o povo Dagara, sem a comunidade não é possível existirmos em plenitude. É importante que se diga que a comunidade agrega diversas existências onde os humanos são mais uma possibilidade de seres que compõem a comunidade.

> A comunidade, o espírito, a luz-guia da tribo, é onde as pessoas se reúnem para realizar um objetivo específico, para ajudar os outros a realizarem seu propósito e para cuidar uma das outras. O objetivo da comunidade é assegurar que cada membro seja ouvido e consiga contribuir com os dons que trouxe ao mundo, da forma apropriada. Sem essa doação, a comunidade morre. E sem a comunidade, o indivíduo fica sem um espaço para contribuir. A comunidade é uma base na qual as pessoas vão compartilhar seus dons e recebem as dádivas dos outros (SOMÉ, 2007, p. 35).

Esta partilha é fundamento de saberes que se constroem na relação entre todos os seres. A comunidade é espaço e tempo de confluências, onde os seres humanos são apenas uma parte deste todo e não a centralidade. Confluir saberes e existências é condição primeira para avistarmos sacis. Deslocar a compreensão de que apenas a vida humana é importante nos faz expandir entendimentos sobre reconhecer múltiplas possibilidades de existir. Esta confluência[13] de seres, saberes e de experiências de vida, constrói e fundamenta éticas que são praticadas em corpos, mitos, festas, rodas, gingas, tambores, sonhos.

É importante que se diga que, reivindicar a harmonia entre todos os seres não é simplesmente uma ideia ou utopia, é uma postura, um comprometimento e uma ética diante do mundo, junto da comunidade de vida[14]. Reafirmamos então, a *biointeração* como caminho e preceito ético que fundamenta nossa vocação para coexistir, nos reconhecendo como uma mínima parte da comunidade onde habitam sacis e muitos outros seres mais que humanos.

A biointeração desarticula a lógica colonial na medida em que reconhece nas confluências as mais diversas possibilidades de existir. Se é na e com a comunidade que existimos e nos reconhecemos, a guerra contra o projeto colonial precisa ser travada a partir dessa compreensão de coletividade. Irmanadas e irmanados em favor da vida, contra o projeto de morte e desen-

---

[13] De acordo com Nego Bispo, é importante exercitarmos a confluência das nossas experiências. Para isso, precisamos transformar nossas divergências em diversidades, e na diversidade atingirmos a confluência de todas as nossas experiências. Isso possibilita confluirmos, ou seja, dialogar saberes sem nos anularmos para assimilar ou sermos assimilados. É uma percepção alicerçada nos saberes dos povos originários, dos povos quilombolas e afro-pindorâmicos. "Confluência é a lei que rege a relação de convivência entres os elementos da natureza e nos ensina que nem tudo que se ajunta se mistura, ou seja, nada é igual" (SANTOS, 2015, p. 89).

[14] MALOMALO, (2019).

cante, mirando as brechas, os vazios, reconhecendo as miudezas como potências para a luta, vamos nos colocando nesta empreitada contra as mazelas empetradas pelo projeto colonial.

O rodopio dos sacis afrouxa as engrenagens do projeto colonial, assopram ventos que abrem brechas, e nelas teimam em viver os saberes e existências que se forjam nos sonhos, nos cantos e louvações que reificam seres que curam, folhas que dançam, palavras que espantam dores e desencantos. A colonialidade, evento inacabado, nos quer tristes, sem sonhos, sem festa, sem acreditar no que nos apresenta fora do escopo das formas puramente humanas. É preciso crer para ver, sentir, interagir, e a colonialidade ataca nossa crença na vida, nos quer céticos, tacanhos e medíocres. Por isso o exercício para se reconhecer e ver sacis é comprometimento com as múltiplas existências, com outros seres que são parte da comunidade de vida.

Portanto em favor da vida nos lançamos na roda, cantamos as palavras que são força vital, encantamos e nos encantamos no jogo com o que vemos e com o que não vemos. Nos reinventamos nos re-fazemos, nos vestimos de rio, desaguamos em mares dentro dos sertões e serrados destes brasis, cantamos o reinado de São Benedito junto com Marujos e Marinheiros que navegam em ruas, terreiros e quintais que habitam os interiores de Minas Gerais e de Goiás. Somos mastro e bandeira que fincados em tantos chãos sustentam Antônio, Pedro e João na crença de que para o ano a colheita será mais farta. Nas estradas de terra, nos cantos que fazem cair as águas, nas carroças de rodas duras ainda brotam belezas de um mundo que existe para aqueles e aquelas que se comprometem com a crença na vida.

Da astúcia

Para seguirmos caminhando não fechamos esta roda, pelo contrário, convidamos os leitores e leitoras a seguirmos irmanadas e irmanados nesta batalha, que para nós se configura também como uma agenda importante de estudos e ações, pois como já mencionamos anteriormente o encantamento é um exercício, uma postura, uma ética responsável e responsiva com o mundo, portanto deve ser uma prática e uma escolha de caminho para aqueles e aquelas que se lançam aos aprendizados dos rodopios. É urgente reconhecermos a necessidade de compreendermos, reconhecermos, respeitarmos e aprendermos com as diferentes cosmovisões que fundamentam nossas existências. E este aprendizado precisa ser praticado sem apagamentos ou assimilações.

É nesse debate que se situa um campo de batalha e de onde emergem agendas para se enfrentar o tempo da história única que é o tempo do apagamento e cuja gramática é a mesma que fez brotar o negacionismo científico. Desta forma, procurar os saberes e as ciências encantadas no fio das aprendizagens dos rodopios é encontrar as camadas de diálogo possíveis com o desenvolvimento da escuta e de uma capacidade de linguagem que nos permitam ir além da ideia de que educar em ciências ou educar para o meio ambiente sejam meras transmissões de conhecimentos acumulados e que precisam ser transmitidos para geração de comportamentos hábitos atitudes ou competências. Buscamos exercitar a escuta, desenvolver a capacidade e acuidade de ver, ouvir, tatear e sentir a ciência no dia a dia, notar suas interconexões e seus diálogos invisíveis e encantados armazenados em outras gramáticas e outras linguagens, em outras possibilidades que façam coro com a tarefa de reivindicar o direito de existir.

Cabe dizer que reconhecemos não ser uma tarefa fácil, tampouco simples, exercitar o cruzo (RUFINO, 2019), como fundamento de nossas práticas educativas que miram ampliar caminhos, valorizar e reconhecer saberes que fazem morada nas mais diversas e múltiplas existências e experiências de vida. Mas, a vida nos exige responsabilidade e comprometimento, e nós educadores e educadoras sabemos que a nossa batalha é cotidiana e acontece nas mais diferentes dimensões da vida, construímos conhecimento quando sonhamos, quando dançamos, quando brincamos, quando gingamos, quando contamos e ouvimos histórias. Portanto, defendemos aqui o direito de existirmos com tudo isso que nos constitui e que é parte de nós.

Sermos sensíveis e astutos às percepções de mundo que descentralizam a existência humana como única são sabenças necessárias para seguirmos teimando em existir. Exercitarmos o rodopio como fundamento de continuidade nos ajuda a construir caminhos e possibilidades para aprendermos e dialogarmos com quem não vemos, mas percebemos e sentimos a partir de distintas maneiras de significar e criar mundos. Escolhemos ter a dúvida como trunfo para experimentarmos as diversidades e reconhecermos as múltiplas existências. Desestabilizar as certezas endurecidas e mantidas nos discursos que nos impedem de sermos mais[15] e de avistarmos sacis, são nossas tarefas na labuta diária de nossas existências. E nessas tramas miúdas seguimos implicados com o compromisso de reconhecermos nossas incompletudes e impermanências, Re-existindo e vivificando nossas ontologias, vamos combatendo o semiocídio ontológico (SODRÉ, 2017).

> A violência civilizatória da apropriação material era, na verdade, precedida pela violência cultural ou simbólica – uma operação de "semiocídio", em que se extermina o sentido do Outro – da catequese monoteísta, para a qual o corpo exótico era destituído de espírito, ao modo de um receptáculo vazio que poderia ser preenchido pelas inscrições representativas do verbo cristão. O semiocídio ontológico perpetrado pelos evangelizadores foi o pressuposto do genocídio físico (SODRÉ, 2017, p.102).

Fazer morrer as memórias, promover os esquecimentos de nós sobre quem somos, é estratégia para também matar o corpo físico e garantir o sucesso do projeto civilizatório. Mas seguimos terrexistindo, brincando nas rodas, avistando sacis, recontando nossas histórias, cantando nossas memórias, lançando o verso, gingando, girando as saias, saudando as águas para que a todo momento possamos relembrar quem somos e como nos colocamos nesta luta. É ainda na partilha de nossas histórias e saberes que fiamos essa rede de batalhas.

Viver a confluência como resistência, nos oportuniza exercitar o cruzo (2019) enquanto caminho e ação para o alargamento das gramáticas que refazem mundos. Todos os saberes nos afetam, nos atravessam e nos compõem. A vida é um exercício de alteridade, pois, os outros humanos e mais que humanos são existências que nos ancoram e nos permitem ser/existir.

Cantar nossas histórias, os saberes, as presenças, são maneiras de existir, são jeitos de vivenciar diversas experiências éticas e estéticas. E para arrematar essa prosa retomamos a pergunta: como praticar uma educação a partir das formas encantadas que se apresentam e praticam o mundo? Certamente não cabe fecharmos apenas uma resposta para tal questão, pelo contrário, considerando as diversidades e possibilidades de ser e estar no mundo, é

---

[15] Nos inspiramos e dialogamos com Freire para o exercício de uma educação mais que humana.

possível aprendermos e criarmos infinitas proposições para praticarmos uma educação viva e confluente com os saberes que se apresentam nas formas encantadas praticantes deste e de tantos outros mundos.

Ousamos afirmar que um dos caminhos possíveis para esta prática educativa versada na vida, na dúvida, no afeto e na partilha é o exercício do encantamento. O encantamento como princípio explicativo de mundos, como política de vida, como ação que evoca outras presenças e assim desloca e desestabiliza a centralidade do antropoceno.

Oliveira (2006) nos diz que o encantamento sustenta o acontecimento. Então no nosso exercício diário de nos tornarmos educadores e educadoras, escolhemos vivenciar o encantamento como caminho, sabedoria e ação que nos permite vivenciar múltiplas experiências que preconizam saúde integral e o bem viver de todos os seres. Nosso desafio é ir além das palavras escritas, buscar uma prática que seja coerente com as nossas escolhas, crenças e pertenças.

> Encantamento é aquilo que dá condição de alguma coisa ser sentido de mudança política e ser perspectiva de outras construções epistemológicas, é o sustentáculo não é objeto de estudo, é quem desperta e impulsiona o agir, é o que dá sentido. É esse encantamento que nos qualifica no mundo, trazendo beleza no pensar/fazer com qualidade, no produzir conhecimento com/desde os sentidos (MACHADO, 2014,p.209).

O encantamento não é algo romântico, distante ou apenas da ordem conceitual, é um exercício comprometido com o mundo na luta permanente em favor das existências. Encantar-se não é apenas mirar ou contemplar, projetar ideias de beleza, excluir ou minimizar presenças, pelo contrário o encantamento exige compromisso ético com a gente mesmo, com quem somos. O comprometimento com o mundo exige de nós uma implicação com a nossa própria prática, uma retomada de rumos e posturas, desde o nosso lugar junto com nossa comunidade.

Além de escrever o bonito conceito no texto é importante que nos disponibilizemos em favor das ações que promovam encantamento e possibilitem vivências que reifiquem nossas memórias, afetos e histórias.

> O olhar encantado não cria o mundo das coisas. O mundo é o já está dado. O olhar encantado re-cria o mundo. É uma matriz de diversidade dos mundos. Ele não inventa uma ficção. Ele constrói mundos. É que cada olhar constrói seu mundo. Mas isso não é aleatório. Isso não se dá do nada. Dá-se no interior da forma cultural. O encantamento é uma atitude diante do mundo. É uma das formas culturais, e talvez uma das mais importantes, dos descendentes de africanos e indígenas. O encantamento é uma atitude frente a vida (OLIVEIRA, 2006, p.7).

O encantamento não é uma ficção, é realidade experimentada no corpo, forjada nos encontros, nos inacabamentos, nas possibilidades, nas pequenezas que sustentam mundos inteiros. Os saberes que se guardam e se refazem nas brincadeiras, nas ladainhas, nas mãos e nas ervas que curam, nas bocas que sopram vida, nas águas que rolam pedras, nas samambaias que vestem caboclos, esses saberes são nossa mirada e existência. Eles não se encerram em conceitos, pois vivem, se fortalecem e se refazem em corpos que teimam em viver.

Esta trama de sentidos, desejos, pensamentos e palavras é um convite ao rodopio. Nos lançamos nas travessias e nas inúmeras possibilidades de jogos e mundos, este é um desafio que o encantamento nos apresenta. Encantar-se exige de nós uma postura responsável com as existências que enraízam, criam e sustentam mundos. Não reivindicamos o encantamento como apenas ética discursiva, o praticamos como crença na vida, como alargamento dos caminhos onde podemos avistar sacis. A sabedoria do mestre nos ensina que a dúvida ensina, amplia, aduba, floresce e nos desafia no sentido de podermos experimentar a vida em suas infinitas possibilidades. Quando ampliamos sentidos, abrimos caminhos, refutamos verdades e saberes únicos, e confrontamos a dominação colonial, pois colocamos em xeque a linearidade, os esquecimentos, as certezas e a escassez de vida que a colonização nos impõe.

Nos lançamos neste rodopio. Reiteramos aqui o convite para esta aventura responsável de aprender e criar mundos que sejam carregados de sentidos para quem os habita. O rodopio é movimento, caminho e cura, é condição para praticarmos uma educação em favor da vida, confluindo e terrexistindo, pois ser terrexistente é ser sensível a ponto de mirar e avistar sacis.

Referências

FREIRE, Paulo. **Pedagogia do Oprimido**. Rio de Janeiro: Paz e Terra, 1996.

GROSFOGUEL, Ramón **Para uma visão decolonial da crise civilizatória e paradigmas da esquerda ocidentalizada.** In: COSTA J. Bernardino; TORRES M. Nelson; GROSFOGUEL Ramón. Decolonialidade e pensamento afrodiáspórico. Belo Horizonte Autêntica Editora, 2018.

HOOKS, bell. **Tudo sobre o amor:** novas perspectivas. São Paulo: Elefante, 2020.

MACHADO, Adilbênia Freire **Ancestralidade e encantamento como inspirações formativas: filosofia africana mediando a história e cultura africana e afro-brasileira.** Dissertação de mestrado Universidade Federal da Bahia UFBA 2014.

MACHADO, Adilbência Freire. Filosofia africana: ética de cuidado e de pertencimento ou uma poética de encantamento. **Problemata: R. Intern. Fil.** v. 10, n. 2, p. 56-75, 2019

OLIVEIRA, Eduardo David. **Filosofia da Ancestralidade:** corpo e mito na filosofia da educação brasileira. Curitiba: Editora Gráfica Popular, 2007.

OLIVEIRA, Eduardo. **Cosmovisão africana no Brasil:** elementos para uma filosofia afrodescendente. Curitiba: Editora Gráfica Popular, 2006.

RENAUD Daniel; RUFINO Luiz SÁNCHEZ Celso. Educação Ambiental desde El Sur: A perspectiva da Terrexistência como Política e Poética Descolonial. **Revista Sergipana de Educação Ambiental**, São Cristóvão, v. 7, Número especial, 2020.

RUFINO, Luiz. **Exu e a pedagogia das encruzilhadas.** Tese (Doutorado em Educação) – Faculdade de Educação - Universidade do Estado do Rio de Janeiro (UERJ), 2017.

RUFINO, Luiz. **Pedagogia das Encruzilhadas.** Rio de Janeiro: Mórula, 2019.

RUFINO, Luiz. **Vence Demanda educação e descolonização.** Rio de Janeiro: Mórula, 2021.

SANTOS, Antônio Bispo. **Colonização, Quilombos. Modos e Significados.** Brasília: Instituto de Inclusão no Ensino Superior e na Pesquisa, 2015.

SIMAS, Luiz Antônio; RUFINO, Luiz. **Fogo no mato, a Ciência Encantada das Macumbas.** Rio de Janeiro: Móruloa, 2018.

SIMAS, Luiz Antônio; RUFINO, Luiz. **Flecha no Tempo.** Rio de Janeiro: Mórula, 2019.

SIMAS, Luiz Antônio; RUFINO, Luiz. **Encantamento sobre política de vida.** Rio de Janeiro: Mórula 2020.

SHIVA, Vandana. **Monoculturas da Mente**: perspectivas da biodiversidade e da biotecnologia. São Paulo: Gaia, 2003

SOMÉ, Sobonfu. **O Espírito da Intimidade: ensinamentos ancestrais africanos sobre relacionamentos.** SP: Odysseus Editora, 2003.

SODRÉ, Muniz. **Pensar nagô.** Petrópolis: Vozes, 2017.

TAVARES, Júlio César de. Educação através do corpo. **Revista do Patrimônio:** Negro Brasileiro Negro, n. 25, 1997.

TAVARES, Júlio César de. Modernidade e regimes de colonialidade do poder: A cooperação Internacional, o racismo cognitivo e os desafios para uma Antropologia do desenvolvimento Internacional. In: **Projeto São Tomé e Príncipe Plural**: Sua gente, sua história, seu futuro. Ações programáticas em comunicação e cultura. GUELMEN, Leonardo e CAMPOS, Cristiane (org.). Rio de Janeiro: s/e, 2015.

doi.org/10.29327/5220270.1-3

Capítulo 3
DECOLONIZANDO A EDUCAÇÃO EM CIÊNCIAS E SUA PESQUISA: PROVOCAÇÕES SOBRE PROCESSOS TEÓRICO-METODOLÓGICOS

Suzani Cassiani, Yonier Alexander Orozco Marín e
Mara Karidy Polanco Zuleta

Introdução

OS ESTUDOS decoloniais têm se mostrado uma importante teoria para olharmos a Educação em Ciências. Eles nos ensinam como a hierarquização de certas culturas foi construída por uma herança colonial, por meio da invasão de países europeus em diferentes territórios, sejam eles americanos, africanos ou asiáticos.

O processo de invasão e colonização, especialmente a partir do século XVI, proporcionou profundas explorações que possibilitaram a alguns países da Europa conquistar uma posição privilegiada no cenário econômico e político (Dussel, 2005). A "Europa", portanto, é o nome de uma metáfora, que se refere a tudo o que se estabeleceu como "uma expressão racial/étnica/cultural da Europa, como um prolongamento dela, ou seja, como um caráter distintivo da identidade não submetida à colonialidade do poder" (Quijano, 2010, p. 86). De acordo com Fanon (1968), a Europa se encheu de maneira desmedida com o ouro e as matérias-primas dos países coloniais localizados na América Latina, Ásia e África. Para esse autor (p. 77) "o bem-estar e o progresso da Europa foram construídos com o suor e o cadáver dos negros, árabes, índios e amarelos, convém que não nos esqueçamos disto".

Assim, o continente europeu subjugou outras culturas e outros povos como periferia, e é essa hegemonia europeia, etnocêntrica, que marca até hoje a relação entre esse continente e os demais, que denominamos "eurocentrismo" (Dussel, 2005).

Essa herança colonial é um dos elementos constitutivos do capitalismo, do racismo e do patriarcado, e é ainda exercida ao que chamamos de colonialidade, apagando as histórias dos povos colonizados de forma brutal, além de subalternizá-los e silenciá-los (Silva, 2013). Assim sendo, de modo geral, "a colonialidade é a continuidade das formas de dominação após o fim das administrações coloniais produzidas pelas estruturas do sistema-mundo capitalista moderno/colonial" (Grosfogel, 2008, p.126).

Nesse sentido, este legado eurocêntrico encontra no campo do saber, respaldo em uma colonização disciplinar acadêmica que, em vez de produzir conhecimentos a partir do pensamento crítico que os sujeitos discriminados/inferiorizados produzem, impõe um padrão de pensamento como se não existissem conhecimento e história em outros tempos e lugares fora da Europa.

O nosso desafio continua quando pensamos na Ciência Moderna e na Educação em Ciências. A pretensa universalidade desses campos impôs aos povos e culturas não europeias, não ocidentais e não cristãs, sendo um dos mecanismos de dominação dos principais responsáveis pela hierarquização de saberes, atribuindo valores - inclusive de mercado - a um determinado conhecimento (científico) em detrimento de outros.

O capitalismo, junto à ciência a seu serviço, ao separar a economia da sociedade e a natureza da sociedade, possibilitou à ciência o *status* de um campo autônomo de poder e de saber que possui uma dinâmica própria (Santos, 2010), aquém dos interesses e das necessidades dos oprimidos. Por exemplo, no âmbito da pesquisa científica, homens estudaram mulheres considerando-as enquanto objetos de pesquisa, bem como sujeitos brancos estudaram sujeitos não brancos também como objetos do conhecimento, assumindo-se a si mesmos como observadores neutros, não situados em nenhum espaço e nem corpo, constituindo o que Grosfoguel (2008) chamou de "ego-política do conhecimento". Nessa relação, de acordo com esse autor, não há espaço para pesquisas *dos* e *junto aos* grupos étnico-raciais, mas apenas *sobre* estes. Mecanismo similar de exclusão, exercido pelo patriarcado, é o silenciamento de pesquisas realizadas por mulheres cientistas, quando das próprias pesquisadoras, e a marginalização de estudos científicos sobre gênero e sexualidade.

Nesse sentido é também importante os aportes de Maria Lugones (2000) sobre a colonialidade de gênero, A autora expõe a pertinência de entender o lugar do gênero nas sociedades pré-colombianas, pois desta maneira se pode compreender a profundidade e o alcance da imposição colonial da organização de gênero eurocêntrico durante a expansão do colonialismo europeu. Ou seja, um sistema de gênero cis heterossexualista, branco, burguês e binário, que Lugones chama de sistema moderno colonial de gênero. Entretanto, previamente a Lugones, outras/os autoras/es já falavam disso, como Gunn Allen (1992) e Oyéronké Oyewùmi (1997). Suas pesquisas conseguem evidenciar como a imposição do gênero europeu foi parte da desintegração das relações comunais e igualitárias dos povos originários da América e da África, onde as mulheres, como categoria social construída, foram inferiorizadas, cognitiva, política e economicamente.

O conhecimento autodenominado "racional" foi imposto e admitido no conjunto do mundo capitalista como a única racionalidade válida (Quijano, 2010). A racionalidade, a neutralidade, a objetificação do outro, a medição e a externalização do cognoscível em relação ao conhecedor foram pautados na crença eurocêntrica de que estes são os critérios para validar o saber em diferentes sociedades, independente e indiferentemente às identidades culturais, étnico-raciais e de gênero que constituem as mesmas, configurando o epistemicídio, o qual ocorre imbuído pelo "racismo epistêmico" (Grosfoguel, 2008).

Enfim, os estudos decoloniais nos trouxeram potencialidades de compreender e discutir questões que até então, estavam silenciadas na Educação em Ciências. Vários entendimentos sobre o campo histórico, político, social, cultural, escancaram a importância e a urgência de se abordar as violentas formas da construção do racismo e da branquitude, além do patriarcado e do capitalismo. Assim, uma pergunta importante se faz presente: ao pensar a decolonização na educação em ciências para além do campo epistemológico, quais são os desafios referentes aos caminhos metodológicos? Ao observarmos a polissemia do termo decolonialidade e para que não se caia num modismo ou esvaziamento de sentidos, refletiremos sobre a importância da apropriação desses conceitos no campo político. Neste capítulo, também discutimos duas dimensões referentes ao ensino e pesquisa, tendo como foco principalmente repensar alguns aspectos metodológicos na área de Educação em Ciências e em sua pesquisa.

Fetiche decolonial ou movimento potente? A importância de não descuidar/ignorar as contradições

Oliveira (2015) no livro "Dicionário Paulo Freire" ao abordar o conceito de exclusão social, destaca que que:

> En verdad, desde que el uso del término exclusión comenzó a difundirse, especialmente en estos tiempos, cuando llegamos a una situación en que el término es empleado por casi todo el mundo para designar a casi todo el mundo, se reviste de imprecisión y carece de rigor conceptual. José de Souza Martins describe con exactitud el dilema de la exclusión social. "El discurso corriente sobre exclusión es básicamente producto de un equívoco, de fetichismo, el fetichismo conceptual de la exclusión, la exclusión transformada en una palabra mágica que explicaría todo" (MARTINS, 1997, p. 27). Para ser más exacto, en el caso de Martins, lo que es más relevante en esta discusión no es exactamente el modismo o la imprecisión del concepto. Lo que él ataca con mayor vehemencia es "que el concepto es `inconceptual´, impropio y distorsiona el propio problema que pretende explicar" (p. 27) [OLIVEIRA, 2015, p. 213-214].

Trazemos essa fala pela compreensão do fetichismo, que pode ser um perigo também em relação aos estudos decoloniais, ou seja, algo que envolve o esvaziamento de significados daquilo que se pretende explicar, ocorrendo a dinâmica de um modismo acadêmico, palavras mágicas que explicam tudo, que podem ser usadas por todos, em todos os momentos e para se referir a tudo. Assim, apontamos o perigo do fetichismo como um ato de associar um termo a tudo, para transformá-lo em nada.

Ao enfatizamos isso, queremos dizer que a incursão da decolonialidade na educação científica, precisa ser feita de maneira rigorosa e responsável, pois esta tem permitido a abordagem de problemas que antes apareciam silenciados para o campo, a denúncia de inúmeros questionamentos em vários âmbitos da educação formal, não formal e o apontamento de outros caminhos possíveis.

Descolonial, anticolonial, contracolonial, decolonial... são termos que recentemente vêm ganhando força no espaço educativo. Porém, é bom lembrar que as lutas contra a colonização e os legados coloniais em nossos territórios aconteceram desde o momento do começo da invasão europeia. Então, essas lutas não são novas na prática social, nos movimentos sociais. Porém, é importante reconhecer, que no âmbito acadêmico, as posturas de pesquisa contra legados coloniais têm proliferado nas últimas três décadas, devido também à difusão do marco teórico político da decolonialidade.

Mesmo reconhecendo as diversas potências dessas abordagens, que são bastante recentes na educação em ciências, consideramos importante ressaltar também algumas contradições. Nenhuma proposta teórica política está livre de contradições, e consideramos que reconhecê-las contribui na construção de *práxis* mais coerentes, com os horizontes políticos da decolonialidade.

Como pesquisadoras das abordagens decoloniais na educação científica, temos percebido alguns aspectos que gostaríamos de destacar ou alertar. Muitos deles correspondem a abordagens da decolonialidade em diversos âmbitos, como a pesquisa em ciências humanas, na educação mais geral, difusões em mídias e redes sociais, ou seja, não necessariamente são derivados das recentes incursões da decolonialidade na educação em ciências. Alguns desses aspectos consistem em interpretações que temos levantado em divulgações sobre a decolonialidade, ou mesmo, assimiladas por pesquisadoras e pesquisadores que começam a se interessar por esse campo. Dessa maneira, trazemos algumas provocações:

- A decolonialidade está se apresentando como uma moda. Novas gerações de pesquisadoras e pesquisadores estão adotando essa proposta teórico-política pelas possibilidades de abordagens de justiça social que representa, e porque coloca explicitamente a necessidade do combate ao eurocentrismo. É comum escutar que novas e novos pesquisadores se interessam pela decolonialidade porque essa proposta permitiu que enxergassem problemas que antes não conseguiam enxergar, dando fundamento histórico à realidade social hoje vivenciada, entender melhor as formas de opressões, entre outras. Além disso,

em algumas instituições, a decolonialidade está abrindo um mercado acadêmico, ou melhor, um nicho, para a abordagem de temáticas antes silenciadas no campo. Consideramos isso, extremamente importante e valioso. Porém, percebemos que em muitas ocasiões essa seleção é realizada desconhecendo o contexto histórico de construção da decolonialidade e os movimentos teórico-políticos que já denunciavam/anunciavam alguns desses elementos. Em alguns casos, a moda é utilizar os conceitos propostos pelas teorias decoloniais de maneira abstrata, desconhecendo a materialidade histórica desses conceitos nas lutas dos movimentos sociais.

- Em alguns casos, *a decolonialidade tem sido colocada como o ponto zero da luta social na América Latina*. Alguns trabalhos, palestras e comentários passam a impressão de que só a partir da decolonialidade têm sido pensados os assuntos de justiça social e luta contra o eurocentrismo em perspectiva latino-americana. Dessa maneira, pesquisadoras e pesquisadores novos tomam a proposta do giro decolonial, especialmente dos escritos do grupo modernidade/colonialidade, como começo de um movimento, de um todo, desconhecendo, não só um histórico de resistências dos movimentos sociais, mas também um histórico de luta acadêmica que já anunciava alguns pressupostos da perspectiva decolonial. Por exemplo, a luta anticolonial de Frantz Fanon e Paulo Freire, a descolonização do Aime Cesaire, a crítica ao colonialismo intelectual de Fals Borda, as lutas antirracistas na educação dos movimentos negros nos congressos acadêmicos, a exemplo, o I Congresso da Cultura Negra das Américas que aconteceu em 1977 (Cali, Colômbia), no qual diversas e diversos intelectuais já anunciavam elementos que hoje são considerados base da decolonalidade. Esse congresso reuniu intelectuais negros de toda América Latina e teve mais duas versões realizadas no Panamá e no Brasil. Também, podemos destacar os escritos de denúncia do genocídio simbólico e material do povo negro por Abdias Nascimento, a perspectiva de *Améfrica Ladina* de Lélia Gonzalez. Embora essas produções não mencionassem explicitamente o conceito "decolonialidade", demonstram que no âmbito acadêmico, a decolonialidade está longe de ser o ponto zero da luta em perspectiva latino-americana, e não deveria ser entendida dessa maneira. Isso também tem contribuído para...

- A colonialidade é utilizada de maneira romantizada. Ou seja, pesquisadoras e pesquisadores que incursionam na decolonialidade, já a assumem como um ponto zero e dando por fato seu potencial transgressor e transformador. Isso leva a que seja utilizada nas pesquisas mais para destacar suas potencialidades, mas ignorando suas possíveis contradições. Associa-se à decolonialidade um jogo discursivo e moral como inerentemente transgressor, *per si* mesmo, que impede que seja tratada criticamente por quem a adota nas suas pesquisas. O potencial transgressor da decolonialidade é assumido de maneira prescritiva sem necessidade de demonstrá-lo em *práxis*, e assumir as contradições dessas *práxis*. A transgressão começa a ser concebida como se declarar decolonial, mas não como um movimento coletivo de *práxis* de fazer as transgressões acontecerem. Isso tem ocasionado que...

- A decolonialidade acaba sendo utilizada sem muito rigor. Algumas pesquisas passam a sensação de que a decolonialidade serve para tudo, e em todos os campos. Tudo pode ser decolonial. Nos últimos anos, temos observado uma explosão de campos e palavras nas quais o *logo* decolonial é colocado como adjetivo cabível a praticamente tudo. Direito decolonial, feminismo decolonial, escola decolonial, educação decolonial, pedagogia decolonial, ciência decolonial, identidade decolonial, prática decolonial... Nesse ritmo, não ficaremos surpreendidas que nos próximos anos apareçam categorias como o "capitalismo decolonial", "mercado decolonial", "liberalismo decolonial" (contém ironia). A priori, tudo pode virar decolonial, sem que necessariamente haja uma *práxis* que dê conta disso. A decolonialidade virou adjetivo enunciativo, meramente declarativo. Mas se tudo é decolonial, ou plausível de ser decolonial a priori, também parece que isso traz como consequência que...

- Parece que tudo agora tem que ser chamado de decolonial. Qualquer coisa que aconteça na América Latina já deve ser chamada de decolonial. As lutas indígenas de séculos atrás agora são lutas decoloniais. A luta zapatista de décadas, agora é obrigada a ser considerada decolonial. A luta antirracista dos movimentos negros também de séculos, agora é obrigada a ser decolonial. As pedagogias populares em territórios étnicos, agora são pedagogias decoloniais. Os trabalhos que citam autores latino-americanos, só por isso, já são decoloniais. Decolonial vem se tornando um adjetivo esvaziado de rigor no seu

uso, mas também, cada vez mais obrigatório e encobridor de outras nomeações e possibilidades. O mercado acadêmico que vem se construindo em relação ao termo pode ter a ver com isso. O fato de que os conceitos propostos pela decolonialidade possam ser aplicados e percebidos em lutas prévias à sua formulação, significa que essas lutas devem ser denominadas e encaixadas agora como decoloniais? Se isso for verdade, qual a justificativa e importância de fazer isso? A decolonialidade se refere mais a um instrumento de nomeação de lutas já existentes? Ou se trata do apontamento de construir novos caminhos?

- A decolonialidade parece ter avançado mais no plano reflexivo e teórico, do que nas práxis com as comunidades. O grande volume de trabalhos publicados na linha decolonial trata mais de ensaios e fundamentações teóricas, os quais trazem reflexões potentes e fundamentais. Mas no plano educativo, que é nosso interesse, percebemos duas coisas. A primeira é que são poucos os trabalhos que além de denunciar problemas sociais, ou apontar teoricamente soluções, derivem em *práxis* que também sejam estudadas, registradas e sistematizadas para reconhecer as potências, mas também as dificuldades de instalar a decolonialidade no plano educativo. A segunda, é que os trabalhos que tratam dessas práxis, muitas vezes se correspondem com trabalhos que abordam *práxis* que já existiam antes da formulação da decolonialidade, mas que agora são chamadas por esse nome. Por isso, trabalhos das práticas pedagógicas de comunidades indígenas, quilombolas, afros e campesinas, de longa data, hoje são chamadas de decoloniais. Destacar isso é importante, porque para a educação formal, aquela em que professoras e professores respondem às burocracias e necessidades materiais nas escolas, a decolonialidade só no plano teórico pode parecer algo distante ou muito geral, por sua falta de diálogo com a realidade que se vive na escola. Adicionalmente, um aspecto que tem sido mais marcante nas pesquisas em educação é...

- A decolonialidade tem colocado uma excessiva ênfase nas questões epistemológicas. A que pode ser sua principal potência, pode ser também uma contradição se não é pensada a sério nas demandas educativas de alguns contextos. Alguns autores têm manifestado que, embora na decolonialidade se denun-

cie a necessidade de combater a colonialidade do poder, não é possível encontrar na decolonialidade uma proposta macro para a superação do capitalismo em nossos territórios.

Na educação, parece circular um senso comum de que a decolonialidade é fazer circular saberes dos povos indígenas, negros, quilombolas, camponeses (quanto mais periféricos melhor) na escola, e que essa inclusão por si só já é um movimento decolonial... Será? Se a inclusão de saberes de grupos periféricos, historicamente excluídos, sem se questionar a coerência política, pedagógica e didática dessa inclusão por si só já garante decolonialidade, qual seria a diferença da decolonialidade com o multiculturalismo? Esses saberes devem ser trazidos para completar um *check-list* da diversidade? Ou qual a importância dessa articulação pensando também na superação de estruturas materiais e de modos de produção, que parecem naturalizados e que pela sua dinâmica inerente sustentam a morte de seres humanos e não-humanos?

- Falar de decolonial também atravessa a compreensão sobre a imposição do gênero europeu sobre os povos colonizados, quer dizer a decolonialidade não só discute ou denúncia a colonização sobre a raça, senão também sobre o gênero. Assim parecesse que algumas das pesquisas e estudos decoloniais discutem só a racialização, esquecendo a interseccionalidade entre raça, classe e gênero que desde os feminismos negros vêm sendo apontada. Embora Maria Lugones [2008] denuncie a concepção reducionista de gênero de Quijano, posicionando melhor o sistema colonial moderno de gênero, esta discussão, ainda que em outros termos, já havia acontecido, por exemplo, por Oyèronké Oyěwùmí que evidencia que na sociedade Yorubá, o gênero não era o principal organizador da sociedade. Neste sentido, não só se pode falar de raça sem falar de classe e gênero. A decolonialidade aposta por uma compreensão interseccional das mesmas, ou seja, ser capaz de iniciar conexões entre androcentrismo, modernidade e colonialidade (Minoso, Castelli & Alvarez, 2011).

- Em alguns casos, *interpreta-se que decolonialidade é só citar autores latinoamericanos*, ou que qualquer trabalho é decolonial, enquanto se coloque como referências os autores do grupo modernidade/colonialidade. Ou seja, a decolonialidade é reconhecida mais por um exercício de citação, e não pelas *práxis* que mobiliza nos territórios, entre eles, os educativos. Às vezes isso acontece só na aparência, pois a perspectiva excessivamente epistêmica (de citação latino americanista) do movimento, em nenhum momento conflita com que Michel Foucault, Donna Haraway, Judith Butler ou Boaventura Santos sejam grandes referências utilizadas em trabalhos apresentados como decoloniais. Enquanto circula um imaginário de que autores como Marx não podem entrar nesses trabalhos, por seu suposto caráter eurocêntrico. Não é algo dito explicitamente, mas parece que a decolonialidade tem colocado mais esforços em "superar" Marx, do que em superar o capitalismo. Não ficam claros esses limites do que pode ou não citar, ler na decolonialidade. Aliás, a potência da decolonialidade estaria em aquilo que te permite ler ou não ler, ou naquilo que te diz sobre o que fazer com aquilo que você lê?

Bem, como dissemos são provocações! Apontar essas contradições não deveria ser entendido como um exercício de crítica à decolonialidade. Pelo contrário, deve ser compreendido como um exercício natural de qualquer movimento político e teórico, se questionar: O que estamos fazendo? Como estamos sendo entendidos? Para onde vamos? Estamos sendo coerentes? Nossos apontamentos foram trazidos mais nessa perspectiva.

Portanto, pensamos ser importante que qualquer pesquisadora ou pesquisador na educação, que se interesse pela decolonialidade deveria se fazer três perguntas básicas no decorrer do seu trabalho:

- O que estou entendendo por colonialismo e colonialidade? E como se expressam as colonialidades em meus contextos e comunidades? Como se expressa a colonialidade nos currículos?

- O que de fato estou entendendo como decolonialidade nas realidades do contexto e da comunidade com que trabalho, para além de uma proposta teórica?

- Pensar: O que minha práxis nos territórios e comunidades (sejam escolares ou não) dizem sobre decolonialidade? Talvez seja tão ou mais importante do que pensar: O que a decolonialidade me diz para fazer nos territórios e comunidades? O que posso fazer, desde minhas possibilidades e limitações, para fazer uma prática decolonial (seja individual, seja coletiva) nos meus contextos e comunidades?

- Quais são as potências e contradições da construção da decolonialidade entendida como processo vivo coletivamente, como articulação na realidade para a luta contra os legados coloniais?

Consideramos que estar atentas e atentos a essas perguntas quando uma pesquisa se filia com o marco teórico-político da decolonialidade pode contribuir para que a decolonialidade não vire um modismo, um termo esvaziado de sentido, e para que de fato os horizontes políticos propostos possam ser pensados nas realidades nas quais vivemos. Embora o título de nosso texto possa passar a impressão de que pretendemos passar roteiros, técnicas ou passos para construir pesquisas decoloniais na educação em ciências, nosso objetivo está longe de ser esse. Mas arriscamos a mencionar algumas possibilidades teórico-metodológicas decoloniais no campo da educação em ciências, entendendo que nenhuma delas pode ser compreendida no abstrato e deve responder às condições históricas, materiais e concretas do território no qual pretendemos trabalhar. Consideramos que há possibilidades teórico-metodológicas em várias dimensões, seja na pesquisa, seja no ensino. Além disso, há possibilidades teórico-metodológicas em diferentes contextos: nos movimentos sociais; em contextos escolarizados de educação básica; em contextos de formação de professoras(es) de ciências. Por isso, a seguir realizaremos algumas considerações pensando as possibilidades em contextos diferentes de educação em ciências.

Caminhos para além das denúncias

Educação em Ciências na Escola

Quando pensamos a decolonialidade na educação em ciências na escola, é inevitável reconhecer que a escola é um contexto diferente dos movimentos sociais, muitas vezes pela falta de autonomia dessa instituição. A escola pode ser problematizada por um viés de uma herança colonial, tanto no Brasil, quanto na Colômbia, a qual é perseguida pela vigilância estatal, pelo sucateamento neoliberal, consequentemente pela precarização do trabalho das e dos professores, pelo controle avaliativo na perspectiva de políticas importadas do norte global, pelos currículos voltados à formação de mão de obra e a alienação. Em relação especificamente às aulas de ciências, certamente os discursos presentes no currículo, nos livros didáticos contribuem para o racismo, machismo, homofobia, para citar algumas opressões, naturalizando e silenciando inúmeros problemas vivenciados pela sociedade (Cassiani, 2018; Marín & Cassiani, 2021). A docência não configura para o professor só seu espaço de luta, mas também seu emprego, sua fonte para garantir sua subsistência material e a de sua família. Emprego cada vez menos estável, portanto, como professoras(es) sentimos sempre que temos algo a perder de acordo com o que fazemos ou não nas nossas práticas. Mesmo reconhecendo que essa instituição possa ter todos esses limites, e que, na maioria das vezes, professoras(es) dispõem de pouca autonomia para incorporar a decolonialidade na sua prática de ensino, é possível afirmar que ela é sempre um espaço de luta. Enfim, nesse contexto, antes de supor que a decolonialidade deve ser inserida na prática de professoras(es), é necessário pensar, qual a proposta da decolonialidade para combater e frear esses processos que há décadas atacam a escola? Ou seja, embora possamos reconhecer que a decolonialidade pode trazer potências para transformar práticas pedagógicas e didáticas na escola, a incursão da colonialidade na educação em ciências não pode se limitar a esse aspecto e deve problematizar também a questão material e estrutural que coloca a escola nessas condições de precariedade.

A produção recente de pesquisas e reflexões da possível relação entre educação em ciências e decolonialidade tem se desenvolvido até agora principalmente no plano teórico (Dutra, Castro, Monteiro, 2019; Pinheiro, 2019) e/ou no plano de propostas didáticas (Ribeiro, Pereira, 2019; Pires, Silva, Souto, 2019) que não necessariamente têm sido implementadas em contextos escolares e sistematizadas. Nesse sentido, a decolonialidade até agora tem exercido mais um papel de denúncia de problemas sociais e possível formulação de caminhos, mas são escassos os trabalhos que deem conta de sistematizar os efeitos, aprendizagens, obstáculos e potencialidades desse marco em aulas de ciências (Marin & Cassiani, 2021; Cassiani & Linsingen, 2019). Além disso, poucos são os trabalhos que falam dos contextos educativos, da realidade que vivem professoras, professores, alunado e comunidades em geral. A implementação de propostas tem se desenvolvido mais no marco da educação popular, nos territórios lidos pela sociedade como étnicos (Scanavaca, 2020), mas escassos são os registros desde a escola e sua institucionalidade.

Walsh (2013) propõe o conceito de pedagogia decolonial, como práticas insurgentes e coletivas para a reivindicação política promovendo diálogos de saberes desde a interculturalidade crítica. A pedagogia decolonial se coloca ao serviço das demandas políticas dos povos subalternizados respeitando e valorizando as diferenças, não para que essas diferenças sejam assimiladas ou padronizadas pela maquinaria capitalista, mas para que o diálogo crítico entre estas, permita combater os legados coloniais que afetam os povos. A pedagogia decolonial (Walsh, 2013) é uma proposta de muita potência nas comunidades. De maneira indireta sugere que a escola em si mesma, com sua estrutura física ou curricular, burocracia, hierarquização, precisa mudar para poder superar essa herança colonial e atingir esses diálogos interculturais e a reivindicação política. Esse parece ser um ponto desafiante quando autores como Castillo e Caicedo (2015) destacam que a instituição escola, nos países da América Latina, foi introduzida e se constitui como ferramenta fundamental para a instalação de projetos colonizadores e perpetuar a inferiorização étnica. Por outro lado, temos a inspiração da resistência em Paulo Freire, quando nos ensina que a educação não transforma o mundo. Educação muda as pessoas. Pessoas transformam o mundo.

Recentemente alguns diálogos entre a decolonialidade e a educação científica têm sido construídos. A obra "Decolonialidades na Educação em Ciências" organizada por Monteiro *et al* (2019) consiste em uma coleção de textos que articulam argumentos e reflexões mais explícitas que podem contribuir na realidade do professor de ciências, entre elas a biologia, em sala de aula. Tomando a definição de princípios de planejamento como "enunciados heurísticos, cujas características orientam a construção da intervenção didática" (Nascimento et al 2019, p. 4), trazemos algumas reflexões apresentadas nessa obra, das quais podemos derivar enunciados e princípios de planejamento para pensar propostas didáticas em sala de aula. A relação de decolonialidade e ensino de ciências compreende o fato de reconhecer que:

> A educação em ciências possui na sua raiz a reprodução das formas de colonialidade do saber, ser e poder dentro de uma sociedade em constantes tensões, onde o ensino de Ciências possui várias finalidades, como por exemplo, ser um instrumento de legitimação de relações de inferiorização de determinados grupos sociais ou étnicos. (Dutra, Castro, Monteiro, 2019, p. 11)

Isso se reflete no pouco investimento educativo estatal em regiões periféricas e habitadas por populações consideradas étnicas pela sociedade, fazendo com que as e os estudantes dessas regiões estejam em desvantagem na hora de aprender a ciência de maneira crítica, de modo que seja funcional nas suas vidas e comunidades. Porém, isso não elimina o fato de que, tanto nesses espaços, como em contextos mais centralizados, os saberes dos movimentos sociais, tradicionais, ancestrais e étnicos têm pouco espaço no ensino de ciências, entre elas a biologia. Além disso, o saber científico é apresentado como uma produção exclusiva dos povos brancos desenvolvidos e acoplados com a ideia de progresso e desenvolvimento no marco capitalista, em contraponto com o suposto atraso e subdesenvolvimento dos povos racializados, desumanizados por considerar que estes não têm produção intelectual, ou que essa produção não é digna o importante de ser abordada na escola (Pinheiro, 2019). Por isso, um princípio de planejamento para propostas didáticas desde a perspectiva decolonial pode ser a humanização dos povos racializados, reconhecendo suas produções intelectuais e científicas.

É importante destacar que a decolonialidade não propõe que o saber científico ocidental deva ser ignorado ou não abordado no ensino de ciências, para ser substituído pelos saberes e epistemologias do sul. Na realidade:

> Ao se ressaltar a face oculta do binômio colonialidade/modernidade, não se despreza a cosmologia moderna e não se propõe uma nova hegemonia dos conhecimentos dos povos do Sul contra os do Norte. Impõe-se, por um lado, a contextualização das categorias naturalizadas como absolutas, trazendo a necessidade de uma tradução para os novos cenários, cujos agentes, com outros repertórios, irão ressignificar seus conteúdos. Por outro lado, impõe-se verificar na cosmovisão moderna hegemônica as suas contradições, mascaradas, percebendo nesta as operações de exclusão e desumanização diante da produção da diferença colonial (Dutra, Castro, Monteiro, 2019, p. 5).

Desta reflexão, podemos destacar outros dois princípios de planejamento para propostas didáticas em sala de aula. Um deles consistiria na tradução e ressignificação da ciência apresentada na escola, às realidades de opressão históricas de nossos contextos, marcados pelas diversas formas de colonialidade.

Outro princípio consistiria em ensinar conceitos das ciências da natureza desde uma abordagem crítica com as contradições, operações de exclusão e naturalização do capitalismo colonial, colocado como única possibilidade para nossos territórios. Ou seja, pensar que, assim como é muito importante que as e os alunos compreendam adequadamente os conceitos científicos e construam habilidades científicas para entenderem os fenômenos atuais, também é igualmente importante que possam reconhecer o papel que a ciência tem jogado, no fortalecimento do capitalismo global. Na racialização, escravização e exclusão de diversos grupos, o roubo epistêmico da ciência ocidental de outros povos, para depois se apropriar e mercantilizar esses saberes em indústrias como a farmacêutica, a medicina, a agricultura, entre outras. Processos estes que estão ainda vigentes presentes nas relações de poder.

Outra reflexão importante para a relação ensino de ciências e decolonialidade consiste em que:

> Reintroduzir, do local ao global, os saberes que foram localizados ou mesmo destruídos pela relação colonial-capitalista, assinala outras pedagogias que localizam o saber primeiramente no corpo, outras subjetividades, sinal de uma inesgotável riqueza de saberes, localmente vividos e experimentados, e globalmente fundamentais. (Meneses, 2019, p. 3)

Esta questão é importante porque compreende que para além dos conhecimentos e saberes que as/os estudantes constroem em um processo de ensino e de aprendizagem, também é relevante que esses processos apontem à transformação do ser. Como menciona Fanon (1961) não existe descolonização sem uma transformação profunda do ser. Assim, é importante promover a reflexão sobre nossas próprias experiências de vida, nossas identidades e aquilo que queremos ser e que acreditamos que somos, por meio da articulação dos saberes da ciência com os saberes de movimentos sociais, entre outros. Porém, essas reflexões não devem acontecer em uma perspectiva individualista para alimentar o ego e a ideia do sujeito emancipado pelo consumo no capitalismo. Pelo contrário, essas reflexões se constroem com a finalidade de construir coletividade, pertencimento e a compreensão da importância da comunidade e o tecido social para o combate aos legados coloniais. Como destacam Meneses et al (2019):

> É importante compreender a interculturalidade a partir do modo como cada um desses saberes culturais influencia a concepção dos homens e mulheres sobre si mesmos. Assim, é necessário combater qualquer tentativa de enxergar o outro a partir de si mesmo, ainda mais se ela se torna hegemônica (p. 72).

Na América Latina, pesquisas como a de Vásquez e Hernández (2020) ressaltam que a branquitude constitui um desejo fenotípico da população, assim como um paradigma que condiciona os comportamentos e personalidades dos sujeitos para viver uma vida mais individualizada (Lerma, 2016), consumista e distanciada de tudo aquilo associado à negritude e ao indígena. Problematizar essas ideias de branquitude, raça, pertencimento étnico, desde uma abordagem crítica dos conceitos de biologia que podem estar associados à genética, por exemplo, pode ser importante. Essas abordagens convidam a corporalizar o processo de ensino e de aprendizagem.

Por outra parte, a decolonialidade no ensino de ciências também se pauta:

> Na interculturalidade crítica, ou seja, aquela que percebe as assimetrias de poder que a diferença colonial implantou no encontro entre culturas "sul-norte", criando classificações e identidades forjadas na hierarquização e subordinação de determinados grupos – negros/as, indígenas, mulheres, não heteronormativos – frente a outros – homens brancos, mestiços, heteronormativos. Para além de percebê-las, é preciso não atuar numa lógica pacificadora, mas combativa a tais assimetrias –, o que diferencia uma interculturalidade que é funcional àquela crítica ao sistema. (Meneses et al 2019, p. 67)

Em outras palavras, no caso de articular diálogos entre os saberes da ciência ocidental com os saberes dos movimentos sociais, étnicos ou ancestrais numa proposta didática, deve-se ter cuidado para que estes últimos não sejam esvaziados dos contextos políticos e das realidades materiais dos territórios nos quais foram tecidos. Assim como vários trabalhos desde a filosofia, história e ensino da ciência apontam que os saberes científicos não devem entrar só como enunciados no processo de ensino e de aprendizagem, mas também com toda sua problematização histórica e epistêmica. Da mesma maneira, introduzir saberes "outros" só como enunciados, sem os propósitos políticos que os fundamentam pode, pelo contrário, reforçar estereótipos e discriminações que se pretendem combater, ou criar uma lógica pacificadora e passiva perante as desigualdades sociais.

Do até aqui exposto podemos destacar cinco Princípios de Planejamento Decoloniais que podem fundamentar propostas didáticas. São eles:

- Humanizar os povos racializados, "engenerizados" e subalternizados, reconhecendo suas produções intelectuais e científicas;
- Traduzir e ressignificar a ciência apresentada na escola, em relação às realidades de opressão históricas de nossos contextos, marcados pelas diversas formas de colonialidade;
- Ensinar conceitos das ciências da natureza, desde uma abordagem crítica com as contradições, operações de exclusão, hierarquização e naturalização do capitalismo colonial como única possibilidade para nossos territórios;
- Refletir sobre nossas próprias experiências de vida, nossas identidades e aquilo que queremos ser e que acreditamos que somos, por meio de articulação dos saberes da ciência com os saberes de movimentos sociais;
- Trazer saberes dos movimentos sociais, étnicos ou ancestrais nas propostas didáticas, cuidando que esses saberes não sejam esvaziados dos contextos políticos e das realidades materiais dos territórios nos quais foram engendrados.

Na pesquisa de Marin (2022) propostas didáticas para o ensino de ciências e de biologia na perspectiva decolonial foram planejadas, implementadas e sistematizadas em uma escola de Bogotá, Colômbia, mostrando algumas potências e desafios desses anúncios no chão de sala de aula. Destacamos que ao propor esses princípios não pretendemos restringir o debate, pois outras práxis podem nos falar de outras possibilidades. Consideramos então, que pesquisadoras e pesquisadores da educação em ciências que procuram articular a decolonialidade nas suas pesquisas em relação aos processos da escola, podem contribuir mais quando fortalecem esses processos vivenciados por professoras e professores. Quando fazem junto e se colocam como parte do processo. Pesquisas que pretendem olhar a escola de fora, introduzindo unicamente entrevistas, observações e questionários para caracterizar, descrever ou apontar discursos coloniais, não devem ser a prioridade, pois se reconhecemos que a escola nasceu como instituição ao serviço do projeto colonial, essas pesquisas só vão servir para constatar problemas esperados. O potencial da decolonialidade deve migrar da constatação e apontamento de problemas na escola, para a construção e mobilização de práxis transformadoras.

Outras metodologias para a Investigação Educativa

Nesse item, compartilhamos algumas metodologias na pesquisa que consideramos coerentes com o que estamos dizendo, no intuito de avançar os estudos decoloniais na pesquisa em educação em ciências, ou seja, para dar um giro metodológico às clássicas propostas. Para isso, é fundamental olhar para as produções latino-americanas, tanto as que surgiram há várias décadas e que muitas vezes foram trocadas por autores do Norte-Global, através de efeitos da colonialidade do saber. Outras estão emergindo desde referenciais epistêmicos e teóricos, que nos permitem ir além de observações, diários de campo, entrevistas, questionários, grupos focais e até mesmo algumas metodologias que se dizem participantes, mas em segundo plano ainda apontam os participantes como "sujeitos (objetos) da pesquisa" ou que suas bases epistêmicas são euro-androcêntricas.

Para Ochy Curiel (2019) uma metodologia decolonial deve pensar em: "Até que ponto reproduzimos a colonialidade do poder, do saber e do ser, quando a raça, a classe, a sexualidade são convertidas somente em categorias analíticas ou descritivas que não nos permitem fazer uma relação entre essas realidades com uma ordem mundial capitalista moderna-colonial?" (p. 45). Esta mesma autora se propõe a considerar dois aspectos para fazer um desengajamento epistemológico da colonialidade do poder, do ser e do saber. Em primeiro lugar, é necessário reconhecer e legitimar os saberes subalternizados, ou seja, identificar teorias, categorias e conceitos que são produzidos coletivamente a partir de experiências subalternizadas, e que também tem a possibilidade de generalizar e explicar realidades diferentes, sem universalizar, categorias não ocidentais ou a partir delas, mas reelaborar novas categorias não hegemônicas que abram possíveis "outras" interpretações. Em um segundo ponto, esta autora propõe problematizar as condições de produção do conhecimento, visto que, em muitas propostas decoloniais e mesmo anticoloniais, há uma recolonização dos imaginários de grande parte da intelectualidade. Para ela, isto "implica o que a boliviana de origem aymara Silvia Rivera

Cusicanqui (2010) denomina como a economia do conhecimento que questiona a geopolítica do conhecimento" (Ochy Curiel, 2019, p. 48).

Um aspecto importante destacado por María Lugones (2018) é a distinção hierárquica dicotômica que permeia a pesquisa, em suas palavras:

> Si las cargas epistemológicas como la distinción dicotómica jerárquica en la constitución moderna de la realidad; la centralidad de las categorías puras, atómicas, impermeables, homogéneas, separables; la constitución del individuo como el ser humano por excelencia, y la colonialidad del poder y del saber nos ahogan es porque hemos crecido aprendiendo o hemos aprendido, o estamos aprendiendo, cosmologías en las que todo es par, binario pero fluido, sin dicotomías ni jerarquías, en las que la comunidad nos constituye, y en las que uno no recurre a lo externo para cambiar el mundo porque el vínculo entre uno, lo comunal y el mundo es fluido, permeable, una ligazón de lo heterogéneo. (p. 78)

A partir dessa autora é importante refletir sobre categorias como raça, gênero e classe estão se constituindo em uma realidade, a partir de categorias dominantes homogêneas, monádicas, impermeáveis e indissociáveis que mostram relações de poder. E intracategorial, reduzindo a complexidade do social. Acreditamos que, levando isso em consideração, poderemos superar o pensamento cartesiano típico da modernidade colonial.

Por outro lado, María Lugones (2008), expõe que:

> El valor de este giro metodológico está en el compromiso con el saber que surge de las insurrecciones de conocimientos subyugados, con los conocimientos alternativos a la modernidad que pro-vienen de comunidades relegadas a la "premodernidad", no contemporáneas desde la perspectiva de la modernidad, comunidades en lucha cuyas cosmologías siguen dando significado y coherencia a prácticas comunales. (p. 80).

Além disso, expõe que "la intención es hacer posible que todo giro decolonial tenga metodologías que permitan incluir la colonialidad y decolonialidad de género en el análisis y en la co-teorización de las luchas específicas y en el marco político-teórico mismo" (p. 82), Para ela, as metodologias que contemplam a colonialidade de gênero também devem compreender a interseccionalidade abordada de duas formas, por um lado, que permite ver as ausências que perpassam as interseções entre raça, classe, gênero, sexualidade, orientação sexual, idade e a cor, de Kimberlé Crenshaw (1995) e a interseccionalidade que permite reconhecer não só as diferenças, mas também o caráter histórico das relações de poder das categorias raça, classe e gênero e não como fragmentações, simplificações e impermeabilizações das categorias "mulher", "homem" e "não branco" por Barkley Brown (1991).

Assim, consideramos importante começar a posicionar dentro das pesquisas educativas, metodologias decoloniais, que nos permitam identificar como a educação e a escola reproduz e legitima as colonialidades do poder, do saber, do ser e do gênero, para conseguir descolonizá-las desde a práxis. Nesse sentido, consideramos significativas metodologias como as escrevivências, a co-teorização (na qual se pode desenvolver outras metodologias emergentes como a co-docência e a co-construção educativa, ou seja, a co-construção pedagógica, didática, curricular, etc.), e a investigação ação participativa.

Escrevivências na e para a educação

Consideramos as escrevivências podem ser consideradas que como uma forma de metodologia para uma educação decolonial em ciências, pois é uma forma de escrever para desvelar as condições de opressão. Conceição Evaristo expõe que "a escre(vivência) das mulheres negras explicita as aventuras e as desventuras de quem conhece uma dupla condição, que a sociedade teima em querer inferiorizada, mulher e negra." (2005, p. 6). Para essa autora as escrevivências podem ser "um modo de ferir o silêncio imposto, ou ainda, executar um gesto de teimosa esperança." (EVARISTO 2005, p. 1). Assim, em nossa compreensão, a escrita é um meio de transgressão ao silêncio e medo imposto aos mais oprimidos/as e silenciados/as, é também uma estratégia de resistência e esperança.

Em seu livro Becos da memória, a autora expressa que este foi seu "primeiro experimento em construir um texto ficcional con(fundindo) escrita e vida, ou, melhor dizendo, escrita e vivência." (EVARISTO, 2017, p. 9) Ou seja, voltar a vivência de um texto para compreender as realidades vividas e experimentadas revelando as dificuldades, problemas, injustiças de vida de quem escreve, suas histórias, suas compreensões, suas emoções, suas resistências e modos de fazer nos seus lugares. Apontamos que um dos primeiros caminhos para descolonizar é a re(construção) de nossas histórias de vida, compreendendo as opressões que vivenciamos e o porquê delas em nossas vidas, ou seja, nossas histórias lidas não a partir da herança colonial, mas sim problematizando essa história que nos foi ensinada.

Nesse sentido, é bom refletir a escola como espaço coletivo, onde as individualidades conseguem se juntar para aprender e romper com as opressões. As escrevivências podem "gritar os silêncios" individuais para serem trabalhados de maneira coletiva e pedagógica. Quantas crianças, adolescentes e jovens guardam silêncios e escondem medos nas suas escolas? Quantas professoras e professores guardam silêncios e medos nas salas de professores? Quantos silêncios só ficam em miradas, em murmúrio e ausências? Quantos silêncios e medos são compartilhados? Que há por trás desses muros de silêncios? Quantos sonhos são esquecidos por seguir o jogo das opressões? Que guardam outras vivências fora da minha? Poderíamos estar encontrando violências sejam elas materiais, físicas ou simbólicas, sejam elas por raça, sexo, gênero, sexualidade, classe, idade ou outras capacidades que nossos estudantes e professores e professoras estão atravessando. Silêncios e violências que podem estar aturdindo a escola, e que podem ser trabalhados a partir do currículo, mas para além do currículo clássico.

Apontamos, que as escrevivências podem permitir visibilizar essas emoções e pensamentos silenciados nos muros das escolas ou nos contextos e comunidades onde atuamos, para serem trabalhadas coletiva e pedagogicamente, construindo práticas acadêmicas e escolares que rompam com essas formas de educação colonialista, capitalista e machista.

Investigação ação participativa (IAP)

A investigação ação participativa é uma das metodologias investigativas com grande potencial para realizar essas desobediências epistêmicas e práticas de decolonialidade, segundo Ana Colmenares (2012). Seu máximo ponto foi na década dos 70, do século XX com a vertente sociológica de Orlando Fals Borda. Para este sociólogo a ciência deve ser própria e rebelde para liberar-se do colonialismo intelectual, subversiva no sentido transformador das sociedades, caminho que devem tomar a educação e as universidades. (BORDA, 2012)

A IAP sugere, propõe, processos de auto-organização e autodeterminação das comunidades com o propósito de solucionar situações, problemáticas ou conflitos que sofrem as comunidades. Uma de suas orientações claras é a participação social e simétrica com uma orientação ascendente, ou seja, de baixo para cima, nas quais se possam usar ferramentas de pesquisa para si mesmas. No campo educacional, professores e diretores de professores podem realizar essa metodologia de pesquisa em seus contextos escolares, dado que a pesquisa não é exclusiva de pesquisadores universitários. (BORDA, 1986).

Às vezes, se pode pensar que as pesquisas e as metodologias de pesquisa só fazem parte do trabalho de uns poucos, como as e os pesquisadores universitários. Porém, a IAP pode ser um caminho para mudar estes pensamentos e conseguir práticas investigativas escolares com atores das comunidades escolares, de tal maneira que a investigação sirva para a escola e não fique só como um campo para coleta de dados, ou seja, não fique somente no instrumentalismo dos processos e das comunidades educativas. Park disse que:

> [...] la IAP sirve para desmitificar la metodología de la investigación y ponerla en manos de la gente para que la usen como un instrumento de adquisición de poder (*empowerment*). (PARK 1992 p. 156).

Consequentemente, se as e os educadores, através de pesquisas de seu próprio contexto, conseguem entender suas problemáticas e conflitos para estabelecer possíveis ações de mudanças, conseguem gerar uns processos de auto-organização que possibilitará uma autonomia individual e coletiva nos seus contextos escolares, além de um sentido de pertença dos seus lares. O anterior, pode ser em parceria horizontal com pesquisadores e pesquisadoras acadêmicas, com os/as quais intercambiam ideias, práticas e diversas metodologias de pesquisa em prol das comunidades escolares.

Ademais, este tipo de pesquisa contribui também para uma participação "ativa e crítica" das pessoas envolvidas provocando uma mudança emocional e psicológica dos e das participantes para transformar suas realidades, uma mudança necessária em tempos de desesperança. Por exemplo, falando particularmente nas comunidades educativas, há alguns contextos escolares tão difíceis que sua comunidade pode não se sentir capaz de gerar mudanças em suas escolas, devido a multiplicidade de fatores que vão desde o aspecto pessoal (confiança em si mesmos), sociais (violências que permeiam as escolas) até institucionais (falta apoio de seus diretivos) e governamentais (falta de apoio dos governos). Além disso, há questões que vão desde não ter estratégias pertinentes para a organização de suas atividades educativas, uma sobrecarga de trabalho nos horários de aulas, que não sobra tempo para uma boa construção dos processos pedagógicos até salários baixos, situações essas que podem deixar um ambiente de desesperança, para agir em seus contextos. Não queremos dizer com isto que escola seja a responsável única pelos problemas da escola, pois soubemos que há problemáticas socialmente estruturais. Nesses contextos, porém a auto-organização da comunidade educativa poderia possibilitar algumas mudanças, e a IAP pode ser um caminho para a resolução de alguns problemas.

Uma questão que é preciso ressaltar é a ideia de que as comunidades que se tornarão pesquisadores de seus contextos são as que devem eleger em todo momento sobre o transcurso da pesquisa e sobre as ações realizadas para agir seu contexto, tirando o dualismo sujeito-objeto, pois o objeto se converte em docentes com uma posição política de sua própria realidade e contexto escolar a partir de uma dialógica horizontal, neste processo tenderá que afirmar a importância do "outro" e a "outra" tornando heterólogos a todos e todas. (BORDA, 1988, p. 220).

Ao analisar as ideias de Fals Borda, conseguimos compreender em seus argumentos um posicionamento claro pelas classes populares e os grupos oprimidos, suas ideias possam nos servir para decolonizar a educação e a investigação educativa compreendendo que devem ser subversivas, no sentido de reconstruir as sociedades, e amorosas, já que não poderia ser destrutivo e egoísta (BORDA, 2012), postura essa fundamental na luta decolonial.

Co- teorização

Outra das metodologias que consideramos pertinentes para descolonizar a investigação educativa é a co-teorização, ainda que esta seja uma metodologia no campo da antropologia consideramos que pode ser (re) inventada no campo educativo.

Joanne Rappaport (2018) resgata da antropologia colombiana as metodologias colaborativas e a co-teorização, em suas palavras:

> Cuando digo co-teorización me refiero a la producción colectiva de vehículos conceptuales que hacen uso de un cuerpo de teoría antropológica y de conceptos desarrollados por nuestros interlocutores. Pongo énfasis aquí intencionalmente en este proceso como de construcción de teoría y no simplemente de co-análisis, para subrayar el hecho de que esta operación involucra la creación de formas abstractas de pensamiento que son semejantes en naturaleza e intención a las teorías creadas por los antropólogos, aunque tienen origen parcial en otras tradiciones y en contextos no académicos. Entendida de esta forma, la colaboración convierte el espacio de la investigación de terreno, que tradicionalmente abarca la recolección de datos, en otro de co-conceptualización. (p. 327, tomo 1).

Considerando o anterior, no projeto, a equipe de Joanne decidiu conversar com os investigadores indígenas do *Consejo Regional Indígena del Cauca (CRIC)*, na Colômbia para pesquisar a história *Guambiana* desde a co-teorização. O CRIC participava da experiência investigativa a fim de atingir suas metas como organização (tomo 1, 2018). Ou seja, tinham seus interesses e não respondiam só aos propósitos de pesquisadores externos, os quais eram considerados também como pesquisadores, numa relação horizontal. Esta experiência resgata vários conceitos chaves que guiaram a pesquisa e a co-teorização. Um deles e o *"dentro" e "fora"*, como metáforas que usavam membros do CRIC para contrastar os espaços indígenas e não indígenas. Porém, a metáfora não só era para uma análise geográfica, mas também permitiu seu uso em outros exercícios, equipes, análises, situações e formas de organização da própria pesquisa. Por exemplo, para a indígena investigadora Susana Piñacue, este par, lhe permitiu oscilar entre os discursos essencialistas e uma análise social mais construtivista.

A metáfora de "dentro - fora" permitiu também entender os objetivos dos pesquisadores externos e os objetivos dos intelectuais indígenas, além de permitir explorar a heterogeneidade tanto dos movimentos indígenas como os da academia, não forçando o uso de categorias dicotômicas rígidas e possibilitou visibilizar as relações entre o dentro - fora pensando também o conceito de fronteira. (Joanne Rappapoart. p. 337, tomo 1).

Por sua parte, Axel Kohler participou de um projeto cultural e político com artistas e comunicadores comunitários Mayas em Chiapas, México, para construir um audiolivro em um exercício de co-teorização, com o fim de contribuir ao processo de autorrepresentação das comunidades Mayas. (Tomo 1, p. 404). O autor resgata alguns conceitos centrais como: *"despir-se e raízes"*, nas suas palavras:

> Regresando a nuestros juegos conceptuales de (auto)conocimiento, "desnudarnos" al escribirnos fue develar nuestros corazones en tanto que frágiles estados de ánimo y como razón de nuestro ser; fue dejar ver nuestras raíces y trayectorias, nuestras conexiones culturales y viajes personales de conocimiento. Ello nos permitió mostrarnos de forma más integral. Esta reevaluación de nosotros mismos nos llevó a varios a sentir y tener muy presente la necesidad de regresar a nuestra comunidad de origen; a tener más contacto con ella y con nuestra tierra. [Axel, Tomo 1, p. 413].

Outro conceito central foi *os sonhos*, como fonte de inspiração para adquirir o saber intuitivo, ainda o pensamento racional-ocidental os sonhos são opostos ao mundo físico, para vários povos originários são parte do mesmo mundo da vida desperta, nas suas palavras:

> Los sueños penetran más allá de la superficie del mundo, lo hacen transparente y lo dejan ver con una claridad y visión que no tenemos en la vigilia. El mundo se abre, se devela. Esto es importante, pues el saber que revelan los sueños es también una fuente de poder y responsabilidad. [Axel, Tomo 1, p. 415],

"Ponte e pêndulo" são outros conceitos chaves na co-teorização, Axel comenta:

> Pero como bien afirmó Xuno, este ir y venir entre dos esferas vivenciales también brinda la oportunidad de entenderse como puente entre dos pueblos y enlace entre dos mundos. En nuestras discusiones, Xuno sugirió también el concepto de péndulo, refiriéndose a la imagen de un reloj antiguo que va de un lado a otro, que se nutre y comparte experiencias de ambos lados (Xuno López, reunión RACCACH, 2 de agosto de 2008). Estas dos metáforas – la del péndulo y la del puente– combinan movimiento y conexión, y capturan la percepción subjetiva de encontrarse en y entre dos culturas y dos lenguas. (Axel, Tomo 1, p. 415).

E por último, o jogo conceitual *"coração e co- razão,*

> El concepto de co-razón pareciera que nos ayuda a superar la dualidad entre la razón y el corazón, entre el pensar y el sentir. Por ejemplo, para el videoasta de raíz tsotsil y co-autor del audiolibro, José Alfredo, la co-razón significa "conocer el corazón de cada quien" (Jiménez 2010). Para Ronyk, "reconocer la raíz de cada quien [...] como ser humano y desdeel corazón, nos hace llevar a ceder razón y a respetar al otro quien soy yo pero eres tú" (Hernández Cruz, cit. en la "Introducción"). Estos pensamientos contrastan con la lógica científica, en la que el conocimiento teórico se produce apoyándose en la razón y con un método empírico, mientras que el sentir y la intuición brotan del corazón con una lógica vivencial y epistémica distinta. (Axel, Tomo 1, p. 416).

A partir disso, consideramos que pode ser interessante gerar pesquisas que façam co-teorizações com professoras e professores, estudantes, mães e pais de família, pessoas das comunidades que possibilitem a emergência de outras formas de educação, de currículos, de pedagogias e de didáticas, a partir de outras compreensões conceituais, próprias das comunidades escolares, passadas ou presentes, ou construídas pelas próprias comunidades.

Ou também, pode ser os jogos conceituais como os explicados anteriormente, no qual o jogo conceitual de *despir-se e raízes* permita trabalhar ideias ou estratégias para des-ligar-nos das colonialidades de ser, do saber e do poder, conseguir identificar como carregamos com elas nos nossos corpos, nas nossas mentes, nos nossos sonhos, nas aulas e escolas. O ponte - pêndulo (Sc1) Realizar processos investigativos e acadêmicos de co-docência com a participação ativa das comunidades educativas para "despir" a escola de toda colonialidade.

Considerações finais

Esperamos que as provocações iniciais e contribuições, tratadas neste capítulo, sejam pertinentes para o aprofundamento dessa teoria, com algumas críticas mais marcadas do que outras, inclusive para nutrir e deixar mais robusta a proposta decolonial, para que não vire mais um modismo como aqueles que costumam chegar na educação em geral e na educação em ciências. Portanto, não foi nosso objetivo descartar essa teoria. Ao contrário! Os estudos decoloniais vieram para ficar, como mais uma forma de compreender o mundo, pensando também em contribuições para a transformação dos humanos, quiçá a universidade, a sociedade...

A leitora ou leitor pode estar nesse momento se perguntando... "Mas então, o que seria de fato decolonialidade?" Achamos que não cabe a nós exclusivamente responder essa pergunta, ou que tenhamos a competência para isso, mas nos arriscamos a dizer... A decolonialidade de fato não existe, ela está para ser construída, vivida, lutada, praticada, experienciada, sistematizada. Então se joguem! E permitamos que essas *práxis* nos digam o que a decolonialidade pode vir a ser. O apontamento dos aspectos de contradição que aqui trazemos acontece em um esforço de demarcar possíveis cuidados para quem se jogar nessa vivência, especialmente na educação em ciências.

Enfim, para além das denúncias a decolonialidade na Educação e na pesquisa em Ciências está em construção. Há muito a aprofundar. Para tanto, outras questões se fazem presentes. O que falam as pesquisas? O que seria uma ciência decolonial? O que são os saberes no diálogo? Como fazer esse diálogo, nutrindo outros saberes sem abandonar os conhecimentos científicos?

Referências

Borda, O. F. Taller Sobre La Iap En Colombia. In: **Taller Nacional De Expereincias, Discusión Y Orientación sobre La Investigación-Acción Participativa En Colombia**, 1., 1985, Bogotá. Investigación acción participativa en Colombia. Bogotá: Foro Nacional Por Colombia. p. 17 – 18, 1987.

Borda, O. F. La investigación: Obra de los trabajadores. In: BORDA, O. F. et al. **La investigación participativa. Colombia: Dimensión Educativa.** Cap. 1. p. 11-16. Capítulo tomado del Boletín, n. 2 del CLEBA (Centro Laubach de Educación Básica de Adultos). Medellin, 1990.

Borda, O. F. **Ciencia, compromiso y cambio social.** Buenos Aires: El Colectivo, 2012.

Cassiani, S. Reflexões sobre os efeitos da transnacionalização de currículos e da colonialidade do saber/poder em cooperações internacionais: foco na educação em ciências. **Revista Ciência e Educação.** p. 225-244, 2018.

Cassiani, S. E Linsingen, I. **Resistir, (Re)Existir e (Re)Inventar: A Educação Científica e Tecnológica**. Florianópolis, NUP/UFSC. Disponível em: https://dicite.paginas.ufsc.br/files/2019/08/PDFinterativo-eBook.DiCiTE.pdf. Acesso em 02/01/2023.

Castillo, E., & Caicedo, J. Las batallas contra el racismo epistémico de la escuela colombiana: un acontecimiento de pedagogías insumisas. En: P. Medina (coord.) **Pedagogías insumisas**: Movimientos político-pedagógicos y memorias colectivas de educaciones otras en América Latina (pp. 93- 117). México: Universidad de Ciencias y Artes de Chiapas, 2015.

Colmenares E, A. M. Investigación-acción participativa: una metodología integradora del conocimiento y la acción. Voces y Silencios. **Revista Latinoamericana de Educación**, 3(1), 102-115, 2012.

Dutra, D., Castro, D., & Monteiro, B. Educação em ciências e decolonialidade: em busca de caminhos outros. En: B. Monteiro, D. Dutra, S. Cassiani, C. Sanchez, e R. Oliveira. (Orgs). **Decolonialidades na educação em ciências**. (pp. 1-17). São Paulo: Livraria da Física, 2019.

Evaristo, C. Gênero e etnia: uma escre(vivência) de dupla face. In: Moreira, N. M. de B.s; SCHNEIDER, L. (Org.). **Mulheres no mundo: etnia, marginalidade e diáspora**. João Pessoa: Ideia; Editora Universitária UFPB, 2005.

Gunn Allen, P. **The sacred hoop**: Recovering the feminine in American Indian traditions. Boston: Beacon Press, 1992.

Lerma, B. **Violencias contra las mujeres negras**: Neo conquista y neo colonización de territorios y cuerpos en la región del Pacífico colombiano. La manzana de la discordia, 11(1), 7-17, 2016.

Lugones, M. Colonialidad y género. **Tabula rasa**, (09), 73-101, 2008.

Lugones, M. Hacia metodologías de la decolonialidad. X. Leyva, A. Hernández, J. Alonso et al., **Conocimientos y prácticas políticas**: Reconocimiento desde nuestras prácticas de conocimiento situado, 790-815, 2011.

Marin, Y., & Cassiani, S. Enseñanza de la Biología y lucha antirracista: posibilidades al abordar la alimentación y nutrición humana. **Educación en Biología**, 24(1), 39-54, 2021.

Marin, Y. **Antirracismo e dissidência sexual e de gênero na educação em biologia**: caminhos para uma didática decolonial e interseccional, 388 f. Tese de Doutorado, Programa de Pós-graduação em Educação Científica e Tecnológica, Universidade Federal de Santa Catarina, 2022.

EDUCAÇÃO, AMBIENTE, CORPO E DECOLONIALIDADE **101**

Meneses, M. P. Os desafios do sul: traduções interculturais e Interpolíticas entre saberes multi-locais para amplificar a descolonização da educação. In: B. Monteiro, D. Dutra, S. Cassiani, C. Sanchez e R. Oliveira. (Orgs). **Decolonialidades na educação em ciências** (pp. 63-78). São Paulo: Livraria da Física, 2019.

Menezes, A., Salgado, S., Rangel, J., Pelacani, B., Stortti, M., & Sanchez, C. Educação ambiental desde el sur: da ruptura com a perspectiva colonial em busca de outras relações sociedade-natureza. En: B. Monteiro, D. Dutra, S. Cassiani, C. Sanchez e R. Oliveira. (Orgs). **Decolonialidades na educação em ciências** (pp. 19-43). São Paulo: Livraria da Física, 2019.

Monteiro, B., Dutra, D., Cassiani, S., Sanchez, C., & Oliveira, R. (Orgs). **Decolonialidades na educação em ciências**. São Paulo: Livraria da Física, 2019.

Nascimento, L., Sepúlveda, C., El-Hani, C., X & Arteaga, J. Princípios de planejamento de uma sequência didática sobre a racialização da anemia falciforme. In: XII ENPEC. **Anais...** Natal, RN. Universidade Federal do Rio Grande do Norte, Natal, 2019.

Oliveira, A. Exclusión social. In: STRECK, Danilo (Cordenador). Euclides REDIN, Jaime José ZITKOSKI (Organizadores). **Diccionário Paulo Freire**. Lima: CEAAL 2015

Oyewumi, O. **The invention of women**: making African sense of Western discourses. Minneapolis: University of Minnesota Press, 1997.

Park, Peter. Que es la investigación-acción participativa.: Perspectivas teóricas y metodológicas. In: LEWIN, Kurt et al. **La investigación-acción participativa**: inicios y desarrollos. Colombia: Editora Magisterio. Cap. 6. p. 135-174. Traducido por Maria Cristina Salazar,Universidad Nacional de Colombia, 1995.

Pinheiro, B. Educação em Ciências na Escola Democrática e as Relações Étnico-Raciais. **Revista Brasileira de Pesquisa em Educação em Ciências**. 19(1), 329-344, 2019.

Pires, A., Silva, R., & Souto, V. Dos mitos Iorùbá à descolonização didática: Dos direitos, identidades, proposta didática para o ensino. E: B. Pinheiro e K. Rosa (Orgs), **Descolonizando Saberes** (pp. 41-56). São Paulo: Livraria da Física, 2018.

Rahman, M. A., & Borda, O. F. Romper el monopolio del conocimiento: Situación actual y perspectivas de la Investigación-Acción Participativa en el mundo. **Análisis Político**, (5), 46-55, 1988.

Ribeiro, F., & Pereira, L. O legado de Percy Julian na química: Uma proposta para o ensino de química orgânica. In: B. Pinheiro e K. Rosa. (Orgs.): **Descolonizando saberes**: A Lei 10.639/2003 no ensino de ciências. (pp. 137-151). São Paulo: Livraria da Física, 2018.

Scanavaca, R. **Caminhos para guaranizar a educação em ciências**: envolvimento e luta na terra indígena do morro dos cavalos. Dissertação Programa de Pós-Graduação em Educação Cientifica e Tecnológica. Universidade Federal de Santa Catarina, 2020.

Vásquez, D., & Hernández, C. Interrogando la gramática racial de la blanquitud: Hacia una analítica del blanqueamiento en el orden racial colombiano. **Latin American Research Review**, 55(1), 64–80, 2020.

Walsh, C. **Pedagogías decoloniales**. Prácticas insurgentes de resistir, (re)existir y (re)vivir." Quito: Ediciones Abya-Yala, 2013.

Crenshaw, K. Mapping the Margins: Intersectionality, Identity Politics, and Violence Against Women of Color. In **Critical Race Theory** edited by Kimberlé Crenshaw, Neil Gotanda, Gary Peller, and Kendall Thomas. New York, The New Press, 1995.

Brown, B. **Polyrhythms and Improvisations**. en History Workshop 31, 1991.

Agradecemos às agências de fomento CAPES, CNPQ e CONACYT, bem como as universidades públicas que tornam possível a pesquisa no Brasil, na Colômbia e no México.

doi.org/10.29327/5220270.1-4

Capítulo 4

DECOLONIALIDADE À BRASILEIRA: APONTAMENTOS PARA UMA REFLEXÃO PRELIMINAR

Fabiana de Freitas Poso, Débora Santos de Andrade Dutra,
Hiata Anderson Silva do Nascimento e
Bruno Andrade Pinto Monteiro

Introdução

A DISCUSSÃO inicial desse texto retoma uma síntese de fatos que tiveram início no contexto da década de 1990. Antecipamos que as narrativas históricas que buscamos recuperar a partir de outros autores são meramente, referenciais temporais e contextuais de um amplo movimento intelectual que ainda está em processo de construção e gerando reflexões importantes no contexto global. Indo direto ao ponto, podemos recuperar as considerações de Dias e Abreu (2020), quando afirmaram que inspirado pelo 'Grupo de Estudos Subalternos' do Sul Asiático, foi instituído nos Estados Unidos o 'Grupo Latino-americano dos Estudos Subalternos', integrado por intelectuais latino-americanos e americanistas que lá se encontravam. No entanto, em 1998, devido a um dissenso teórico, o grupo foi desarticulado. Nesse mesmo ano foram realizadas reuniões entre Edgardo Lander, Arthuro Escobar, Walter Mignolo, Enrique Dussel, Aníbal Quijano e Fernando Coronil, que *a posteriori* iriam compor o 'Grupo Modernidade/Colonialidade' (M/C), com caráter heterogêneo e transdisciplinar. Nos anos 2000, ocorreram alguns encontros do coletivo, inclusive agregando os seguintes membros: Javier Sanjinés, Catherine Walsh, Nelson Maldonado-Torres, José David Saldívar, Lewis Gordon, Boaventura de Sousa Santos, Margarita Cervantes de Salazar, Libia Grueso e Marcelo Fernández Osco (BALLESTRIN, 2013).

No decurso do tempo as reflexões realizadas pelos/as pensadores/as que se reconhecem como decoloniais têm se ampliado, estendendo seu raio de influência sobre diversos campos do conhecimento. A abordagem decolonial surge no contexto no qual se apregoava o suposto esgotamento da teoria crítica, representada pelo marxismo, bem como da chamada democracia liberal. Eventos tais como a queda do Muro de Berlim e o esfacelamento das sociedades de socialismo real, localizadas no leste da Europa serviram como combustível para aqueles que, de um ponto de vista epistêmico e político, haviam se alinhado com os valores que davam sustentação ao capitalismo supostamente vitorioso (SEGATO, 2014).

Diversas vozes podem ser observadas na literatura remetendo-se às discussões travadas pelo Grupo M/C. Dentre os conceitos discutidos por esse Grupo, destacamos os que tratam do colonialismo e da colonialidade. Enquanto o primeiro refere-se a um padrão de controle da jurisdição territorial, dominação e exploração dos recursos de produção e do trabalho de uma determinada população; a colonialidade, por sua vez simboliza um dos elementos constitutivos e singulares do padrão mundial do poder capitalista, influenciando tanto os aspectos micro quanto macrossociais das diversas sociedades que sofreram a ação da intrusão colonial (SANTOS, 2010; QUIJANO, 2010). A colonialidade opera por meio da naturalização das hierarquias e dos esquemas classificatórios vigentes nas sociedades, garantindo, por conseguinte, a reprodução das relações de dominação. Como resultado, teríamos a manutenção das feridas coloniais, mantidas permanentemente abertas, bem como o esvaziamento de todas as epistemologias posicionadas na periferia do ocidente ou consideradas externas a essa parte do planeta (QUIJANO, 2010; MIGNOLO, 2008). Nesse ponto, cabe sublinhar a importância de se reconhecer as singularidades da experiência colonial nos continentes africano e americano. Os efeitos dessa colonialidade perduram nas subjetividades das pessoas e imprimem uma dimensão psicopolítica que se materializa na forma dessas pessoas se enxergarem no mundo. O colonialismo é evidentemente mais antigo que a colonialidade, não obstante esta apresentar uma vitalidade e uma capacidade de sobrevivência no decurso o tempo tidos como superiores ao que se observa no colonialismo em sua versão jurídico-política. Ela se mantém viva em textos didáticos, nas pretensões dos indivíduos e em várias questões de nossa vivência. (OLIVEIRA & CANDAU, 2010).

Considerando esses aspectos, este trabalho apresenta uma discussão acerca de elementos decoloniais ou contra-coloniais presentes em autores/as do pensamento social brasileiro, notadamente aqueles/as que se dedicaram a pensar o Brasil a partir de suas desigualdades estruturais permeadas pelo racismo e pelo silenciamento dos grupos oprimidos: Lélia Gonzalez, Paulo Freire e Abdias do Nascimento. Para tanto, o texto encontra-se assim organizado: na primeira parte, realiza-se o mapeamento e a análise das principais categorias epistemológicas e políticas da decolonialidade, em especial os conceitos de modernidade, raça e colonialidade em sua tripla dimensão: do poder, do ser e do saber. Na segunda parte, apresentamos elementos teórico-epistemológicos dos três pensadores brasileiros citados nos quais é possível – a despeito das controvérsias suscitadas – encontrar elementos que apontam para uma reflexão de caráter decolonial antes mesmo que esse termo viesse a ser cunhado. Ademais concluímos salientando a importância da articulação da decolonialidade aos contextos sociais, políticos e culturais particulares, de forma a fortalecer as premissas de um pensamento e de uma ciência situados e comprometidos com a emancipação daqueles/as cujas vidas foram e têm sido inferiorizadas ao longo dos séculos de vigência da colonialidade.

Decolonialidade: aspectos teórico-epistemológicos

A abordagem conhecida como decolonialidade tem como um de seus grandes méritos reposicionar o debate acerca da formação da modernidade, sobretudo, ao trazer para o centro dessa reflexão uma série de questões até então pouco consideradas pela historiografia e pela epistemologia hegemônicas, aquelas forjadas no seio das sociedades colonizadoras do Norte Global. Dentre as novas dimensões alavancadas pelo pensamento decolonial destacamos: a crítica à visão eurocêntrica da modernidade e a colocação em cena da América Latina no centro do debate acerca da formação do mundo capitalista/colonial/moderno. Nesses termos, a intrusão colonial ocorrida na América a partir de 1492, marcou o surgimento de um novo modelo de organização da vida social, política e econômica, em escala planetária, reconfigurando não apenas as relações de produção, mas também a forma como a autoridade estatal e o imaginário social até então eram pensados. Por ocasião de sua conquista, a América, em especial aquela parte que veio a ser conhecida como América Latina, não foi integrada a um já existente sistema mundial de poder, mas foi a condição para que este pudesse ser constituído (QUIJANO, 2010; MIGNOLO, 2004; MIGNOLO, 2008).

Nesse contexto, pensar a formação de um novo padrão de poder de escala global implica em se refletir sobre os elementos que lhe deram sustentação ou que fizeram com que essa nova forma de organização da vida pudesse ser viabilizada. Nascimento e Gouvêa (2021) destacam que de acordo com Aníbal Quijano, a América forneceu as condições necessárias para que o novo padrão de poder pudesse se consolidar. Dentre as condições para isso, destacam: a existência de grandes extensões de terra, a possibilidade de uso de várias formas de exploração do trabalho, em especial o trabalho exercido sob condições de escravização, o que afetou de forma particular, inicialmente as populações originárias e em seguida os povos africanos trazidos à força para as terras americanas. E por fim, a construção de um intrincado aparato burocrático de Estado que geria a exploração e as relações entre colônia e metrópole.

Além desses aspectos, outro dado importante para pensarmos a decolonialidade diz respeito ao lugar que a raça ocupou no seio das novas relações sociais engendradas pela intrusão colonial. De acordo com Quijano (2010) a raça constitui-se no mais poderoso mecanismo de exploração inventado nos últimos quinhentos anos. Por meio dela foram criadas estratégias de exploração, dominação e conflito assentadas na ideia segundo a qual as populações mundiais apresentavam diferenças/desigualdades insanáveis, estando organizadas num gradiente que ia dos povos menos desenvolvidos até aqueles considerados mais evoluídos e representantes máximos da humanidade. Com isso, as populações consideradas menos evoluídas foram classificadas como menos humanas e sujeitas às mais variadas formas de exploração engendradas desde então. Nascia o racismo em sua versão moderna, biológica e antropologicamente justificado, e integrante fundamental do aparato de exploração criado na gênese do sistema capitalista.

Toda essa configuração dá origem ao que ficou conhecido como colonialidade, um termo cunhado pelo sociólogo peruano Anibal Quijano, por meio do qual tenta-se compreender de que forma as sequelas do colonialismo se mantêm, mesmo após a independência política e jurídica da grande maioria dos países do mundo. A colonialidade, entendida como o sustentáculo do novo padrão de poder, constitui-se a partir do avanço de um novo ideário sob duas frentes: uma ontológica, ao estabelecer a sua dicotomia estruturante – aquela que divide as populações do planeta em humanos e não humanos; e uma epistemológica, ao impor um único padrão de concepção e de produção dos conhecimentos e dos saberes, o eurocentrismo.

Mignolo (2004) aponta que a colonialidade opera em três níveis: colonialidade do poder, colonialidade do saber e colonialidade do ser. O conceito de colonialidade do poder desenvolvido por Quijano (2010) tornou-se o conceito basilar para as teorias do grupo Modernidade/Colonialidade. Segundo o autor, a colonialidade do poder diz respeito a um padrão de poder surgido com a colonização da América e que articula uma estrutura de poder sustentada nas assimetrias de raça, gênero e trabalho, com o fim de garantir o domínio de alguns povos sobre outros. O conceito de colonialidade do poder destaca a continuidade das mais intensas demonstrações de controle que ocorrem desde 1492 (BALLESTRIN, 2013). Para Quijano, a colonialidade não é derivativa, mas constitutiva da modernidade e aponta para o lado sombrio e obscuro desta - uma dimensão não devidamente considerada pela historiografia hegemônica que, ao tratar do tema modernidade, sempre tendeu a salientar seus aspectos eurocentrados e emancipatórios, ignorando a existência da colônia em plena vigência da ilustração europeia.

A colonialidade do saber – conceito criado por Edgardo Lander – diz respeito à geopolítica de conhecimento e refere-se ao efeito de subalternidade e invisibilidade dos conhecimentos outros, aqueles não brancos, não europeus e não chancelados por eles. Ou seja, a colonialidade do saber impõe a valorização da Europa como *lócus* de enunciação por excelência, em detrimento de outras racionalidades epistêmicas, consideradas carentes de sentido (AMORIM, 2017). De acordo com Curiel (2016), a expressão mais acabada da colonialidade do saber seria a racionalidade técnico-científica, pautada nos ideais de quantificação, neutralidade e objetividade. Implica num conhecimento que compreende a si mesmo como não situado, não localizado, sendo a expressão daquilo que Castro-Gómez (2005) denominou o ponto zero da observação e da produção do conhecimento.

Ao analisar as formas como racismo e conhecimento se entrecruzam, Kilomba (2019) nos apresenta uma série de elementos que nos ajudam a pensar os sentidos de uma colonialidade do saber. Nesse sentido, a autora destaca a necessidade de problematizarmos os contextos de enunciação, fato também salientado por diversas outras pensadoras do feminismo negro. Kilomba nos interroga no seguinte sentido: quais conhecimentos são reconhecidos como tais? O que é e o que não é conhecimento? Quem define e como define o que é e o que não é conhecimento? Quais são os sujeitos de enunciação? Como as estruturas de poder interferem na enunciação? Todas as questões levantadas por Kilomba ajudam-nos a pensar nas variadas facetas presentes na colonialidade do saber, que atua no sentido de delimitar de forma rígida as fronteiras do conhecimento tido como válido e relevante. A exclusão de determinadas formas de conhecimento do campo da inteligibilidade e do reconhecimento implica, em última instância, no banimento dos sujeitos produtores desses saberes.

Dussel (1994) amplia a discussão ao salientar que a formulação "penso, logo existo", de René Descartes, foi antecedida em 150 anos pela expressão europeia "conquisto, logo existo". O ego conquistador aqui mencionado diz respeito ao sujeito europeu, colonizador e subjugador de povos e culturas – fato confirmado por Bernardino-Costa *et. al* (2015), para os quais não há qualquer desconfiança de que estava se referindo ao homem europeu. Desta forma, correlacionando o conhecimento à existência, há o entendimento da negação ontológica dos demais.

A colonialidade do ser refere-se a um conceito originalmente desenvolvido por Nelson Maldonado-Torres. Aqui, o que está em jogo é a subjetividade, a sexualidade, a raça e o gênero. Tal colonialidade atua no sentido de produzir a desumanização dos sujeitos colonizados; eles são expatriados na medida em que o seu valor é desacreditado, por exemplo, pela sua cor e pelas suas raízes ancestrais (FLEURY, 2014). Ou ainda, segundo Curiel (2016), o que está em jogo na colonialidade do ser é o fato de que no processo colonial foi negada aos grupos colonizados a possibilidade de humanidade. Ou ainda, segundo Mota Neto (2016, p. 96) "(...) a colonialidade do ser abrange as consequências de todas essas formas de domínio no existir humano, na sua corporeidade, na vida negada dos povos colonizados, sobretudo os negros e indígenas." Por trás do aparato da colonialidade do ser encontramos uma "não ética" que naturaliza e justifica a violência e a barbárie perpetradas contra povos não europeus.

Frente ao que até aqui foi exposto, cabe-nos mencionar Frantz Fanon (1980) ao problematizar a questão da coisificação dos colonizados nos seguintes termos:

> O grupo social, subjugado militar e economicamente, é desumanizado segundo um método polidimensional. Exploração, torturas, razias, racismo, liquidações coletivas, opressão racional, revezam-se a níveis diferentes para fazerem, literalmente, do autóctone um objeto nas mãos da nação ocupante (FANON, 1980, p. 39)

Nesse sentido, é possível identificarmos, na citação do autor, elementos que apontam para a "não ética da guerra" salientada por Maldonado-Torres. Trata-se de uma reflexão que pode ser complementada pelo que vem sendo discutido por Mbembe (2018) para quem esse sistema de genocídio teve início há 500 anos e vem transformando corpos e mentes em desonráveis, domináveis e matáveis. Fanon (2008) também complexifica em 'Pele Negra Máscaras Brancas', trazendo um outro aspecto da colonialidade do ser ao salientar que para o negro não há outro caminho a não ser se branquear, pois o branco incita a possibilidade de assumir a condição de ser humano. Ou seja, nesse caso, a colonialidade do ser se expressa mediante a captura das subjetividades colonizadas para as quais o padrão de acesso à beleza, ao poder, à cidadania e por consequência, para a humanidade, passa a ser a cor branca ou a branquitude com todos os elementos de concessão de privilégios que ela engendra.

Além das três categorias apontadas por Walter Mignolo, Catherine Walsh menciona a colonialidade cosmogônica. Nela, a natureza é vista como um pano de fundo, uma mercadoria e o homem aparece, de acordo com essa matriz, ocupando um lugar central de agente dominador e subjugador não apenas de outros povos como também da própria natureza. O homem não veria a si mesmo como parte do mundo natural, mas como ser a ele externo e com a missão de dominá-lo de acordo com seus interesses e necessidades.

Observamos aqui a presença de elementos de dominação típicos do capitalismo (WALSH, 2012).

Desta forma, compreendemos que a colonialidade opera na naturalização da exploração da natureza, do monopólio do saber, da autoridade, do controle da sexualidade, das divisões de trabalho, do salário, das dimensões de cultura, da negação da existência.

Diante de todo este contexto fomentado, surge o termo decolonialidade como um projeto político epistêmico ontológico, num processo dinâmico, de movimento, de conectividade, articulação, inter-relação, de visibilidade das lutas contra a colonialidade, de quebras de paradigma, de possibilitar críticas ao eurocentrismo por parte dos saberes silenciados, de permitir uma forma de se autocompreender e de respeitar a alteridade de outras culturas presentes ao redor. Para Mignolo (2008), "[...] a opção descolonial que alimenta o pensamento descolonial ao imaginar um mundo no qual muitos mundos podem co-existir." (p.296).

Se de um lado a colonialidade permanece e se perpetua mediante a ação de vários mecanismos tais como o universalismo ocidental, o pensar decolonial trata de romper com tal universalismo e coloca em questionamento os binarismos modernos: "norte/sul, ocidente/oriente, colonizador/colonizado, rico/pobre, alta cultura/baixa cultura, branco/negro, homem/mulher, ciência/arte" (Moura, 2017, p. 25), problematiza as hierarquias e legitima os processos contra-hegemônicos.

De um ponto de vista epistemológico podemos afirmar que o grupo M/C ancora-se numa miríade de autores, dentre os quais detacamos Aimé Cesairé, Frantz Fanon e Paulo Freire. Com isso, o Grupo abriu brechas que recolocam o pensamento crítico latino-americano sobre novas bases, salientando a permanência e os desafios éticos e políticos decorrentes da ferida colonial. As análises decoloniais tornam visíveis as pessoas e os grupos sociais designados como dispensáveis, proporcionando releituras, potencializando discussões de novas questões e fomentando a noção do 'giro decolonial' (BALLESTRIN, 2013).

Há de se observar a inexpressiva presença de mulheres e a inexistência de intelectuais brasileiros associados à rede M/C.

Decolonialidade à brasileira: elementos para um debate local

Tendo apresentado alguns elementos que caracterizam a abordagem decolonial e sua importância no contexto do pensamento crítico não apenas latino-americano, mas de forma especial, na teoria social mais ampla, discutiremos nesta parte do trabalho a presença de elementos da decolonialidade em três pensadores brasileiros que poderão nos ajudar a pensar essa abordagem epistemológica, ética e política a partir do cenário nacional, que é atravessado pelo legado colonial que insiste em se manter vigente a despeito de todos os esforços feitos não apenas em termos de crítica teórica, mas também de ações desenvolvidas pelo trabalho dos movimentos sociais, bem como pela atuação política progressista nos espaços da política institucionalizada. Apresentamos Paulo Freire, Lélia Gonzalez e Abdias do Nascimento.

Paulo Freire: decolonial?

No Brasil, as obras de Paulo Freire apresentam aproximações importantes das designações decoloniais. Em uma leitura cuidadosa da obra de Freire, percebe-se o quanto ela apresenta aspectos convergentes com os trabalhos de Aníbal Quijano, Franz Fanon e Walter Mignolo. Na obra 'Pedagogia do Oprimido', o autor faz uso da expressão 'esfarrapados do mundo' numa referência aos oprimidos. Freire (2005) afirmou que

> [...] toda dominação implica uma invasão, não apenas física, visível, mas às vezes camuflada, em que o invasor se apresenta como fosse o amigo que ajuda. No fundo, invasão é uma forma de dominar econômica e culturalmente o invadido. Invasão realizada por uma sociedade matriz, metropolitana, numa sociedade dependente, ou invasão implícita na dominação de uma classe sobre a outra, numa mesma sociedade (FREIRE, 2005, p. 173).

Nesse fragmento, encontramos aportes para pensarmos a atuação das estruturas opressoras, sinalizando para a colonialidade do ser.

A perspectiva da libertação decolonial pode ser associada também à educação popular pormenorizada por Freire, partindo da pluralidade e da concretude das realidades vivenciadas pelos grupos populares e movimentos sociais, consolidando a ideia de que os mesmos podem metamorfosear o mundo, pois experenciam a ferida colonial diariamente (RIBEIRO & MELO, 2019).

Alguns textos do autor fazem menção à justaposição do arcabouço opressor e a vivência dos colonizados. Nesses termos, ocorre a distorção da realidade na medida em que o oprimido/colonizado tende a enxergar a sua condição como fatalidade e não como decorrência de processos históricos e sociológicos que alimentam as desigualdades.

É possível perceber, segundo Nascimento (2020), que tanto Freire quanto a Teoria decolonial apresentam suportes teóricos adequados para tensionar o positivismo e potencializar discussões acerca do direito de ser que foi suprimido por uma herança deixada pelo colonialismo. Ao passo que hooks (2018) afirma ser possível encontrar conexões entre o pensamento de Paulo Freire e o processo de descolonização. No caso, tal conexão se daria, de forma especial, por meio da insistência do educador brasileiro na necessidade de conscientização por parte daqueles/as mantidos sob opressão/colonização. A pedagogia do oprimido à qual Freire faz referência, diz respeito a uma concepção pedagógica libertária e libertadora. Ou seja, uma pedagogia de pessoas empenhadas na luta pela libertação, pelo ser mais do humano massacrado pelas lógicas opressoras das quais, certamente, as concepções coloniais de mundo, ou o eurocentrismo, se alimentam (AGOSTINI, 2019).

Freire defendia, nesta perspectiva, a ruptura radical com o passado colonial e a sua superação por meio de uma nova educação, democrática e comprometida com a emancipação social. Assim, segundo Vasconcelos e Brito (2009, p. 88) "uma educação libertadora é aquela que: [...] envolve a formação do educando em um ser crítico, pensante, agente e interveniente no mundo e que se sente capaz de transformá-lo".

Compreendemos que uma educação com o envolvimento de todos num processo interativo, dialógico, participativo, coletivo e democrático diverge da visão de educação bancária, que é produto das assimetrias sociais e que foi relatada e criticada por Freire. Nesta, há a percepção de uma aprendizagem mecânica, monológica, com restrição de conhecimento, ignorando valores, interpretações da realidade e de sociedade, emudecendo os subalternos, valorizando o saber docente produzido na academia, considerando o aluno como um bloco homogêneo e apresentando práticas autoritárias.

De acordo com Figueiredo (1991):

> A concepção bancária de educação traz como princípio a opressão, como estratégia a subjugação, como meio a alienação, como procedimento a transmissão de conteúdos colonializantes, como ideal a europeização, como epistemologia a ciência moderna, como pressuposto a superioridade racial e 'consequentemente' intelectual da civilização eurocêntrica, como propósito alimentar o sistema capitalista, como sentido a formação do sujeito-cidadão consumidor. (p. 12, grifo do autor)

Neste sentido, os temas são passados na forma de 'depósito bancário' daquele dito como detentor do saber para aqueles que julgam nada saber, o que favorece a violência epistêmica e a manutenção do status *quo* de inferioridade.

Para Freire, uma 'educação libertadora' pressupõe resistência aos modelos impositivos de educação, humanização e superação da opressão. Ela tem o diálogo como elemento central do processo ensino-aprendizagem. Diálogo este com o reconhecimento de que ambos os sujeitos são cognoscentes. Ele é visto como algo horizontal e não como um monólogo coercitivo do docente sobre o discente, conforme a seguinte enunciação: "o fundamental é que o professor e alunos saibam que a postura deles, do professor e dos alunos, é dialógica, aberta, curiosa, indagadora e não apassivada, enquanto fala ou enquanto ouve" (FREIRE, 1996, p. 46). Este diálogo é revigorado pela confiança e por uma relação de respeito do ponto de vista e das experiências entre os sujeitos; pois caso contrário, desrespeitando a leitura de mundo do outro, há o fortalecimento da maneira autoritária e antidemocrática de falar de cima para baixo:

> Se discrimino o menino ou menina pobre, a menina ou o menino negro, o menino índio, a menina rica; se discrimino a mulher, a camponesa, a operária, não posso evidentemente escutá-las e se não as escuto, não posso falar com eles, mas a eles, de cima para baixo. Sobretudo, me proíbo entendê-los. Se me sinto superior ao diferente, não importa quem seja, recuso-me escutá-lo ou escutá-la (FREIRE, 1996, p. 47)

Cabe ressaltar que a escuta não diminui a capacidade de operar o direito de discordar e de se posicionar, pois "[...] é escutando bem que me preparo para melhor me colocar, ou melhor me situar do ponto de vista das ideias" (FREIRE, 1996, p. 46). A escuta vai além da capacidade auditiva; compreende o sentido de estar aberto para a fala, os gestos, as diferenças e o entendimento do outro para que, nesta perspectiva, ocorra o estabelecimento da comunicação entre ambos.

Entendemos, de acordo com os contributos freireanos, ser inexorável a dissociação deste modelo bancário, pois o ensino transmissivo não responde a necessidade do educando. Faz-se necessária a percepção de que a escola é um espaço de entrecruzamento de diversos saberes e que devem ser estabelecidas relações mais simétricas entre seus agentes; que precisam ocorrer amplas discussões com problematização das injustiças sociais e abordagens de diversidade cultural em defesa do direito de ser; que necessitamos descolonizar os currículos escolares por meio de uma práxis educativa dialógica, pensada nas identidades para além da dualidade sujeito e objeto; que as discussões referentes às desigualdades étnico-raciais são primordiais para a constituição de jovens críticos, que se sensibilizem e consigam problematizar a presença de marcas históricas de séculos de colonização.

É fundamental pensarmos que as novas formas de colonialidade em curso, de modo especial aquelas engendradas pela lógica individualista, meritocrática, competitiva, mercadológica e voltada para o lucro, impõem novos desafios para o campo da educação. E, certamente, Freire e sua proposta pedagógica colocam-se contra essas modalidades de colonialidade ao propor uma educação fundamentada em valores éticos solidários e emancipatórios. Se o mercado assume a hegemonia e se torna o parâmetro por meio do qual todas as relações sociais passam a ser avaliadas, implicando num modelo de educação ajustada aos seus interesses, uma educação como treinamento, é contra isso que a proposta de Freire se coloca, ressaltando as dimensões utópicas e humanas do ato de ensinar e de aprender, ato que ocorre sempre em conjunto, sempre no coletivo e comprometido com o anúncio de uma nova forma de organização social, livre e não colonial (AGOSTINI, 2019).

Lélia Gonzalez: Racismo e o sexismo na sociedade brasileira

Lélia de Almeida Gonzalez foi uma intelectual, professora, política, filósofa, antropóloga, militante do movimento negro e feminista. Atuou na defesa de mulheres excluídas na sociedade brasileira, principalmente as mulheres negras e mulheres indígenas. Lélia Gonzalez representa um símbolo de luta e de resistência contra o racismo e o sexismo no Brasil, reconhecida internacionalmente, demonstrando sua importância neste cenário a sua produção nas décadas de 1970, 1980 e 1990. Suas contribuições e suas denúncias contra o sistema colonial racista e eurocêntrico precederam a formação do grupo Modernidade/Colonialidade e a estruturação do pensamento decolonial na América Latina. O desconhecimento de sua obra e suas contribuições como intelectual brasileira, reforça e corrobora os processos de apagamento de intelectuais negros/as (DUTRA, 2021). No âmbito dos estudos e pesquisas acadêmicas essa ausência pode indicar um resultado do processo colonial que desconsiderou o conhecimento produzido por pessoas negras e indígenas, em especial, de mulheres negras. Os trabalhos de Lélia Gonzalez são importantes ao considerarmos as discussões sobre colonialidade e decolonialidade, sobretudo, a partir de autores brasileiros.

Em suas discussões Lélia Gonzalez afirmou a importância da denúncia das opressões e do racismo oriundos dos processos coloniais e as consequências violentas que esse processo deixou na história do povo negro. Destaca a importância dos trabalhos de autores da diáspora africana, para compreendermos que o racismo e a violência do processo colonial espoliaram o povo negro, o continente africano e perpetua suas consequências dentro da sociedade brasileira. Assim,

> [...] graças aos trabalhos de autores africanos e Amefricanos - Cheik Anta Diop, Théofile Obenga, Amílcar Cabral, Kwame Nkruma, W.E.Dubois, Chancellor Williams, George C.M. James, Yousef A.A. Ben-Jochannan, Ivan Van Sertima, Frantz Fanon, Walter Rodney, Abdias Nascimento e tantos outros - sabemos que a violência do racismo e de suas práticas despojaram-nos do nosso legado histórico, da nossa dignidade da nossa história e de nossa contribuição para o avanço da humanidade nos níveis filosóficos, científico, artístico e religioso; o quanto a história dos povos africanos sofreu uma mudança

> brutal com a violenta investida europeia, que não cessou de subdesenvolver a África (Rodney); e como o tráfico negreiro trouxe milhões de africanos para o Novo Mundo...(GONZALEZ, 1988 p. 77).

A autora discutiu as consequências da colonização para a manutenção da estrutura racista no Brasil, construído a partir da escravidão e do tráfico de negreiro. Em sua obra verifica-se que ela denunciou a desumanização do povo negro, as relações de superioridade/inferioridade impostas entre o colonizador e colonizado, os processos de embranquecimento e internalização da cultura do colonizador. Segundo Gonzalez (1988, p.73), "As sociedades que vieram a constituir a chamada América Latina foram herdeiras históricas da ideologia de classificação social (racial e sexual) e das técnicas jurídico-administrativas das metrópoles ibéricas." Essas sociedades mantiveram as estratificações raciais e as hierarquizações garantiram a manutenção da superioridade dos grupos dominantes brancos (GONZALEZ, 1988). Percebe-se que a autora já trazia em suas discussões as relações de poder oriundas da estratificação racial, sexual e social da sociedade e as dicotomias entre dominador e dominado, tendo o racismo como o cerne afirmando "[...] O racismo estabelece uma hierarquia racial e cultural que opõe a "superioridade" branca ocidental à inferioridade "negroafricana" (GONZALEZ,1988, grifo da autora), o que demostra que a autora possui pioneirismo nas discussões sobre as relações de poder provenientes da colonização. Essas relações de poder mantêm assimetrias e a subalternidade dos povos negros na sociedade.

Em sua trajetória, ao perceber a negação da contribuição do povo negro na formação da sociedade brasileira e o apagamento dos conhecimentos e saberes dos negros e indígenas, propôs a categoria da Amefricanidade que

> [...] para além do seu caráter puramente geográfico, a categoria de Amefricanidade incorpora todo um processo histórico de intensa dinâmica cultural (adaptação, resistência, reinterpretação e criação de novas formas) que é afrocentrada [...]. Seu valor metodológico, a meu ver, está no fato de permitir a possibilidade de resgatar uma unidade específica, historicamente forjada no interior de diferentes sociedades que se formaram numa determinada parte do mundo (GONZALEZ, 1988, p. 76).

Tendo sido influenciada por autores africanos e Amefricanos, ela estudou correspondências da diáspora negra no sentido de explicar o *modus operandi* do racismo, assim como, buscou trazer elementos para reavivar os mecanismos de luta de mulheres afrolatinoamericanas contra o patriarcado, objetivando granjear um protagonismo das mesmas enquanto seres históricos. Lélia Gonzalez foi uma intelectual de vanguarda na discussão do feminismo afrolatinamericano. Em sua obra, o racismo e o sexismo aparecem como eixos estruturantes das ponderações acerca da humanidade negada, dos corpos animalizados e da exploração sexual. Nas palavras da autora, a mulata foi transformada em objeto e apresenta um certo endeusamento no período do carnaval, o que acaba no seu cotidiano "no momento em que ela se transfigura na empregada doméstica" (GONZALEZ, 1983, p. 228). Essa relação que objetifica corpos de mulheres negras, segregando-as a dois papéis possíveis na sociedade, a doméstica ou a mulata carnavalesca, constrange a existência dessas mulheres pela colonialidade do ser. Gonzalez (1984) ao discutir o sexismo e racismo traz o olhar da sociedade sobre o 'lugar' da população negra, em especial da mulher negra, que "[...] naturalmente, é cozinheira, faxineira, servente, trocadora de ônibus ou prostituta. Basta a gente ler jornal, ouvir rádio e ver televisão. Eles não querem nada. Portanto têm mais é que ser favelados." (GONZALEZ, 1984, p.226). Nesse sentido, além de culpabilizar a população negra pela negação de políticas públicas e as condições de exploração a que são submetidas, limita os horizontes possíveis de atuação da mulher negra, limitando-as à condição de servir.

Da mesma forma, o racismo, segundo a autora, é nutrido pela ideologia do branqueamento que impõe o afastamento das raízes negras "[...] internalizado, com a simultânea negação da própria raça, da própria cultura" (GONZALEZ, 1988, p. 73), que se fortalece com a falsa ideia de que o país é uma 'democracia racial' que retroalimenta mecanismos de destruição do corpo, da alma, do ser. A autora destaca que essas estratégias de manutenção do racismo são eficazes, pois não produzem resistências e acalentam a falácia de que, 'todos são iguais'. Dessa forma,

> [...] o racismo latino-americano é suficientemente sofisticado para manter negros e índios na condição de segmentos subordinados no interior das classes mais exploradas, graças a sua forma ideológica mais eficaz: a ideologia do branqueamento veiculada

> pelos meios de comunicação de massa e pelos aparelhos ideológicos tradicionais ela reproduz e perpetua a crença de que as classificações e os valores do ocidente branco são os únicos verdadeiros e universais (GONZALEZ, 1988, p.73).

Nesse sentido, intercala-se colonialidades do poder e do ser. Seus escritos confrontam os paradigmas dominantes e mostram como a herança linguística dos povos amefricanos influenciaram a construção da cultura e da língua portuguesa brasileira, contribuição negada a partir do apagamento dessas contribuições:

> [...] aquilo que chamo de 'pretoguês' e que nada mais é do que marca de africanização do português falado no Brasil [...], é facilmente constatável, sobretudo no espanhol da região caribenha. O caráter tonal e rítmico das línguas africanas trazidas para o Novo Mundo, além da ausência de certas consoantes (como o l ou o r, por exemplo), apontam para um aspecto pouco explorado da influência negra na formação histórico-cultural do continente como um todo (e isto sem falar nos dialetos 'crioulos' do Caribe) (GONZALEZ, 1988, p. 70).

Suas ideias hoje motivam a constituição dos movimentos de mulheres negras na ambição de relações mais democráticas, de valorização, reconhecimento, respeito e de humanização (CARDOSO, 2014).

Analisando o pensamento e as reflexões que Lélia Gonzalez nos deixou em seus escritos percebe-se que Gonzalez (1984, 1988, 1994) discutiu as questões do racismo, as relações de poder que mantém negros e indígenas nas classes subalternizadas, o sexismo, o apagamento da cultura negra e indígena, o branqueamento, a falsa democracia racial, o silenciamento da mulher negra, dentre outras injustiças. Dessa forma, tomando como referência os trabalhos Anibal Quijano, Walter Mignolo, Boaventura de Souza Santos, Catherine Walsh e outros autores decoloniais, percebe-se que as questões discutidas por Gonzalez (1984, 1988, 1994) são tão importantes e fundamentadas quanto o pensamento decolonial constituído pelo Grupo Modernidade/Colonialidade (M/C) no final dos anos 1990. A autora desenvolveu discussões, dentro do contexto brasileiro nos anos 1970, 1980 e 1990, que intercalam as discussões decoloniais, inclusive nos âmbitos da colonialidade do

Poder, colonialidade do Saber e colonialidade do Ser. Ela propõe resistências e insurgências, pautas legítimas que possui relações com a proposta do movimento decolonial. Sua obra reverbera trazendo contextos que descrevem bem os dias atuais.

Abdias do Nascimento: o genocídio do povo negro como marca de um passado e de presente coloniais

Iniciamos esta reflexão antecipando o fato de que Abdias do Nascimento foi um pensador completo, um intelectual completo e porque não dizer, um acadêmico completo, considerado um dos principais intelectuais pan-africanistas, no sentido de que, para além de sua atuação nas lutas e movimentos ativistas, ele forneceu às ciências sociais, quadros analíticos potentes e adequados para se interpretar a realidade social brasileira, sobretudo, frente a situação dos/as afrodescendentes no Brasil e na América Latina. Em outras palavras, Abdias nos forneceu um aporte teórico para compreendermos o racismo estrutural e orgânico estabelecido na América Latina que forjou um mecanismo complexo de dominação étnico-racial peculiar e escravagista, engendrado a partir de um projeto de "mestiçagem programada" entre raças e etnias localizadas em estratos sociais definidos politicamente. A partir da constatação de um modelo genocida de organização social, este intelectual denuncia todo um empreendimento sociopolítico que de forma explícita ou sutil, subtraiu as possibilidades de dignidade histórica aos afrodescendentes, garantindo-os à condição de marginalidade, sob todos os aspectos, mesmo após cessadas as relações escravagistas (PEREIRA, 2011, p. 2). Abdias propõe, assim como outros intelectuais do pensamento decolonial o fizeram, a instauração do racismo como categoria central de análise social, sobretudo, nos territórios colonizados e estabelece, todo um quadro analítico mobilizado para compreender os processos de resistência: ao racismo estrutural, ao preconceito, a exclusão, a violência e a todas as formas de materialização das desigualdades sociais e representativas. Em sua obra Quilombismo, ele deixa explícito que há uma narrativa histórica que inviabiliza a figura do povo negro-africano na constituição da identidade brasileira. Segundo este autor a elite "branca/brancóide" que se constituiu no território brasileiro e até da América latina, usurpou a narrativa da história do Brasil a seu favor e ao mesmo tempo, se favoreceu com inúmeros privilégios que se projetaram em toda estrutura social, econômica, política e militar. (Nascimento, 1980 p. 15).

A atuação de Abdias Nascimento também foi importante na defesa pelos direitos dos afrodescendentes no contexto da cena política. Ele foi Deputado Federal (1983-1987) e Senador da República (1997-1999), fato que por si só é representativo de uma ruptura institucional, de uma atitude de coragem e ousadia na abertura de espaço para negros e negras, diante de um cenário político herdeiro das oligarquias e dos grandes grupos econômicos que sempre deram as cartas nesse contexto. No âmbito cultural, ele foi um dos precursores do moderno teatro brasileiro ao engendrar o Teatro Experimental do Negro (TEM), que teve por escopo, dentre outras questões, o resgate dos valores da cultura africana, a erradicação do ator branco maquilado de preto e pôr fim, ao costume oferecer ao ator negro apenas papeis estereotipados.

Em relação aos quadros analíticos elaborados por Abdias do Nascimento, antecipamos o que diz respeito ao que se configurou como crítica ao "mito da democracia racial", ou seja, de um ideário construído à luz de uma historiografia viciada, ou brancocêntrica, que busca emplacar uma narrativa de que "negros e brancos tiveram/tem uma convivência harmônica onde desfrutaram/desfrutam de oportunidades iguais de existência, sem interferências de origens raciais ou étnicas" (PEREIRA, 2011 p. 5). Esta categoria analítica está relacionada ao processo sistemático que Abdias descreveu como o "genocídio do povo negro brasileiro". Ou seja, em nosso território e a partir das relações pós-coloniais locais, a mestiçagem se estabeleceu como um mecanismo de segregação instrumental que permitiu a efetivação de genocídio racial subjetivo, sistemático e, em muitos momentos, explicitamente praticado mesmo nos dias de hoje, tal como se observa nos atos bárbaros de violências e extermínios de populações negras nas periferias da América Latina. Este empreendimento instrumental sociopolítico vai operar no território colonizado de forma a,

> [...] impedir qualquer reivindicação baseada na origem racial daqueles que são discriminados por descenderem do negro africano; assegurar que todo o resto do mundo jamais tome

> consciência do verdadeiro genocídio que se perpetra contra o povo negro do país; aliviar a consciência de culpa da própria sociedade brasileira que agora, mais do que nunca, está exposta à crítica das nações africanas independentes e soberanas, das quais o Brasil oficial pretende auferir vantagens econômicas. (NASCIMENTO, 2016, p. 200)

Fica evidente a interdependência entre essas categorias, o "mito da democracia racial" e o "genocídio do povo negro" no pensamento e nas análises que Abdias faz da realidade brasileira. Os elementos da colonialidade estão presentes nessas elaborações de forma explícita, fato que torna inequívoco a presença de um aporte teórico essencialmente elaborado a partir do Brasil, autêntico, e que se contrapõe aos mecanismos de dominação, frutos da herança colonial. Nas palavras deste pensador, o genocídio das populações racializadas está em curso:

> Com isso, ele concorre para que se dê menos ênfase à desmistificação da democracia racial, para se começar a cuidar do problema real, que vem a ser um genocídio insidioso, que se processa dentro dos muros do mundo dos brancos e sob a completa insensibilidade das forças políticas que se mobilizaram para combater outras formas de genocídio (Fernandes apud Nascimento, 1978 p. 21).

Nesse sentido, para Abdias, como estratégia de enfrentamento dessa situação, será necessário o investimento na construção de uma sociedade plurirracial para que a ideia de democracia seja efetiva na prática. Nas suas palavras, "

> [...] ou ela é democrática para todas as raças e lhes confere igualdade econômica, social e cultural, ou não existe uma sociedade plurirracial democrática. À hegemonia da 'raça' branca se contrapõe uma associação livre e igualitária de todos os estoques raciais (NASCIMENTO, 1978 p. 37).

No livro Quilombismo Abdias se concentra em descrever e apresentar a experiência dos povos africanos no território estrangeiro em lutas por suas liberdades. Esta iniciativa carrega em seu objetivo o desejo de oferecer ao mundo uma história outra produzida a partir de lentes que não tiveram espaço na frágil narrativa da história brancocêntrica. Esta colocação fica clara no destaque que Pereira (2011, p. 8), traz do referido texto de Abdias,

> Quando, porém, o negro, do meu país de origem, alguma vez transmitiu para os leitores dos Estados Unidos, diretamente, sem intermediários ou intérpretes, a versão afro-brasileira da nossa história, das nossas vicissitudes cotidianas, do nosso esforço criador, ou das nossas permanentes batalhas econômicas e sócio-políticas? (NASCIMENTO, 1980, p. 14).

Em outras palavras, "O quilombismo", tem como mote demonstrar como se deram os processos de dominação sobre as populações racializadas e romper o bloqueio intelectual que isola os afrodescendentes latino-americanos, assim como, trazer à tona uma série de conhecimentos e estratégias de luta que foram desenvolvidas e que emergiram dos contextos de luta pelo direito de ser e existir.

Este questionamento instaura uma postura de construção de uma narrativa que denuncie os mecanismos de discriminação, preconceitos, racismos e violências a partir do protagonismo discursivo, obviamente tardio, dos próprios injustiçados pelo processo de dominação. O autor, nesse contexto, chega a classificar e identificar um modelo de dominação praticado no Brasil, como algo peculiar, o qual chama de "criação luso-brasileira":

> "[...] sutil, difusa, evasiva, camuflada, assimétrica e mascarada". Essa hierarquia racial tem conseguido se ocultar da observação mundial através do disfarce de uma ideologia utópica de convívio racial harmônico, denominada "democracia racial". Segundo Nascimento, "tal ideologia resulta para o negro num estado de frustração, pois que lhe barra qualquer possibilidade de auto-afirmação com integridade, identidade e orgulho" (Nascimento, 1980).

Outra questão concernente a esta obra de Abdias, é a demonstração de que os Quilombos foram as primeiras organizações sociais africanas reconhecidas no arranjo estrutural da sociedade brasileira. Evidentemente, essas estruturas não contavam com reconhecimentos positivos ou alteritários por parte dos poderes instituídos pela estrutura administrativa do Brasil, na medida em que representavam explícitas insurreições e potenciais guerrilhas que tinham o objetivo de romper e estancar a dominação colonial. Segundo o autor:

> Os quilombos, que variavam segundo o tamanho das terras ocupadas e o número de seus habitantes, via de regra mantinham bem organizada e eficiente produção agrícola, formas de vida social instituídas, segundo modelos tradicionais africanos adaptados à nova realidade da América" (Nascimento, 1980 P. 51).

Para Abdias, esta organização social em forma de Quilombo materializa uma postura de questionamento e um senso de nacionalidade que influenciaram, não somente o desejo, mas também fundamentou a germinação de um ideário de liberdade e independência no seio da sociedade brasileira em processo de construção. Mesmo oferecendo a sociedade brasileira contribuições subjetivas que preconizavam a libertação das amarras coloniais, o povo negro jamais teve reconhecimento intelectual dessas contribuições. Mesmo assim, diante das consequências da experiência diaspórica na separação das suas populações escravizadas, o Quilombismo constitui e ainda hoje, representa um instrumento de luta para garantir a valorização das culturas e mobilização dos afrodescendentes.

O Quilombismo é um projeto de nação para Abdias. As possibilidades de organização social e política do Brasil irão passar pela revisão justa do que foram os Quilombos. A retomada da história e memória dos povos africanos sob o advento da diáspora e da escravidão em nossos territórios traz à tona os ideais e estratégias concretas de sobrevivência sob todos os aspectos: subjetivos e materiais. Nas palavras de Pereira,

> O quilombismo é um projeto de organização social e política que visa à valorização da população negra frente aos demais grupos que compõem a identidade nacional. É o recurso teórico e prático que fundamenta a luta coletiva em busca do reconhecimento de um grupo social, a saber, a população afrobrasileira (PEREIRA, 2011, p. 12)

O Quilombismo nesse sentido, além de ser um mecanismo que se coloca como proposta de reorganização da estrutura social brasileira, alicerçada na diversidade das contribuições de diferentes povos africanos, é uma espécie de tecnologia anticolonial, pois em sua essência, refuta qualquer movimento de dominação xenofóbica. É um projeto constituído na pluralidade. Praticado na pluralidade. O que seria mais decolonial do que o Quilombismo? Talvez seja a pergunta que emergiu da *práxis* de Abdias. Pensar uma sociedade estruturada na experiência do Quilombismo, significa permitir o entrelaçamento de diversas cosmovisões africanas ou uma perspectiva pan-africanista coletiva no enfrentamento de um imperialismo social estrutural.

> Significa alcançar "uma democracia autêntica, fundada pelos destituídos e os deserdados deste país aos quais não interessa a simples restauração" artificial de estruturas políticas e sociais viciadas na subjugação da população afrodescendente. (NASCIMENTO, 1980, p. 262).

Ou seja, Abdias se conecta ao que Paulo Freire, considerou como a luta dos/pelos *"esfarrapados do mundo"* no sentido de que a emancipação dessas populações só poderá acontecer com a transformação radical das estruturas sociais cristalizadas pelo empreendimento persistente da indústria da pilhagem colonial. O Quilombismo, rompe o ativismo e se estabelece como conceito ou categoria histórico-social que busca, tal como afirmou Pereira (2011, p. 13), subsidiar a construção de instrumentos analíticos *"afro-brasileiros autóctones e endógenos"*, no intuito de superar modelos acadêmicos excludentes e desfavoráveis a importância das contribuições epistemológicas oriundas das elaborações da cultura afro-brasileira.

A obra de Abdias do Nascimento é vasta, profunda e fundamental para se compreender a verdadeira gênese da América Latina a partir da experiência do encontro de diferentes povos e culturas. É uma obra que induz uma postura de resistência frente aos mecanismos de dominação estabelecidos pela indústria da pilhagem colonial e pela diáspora. Abdias é um Monumento transportado pela sua ancestralidade para romper as linhas abissais de preconceito-racismo desnudando outras histórias, memórias e as cosmovisões das tradições africanas e afro-brasileiras. Sua obra amplia a dimensão da militância e invade a academia. Chuta a porta e entra com autoridade reivindicando o direito de participação do povo negro na cena tradicional onde se presume uma certa universalidade na construção do conhecimento.

A pergunta que fica a partir do desafio de se pensar, nos dias de hoje, o impacto do pensamento colonial ou, o próprio movimento denominado de decolonialidade, é: como é possível compreender a ideia de giro decolonial sem a consideração das obras de intelectuais brasileiros e brasileiras, tais como Paulo Freire, Lélia Gonzales, Abdias do Nascimento, entre outros? Fica assim instituído o desafio para todos nós de buscarmos compreender o fenômeno da colonialidade/ decolonialidade à brasileira.

Referências

Agostini, N. **Os desafios da educação a partir de Paulo Freire & Walter Benjamin**. Editora Vozes, 2019.

Amorim, E. S. **De-colonialidades de saberes e práticas educativas de professoras em assentamentos rurais no estado do Maranhão**. Tese de doutorado em Ciências Humanas, Universidade Federal de Santa Catariana, Florianópolis, Santa Catarina, Brasil, 2017.

Ballestrin, L. América Latina e o giro decolonial. **Revista Brasileira de Ciência Política**, (11), 89-117, 2013. https://doi.org/10.1590/S0103-33522013000200004.

Bernardino-Costa, J., Maldonado-Torres, N., & Grosfoguel, R. **Saberes subalternos e decolonialidade: os sindicatos das trabalhadoras domésticas no Brasil**. Editora Universidade de Brasília, 2015.

Cardoso, C. P. Amefricanizando o feminismo: o pensamento de Lélia Gonzalez. **Estudos Feministas**, 22(3), 965-986, 2014.

Castro-Gómez, S. **La poscolonialidad explicada a los niños**. Popayán/Colômbia: Editorial. Universidad del cauca, 2005.

Curiel, O. **Feminismo decolonial**: prácticas políticas transformadoras. 2016. (vídeo). Disponível em https://www.youtube.com/watch?v=B0vLlIncsg0. Acesso em 24 de março de 2020.

Costa, A. E. Da miscigenação ao pluriculturalismo: questões em torno da ideologia pós-racial e a política da diferença no Brasil. **Hendu**, 6(2), 40-54, 2015.

Dias, A. S., Abreu, W. F. Didáticas decoloniais no Brasil: uma análise genealógica. **Educação**, 45, 1-17, 2020.

Dussel, E. **El encubrimiento Del otro**: hacia El origen Del mito de La modernidad. Plural Editores, 1994.

Dutra. D. S. de A. **Em busca de caminhos para um ensino de matemática numa perspectiva decolonial**: (res)significando saberes e práticas. Tese. (Doutorado em Educação em Ciências e Saúde) - Universidade Federal do Rio de Janeiro, Rio de Janeiro, 2021.

Fanon, F. Racismo e Cultura. In: F. Fanon. **Em defesa da Revolução Africana**. Sá da Costa Editora, 1980.

Fanon, F. Pele negra, máscaras brancas. Tradução de Renato da Silveira. Salvador. EDUFBA, p. 194, 2008.

Figueiredo. J. B. A. Paulo Freire e a descolonialidade do saber e do ser. **Revista Peru Indígena**, 13(29), 11-20, 1991.

Fleuri, R. M. Interculturalidade, identidade e decolonialidade: desafios políticos e educacionais. *Série-Estudos* - **Periódico do Programa de Pós-Graduação em Educação da UCDB**, 37, 89-106, 2014.

Freire, P. **Pedagogia da autonomia: saberes necessários à prática educativa**. Editora Paz e Terra, 1996.

Freire, P. **Pedagogia do Oprimido**. Editora Vozes, 2005.

Gonzalez, L. Racismo e sexismo na cultura brasileira. In: L. A. Silva *et al*. Movimentos sociais urbanos, minorias e outros estudos. **Ciências Sociais Hoje**, 2, 223-244, 1983.

Gonzalez, L. Racismo e Sexismo na Cultura Brasileira In: **Revista Ciências Sociais Hoje**, Anpocs, p. 223-244, 1984.

Gonzalez, L. A categoria político-cultural de amefricanidade. **Tempo Brasileiro**, 92/93, 69-82, 1988.

Gonzalez, L. Lélia fala de Lélia In.: **Estudos Feministas**. CIEC/ECO/UFRJ, n. 2, p. 385-386, 1994.

hooks, B. **Ensinando a transgredir:** a educação como prática da liberdade. Editora Martins Fontes, 2018.

Kilomba, G. **Memórias da plantação:** Episódios de racismo cotidiano. Editora Cobogó, 2019.

Mbembe, A. **Necropolítica**. N-1 Edições, 2018.

Melo, A., & Ribeiro, D. Reflexões decoloniais sobre conhecimento e educação a partir do diálogo em Paulo Freire. **Diálogos Latinoamericanos**, 28, 41-52, 2019.

Mignolo, W. Os esplendores e as misérias da 'ciência': colonialidade, geopolítica do conhecimento e pluriversalidade epistêmica. In: B. S. Santos. **Conhecimento prudente para uma vida decente:** um discurso sobre as ciências revisitado. Editora Cortez, 2004.

MIGNOLO, Walter D. **Desobediência Epistêmica**: a opção descolonial e o significado de identidade em política. Cadernos de Letras da UFF –Dossiê: Literatura, língua e identidade, n. 34, p. 287-324, 2008.

Moura, E. S. Inquietações, decolonialidade e desobediência docente formação inicial de professores/as de artes visuais na América Latina. **Revista Papeles**, 9(18), 21-33, 2017.

Mota Neto, J. C. **Por uma pedagogia decolonial na América Latina**: reflexões em torno do pensamento de Paulo Freire e Orlando Fals Borda. Editora CRV, 2016.

Nascimento, H. A. Entre Paulo Freire e a Teoria Decolonial: diálogos na Educação em Saúde. **Revista Eixo**, v. 9, n. 1, p. 36-47, 2020.

Nascimento, H. A., & Gouvêa, G. Pensamento crítico e subversão onto-epistêmica: propondo um diálogo entre Butler e Quijano. **Dissonância. Revista de Teoria Crítica**, publicação online avançada, 2021. Disponível em https://www.ifch.unicamp.br/ojs/index.php/teoria-critica/issue/view/247.

Nascimento, Abdias do. **O Genocídio do Negro Brasileiro**. Rio de Janeiro: Paz e Terra, 1978.

_____. **O quilombismo**. Petrópolis: Editora Vozes, 1980.

Oliveira, L. F., & Candau. V. M. F. Pedagogia decolonial e educação antirracista e intercultural no Brasil. **Educação em Revista**, 26(01), 15-40, 2010.

PEREIRA, A. L. Para além do pensamento social hegemônico: Abdias do Nascimento e a condição afro-brasileira. **Revista Thema**, *[S. l.]*, v. 8, n. 2, 2011. Disponível em: https://periodicos.ifsul.edu.br/index.php/thema/article/view/104. Acesso em: 19/12/2022.

Penna, C. Paulo Freire no pensamento decolonial: um olhar pedagógico sobre a teoria pós-colonial latino-americana. **Revista de Estudos E Pesquisas sobre as Américas**, 8(2), 164-180, 2014.

QUIJANO, Anibal. Colonialidade do poder e classificação social. In.: SANTOS, Boaventura de Sousa. MENESES, Maria Paula (Orgs). **Epistemologias do Sul**. São Paulo. Cortez, 2010

Santos, B. de S. Meneses, M. P. (Orgs). **Epistemologias do Sul**. São Paulo. Cortez, 2010.

Segato, L. La perspectiva de la colonialidad del poder. In: Z. Palermo, & P. Quintero. **El desprendimiento: Aníbal Quijano - textos de fundación**. Ediciones del Signo, 2014.

Vasconcelos, M. L., & Brito, H. P. **Conceitos de educação em Paulo Freire**. Editora Vozes, 2009.

Walsh, C. Interculturalidad y (de)colonialidad: Perspectivas críticas y políticas. **Visão Global**, 15(1-2), 61-74, 2012.

doi.org/10.29327/5220270.1-5

Capítulo 5
EMOÇÕES, ENCANTAMENTOS E CINEMA COMO POSSIBILIDADES FORMATIVAS DOCENTE

Rita Silvana Santana dos Santos, Rafael Nogueira Costa e Celso Sánchez

> O oceano
> separou-me
> de mim
> enquanto me fui esquecendo nos séculos,
> nos séculos.
> Eu me fui esquecendo nos séculos
> *Confiança*, Agostinho Neto
> Música *Confiança*, Mateus Aleluia (2019)

Introdução

INICIAMOS nossa reflexão a partir do poema de Agostinho Neto, *Confiança*, cantado por Mateus Aleluia. O *poema cantado* é um convite para encontrarmos as histórias que nos foram escondidas, as "histórias que a história não conta"[16], nossas ancestralidades, inclusive as raízes africanas, ameríndias, amefricanas e pindorâmicas.

Partimos da ideia de que o esquecer é se desencantar. Portanto, entendemos que há certos esquecimentos que se instituem como programa político. Olhar para o esquecimento em sua dimensão política e ontológica é um caminho para entender que a memória, as imaginações e as ancestralidades são formas de encantamento, de políticas de libertação e de produção de sentidos de democracia.

---

[16] HISTÓRIA para ninar gente grande. Compositores: Deivid Domênico, Tomaz Miranda, Mama, Marcio Bola, Ronie Oliveira, Manu da Cuica e Danilo Firmino. Grêmio Recreativo Escola de Samba Estação Primeira de Mangueira. Rio de Janeiro, 2019.

Olhar para o esquecimento e para sua produção, nos permite perceber a noção de sujeito histórico no pensamento de Paulo Freire, ou seja, sujeito consciente de sua existência no seu tempo histórico, sujeito desperto no presente, consciente de seu passado e com capacidades de disputar seu futuro. Dessa forma, refazer os percursos históricos em busca de mundos libertadores e democráticos, é, portanto, se encantar. Assim, a memória é espaço de encantamento e de produção de caminhos libertadores e é no encontro encantado com as ancestralidades que podemos trazer à tona sentidos de uma política ontológica democrática.

Em África, bem como neste continente, Abya Yala, de acordo com o povo Kuna, é possível encontramos nos rastros de seus povos e em suas memórias, encantamentos e encantos. Nessa busca, refletimos sobre as seguintes questões: Quais sentidos atribuímos ao esquecimento e qual sua relação com o encantamento? Quais espaços ele tem enquanto constitutivo do sistema de conhecimento científico, majoritariamente marcado pela cisão entre razão e emoção, realidade e imaginação, natureza e sociedade? Que tipo de proposta didática-pedagógica pode proporcionar encantos para formação docente?

O esquecimento como ato político pedagógico do colonialismo e como efeito de colonialidade é um traço marcante em nossa história. Conta-se que pessoas sequestradas e colocadas na condição de escravidão, antes de embarcarem nos porões para sacrificada e maldita travessia do atlântico, eram obrigadas a dar três voltas em torno da "árvore do esquecimento" para deixarem ali toda a sua vida e embarcarem rumo a morte em vida, vidas desencantadas. Nesse ritual macabro e perverso, fica evidente que para o processo de desumanização era necessário retirar da condição de pessoa humana, a memória. Há nesses esquecimentos uma imposição de uma política ontológica que vai destituir o sujeito de sua condição existencial através do esquecimento forçado, imposto como projeto político pedagógico, de uma necropedagogia que está a serviço da desumanização e que opera retirando a condição de sujeito histórico, rompendo memória, imaginação e corpo, operando desta forma o desencantamento.

Para Simas e Rufino (2020), o desencantamento é entendido como sendo uma forma de despotencialização da vida, como forma de esvaziamento existencial, como expressão de uma política de morte em vida, em suas palavras:

> [...] O desencantamento nos diz sobre as formas de desvitalizar, desperdiçar, interromper, desviar, subordinar, silenciar, desmantelar e esquecer as dimensões do vivo, da vivacidade como esferas presentes nas mais diferentes formas que integram a biosfera. Entender o desencante como uma política de produção de escassez e de mortandade implica pensar no sofrimento destinado ao que concebemos como humano, no deslocamento e na hierarquização dessa classificação entre outros seres (SIMAS; RUFINO, 2020, p. 9).

O encantamento, por sua vez, é um ato de criar e recriar mundos que ocorre em um contexto cultural (Oliveira, 2021). É o encantamento que gera condições de sentir algo, de impulsionar as atitudes e os modos de pensar, reverberando na posição humana diante do mundo. Nesse sentido, o encantamento nos possibilita o desejo e a experiência de sentir, de criar e de agir no mundo com criticidade, envolvimento e paixão.

O encantamento pode até ser entendido como um conceito, mas sua força está em apontar para experiências necessárias à libertação e às superações de todas as formas de expressão da colonialidade, por isso o entendemos como um "conceito-experiência", como expressa Eduardo Oliveira, (2012):

> [...] O encantamento é uma experiência de ancestralidade que nos mobiliza para a conquista, manutenção e ampliação da liberdade de todos e de cada um. Assim, é uma ética. Uma atitude que faz sentido se confrontada com os legados dos antepassados (OLIVEIRA, 2012 p. 43).

Estamos na busca por construir e nos constituir socialmente a partir das nossas ancestralidades, com o corpo aberto para os encantamentos. Perseguimos conceitos e experiências que possam fundamentar processos formativos libertadores e plurais.

Machado (2014), ao meditar a partir da Filosofia Africana, "que intenta compreender a complexidade existente no concreto", centrada no corpo, nos guia para refletir sobre o encantamento. Para ela, o encantamento é "o ato de criar mundos" (Machado, 2014, p. 54). Por outras palavras é "o sustentáculo, não é objeto de estudo, é o que desperta e impulsiona o agir, é o que dá sentido" (idem, p. 59). Dessa forma, se encantar é se qualificar no mundo, "trazendo beleza no pensar/fazer implicado, posto que pensar desde o corpo é produzir conhecimento usando todos os sentidos" (Machado, 2014, p. 59).

Conforme Nascimento (2020), na maioria das tradições africanas, a ideia de sujeito-pessoa envolve articulação entre natureza e história, entre pessoa e comunidade. Essa interconexão é fundamento para a constituição da nossa humanidade e para nossa formação. Precisamos dos outros, humanos e da maravilhosa rede da biodiversidade, para ser quem somos, para aprender e viver. Enquanto seres resultantes de processos relacionais, entendemos esta rede da vida como a nossa extensão, ao tempo em que nos reconhecemos como extensão deste mundo plural.

No lugar da competição, apostamos na cooperação e na coletividade. A construção das identidades é tecida em comunhão. Como cita o autor,

> É o pertencimento a uma comunidade que nos torna não apenas humanos no geral, mas uma pessoa em particular, daí a tamanha crueldade da destruição da identidade perpetrada pela colonização, pois retirou de nossas ancestrais uma parte importante do sentido de seu ser (Nascimento, 2020 p. 70).

A (re)construção do nosso ser, da nossa identidade a partir de nossas raízes ancestrais se torna um potente afluente para a constituição de um rio de conhecimentos libertadores frente as armadilhas do colonialismo. Em acordo com Eduardo Oliveira (2021), a ancestralidade é aqui entendida como uma possibilidade de construção de sentidos advindas da maneira como significamos e nos relacionamos com as nossas heranças. E a herança, em destaque, é a compreensão de que "o conhecimento africano se dá no *significar* a existência no mundo" (Machado, 2014, p. 60). Uma existência encantada pela criação resultante, dentre outros, do modo como interagimos com os legados dos antepassados.

Luiz Antonio Simas e Luiz Rufino nos trazem a ideia de que o encantamento é uma forma de conexão com o mundo, um princípio que *bate de frente* com o ordenamento monolinear, monocromático e monogramatical do ocidente e sua cosmovisão judaico-cristã. Para os autores, a noção de encantamento está relacionada com:

> [...] o princípio da integração entre todos as formas que habitam a biosfera, a integração entre o visível e o invisível (materialidade e espiritualidade) e a conexão e relação respon-

> siva/responsável entre diferentes espaços-tempos (ancestralidade). Dessa maneira, o encantado e a prática do encantamento nada mais são que uma inscrição que comunga desses princípios. [...] Entendemos que a matriz colonial é uma das chaves para pensarmos a guerra de dominação que se instaura entre mundos diferentes. Se de um lado temos a integração dos sistemas vivos, a conexão entre as dimensões materiais e imateriais e a ética ancestral, do outro lado está a separação e a hierarquização Deus/Estado, humanos/herdeiros de Deus e natureza/recursos a serem transformados em prol do desenvolvimento humano (Simas; Rufino, 2020, p.7).

Estamos partindo da premissa que o trauma colonial e sua ortopedia (Rufino, 2019) induz uma lógica binária e hierárquica, predominante também nos processos formativos. O trauma colonial conduz a exclusão e subjugação dos legados afrodiaspóricos e de povos originários, ameríndios, fortalece o epistemicídio e o semiocidio (Rufino, 2019) e compromete a compreensão da nossa vida enquanto experiência única. Esse também seria na visão de Renaud; Rufino; Sánchez (2020) a percepção de que:

> [...] Tal invenção de mundo moderna, pautada na política universalista do Ocidente europeu, deixa como uma das heranças a crença que corpo, mente e espírito são dimensões distintas. Essas três esferas passaram, então, a ser entendidas como coisas separadas, enquanto a maior parte dos seres afetados pelo acontecimento colonial foram classificados como não-portadores de algumas dessas dimensões. Dessa maneira, para aqueles destituídos de humanidade, desprovidos de razão e fadados a não-salvação, qual seria a possibilidade de existir nessa trama? Nesse caso, como ficariam esses seres sustentados por teias gnoseológicas e biocósmicas que fundamentam a vida a partir de outros sentidos? (Renaud; Rufino; Sánchez, 2020, p. 3).

Ao trazer as noções de encantamento, para a elaboração de uma possível contribuição de uma cosmopercepção[17] formativa, impulsionamos a construção de conhecimentos implicados com a nossa existência e com o mundo que integramos. Assim, o processo formativo além de existencial se torna também um ato político, expressando nossa posição frente a realidade e à vida (Machado, 2014).

---

[17] Oyèrónké Oyěwùmí (2021).

A formação fundada no encantamento nos traz o compromisso ético e estético com a nossa existência e com todas as outras existências, entendo os/as "outros/as" (humanos e a rede da biodiversidade) como nossa extensão, como parte necessária e importante à manutenção da vida e à nossa formação enquanto sujeito-pessoa. Retomar o encantamento nos processos formativos corrobora também com a responsabilidade do conhecimento, e das atitudes deles advindos, frente aos mundos que criamos.

Na condição docente e de pesquisadora/o, o encantamento nos provoca ações de enfretamento dentro e fora das instituições educativas. Nos possibilita uma análise crítica e autocrítica diante das experiências que nos formam, bem como aquelas que fomentamos enquanto profissionais da educação.

Retomar o encantamento como fundante da aprendizagem pode ser um dos caminhos para construção de práxis pedagógicas emancipatórias com e para docentes, enquanto pessoas que se formam e ao se formarem, formam outras pessoas.

É neste sentido que o projeto político pedagógico contra colonial, contra hegemônico passa pelo encantamento. Esta é a importância da obra de mestres como Mateus Aleluia, que recuperando a poética das ancestralidades em forma de música, rememoram e produzem encantamentos, como na letra abaixo:

Era quarta-feira
Sete, oitenta e três, de dezembro
Zagueava ao vento
Parei quando vi Zambiê
Daomeano, iorubano
Congolês, angolano, mbandu
Haúça, muçulmano
De tudo isso eu sou
Eu, um cidadão da senzala
Um assimilado urbano
Em terra de N'gola Kiluanji, Mandume, Shaka Zulu, Mali
Me senti na Bahia
Cultural explosão

Um filho da Bahia
É a África de coração
Valha-me, Deus
Nosso Senhor Jesus Cristo
E Exú em aramaico também é salvação
Exú na Bahia
Exú no Sudão
Exú é alegria
Exú é salvação
Mateus Aleluia

O cinema na formação docente[18]: pensar encontros e encantamentos

Schwarcz (2014, p. 391), faz uma "provocação metodológica" para darmos mais atenção em nossas pesquisas científicas para as "fontes iconográficas" – para além do uso ilustrativo. Por outro lado, desde o Segundo Reinado, por iniciativa de Pedro II, a nacionalidade foi desenhada a partir das "imagens oficiais do Estado: o rei, a natureza e seus naturais (entre escravizados e indígenas)", o que auxiliou na "produção do contexto" em que foram inseridas (Scwarcz, 2014, p. 391).

Das telas pintadas à mão expostas pela Academia Imperial de Belas Artes e, depois, pelo uso da fotografia[19], após a segunda metade do século XIX, a imagem de uma nação foi sendo construída (Scwarcz, 2014), desenhada e registrada, em sua maioria, por mãos masculinas e brancas.

---

[18] Nossas reflexões surgiram durante o período de isolamento social devido a Pandemia pelo Covid-19. Nos encontros virtuais, fortalecemos as nossas ideias, imaginamos fugas e criamos os canais de conexão. Disponível em: https://www.youtube.com/watch?v=2Mq9ZDQoBw8.

[19] Scwarcz (2014, p. 397), esclarece que o próprio "Pedro II se gabava de ser o primeiro monarca fotógrafo, além de contratar e financiar uma série de profissionais da área, ou mesmo apoiar grandes casas dedicadas ao ofício".

Reprodução fotográfica Lula Rodrigues
O Derrubador Brasileiro, 1879
Almeida Júnior
Óleo sobre tela, c.i.d.
227,00 cm x 182,00 cm

Não foi diferente no cinema, quando Getúlio Vargas compreendeu a dimensão do seu impacto no imaginário social e cunhou o projeto do Instituto Nacional do Cinema Educativo em 1936, que apresentava uma estrutura complexa a serviço da criação da identidade nacional. A partir daí, ao longo das décadas, podemos ver nas telas do cinema nacional um caleidoscópio de imagens e sons, que proliferaram as representações da colonialidade, o desencanto.

Arroyo (2013), ao narrar sobre o "ofício de mestre", apresenta uma série de situações e vivências que precisam aflorar nos processos formativos. O autor defende a ideia de que a pesquisa coletiva e a produção em comunhão são caminhos enriquecedores. Porém, para ele, "essa aprendizagem somente se dará se for criado um clima de interação" entre as pessoas (ARROYO, 2013, p. 167). Dessa forma, o/a docente que estimula a produção no lugar da repetição, "de pôr os educandos em ação, de propor um leque de atividades, de planejar seu desenvolvimento", motivando crianças e adolescentes ao trabalho coletivo, se torna um/a docente-produtor/a e "reconstroem sua identidade" (ARROYO, 2013, p. 230).

Brincar com o espaço e tempo, misturar imagens, trocar olhares, inserir e retirar sons, escolher planos, analisar e criticar filmes, escolher enquadramentos e maneiras de narrar, são elementos que constituem as "pedagogias do cinema" (MIGLIORIN; PIPANO, 2019). Se "todo estudante é capaz de fazer cinema" (MIGLIORIN, 2015), toda escola é um centro de produção de conteúdos. Um centro de experimentações, um local que precisa ser "reinventado" com base na diversidade, na descolonização e na dimensão da produção em rede (SODRÉ, 2012).

O cinema pode produzir e disseminar narrativas que requerem de nós docentes um posicionamento. Como nos "colocamos" frente às histórias narradas? Que histórias escolhemos para exibir? Como trabalhar com o cinema nos contextos formativos? Essas e outras indagações nos ajudam a pensar em possibilidades de tornar o cinema uma potência formativa fundada no encantamento. Dessa maneira, brincando com o cinema, podemos estilhaçar narrativas e revelar como a indústria da imagem pode potencializar a colonialidade.

O cinema enquanto dispositivo formativo, não é neutro. Ele expressa os posicionamentos de quem o produz e de quem os acessa. Imagens, sons, personagens, enredo, posições e movimentos de câmeras, cenas em sequencias [...] são utilizadas para provocarem emoções, sensações, ideias acerca de algo, de alguém ou de algum lugar. Essa lógica, muito utilizada pela indústria cultural hegemônica (Adorno; Horkheimer, 1985; Adorno, 2020), nos torna consumidores e reprodutores de imaginários e de ações coletivas.

Libertar dessa lógica diante do cinema requer ações educativas que nos possibilitem pensar sobre o que nos toca. Quais sentidos atribuímos às provocações advindas da linguagem cinematográfica? Quais sentimentos e atitudes somos impulsionados a ter diante dos filmes que assistimos e utilizamos pedagogicamente? Que experiências o cinema nos provoca e quais podemos provocar a partir do cinema? A intenção é que possamos usar o cinema como construção coletiva. Um cinema que mergulha no real, interpreta o real e cria mundos, disputa o imaginário.

Cinema como possibilidade de sentir e experimentar modos outros de se posicionar, de se expressar, colaborando para nossa constituição enquanto docente.

O cinema monocultural, produzido pela indústria cultural hegemônica, é gerador de narrativas e linguagens pasteurizadas. Este tipo de cinema torna as visualidades homogêneas e, consequentemente, são instrumentos potentes para colonização do imaginário coletivo. Dessa forma, o cinema se transforma numa "arma branca", que afirma o patriarcado e constitui lógicas opressoras, enfeitiçando os espectadores.

Pelas imagens e visualidades a história dos corpos é contada. No Brasil, as telas ao longo do processo histórico, reproduziram as marcas coloniais, deixando de lado ao longo de gerações, as manifestações de libertação e emancipação.

Ou seja, qualquer visualidade e narrativa, "independente da sua origem, ao privilegiar uma análise monocultural da diversidade do mundo, reproduz uma lógica exclusivista" (Meneses, 2018, p. 20).

Essa lógica exclusivista é excludente e limita a compreensão, assim como, os processos criativos. Tais limitações se expressam tanto pela naturalização das imagens, cores e movimentos advindos de uma estética eurocêntrica, quanto do silenciamento de outras possibilidades estéticas advindas de culturas africanas, ameríndias e das diásporas.

Podemos identificar em muitas telas o imaginário do mundo colonial, com as suas crenças, ideias sobre raça e religião, provocações realizadas por exemplo, no movimento *Dogma Feijoada* (Carvalho; Domingues, 2018). O outro ou a outra, quando são apresentados(as), são tratados de maneira pejorativa e inferiorizada. Sistematicamente os "corpos" foram armazenados em caixas imagéticas, engarrafados na narrativa e nas crenças do colonizador.

A estética colonial busca enquadramentos perfeitos. Nesses filmes estão presentes as visões panorâmicas, produzidas a partir da luminosidade burguesa. É um cinema diurno. Nesse tipo de cinema podemos identificar uma estética própria, que tenta enganar o espectador com a sensação de continuidade. Por isso a ideia de linearidade, que usa "truques" para criar, em um jogo de ilusões, a história única. Faz uso de uma gramática própria. Tem proporção áurea, um glamour, um tapete vermelho (simbolizando o andar da carruagem sobre o fogo e o sangue).

Hollywood serve à propaganda[20] e ao marketing, consequentemente ao capitalismo. Apresenta sofisticação tecnológica, com estúdios que movimentam milhões de dólares. Tem a sua essência a visualidade colonial[21]. Traz a moral e a religião bem marcados. O roteiro tem início, meio e fim bem definidos. Têm como base a narrativa de um herói ou super-herói, o protagonista, e a figura do vilão, o antagonista.

Pensar o ensino, a educação e a construção de conhecimento como algo mecânico e repetitivo, torna igualmente alienados os sujeitos que experimentam e vivenciam o conteúdo escolar, tanto quanto os que consomem conteúdo de entretenimento.

Trazemos a dimensão da opressão presentes nesses dois importantes processos, o da Educação e da Comunicação, necessários nos relacionamentos e trato social que, sendo utilizados de forma hierárquica mantém constante certo controle da massa. A opressão não é algo que se configura apenas em ofensas ou injustiças que notamos facilmente, pelo contrário, ela possui um "controle esmagador que inibi o poder de criar e de atuar no mundo" (Freire, 1987, p. 42), justamente porque estrutura-se de um modo que o sujeito não se percebe criador na história, apenas espectador do próprio sofrimento, inserido em uma realidade fatalista. Sabemos que, dependendo da forma como nos educamos e comunicamos, podemos reproduzir opressão e alienação ou produzir críticas libertadoras e reflexivas sobre nosso cotidiano.

O processo pedagógico presente na Educação há muito tempo vem sendo desenvolvido com base em propostas extremamente mecanicistas. Inserido em um sistema que idolatra o capital, incentiva a competição e o acúmulo de bens materiais, as instituições de ensino passam a produzir e reproduzir uma educação bancária, como diria Paulo Freire, que é justamente aquela que "se funda numa das manifestações instrumentais da ideologia da opressão" (Freire, 1987, p. 38). Ela reduz o processo educativo a um instrumento com objetivo de manter o padrão de funcionamento de atividades socioeconômicas e culturais hegemônicas. Então, como encontrar saídas para uma educação do diálogo a partir do cinema?

---

[20] Cigarro e carros, estilo americano de ser, vestir e sonhar.
[21] Por isso, no seu interior existam novas apropriações.

Ribeiro (1993), traçou um panorama da história da educação brasileira e apontou que desde o ensino jesuítico, que funcionou à serviço da catequização dos povos, a educação se caracterizou por ser enciclopédica, com métodos autoritários e disciplinares, "abafando a criatividade individual e desenvolvendo a submissão às autoridades e aos modelos antigos" (Ribeiro, 1993, p. 16). Dessa forma, "a arte de falar bem" e reproduzir o que *o mestre mandou* "era mais importante do que a criatividade do indivíduo" (Ribeiro, 1993, p. 17).

Ou sejam "existe um olhar colonizador sobre os corpos, saberes, produções e, para além de refutar esse olhar, é preciso que partamos de outros pontos" (Ribeiro, 2020, p. 34). Construir novos discursos é uma tarefa didática e pedagógica.

Dessa forma, nos cabe os seguintes questionamentos: Pode uma subalternizada filmar[22]? Se sim. Onde é produzido e divulgado este tipo de cinema? Que tipo de experiência imagética pode "quebrar com os engarrafamentos" produzidos pelo imaginário do mundo colonial?

As visualidades decoloniais contam fragmentos da história que a história oficial escondeu, engarrafou. As pessoas, os deuses, os rituais, daqueles e daquelas que tiveram seus corpos subalternizados agora podem proliferar suas narrativas, estilhaçando o "perigo da história única[23]" narrado pela nigeriana Chimamanda Adichie.

O cinema decolonial pode ser tudo o que ele quiser. Tem a força na narrativa e possui como referência a oralidade, linguagem que está pra além da escrita. São as chamadas visualidades orais. Nossa hipótese é de que as máquinas em punho são instrumentos para ampliar as experiências sensoriais por meio das visões e das audições, por isso podemos chamar de *cinevivências* (inspiradas em Conceição Evaristo) e a partir da experiência da pesquisadora Bárbara Cristina Pelacani da Cruz, que traçou reflexões sobre *fotoescrevivência*, fruto de uma investigação empírica com a câmera em punho (Salis et al., 2021).

O cinema decolonial precisa disputar o imaginário, pensar outros sonhos possíveis. Um cinema decolonial pode libertar o imaginário para "além das estruturas capitalistas, patriarcais, eurocêntricas, cristãs, modernas e coloniais" (Grosfoguel, 2016, p. 45).

---

[22] Provocadas pelo poderoso texto da Gayatri Spivak (2010).
[23] Disponível em: https://bit.ly/412PpaG.

O cinema decolonial é aquele oriundo de experiências e dos conflitos que emergem dos territórios (excluídos, explorados e potentes) ao longo do processo de colonialidade/modernidade. Produzido nas relações sociais e não centralizado na figura de um diretor ("Eu" GROSFOGUEL, 2016).

O *cinema decolonial* é aquele que busca projetar as "cosmologias, conhecimentos e visão de mundo" daqueles e daquelas que foram proibidos de expressar suas crenças a partir da construção imaginária moderna e colonial, que homogeinizaram "as identidades heterogêneas que existiam nas Américas antes da chegada dos europeus" (Grosfoguel, 2016, p. 37).

Visualidades outras. Descontínua. Onde eles estão? No cinema indígena, quilombola, periféricos. Produzido por sujeitos que trazem outras possibilidades existenciais, outras visualidades e cosmovisões. Outros corpos, outras visualidades. Outras narrativas, sem o mito do herói. Pois, nesse tipo de filme o derrotado é o herói que se liberta da luta e da resistência. Traz outras tecnologias, com plano sequência, improviso, que valoriza os acontecimentos. É mais observativo e contemplativo. Traz novas narrativas, a partir dos corpos que produzem conexões entre o presente e a ancestralidade, trabalha com não atores e atoras. Estes sujeitos produtores de narrativas outras disputam o imaginário, imaginam mundos (Costa; Sanchez; Loureiro; Silva, 2021). O cinema decolonial traz uma perspectiva de construção horizontal, não predatória da natureza, bem como a valorização das vozes, dos saberes e das narrativas silenciadas pelo processo de colonização e pela indústria cultural hegemônica.

Se o lobo-guará, ararinha azul e os seres encantados da natureza pudessem fazer filme e narrar a sua história, como seria? Os insetos, capazes de enxergar por múltiplos olhos, poderiam revelar as múltiplas colonialidades, que enfeitiçaram as mentes?

Onde está o cinema como narrativa plural, popular e conectada aos territórios? O cinema de base popular é uma janela, funcionando como portal imaginário para construção de novos mundos. Ao experimentarmos este tipo de cinema, seja por meio da sua prática dialógica, ou mesmo como espectadores atentos, podemos encontrar substratos para reflexões e saídas para construção de novas formas de educar, de se alimentar e de viver.

Considerações finais

As separações, tantas outras resultantes do colonialismo e seu monocromatismo e de gramáticas lineares que contam histórias de vias de mão única, desencantam. A reflexão sistematizada no presente capítulo é a consolidação de uma conversa iniciada durante a pandemia do novo coronavírus. Ela, a pandemia, nos colocou diante do que Paulo Freire chamou de situações – limite. Uma delas é o limite da percepção da separatividade.

A partir de um ser fronteiriço entre os limites conceituais da vida, um ser ainda indefinido em sua condição de vivente, que pode ter atravessado sua existência em um corpo de morcego numa distante vila camponesa chinesa, pôde colocar em risco a vida humana, revelando ainda mais as desigualdades. O vírus nos obrigou a compreender na prática a noção vulnerabilidade.

Somos miúdos e em nossas miudezas conectadas pelas tecnologias e desencantadas pela razão estamos expostos às fragilidades e as frugalidades da vida. A vida passa em um instante e como um *flash*, os restos do trauma e da ortopedia colonial se materializam em discursos negacionistas e medievais, como: a terra plana e a cloroquina para combater a pandemia do Covid-19.

A nossa vulnerabilidade biológica foi potencializada pelos discursos desencantados e por uma visão fragmentada que separa corpo, mente, ser humano e natureza. A visão separatista, nos expôs à riscos inimagináveis e lançou desafios à ciência. Se antes havia alguma dúvida da dimensão política da ciência e sua impossibilidade de neutralidade e distanciamento, hoje não há mais dúvidas. Ou a ciência se encanta ou ajudará a desencantar o que restou do mundo.

Da mesma maneira, o cinema que encanta é aquele que educa para as libertações. Estamos todos conectados e cada vez mais distantes uns dos outros, sob o domínio de uma psico-política que não nos deixa perceber o encantamento no mundo e com o mundo, afastando-nos das ancestralidades que nos impedem de ver, viver, sentir e amar. Neste sentido, os bloqueios impossibilitam a capacidade de imaginar os futuros. Porém, o mais problemático, é que eles impedem também de experimentar as potências do tempo presente.

Essa é uma das funções marcantes e comprometidas com uma proposta educativa para o encantamento. O cinema numa perspectiva decolonial nos ajuda a disputar o imaginário e entender a imaginação como ato político.

Nessa trilha, nos encantamos com o canto do Mateus Aleluia, que nos brinda com um futuro carregado de ancestralidade, que nos ajuda a encontrar nossas reconexões.

Estamos diante de um processo de encantamento com o mundo, com a potência de vida que reside no ato de imaginar novos mundos, imaginamundos como disputa do tempo e como uma política de vida e encantamento, inspirados na obra de Aleluia, como celebração da vida como diz a canção:

> Na linha do horizonte tem um fundo cinza
> Pra lá dessa linha eu me lanço, e vou
> Não aceito quando dizem que o fim é cinza
> Se eu vejo cinza como um início em cor
> Quando tudo finda, dizem, virou cinza
> Equívoco pois cinza cura, poesia eu sou
> O traje cinza lembra fidalguia
> Quarta-feira cinza é dia de louvor
> Vamos celebrar, o amor há de renascer das cinzas
> Vamos festejar o cinza com amor
> Gota de orvalho prateada é cinza
> Massa encefálica é cinza, amor
> A purificação também se faz com cinza
> Fênix renasceu das cinzas com honor
> Só quero dêngo quando o dia é cinza
> Ler poesia e cantar ao sol
> Dedilho a viola e sonho colorido
> E vejo no amante que o cinza desnudou
> Vamos celebrar, o amor há de renascer das cinzas
> Vamos festejar o cinza com amor
> Amor Cinza

> *Mateus Aleluia*

Agradecimentos

À Fundação Carlos Chagas Filho de Amparo à Pesquisa do Estado do Rio de Janeiro (FAPERJ), por meio do Programa Jovem Cientista do Nosso Estado (Edital n. 33/2021) e Apoio melhoria das escolas da rede pública sediadas no Estado do Rio de Janeiro - 2021 (Processo SEI 260003/007325/2021).

Referências

Adorno, T. **Indústria Cultural**. São Paulo: Editora Unesp, 2020.

Adorno, T.; Horkheimer, M. **Dialética do esclarecimento**: fragmentos filosóficos. Tradução de Guido Antonio de Almeida. Rio de Janeiro: Jorge Zahar, 1985.

Arroyo, M. G. **Ofício de mestre**: imagens e autoimagens. Editora Vozes, 2013.

Carvalho, N. S.; Domingues, P. Dogma Feijoada a invenção do cinema negro brasileiro. **Revista Brasileira de Ciências Sociais**. 2018, v. 33, n. 96.

Costa, R. N.; Sanchez, C.; Loureiro, R.; Silva, S. L. P. **Imaginamundos**: Interfaces entre educação ambiental e imagens. 1. ed. Macaé (RJ): Nupem/UFRJ, 2021. Disponível em: https://nupem.ufrj.br/imaginamundos. Acesso em 01/02/2023.

Freire, P. **Ação Cultural para a Liberdade**. 5º Ed. Rio de Janeiro: Paz e Terra, 1981.

Freire, P. **Pedagogia do Oprimido**. 17º Ed. Rio de Janeiro: Paz e Terra, 1987.

Grosfoguel, R. A estrutura do conhecimento nas universidades ocidentalizadas: racismo/sexismo epistêmico e os quatro genocídios/epistemicídios do longo século XVI. **Soc. estado.**, Brasília, v. 31, n. 1, p. 25-49, 2016. https://doi.org/10.1590/S0102-69922016000100003.

Machado, A. F. Ancestralidade e encantamento como inspirações formativas: filosofia africana e práxis de libertação. **Revista Páginas de Filosofia**, v. 6, n. 2, p. 51-64, jul./dez. 2014. Disponível em: https://bit.ly/41SC8l1. Acesso 02/08/2020.

Meneses, M. P. Os desafios do sul: traduções interculturais e interpoliticas entre Saberes multi-locais para amplificar a descolonização da educação. In: Monteiro, B. A. P.; Dutra, D. S. A.; Cassiani, S.; Sánchez, C.; Oliveira, R. D.V.L. (Org.). **Decolonialidades na Educação em Ciências**. 1. ed. São Paulo: Editora Livraria da Física, 2019, v. 1, p. 79-96.

Migliorin, C; Pipano, I. **Cinema de brincar**. Belo Horizonte, MG: Relicário, 2019.

Migliorin, C. **Inevitavelmente cinema**: educação, política e mafuá. Rio de Janeiro: Beco do Azougue, 2015.

Nascimento, W. F. **Entre apostas e heranças**: contornos africanos e afro-brasileiros na educação e no ensino de filosofia no Brasil. Rio de Janeiro, RJ, Brasil: NEFI, 2020.

Oliveira, E. D. de. Filosofia da ancestralidade como filosofia africana: Educação e cultura afro-brasileira. **Revista Sul-Americana de Filosofia e Educação (RESAFE)**, [S. l.], n. 18, p. 28–47, 2012. Disponível em: https://bit.ly/3pPQ95r. Acesso em: 23 abr. 2020

Oliveira, E. D. de. **Filosofia da Ancestralidade**: corpo e mito na filosofia da educação brasileira. Rio de Janeiro: Ape' Ku, 2021.

Ribeiro, D. **Lugar de fala**. São Paulo: Editora Jandaíra, 2020.

Ribeiro, P. R. M. História da educação escolar no Brasil: notas para uma reflexão. **Paidéia (Ribeirão Preto)**, Ribeirão Preto, n. 4, p. 15-30, 1993. Disponível em: https://bit.ly/3GjASzk. Acesso em 01/02/2023.

Rufino, L. **Pedagogia das encruzilhadas**. Rio de Janeiro: Mórula Editorial, 2019.

Rufino, L. R., Renaud, C. D.; Sánchez, C. Educação Ambiental Desde El Sur: A perspectiva da Terrexistência como Política e Poética Descolonial. **Revista Sergipana De Educação Ambiental**, 7, 1-11, 2020. https://doi.org/10.47401/revisea.v7iEspecial.14520

Salis, L. M., Ricardo, D. dos S., Patrocínio, J. P., Martins, P., Pelacani, B., Costa, R. N. Diálogos com a Educação Ambiental desde el Sur a partir da "fotoescrevivência": possibilidades para pensar a formação em Ciências Biológicas. **Ensino, Saúde e Ambiente**, 14 (especial), p. 464-486, 2021. https://doi.org/10.22409/resa2021.v14iesp.a51446

Schwarcz, L. M. Lendo e agenciando imagens: o rei, a natureza e seus belos naturais. **Sociol. Antropol.**, Rio de Janeiro, v. 4, n. 2, p. 391-431, 2014. https://doi.org/10.1590/2238-38752014v425.

Simas, I. A.; Rufino, L. **Encantamento**: sobre política de vida. MV Serviços e Editora, Morula, Rio de Janeiro, 2020.

Sodré, M. **Reinventando a educação**: Diversidade, descolonização e redes. 2ª ed. Petrópolis, RJ: Vozes, 2012.

Spivak, G. C. **Pode o subalterno falar?** Belo Horizonte: Editora UFMG (2010 [1985]).

doi.org/10.29327/5220270.1-6

Capítulo 6

CONFLITOS ENTRE RELAÇÕES HUMANO/NATUREZA NO LIVRO DIDÁTICO DE BIOLOGIA: O SILENCIAMENTO DOS OUTROS DA MODERNIDADE

Humberto Martins, María Angélica Mejía-Cáceres e Isabel Martins

Introdução

A S RELAÇÕES humano/natureza são um tema caro à disciplina escolar Biologia, uma vez que ela se volta ao estudo das relações entre os seres vivos e não vivos na produção dos sistemas ecológicos, que são ao mesmo tempo produtos e produtores da biosfera como a conhecemos. Neste trabalho problematizamos as formas pelas quais tais relações são representadas no currículo da disciplina escolar Biologia, por meio de uma análise de textos didáticos para este nível de ensino.

Partimos do suposto que a construção de disciplinas escolares se dá num processo sociohistórico de diálogo entre interesses acadêmicos e pedagógicos, que envolve recontextualização de saberes e movimentos discursivos, numa dinâmica discursiva que envolve estabilidade e mudança de sentidos (MARTINS 2007; MARANDINO *ET AL*, 2009). Consideramos que o livro didático traz marcas textuais deste processo, refletindo e refratando aspectos científicos, culturais, pedagógicos, entre outros, na construção de sentidos para as relações humano/natureza no contexto do ensino de Biologia.

Os livros didáticos são materiais que possuem uma longa história nos sistemas educacionais. Sua produção, circulação e consumo sofrem influências de interesses diversos - do mercado editorial, das políticas públicas educacionais, dos campos disciplinares nos quais estão inseridos, dos leitores a quem são direcionados, etc (MARTINS, 2006). Nesse mosaico de interesses é possível analisar as tensões presentes no período de elaboração e uso desse material. Gomes (2008) descreve o processo de introdução da ecologia nos livros didáticos de ciências, dentro do contexto de rupturas e estabilidade de conteúdos da história dessa disciplina escolar, exemplificando o processo de materialização dos conteúdos disciplinares como resultantes de disputas.

Propomos aqui que essas rupturas e estabilidades não sejam analisadas somente em relação aos conteúdos das disciplinas, mas também nas dimensões epistemológicas e ontológicas materializadas no livro didático. Segundo Munakata (2012) o livro didático assume diversas funções na escola, das quais destacamos a função de referencial para os programas disciplinares e de vetor de valores e de cultura.

Tendo em vista essas funções, nossa análise busca investigar o papel que determinadas representações discursivas das relações humano/natureza têm para o ensino de ciências. Para tal, buscamos textos em que fosse possível perceber alguns sentidos produzidos por culturas não científicas sobre os problemas socioambientais e indagamos acerca dos processos sócio-históricos por meio dos quais determinados discursos se tornam hegemônicos no campo educacional. Ao considerar por exemplo que essas representações também são diferentes entre as diversas culturas não científicas, e considerando a população indígena, a relação com a natureza varia com a comunidade, por exemplo, "o povo macuxi, considerando os aspectos como cultura, terra, economia e religião, eles consideram o modo de vida permeada de relações complexas com valores e significados, a terra é propriedade das comunidades, tem um valor histórico relativo aos ancestrais, tem um manejo autossutentável, e fazem um. Uso racional dos recursos para seu sustento, pelo outro lado, o povo Tupinabá as relações com o ambiente, são de afirmação de identidade étnica, língua e etnoconhecimentos, a terra é um local físico associado à mata para caçar, pescar, pegar lenha, tem autonomia socioeconômica da osca e caça, desenvolvem uma sustentabilidade para conservação da fauna" (Souza et al, 2015, p. 92). Assim, neste texto, questionamos os riscos de não perceber a dinâmica de construção de tais hegemonias como resultado de disputas discursivas, como produto de uma dada forma de organização sócio-histórico-cultural, cujo caráter não deve, portanto, ser essencializado e naturalizado.

Nesta perspectiva compreendemos haver concepções contemporâneas hegemônicas da relação humanidade/natureza que resultam de um projeto moderno de ciência. Fundadas numa ontologia cartesiana, que separa sujeito e objeto, pautadas numa epistemologia positivista que valoriza objetividade e controle, legitimada por um modelo de desenvolvimento capitalista, visões que tratam a natureza como separada do humano ou como recurso a ser explorado tornaram-se hegemônicas (MEJÍA-CÁCERES, ZAMBRANO, 2018). Tais percepções acerca da relação humano natureza produzem sentidos e consequências distintas, por exemplo, daquelas adotadas por comunidades tradicionais e povos originários, como as filosofias ameríndias do Bem-viver e africana do Ubuntu.

Além das questões ontológicas e epistemológicas e dos atravessamentos culturais e econômicos, as relações humano/natureza também são influenciadas por fenômenos históricos e políticos. Neste sentido, talvez um dos mais importantes seja o fenômeno da colonialidade (BALLESTRIN, 2013; CANDAU, 2013; WALSH, 2010), na medida que legitima processos históricos de dessacralização e mercantilização da natureza bem como construções subjetivas e identitárias que posicionam alguns sujeitos como "outros" (WALSH, 2010; PORTO-GONÇALVES, 2006).

Representação das relações Humano-natureza na disciplina de Biologia

As relações humano/natureza são tão diversas quanto as sociedades existentes no planeta. Distintas sociedades constroem, a partir das histórias de convivência entre entidades humanas e não humanas em seus territórios, um conjunto de referências simbólicas e discursivas em torno das categorias humano e de natureza, estabelecendo diferentes relações entre elas. Tais relações são diversas e podem ser pautadas por princípios de exploração econômica, conexões espirituais e filosóficas, estéticos, etc (MEDEIROS, 2002; MARIN, 2009).

Como exemplo desta diversidade, citamos dois exemplos: a divisão cosmológica entre entidades humanas (sujeitos ativos) essencialmente diferentes de uma entidade chamada natureza (objetos passivos), que foi fundamental para o desenvolvimento das chamadas ciências modernas (LATOUR, 1993); e o perspectivismo ameríndio no qual:

> ... os humanos não têm o monopólio da posição de agente e sujeito; o mundo é habitado por diferentes espécies de sujeitos ou pessoas, humanas e não humanas, que o apreendem segundo pontos de vista distintos. ... As relações entre uma sociedade indígena e os componentes de seu ambiente são pensadas e vividas como relações sociais, isto é, relações entre pessoas, ou ainda, como uma comunicação entre sujeitos que se interconstituem no ato e pelo ato da troca – troca que pode ser violenta e mortal, mas que não pode deixar de ser social (VIVEIROS DE CASTRO, pp. 123, 126-127, 2006 *Apud* PARDINI, 2020)

Apesar da diversidade de relações humano/natureza apontada, a separação moderna entre humano e natureza foi violentamente imposta aos grupos colonizados que tiveram suas próprias relações com a natureza desvalorizadas e apagadas através de genocídios e epistemicídios (SALGADO, 2019). Desse modo, uma concepção hegemônica dessas entidades como sendo e devendo estar separadas para a produção de conhecimento, tanto na academia quanto na vida social cotidiana pode ser vista como fruto da colonialidade.

A hegemonização desta concepção se verifica nos currículos oficiais, nos projetos político-pedagógicos da escola, na formação de professores e dos alunos, e pode levar à naturalização de um determinado tipo de relação humano/natureza, que é resultado de uma contingência histórica. O perigo dessa naturalização é o apagamento da pluralidade de concepções sobre os dois conceitos, assim como de outras possíveis relações entre eles que existem em outras sociedades.

Sendo a Biologia uma parte do grande campo de práticas sociais da educação em ciências, consideramos importante pensar no papel que essa disciplina tem na reprodução da colonialidade, mais especificamente, por meio da estabilização das relações humano/natureza mediadas por pressupostos, problemas e soluções eurocêntricas. Isso porque algumas formas de fazer ciência[24] se pautam em uma lógica de produção de conhecimento universal que entra em conflito com interpretações das relações humano/natureza locais das mais diversas.

---

[24] Aqui estamos nos referindo, principalmente, ao modelo de tecnociência, discutido em Lacey (2008), cujos objetivos estão em produzir conhecimentos técnicos que possibilitam a ampliação do controle humano sobre a natureza.

EDUCAÇÃO, AMBIENTE, CORPO E DECOLONIALIDADE **151**

Em suas análises de um livro didático, Martins e Guimarães (2002) identificam representações da natureza como um recurso a ser gerenciado e dos problemas socioambientais como produto de comportamentos individuais indesejáveis. Tais representações não só culpabilizam determinados grupos de indivíduos como reduzem a solução de problemas ambientais a mudanças de comportamento. Diegues (2008) discute sobre as contradições nos projetos de parques nacionais e reservas ecológicas, que, para preservar uma determinada região da ação predatória de um humano genérico, expulsam comunidades tradicionais que viviam há séculos nessas regiões sem produzir riscos ambientais. Esse processo obriga esses povos a ingressarem de forma periférica nas cidades e deslegitima e ameaça suas formas de se relacionar com a natureza em nome de soluções respaldadas em conhecimentos científicos.

Os exemplos anteriores revelam algumas das formas pelas quais um ensino de Biologia acrítico pode reproduzir e naturalizar aspectos da colonialidade e legitimar ações que promovem injustiças socioambientais ou a homogeneização das relações humano/natureza por meio de referências a uma racionalidade técnica. Ao propor mudanças comportamentais e formas de gerenciamento espacial do planeta, a disciplina pode privilegiar aquelas que se alinham com os interesses hegemônicos. Esses processos se aproximam do que Catherine Walsh chama de Colonialidade da Natureza, assim definida:

> Es la que se fija en la distinción binaria cartesiana entre hombre/naturaleza, categorizando como no modernas, "primitivas", y "paganas" las relaciones espirituales y sagradas que conectan los mundos de arriba y abajo, con la tierra y con los ancestros como seres vivos. Así pretende socavar las cosmovisiones, filosofías, religiosidades, principios y sistemas de vida, es decir la continuidad civilizatoria de las comunidades indígenas y las de la diáspora africana (WALSH, 2010 pp. 14).

Desse modo, ao apresentar a natureza como objeto esvaziado dos sentidos espirituais e sagrados - ou outros que fujam do domínio da racionalidade técnica -, que várias pessoas e povos mantêm com ela, a disciplina de Biologia corre o risco de estar contribuindo para a desqualificação desses tipos de relação humano/natureza.

Propomos, como resposta, uma leitura crítica do Livro Didático de Biologia no intuito de investigar a presença e as contribuições de discursos alternativos aos da tecnociência - especificamente aqueles mobilizados pelas representações indígenas - para a construção de um ensino de ciências capaz de superar as limitações coloniais impostas e capaz de ajudar a construir uma sociedade em que ciência e conhecimentos não científicos se relacionam de outras formas que não de imposição de uma sobre a outra. Neste trabalho, optamos por um recorte que mobiliza a ideia de cultura para analisar tensões e possibilidades envolvidas nessa proposição.

Educação intercultural e Ensino das ciências

A interação social é um elemento importante no interior da sociedade. Ela permite compartilhar e construir significações no interior de comunidades, organizações sociais e instituições, que se relacionam por meio da linguagem, de convenções simbólicas, sistema de crenças e valores, e de diferentes discursos especializados e práticas. Portanto, cada comunidade é heterogênea tem suas próprias formas de organização, cooperação e conflitos, bem como o domínio e a utilização de tipos de discursos e representações (LEMKE, 2001, p 298).

O reconhecimento da pluralidade cultural na sociedade brasileira tem importantes consequências para os projetos educacionais contemporâneos. Estes envolvem desafios enfrentados por "diferentes comunidades culturais que convivem e tentam construir uma vida em comum, ao mesmo tempo em que retêm algo de sua identidade original" (HALL, 2003, p. 52). Justifica-se, então, o interesse da comunidade de Educação em Ciências nas discussões e articulações com o conceito de interculturalidade, uma vez que esse conceito ocupa posição estratégica no modo como concebemos o outro e a nós mesmos e que concebemos as práticas pedagógicas. Walsh (2005) destaca que a interculturalidade diz respeito:

> "à complexas relações, negociações, intercâmbios, procura uma inter-relação equitativa entre povos, pessoas, conhecimentos e práticas culturalmente diferentes; uma interação que parte do conflito inerente nas assimetrias sociais, econômicas, políticas e do poder" (pp. 45).

Walsh (2005;2009) aponta que a perspectiva intercultural também questiona os desenhos coloniais do ponto de vista epistemológico. Assim, trazer esta perspectiva na educação em ciências, implica mudar a forma de concepção de ciências dentro da sala de aula. O professor entende a aprendizagem como um meio de interação de diferentes discursos, e as turmas passam a ser vistas como comunidades discursivas. Além disso, outras dimensões no processo educativo são consideradas, como as dimensões sociais, econômicas, históricas e tecnológicas. Neste sentido, a relação entre professor e estudante não estará fortemente influenciada por relações de poder baseadas no domínio do conhecimento científico e sim nos diálogos interculturais possíveis entre conhecimentos científicos e não científicos.

Por meio da perspectiva intercultural, alguns elementos sobre a construção do conhecimento podem passar a fazer parte das aulas de ciências como a apresentação da relação sujeito-objeto como uma relação dialética, a apresentação do componente de responsabilidade ética, política, ideológica e educativa como parte do cenário da educação em ciências. Essa perspectiva também faz uso de diferentes estratégias discursivas e significações culturais no processo de ensino-aprendizagem, buscando construir inter-relações entre os saberes de culturas originários com saberes ocidentais.

A interculturalidade também tem um potencial político, porque busca por justiça, reconhecimento do outro e afirmação de seu direito ao empoderamento (CANDAU, 2008; WALSH, 2009, FETZNER, 2018). "Todavia, esta justiça. reconhecimento e empoderamento não se dão por meio da negação de outras culturas, mas pela superação da ideia de existência de uma cultura superior" (FETZNER, 2018, p. 516)

Metodologia

Utilizamos a análise crítica do discurso como nosso referencial teórico e metodológico. Esta abordagem está interessada nas relações do uso da linguagem em contextos situados que envolvem o poder. Isto implica compreender o funcionamento social da linguagem (VIEIRA, RESENDE, 2016). Segundo Fairclough, entender o discurso como uma prática social é entendê-lo como um modo de ação, uma forma de atuar sobre o mundo e sobre os outros, o que explicita a existência de uma relação dialética entre discurso e estrutura social (2003). Ou seja, o discurso está formado e restringido pelas estruturas sociais ao mesmo tempo que as constitui e modifica. Nesse sentido, em uma estrutura social baseada em um sistema colonialista, a desigualdade social é expressa, sinalizada, constituída e legitimada pelo uso do discurso (WODAK, 2004, p. 225)

Esta relação intrínseca entre aspectos discursivos e aspectos sociais se dá por meio de tentativas de relacionar o nível das estruturas sociais, o nível das práticas sociais e o nível concreto dos eventos sociais com (i) sistema semiótico e seus potenciais de significado, (ii) as ordens do discurso, que dizem respeito aos elementos reguladores do que pode ser dito e (iii) nos textos, como expressão material.

Nesta pesquisa, estamos interessados na análise do texto do livro didático, elaborado no contexto da prática social da educação em biologia, atentando para aspectos semióticos que dizem respeito à linguagem e às imagens que constituem estes textos.

Tal análise demanda, portanto, estabelecer nexos entre aspectos sociais como políticas educacionais - vistas dentro de uma conjuntura histórica, econômica, social e política -, aspectos estruturantes do ensino de Biologia, como os conteúdos e os textos dos livros didáticos.

O livro escolhido para a análise foi Biologia: Unidade e Diversidade de José Arnaldo Favretto, publicado em 2016 pela editora FDT. A escolha foi baseada no parecer do PNLD 2018 que aponta a ênfase que o livro tem em discussões sobre os impactos dos seres humanos no meio-ambiente.

Com vistas a delimitar o *corpus* da análise discursiva dentro do recorte da pesquisa, consideramos dois critérios principais para a seleção de textos: a referência a temáticas que fizessem referência às relações humano/natureza e o seu potencial de articular uma pluralidade de discursos, científicos, pedagógicos, culturais e midiáticos, que explicitassem diferentes dimensões destas relações.

Assim, identificamos um conjunto de quatro textos que apresentavam visões distintas a respeito de diferentes modelos de convivência de humanos com a natureza. Os textos estão localizados na seção, intitulada "Conexões", do capítulo 1, da Unidade 1 do volume 3 da coleção. De acordo com o autor, o objetivo da seção é apresentar "... textos para discussão referentes a determinados temas de destaque, ampliando os horizontes e trazendo contribuições de outras áreas do conhecimento. Em alguns casos, há mais de um texto com várias visões distintas a respeito de um determinado assunto, possibilitando promover debates e expressão de opinião" (FAVRETTO, 2016).

Com base em Resende e Ramalho (2011), nossas análises se detiveram na dimensão representacional do discurso, com ênfase nas representações dos atores sociais nesses textos e os discursos sobre natureza e humanidade presentes. A caracterização dos atores sociais, por meio de escolhas lexicais, e das relações entre eles, por meio da análise dos eventos e processos de transitividade dos quais participam, é a base de nossa análise textual. A análise textual será articulada aos aspectos conjunturais já discutidos. Os excertos retirados do livro didático estarão grifados entre aspas e em negrito.

Resultados

Elementos conjunturais dos textos analisados

Os livros didáticos, no Brasil, são um elemento estruturante da prática docente. Mobilizando diferentes modos semióticos na sua composição, articulando diferentes discursos e respondendo a demandas postas nas políticas educacionais (MARTINS 2006), permitem a expressão, manutenção, apagamento ou transformação de discursos na sociedade (MARTINS, 2007).

A dialética entre discurso e estrutura social baliza a análise da conjuntura na qual nosso texto é produzido, circula e é recebido pelos seus leitores. No Brasil, a importância do livro didático é revelada pela ênfase em diferentes políticas públicas, que desde a década de 1930, visam à avaliação e distribuição deste material a escolas e estudantes. Do ponto de vista comercial, o livro didático corresponde a um importante segmento do mercado editorial brasileiro. Um exemplo destas políticas públicas, desenvolvidas pelo Ministério da Educação, é o Programa Nacional do Livro e do Material Didático (PNLD). Instituído em 1996, o PNLD tem como objetivos aprimorar o processo de ensino e aprendizagem nas escolas públicas de educação básica, com a consequente melhoria da qualidade da educação; garantir o padrão de qualidade do material de apoio à prática educativa; democratizar o acesso às fontes de informação e cultura; fomentar leitura e o estímulo à atitude investigativa dos estudantes, entre outras, como indicado pelo Decreto nº 9.099 de 18 de Julho de 2017.

As avaliações dos títulos submetidos pelas editoras ao programa são publicadas e analisadas por professores nas escolas. Conjuntamente, realizam a escolha de uma dada coleção que, se estiver dentre as aprovadas, é então comprada e distribuída pelo Programa. Percebe-se, assim, a importância da manutenção do compromisso do PNLD com a valorização do pluralismo de ideias e de concepções pedagógicas, o respeito às diversidades sociais, culturais e regionais, bem como à autonomia pedagógica das instituições e a garantia de isonomia, transparência e publicidades nos processos de aquisição das obras. Entretanto, ao longo dos anos, o programa tem sofrido mudanças, por exemplo, em relação à indicação das comissões técnicas, anteriormente realizadas por equipes, vinculadas a universidades federais, cujos projetos eram aprovados em edital público, que passou a ser feita por instituições governamentais, sociedades científicas e instituições da sociedade civil organizada nomeadas no Anexo da Portaria n. 1.321 de 17 de outubro de 2017.

No caso dos componentes curriculares relacionados às Ciências da Natureza, o PNLD foi sendo aprimorado de modo a contemplar não somente critérios que dizem respeito à correção conceitual, mas também à necessidade de combater preconceitos étnicos, de gênero e sociais. Além disso, dialogou com resultados de pesquisa educacional na medida que passou a valorizar a compreensão da natureza da ciência e dos processos de produção do conhecimento científico, as relações entre ciência tecnologia e sociedade, o papel dos conhecimentos prévios e da cultura na aprendizagem de conhecimentos científicos. As avaliações contemplam também o caráter híbrido-semiótico do livro, seu projeto editorial e sugestões para uso em sala de aula por professores e alunos. Vemos, desta forma, que

> O texto do livro didático não é a simples adaptação do texto científico para efeito do ensino escolar, exclusivamente por meio de transposições didáticas de conteúdos de referência. Ele reflete as complexas relações entre ciências, cultura e sociedade no contexto da formação de cidadãos e se constitui a partir de interações situadas em práticas sociais típicas do ensino na escola (MARTINS, 2006, p. 125).

Estes elementos discutidos tornam-se fundamentais na compreensão do livro didático, porque eles representam um importante aporte para o trabalho curricular, expressam um conjunto de escolhas influenciadas pelas políticas educacionais, práticas de produção editorial, concepções de ensino de pesquisadores e de professores.

Os critérios do PNLD também dialogam com demandas postas pela legislação educacional, como a obrigatoriedade do estudo da história e cultura afro-brasileira e indígena no Ensino Fundamental e Ensino Médio, e sua inclusão em todo o currículo escolar (Lei nº 11.645 de 10 de março de 2008). Entre estes conteúdos se encontram a formação da população a partir desses dois grupos étnicos, a luta e a participação dessas culturas na formação da sociedade nacional. No âmbito do livro, tais diálogos podem materializar-se numa diversidade de abordagens pedagógicas, desde aquelas que valorizam formas ocidentais hegemônicas de relação com a natureza até as que valorizam a interculturalidade e o reconhecimento de práticas e saberes de grupos culturais e comunidades ancestrais.

Aspectos textuais

O bloco "Conexões" do capítulo 1 é composto por quatro textos distribuídos em duas páginas, cada um com autoria diferente, que versam sobre a questão da demarcação e ampliação de terras indígenas. A tabela 1, a seguir, contém informações sobre os quatro textos, daqui para frente denominados T1, T2, T3 e T4.

O T1 ocupa metade da primeira folha e introduz o tópico do bloco. Como forma de inserir os conteúdos da disciplina na discussão assinala a importância de se considerar o conceito de Produtividade Primária Líquida (PPL) nesse debate. A segunda metade da primeira folha é dividida entre o T2 e a parte do T3.

A segunda folha contém a continuação do T3 e o T4. O T2 é uma fotografia com a legenda: "**Indígenas realizando dança angene com flautas atanga-kuarup. Tribo indígena Kalapalo na aldeia Aiha. Parque indígena do Xingú, MT, 2011.** T3 e T4 correspondem a trechos de matérias publicadas pelo Jornal "Folha de São Paulo" e apresentam pontos de vistas diferentes acerca da ampliação das áreas de reserva indígena.

Tabela 1: Título, autoria e relação dos textos com a temática

Código	Texto	Autor	Argumento em relação à ampliação das terras indígenas
T1	Reservas indígenas em debate	José Favretto	Conhecimentos científicos devem ser considerados junto aos aspectos sociais, políticos e econômicos
T2	Fotografia e legenda	Fábio Colombini	-
T3	Muita Terra para pouco fazendeiro	Santilli e Valle	As terras indígenas precisam ser ampliadas
T4	A Manipulação de um conflito	Kátia Abreu	As terras indígenas não precisam ser ampliadas

Fonte: Elaboração dos autores

Ao final da segunda folha há um bloco com quatro questões dirigidas aos alunos que demandam: organização das ideias das matérias jornalísticas; identificação do posicionamento dos autores frente ao problema apresentado; a opinião dos estudantes; e que os alunos discutam coletivamente suas ideias. A figura 1 mostra a organização espacial dos textos nas folhas.

Figura 1: Disposição espacial dos textos analisados

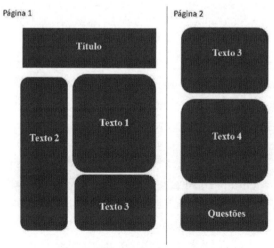

Fonte: Elaboração dos autores

Para nossa análise, focamos na categoria "representação dos atores sociais" e classificamos os atores identificados em dois grandes grupos: os que tiveram suas vozes e representações de mundo citadas diretamente e aqueles que não tiveram suas vozes citadas. Observamos, especificamente, as formas pelas quais esses atores foram nomeados ou classificados, os eventos sociais e os processos de transitividade nos quais participaram.

Protagonistas sem voz: a objetificação e gerenciamento dos povos indígenas

A tabela 2 apresenta algumas características dos atores sociais cujas vozes não foram citadas.

Tabela 2: Atores sociais sem vozes citadas

Atores Sociais	Povos Indígenas	Populações que caçam e pescam	Populações não indígenas
Nomeações	Tribo Indígena Kalaplo/ Guarani Caiová	Não possuem nomeações	População urbana/População rural de assentados/Agricultores/Fazendeiros/ População nacional
Eventos sociais	Caçar/pescar/Receber cestas básicas/Trabalho remunerado/Preservam a natureza	Caçar/pescar	Ocupam territórios
Processos de transitividade	Materiais e relacionais	Materiais	Materiais

Fonte: Elaboração dos autores

Os povos indígenas estão entre os principais atores sociais representados nos textos, cujo foco principal é a demarcação de terras para estes povos. Estes são representados como grupos homogêneos, que se relacionam com a natureza de forma ativa. A questão da demarcação e ocupação de territórios por estes povos é central em todos os textos e, via de regra, é representada por meio de processos que envolvem parâmetros econômicos ligados à produtividade das terras. O T3, por exemplo, defende a ampliação da demarcação argumentando que, ao passo que 45 mil guarani-caiovás estão **"confinados em 95 mil hectares de terra"**, o grupo de 67 mil **"maiores proprietários possuem 195 milhões de hectares"** e um grupo de 28 mil famílias assentadas possuem **"700 milhões de hectares".** Além disso, o texto também estabelece uma relação na qual os grupos indígenas com mais terras são menos dependentes de empregos remunerados e de cestas básicas como forma de validar seu posicionamento.

Já o T4, contra a ampliação das terras indígenas, explora a desigualdade de posse de terra como algo justificável por meio de comparações que envolvem dados demográficos relacionados à posse de terras:

- "14.7% do território nacional (...) pertence aos indígenas... 0,25% da população nacional";
- **"A população urbana (...) 160 milhões de habitantes (...) ocupa 11% do território nacional"**
- "A população rural de assentados (...) 4 milhões de pessoas – ocupa (...) 10.3% do território"

Apesar de divergirem em posicionamento, ambos representam povos indígenas e não indígenas a partir de porcentagem da ocupação do território. Essa homogeneização para fins comparativos reforça concepções das relações humano/natureza na qual a última é vista como um recurso a ser explorado, embasadas por uma perspectiva economicista e de mercantilização. No T3, a legitimidade e a valorização da demarcação de terras indígenas são sustentadas pelo fato de que **"... as terras indígenas preservam 98% de sua vegetação nativa e prestam serviços ambientais a toda sociedade".** Essa diferença entre as práticas indígenas e ocidentais se articula a diferentes discursos de necessidade de adoção de práticas de preservação para frear a crise ambiental que vem se agravando nas últimas décadas. Assim, além da dimensão econômica, também são representadas relações humano/natureza mediadas por discursos de preservação. Ou seja, a utilidade para o ambiente e para **"toda a sociedade"** é apontada como uma justificativa para o aumento da demarcação de terras indígenas, que possuem potencial de mitigar os danos causados pelas atividades de produção intensivas do capitalismo.

Já o T4 avalia as pretensões de ampliação das terras indígenas em termos do que representariam em extensão, por meio de comparações com a área de alguns estados da federação, e de sua possível contribuição para atividades econômicas produtivas: **"as pretensões indígenas equivalem a mais de 10 Estados do Rio de Janeiro ou 19% da área hoje ocupada com a produção de alimentos, fibras e biocombustíveis"**. Algumas das referências a eventos sociais envolvendo este tipo de atividade sugere conflitos entre interesses de atores do setor produtivo, sejam grandes proprietários rurais ou famílias assentadas, e aqueles das populações indígenas. Interesses econômicos particulares são representados como benéficos à toda população, incluindo os indígenas, justificando, assim, desigualdades na distribuição de terras, como no trecho do T4, a seguir, no qual a autora responde a sua própria demanda epistêmica **"quem ganha com isso** [a demarcação de terras indígenas]**?"** com a afirmação **"Não é o país (...) não são também os índios"**. Desta forma, a ampliação das terras indígenas é representada como um evento que não contribui para o bem estar nem dos próprios indígenas nem da sociedade em geral e que, por esta razão, não é prejudicial somente às demandas dos atores do setor produtivo.

Assim, tanto os argumentos a favor quanto os contrários ao direito dos indígenas à terra e à demarcação de seus territórios pautam-se numa visão de bem-estar geral definida por parâmetros relacionados à produção, eficiência e consumo, no caso, de produtos agrícolas. Tal visão coloca o direito à saúde e à educação, por exemplo, como dissociados do direito ao território, ao afirmar que os indígenas **"não precisam de espaço físico, mas de saneamento, de educação e de um sistema de saúde eficiente" (T4)**. No conjunto dos textos, a ampliação das áreas indígenas demarcadas só é defensável pela sua utilidade ambiental.

A representação dos povos indígenas no T1 está implícita na categoria de **"... populações que dependem da caça, da pesca e da coleta..."**, associadas a **"ecossistemas naturais"**, caracterizados por terem uma baixa Produtividade Primária Líquida (PPL). Em contraposição, há as **"... as populações que obtêm alimentos em práticas agrícolas intensivas"**, associadas a **"ecossistemas agrícolas"** com alta PPL. A ênfase nos contrastes reverbera discursos de separação entre natureza e cultura, posicionando indígenas e outros povos com relações mais estreitas com um ideal de natureza pura que, sem a interferência das práticas agrícolas ocidentais, são pouco produtivas. Apesar de não expressar explicitamente um posicionamento em relação à ampliação das terras indígenas, o destaque dado no texto à dimensão produtiva reforça o apagamento de outras questões importantes no problema de distribuição de terras no país.

O T2 apresenta uma fotografia de quatro indígenas com a legenda **"Indígenas realizando dança angene com flautas atanga-kuarup. Tribo indígena Kalapalo na aldeia Aiha. Parque indígena do Xingú, MT, 2011"**[2]. Estão ausentes informações sobre o ritual em questão ou outros elementos informativos sobre as relações dessa aldeia com seu território ou sobre o parque indígena. Isso, somado à associação feita entre povos indígenas e uma natureza intocada no T1 e à autoridade conferida a vozes não indígenas sobre a temática no T3 e T4, reafirma a objetificação e caracterização dos indígenas como agentes passivos.

Destacamos, por fim, as duas referências feitas à FUNAI, por seu potencial de representar elementos das vozes indígenas, uma vez que a instituição é:

> "orientada por diversos princípios, dentre os quais se destaca o reconhecimento da organização social, costumes, línguas, crenças e tradições dos povos indígenas, buscando o alcance da plena autonomia e autodeterminação dos povos indígenas no Brasil, contribuindo para a consolidação do Estado democrático e pluriétnico" (http://www.funai.gov.br/index.php/a-funai)

A primeira referência é feita de forma direta no subtítulo do T4, que nomeia a instituição **"A Funai, sem base legal, quer transformar um quinto do Brasil em terra indígena"**. A citação é indireta e com forte viés argumentativo quanto à legalidade de suas ações, pondo em dúvida sua legitimidade. A segunda referência é indireta e se dá pela autoria do T3, no qual um dos autores – Márcio Santilli – já foi presidente da instituição. Contudo, o reconhecimento desta afiliação institucional não é explicitado. Além disso, pode-se argumentar que, mesmo tendo sido presidente da instituição, seu lugar de enunciação ainda é de uma pessoa não indígena.

Indígenas: da problematização à idealização

As representações dos indígenas pouco contribuem para uma visão positiva de suas práticas e formas de vida. Ao contrário, podem produzir efeitos de sentido nos quais há uma desvalorização dos indígenas como cidadãos, na medida que são representados como atores sociais sem voz, periféricos, e sem contribuições importantes segundo a lógica do capitalismo e da colonialidade. Assim, os textos podem encobrir a ação indígena e ir no caminho contrário de:

> "Compreender a riqueza de centenas de culturas que ajudam o Brasil a ser mais forte, mais rico, mais próspero. Compreender e aceitar que é preciso dar voz e vez às gentes que já estavam aqui presentes antes do brasil ser Brasil. Aqui não há índios, há indígenas; não há tribos, mas povos; não há UMA gente indígena, mas MUITAS gentes, muitas cores, muitos saberes e sabores. Cada povo precisa ser tratado com dignidade e cada pessoa que traz a marca de sua ancestralidade precisa ser respeitada em sua humanidade. Ninguém pode ser chamado de "índio", mas precisa ser reconhecido a partir de sua identidade Munduruku, Kayapó, Yanomami, Xavante ou Xucuru-Kariri, entre tantos outros" (MUNDURUKU, 2019, p. 49).

Junto com o apagamento das ações políticas indígenas e de sua participação na definição de seus territórios em T3 e T4, o T2 ajuda a construir uma visão idealizada dos povos indígenas. A fotografia não tem relação direta com os textos apresentados, tampouco faz menção a questões relacionadas a conflitos envolvendo território. Não obstante, é um retrato do indígena, que destaca rituais próprios, distintos de rituais convencionais ocidentais. Tal destaque reforça o caráter exótico destes grupos e pode promover sentidos de estranhamento, distanciamento e curiosidade que favorecem à reprodução de preconceitos sobre os indígenas (STABLES 2009). Essa idealização é simultaneamente humanista e anti-humanista, pois, ao mesmo tempo que valoriza o indígena como indivíduo, e o inclui no universo temático da educação em biologia, promove estereótipos e descontextualiza elementos de sua cultura. A análise da fotografia permite identificar o parque indígena em questão, localizado em Mato Grosso e habitado por diversas etnias indígenas. Entretanto, não dá visibilidade às "pressões constantes sobre sua geografia e sua população, por causa da ocupação do seu entorno por grandes fazendas do agronegócio, da mobilidade dos trabalhadores rurais e das novas cidades." (MENEZES 2008, p. 184) pois, apesar da citação da etnia, não são discutidas questões específicas sobre suas questões territoriais.

Da idealização à funcionalidade

Se considerarmos que o que entendemos por natureza é socialmente construído, podemos afirmar que os diferentes povos indígenas (e não indígenas) podem possuir entendimentos próprios sobre ela. Os textos analisados não permitem a apreciação deste caráter e tendem a favorecer representações essencializadas de natureza. Assim, podem contribuir para sentidos que naturalizam a ausência de problematização acerca do que é natureza e de como esta é compreendida pelos indígenas. O próprio conceito de território, central para o desenvolvimento dos textos que tratam da demarcação de terras, não é discutido sob nenhum ponto de vista, muito menos dos indígenas. Dessa forma, os textos silenciam vozes indígenas quanto às suas questões territoriais. Eles figuram como sujeitos em processos materiais - referentes a ações e transformações no mundo - e em processos relacionais - que estabelecem relações de semelhança e posse. Contudo, os processos materiais em que aparecem são realizados por verbos na terceira pessoa do plural no presente do indicativo: **"pescam"**, **"caçam"**, **"praticam agricultura"**, **"não precisam de espaço físico"**. A escolha desses verbos privilegia sentidos que estão mais associados a práticas produtivas, próprio de pensamentos economicistas. Além disso, essa construção confere um sentido mais descritivo de suas atividades, por meio de práticas que tipicamente os caracterizam enquanto indígenas. Ou seja, tanto em processos materiais quanto em processos relacionais, os povos indígenas são representados como objetos de estudo, de debate, mas não como sujeitos com posicionamentos, opiniões ou afetos sobre o problema.

As vozes do colonialismo

Ao passo que as vozes indígenas foram ocultadas, o mesmo não acontece no caso de outros atores sociais. As principais vozes citadas na seção do capítulo são as dos autores dos textos. Elas são tecidas de forma articulada, sendo T3 e T4 representantes de pontos de vista opostos acerca da questão da ocupação dos territórios indígenas e T1 representante das contribuições que as ciências biológicas podem ter para compreender este conflito a partir do conceito de Produtividade Primária Líquida, A Tabela 3 sintetiza esses e outros atores cujas vozes são citadas:

Tabela 3: Atores sociais citados

Atores Sociais (texto)	Márcio Santilli (t3)	Raul do Valle (t3)	Kátia Abreu (t4)	José Favretto (t1)
Atividades profissionais	Político e ativista dos direitos indígenas	Advogado/ Mestre em direito econômico	Pecuarista/política	Médico
Vínculos institucionais	Ex-presidente da Funai/Instituto Socioambiental	Advogado do instituto socioambiental	Ex-presidenta da Confederação da Agricultura e Pecuária do Brasil (CNA)	Editora FDT
Eventos sociais	Caça/pesca/agricultura/preservação ambiental	Caça/pesca/agricultura/preservação ambiental	Produção de alimentos/Exportação	Exportação/Produção de alimentos/Mecanização da agricultura/Caça/pesca/coleta de frutos

Fonte: Elaboração dos autores

Tomamos como exemplo da colonialidade a ênfase em discursos econômicos de exploração e mercantilização da natureza no texto 4, da então Ministra da Agricultura Kátia Abreu. Segundo ela: ***"Retirar de produção essa área levará a uma redução estimada em US\$93 bilhões ao ano no valor bruto da produção do setor"***. A representação do conflito entre os interesses dos que querem ampliação das áreas indígenas e os interesses da agropecuária sugere que, caso esse setor da economia perca, o país todo perde, uma vez que

deixaria de ostentar **"a posição de segundo maior exportador de alimentos"**
Essa avaliação posiciona as relações com a natureza de exploração econômica
como mais importantes e necessárias do que as relações dos povos indígenas.

Outro elemento da colonialidade que observamos é o apagamento da
relação intrínseca entre Modernidade e Colonialidade (MIGNOLO e OLI-
VEIRA, 2017). No T1, José Favretto afirma que a produção e a retirada de mais
de três toneladas por ano de soja **"só"** é possível devido **"aos investimentos
em mecanização e agroquímicos" (grifos nossos)**. Essa representação encobre outros elementos que também foram necessários para que fosse possível
essa quantidade de produção de soja, como o genocídio dos povos indígenas
e a destruição de seus ecossistemas. Esses exemplos ilustram um efeito ideológico que esses textos em conjunto têm: a promoção de vozes não indígenas como legítimas para o gerenciamento de conflitos entre indígenas e não
indígenas e a omissão de vozes indígenas no debate. Essas vozes se tornam
legítimas por estarem alinhadas com os conhecimentos científicos, por meio
de conceitos como PPL, ou por meio de referências a instituições políticas e
científicas, como a FUNAI e a CNA.

A reflexão do pós-ecologismo: Mais terra ou menos terra, em que os grupos hegemônicos se beneficiam?

Os argumentos em defesa das terras indígenas se tornam rasos ao se
justificarem pelos benefícios que sua ampliação teria para os povos não indígenas. De forma alternativa, tais argumentos poderiam ser interpretados
como parte da desideologização da eco política e reformulações dos problemas ecológicos como problemas econômicos e de eficiência. A referência aos
"serviços ambientais" prestados pelas comunidades indígenas por exemplo,
de acordo com Bluhdorn (2002), simularia um desejo da justiça ambiental
sem um endereçamento genuíno às motivações indígenas por territórios.
Por outro lado, argumentos baseados na perda de fontes de lucro reafirmam
como os problemas socioecológicos são discutidos em termos econômicos,
como foi ilustrado pelo Jicklings (2013):

> "em efeito, esse movimento absorveu as diferenças, contornou qualquer discussão séria sobre valores e garantiu que as normas e pressupostos da modernidade e do capitalismo permanecem inquestionáveis, autoritários e não negociáveis" (p. 165).

Nesta perspectiva, o tema da "posse dos territórios" passa a ser caracterizado como como um conflito socioambiental resultante da colonialiade (SALGADO, 2019). Nele, relações humano/natureza como a ocidentalizada / dominante /colonizadora disputa (e omite) relações humano/natureza próprias das comunidades indígenas. O conflito em questão pode ser datado há mais de 500 anos: o conflito entre os povos indígenas e os povos europeus e seus descendentes nas Américas por territórios. São necessárias leituras críticas e mediações discursivas para que este conflito seja representado em sua dimensão política e, principalmente, econômicas para além da questão objetiva acerca da ampliação da demarcação das terras indígenas e seus impactos para povos indígenas e não indígenas, como enquadrado nos textos do LD.

Conclusões

Os textos analisados possibilitam discussões sobre diferentes pontos de vista referentes a uma disputa territorial travada entre os povos indígenas e não indígenas. Pudemos observar que há um predomínio da dimensão econômica na discussão sobre as terras indígenas. Nessa representação emerge um conflito de ordem econômica entre os interesses indígenas e os interesses de outros grupos nacionais. Esse conflito constitui um conflito ambiental, uma vez que se dá em torno do território e do uso de seus recursos. A ecologia é associada à dimensão econômica pela lógica da capacidade produtiva de dois tipos de relação humano/natureza representadas: aquelas que que produzem seus alimentos através de ecossistemas agrícolas e aquelas que dependem da caça, pesca e coleta.

Assim, a diversidade de aspectos das relações humano/natureza dos povos indígenas e não indígenas é reduzida à sua dimensão econômica. É a partir desta que se discute a necessidade da demarcação de novas terras indígenas ou não. A escolha por representar vozes de acadêmicos e de representantes da agroindústria coloca em segundo plano as vozes indígenas, que são representadas por meio de estereótipos culturais em imagens que não se fazem explícitas em relação com a discussão do problema em questão.

Entendemos que essas representações têm o potencial de reforçar aspectos da Matriz Colonial do Poder, pois constroem, através do ensino de ciências, uma linguagem que discute sobre problemas indígenas somente a partir do ponto de vista de atores ocidentais não indígenas. A ciência aparece como um agente capaz de determinar e resolver essa polêmica através de seus conhecimentos, sem necessidade de considerar outros aspectos das relações humano/natureza dos povos indígenas para além de questões econômicas.

Considerando a lei n. 11.645, nos perguntamos se essa seção do livro visa ao seu cumprimento. Se sim, seria suficiente? Afinal, um aspecto da cultura indígena é representado imageticamente, mas suas vozes e interesses não têm vez na argumentação. Ou seja, suas lutas por territórios, pontos de vista, posicionamentos e articulações com outros atores são omitidas ao passo que eles são representados como objetos de discussão, passivos frente a atores dotados de legitimidade para discutir sobre suas terras.

A partir de nossa investigação, sugerimos algumas perguntas para ampliar a discussão no sentido de promover práticas educacionais interculturais: o que significa a demarcação das terras indígenas para os diferentes povos indígenas? Qual a importância desse território para eles? Como e porque essas áreas demarcadas têm sucesso em preservar a natureza e sustentar a ação humana ao mesmo tempo? Afinal, que papel tem o conceito de produtividade primária líquida, central na discussão do capítulo e da seção, na definição dessas áreas? Qual produtividade líquida primária é desejável para atender aos interesses de cada grupo? Que relações os povos indígenas estabelecem com esse conceito?

Essas questões podem proporcionar diversas saídas para a tentativa de uma educação intercultural, pois respondê-las possibilitaria a construção de um ensino de biologia que leve em consideração os pontos de vista indígena sobre os problemas sociais discutidos. Além disso, tal abordagem promoveria uma discussão intercultural, na qual os conhecimentos indígenas se articulariam com conceitos científicos presentes na biologia, como "preservação", "biodiversidade", "produtividade líquida primária" e "degradação ambiental". Sem essas indagações, as questões discutidas pela seção podem favorecer um diálogo entre culturas problemático, reforçando a hegemonia da tecnociência como ferramenta de controle e de legitimação de decisões que têm impactos substanciais nas vidas dos povos indígenas, sem problematizar as relações de poder envolvidas nessas decisões. Representa-se uma ciência que paira acima das questões interculturais e não uma ciência atravessada por elas.

Referências

BALLESTIRN, L. América Latina e o giro decolonial. **Revista Brasileira de Ciência Política**. n. 11, p. 89-117, 2013.

BLUHDORN, I. Unsustainability as a frame of mind – and how we disguise it: The silent counter revolution and the politics of simulation, **The trumpeter**, 18(1), pp. 59-29. 2002

BRASIL. **Lei 11.645 de 10 de março de 2008**. Diário Oficial da União, Poder Executivo, Brasília.

CANDAU, Vera Maria. **Rumo uma Nova Didática**. 23. ed. Petrópolis, RJ: Vozes, 2013.

CANDAU, Vera Maria. Multiculturalismo e Educação: desafios para a prática pedagógica. In: MOREIRA, Antonio Flávio; CANDAU, Vera Maria (Org.). **Multiculturalismo**: diferenças culturais e práticas pedagógicas. Petrópolis, RJ: Vozes, 2008. P. 13-37.

DIEGUES, A.C.S. **O mito moderno da natureza intocada**. Ed. Hucitec, São Paulo, 2008.

FAIRCLOUGHT, N. **Analysing Discourse**: textual analysis for social research. UK, Routledge, 2003.

FAVRETTO, José. **Biologia**: Unidade e Diversidade v. 3. 1. ed. São Paulo. FDT, 2016.

FETZNER, A. Interculturalidade nas Escolas: um estudo sobre práticas didáticas no Pibid. **Educação & Realidade**, v. 43, n. 2, p 513-530. 2018.

GOMES, M. Currículo de Ciências: estabilidade e mudança em livros didáticos. **Educação e pesquisa**, v. 39, n. 02, p. 477-492, 2008.

HALL, S. **Da Diáspora**: identidades e mediações culturais. Belo Horizonte / Brasilia: Editora UFMG, Unesco, 2003.

JICKLING, B. **Normalising catástrofe**: An educational response, Environmental Education Research, 19 (2), pp. 161-176. 2013.

LATOUR, B. **We have never been modern** (C. Porter, Trans.). Harvard University Press. 1993.

EDUCAÇÃO, AMBIENTE, CORPO E DECOLONIALIDADE

LACEY, H. Ciência, respeito à natureza e bem-estar humano. **Scientiæ Zudia,** v. 6, n. 3, p. 297-327, 2008.

LEMKE, J.L. **Articulating Communities**: Sociocultural Perspectives on Science Education. In: Journal of Research in Science Teaching. Vol 38, n. 3, 296-316, 2001.

MARTINS, E; GUIMARÃES, G. As concepções de natureza nos livros didáticos de ciências. **Revista Ensaio,** v. 4, n. 2, p. 101-114, 2002.

MARTINS, Isabel Analisando livros didáticos na perspectiva dos estudos de discurso: compartilhando reflexões e sugerindo uma agenda para a pesquisa. **Revista Pro-Posições**, Campinas, v. 17, n. 1, p. 49, 2006

MARANDINO, M; SELLES, S. E. ; FERREIRA, M. S. . Ensino de Biologia: histórias   e práticas em diferentes espaços educativos. 1. ed. São Paulo: Cortez, 2009. MARIN, A. A natureza e o lugar habitado como âmbitos da experiência estética: novos entendimentos da relação ser humano – ambiente. **Educação em Revista.** v. 25, n. 2, p. 267-282, 2009.

MARTINS, Isabel. Quando o objeto de investigação é o texto: uma discussão sobre as contribuições da Análise Crítica do Discurso e da Análise Multimodal como referenciais para a pesquisa sobre livros didáticos de Ciências. In: NARDI, R. (Org.). A pesquisa em Educação em Ciências no Brasil: alguns recortes. 1 ed. São Paulo: **Escrituras**, 2007, v, p. 95-116.

MEDEIROS, M. Natureza e naturezas na construção humana: construindo saberes das relações naturais e sociais. **Ciência & Educação**, v. 8, n. 1, p. 71-82, 2002.

MENEZES, M. Parque indígena do xingu: efeitos do modo de vida urbano e da urbanização no território indígena. **Novos Cadernos NAEA**, v. 11, n. 2, p. 183-196, 2008.

MEJÍA-CÁCERES, M.A, ZAMBRANO AI. **Ciencia, Cultura y Educación Ambiental.** Editorial Univalle. Cali. 2018

MIGNOLO, W. Colonialidade: o lado mais escuro da modernidade. **A Revista Brasileira de Ciências Sociais**, São Paulo, v. 32. n. 94, p. 01-17, 2017a.

MUNDURUKU, D. Posso ser quem você é sem deixar de ser quem eu sou: uma reflexão sobre o ser indígena. In: Sesc, Serviço Social do Comércio. **Culturas indígenas, diversidade e educação**. Rio de Janeiro, 2019.

STABLES, A. The unnatural nature of nature and nurture: Questioning the romantic heritage, **Studies in Philosophy and Education**, 28 (3), pp. 3-14. 2009.

PARDINI, Patrick. Amazônia indígena: a floresta como sujeito. **Bol. Mus. Para. Emílio Goeldi. Ciênc. hum.**, Belém, v. 15, n. 1, 2020.

PORTO-GONÇALVES, C. W. **A globalização da natureza e a natureza da globalização.** Rio de Janeiro: Civilização Brasileira, 2006.

RESENDE, V; RAMALHO, V. **Análise de discurso (para a) crítica**: O texto como material de pesquisa. Campinas: Pontes Editores, 2011.

SALGADO, S. A colonialidade como projeto estruturante da crise ecológica e a Educação Ambiental desde el Sur como possível caminho para a decolonialidade. **Revista pedagógica**, v. 21, p. 597-622, 2019.

SOUZA A.; ANDRADE, A.; ANADEM, M.; RODRIGUES, E. A Relação dos Indígenas com a Natureza como Contribuição à Sustentabilidade Ambiental: Uma Revisão da Literatura. **Revista Destaques Acadêmicos**, v. 7 (2). 2015.

VIEIRA, V. C.; RESENDE, V. M. **Análise de discurso (para a) crítica**: o texto como MATERIAL DE PESQUISA. Campinas: Pontes, 2016.

VIVEIROS DE CASTRO, E. (2006). A floresta de cristal: notas sobre a ontologia dos espíritos amazônicos. **Cadernos de campo**, (14/15), pp. 319-338. Disponível em: http://www.journals.usp.br/cadernosdecampo/article/download/50120/55708. Acesso em: 01/02/2022.

WALSH, C. Interculturalidad crítica y educación intercultural. **Construyendo Interculturalidad Crítica**. 75–96, 2010

WALSH, C. Interculturalidade Crítica e Pedagogia Decolonial: in-surgir, reexistir e reviver. In Candau, V.M. **Educação Intercultural na América Latina:** entre concepções, tensões e propostas. Rio de Janeiro. 7 Letras, 2009.

WALSH, C. Interculturalidade, conocimientos y decolonialidad. **Signo y Pensamiento**, 46, XXIV, 2005.

WODAK, R. Do que trata a ACD - um resumo de sua história, conceitos importantes e seus desenvolvimentos. Linguagem em (Dis)curso. CALDAS-COULTHAARD, C.R & Figueiredo, D. de. C. (org). **Análise Crítica do Discurso**, v. 4, n. especial. p. 223-243. 2004.

doi.org/10.29327/5220270.1-7

Capítulo 7

LÁPIS COR DE PELE? DE QUAL CORPO HUMANO FALAMOS?

Angela de Oliveira Pinheiro Torres, Katemari Rosa e
Bárbara Carine Soares Pinheiro

Introdução

A IDEIA DE CORPO é construída pela relação dialética entre o simbólico e o biológico, por este motivo não podemos nos referir a ele unicamente biologicamente, mas também simbolicamente, visto que ele é a personificação da cultura e história de uma sociedade (GOMES, 2002). Por meio dele, falamos sobre quem somos, como nos sentimos, bem como o lugar que ocupamos. Ele pode ser instrumento de ressignificação diante de posturas sociais impositivas, deste modo quando um corpo é inferiorizado em detrimento de outro, tira-se desse primeiro, o poder de luta.

O corpo biológico negro, por sua estigmatização histórica, constituiu-se como um ideal de imagem socialmente rejeitado. Os estigmas e estereótipos que o acompanham, impossibilitam que ele se torne um reflexo desejado (NOGUEIRA, 1998). Sua representação está associada ao indivíduo subordinado, que docilmente aceitou a condição de escravizado, sendo incapaz de lutar por sua liberdade. O racismo científico, no que lhe concerne, assumiu um papel protagonista no tocante a construção de rótulos perversos e impressões negativas impostas ao corpo da pessoa negra; impressões estas, que relacionavam atribuições biológicas à capacidade intelectual, moral, psicológica e cultural limitada (SEPULVEDA, 2018). Neste sentido, a educação estabelecida aqui no Brasil tende a ser reprodutora de uma visão de mundo eurocêntrica, reproduzindo estereótipos, que conferem ao colonizado negro a invisibilidade histórico-cultural de si (SILVA, 2005; PINHEIRO, 2014 e NOGUEIRA, 1998). Neste sentido, a percepção de si mesma da pessoa negra é comprometida visto que:

> Sem uma autoimagem bem delimitada, o autoconceito fica prejudicado, tendendo levar a pessoa negra sempre à visão negativa de si mesma; podendo ela desenvolver comportamentos de autorrejeição, resultando em rejeição e negação dos seus valores culturais e em preferência pela estética e valores culturais dos grupos sociais valorizados nas representações (SILVA, P. 25 2005).

Todos os dias o negro é exposto a um tipo de violência velada, que perpassa o campo simbólico do ser e consiste na instrução da autonegação. Essa desvalorização e desumanização (NOGUEIRA, 1998. p. 77), conduz a uma ideia de pessoa negra escravizada atemporal, que apesar do passar dos séculos, permanece a mesma, como se congelada estivesse no tempo histórico. Neste sentido, como poderia alguém querer ser reconhecido como tal, associando a sua imagem à de um indivíduo esquecido, incapaz de mudar sua própria história?

Estereótipos como esses, cerceiam a exposição das múltiplas verdades que compõem a realidade. Verdades históricas omitidas pelo colonizador para diminuir a visibilidade sobre toda crueldade que permeia a forçada diáspora negra, em nome da colonização. Ao rejeitar-se enquanto negro, o indivíduo entra em um processo infindável de embranquecimento que, em seu imaginário, poderá colocá-lo no mesmo lugar do outro, saindo, deste modo, desse lugar de subordinação e inferioridade (SILVA 2005).

Nogueira (1998) afirma que a construção da imagem que uma criança faz de si mesma, perpassa o âmbito simbólico imaginário, no qual o contexto histórico desse indivíduo irá ajudá-lo a construir aquilo que enxerga em/sobre si mesmo, e nos/sobre os outros. Portanto, no processo de construção da imagem do negro, não é possível desconsiderar a herança socioeconômica escravagista deixada por um sistema que, para além de qualquer coisa, concede ao mesmo o papel histórico de mão de obra, naturalizando assim sua condição de miserável e desfavorecido.

Entendemos que por meio da alteridade, a identidade do indivíduo se forma. Esta formação é um processo complexo e contínuo "permanentemente inacabado, que se manifesta através da consciência da diferença e contraste com outro [...]" (SOUZA, p. 106, 2016) dependendo sempre das relações interpessoais que compõem a vida em sociedade. Não é possível desvencilhar a escola desse processo. Cabe aqui, porém, refletir a respeito de que escola estamos falando. Trataremos sobre isso mais à frente.

A escola pode se caracterizar como espaço importante de socialização. Nela, a criança acessa novas vivências e experiências que corroboram para a construção do ser. Ela é responsável pela partilha dos conhecimentos historicamente acumulados pela sociedade; sendo assim, por meio da educação, a escola pode afirmar/perpetuar ou até mesmo desconstruir uma ideia amplamente difundida em uma sociedade. No entanto, a escola pode se estabelecer, também, aparelho reprodutor de um sistema seletivo e segregador que se preocupa, basicamente, em propagar os conhecimentos de apenas parte da comunidade mundial. A qual por meio de seus instrumentos pedagógicos, como os livros didáticos, esvazia os significados e as significâncias culturais de grupos por ela subalternizados através da história (SILVA, 2005; PINHEIRO, 2014; NOGUEIRA, 1998). É nela que a criança terá acesso ao primeiro estudo sistematizado do corpo humano, saindo de um acervo de representações micro, que compreende a família nuclear e familiares, para um acervo de representações macro, baseado na comparação estabelecida pela inter-relação com os pares, com a comunidade escolar de modo geral, bem como com as comparações proporcionadas pelas representações do corpo estabelecidas no livro didático.

A educação pela qual essa escola é responsável está pautada em uma representação histórica da população negra, esvaziada e distorcida, nas quais as concepções embranquecidas dão o tom daquilo que pode ser considerado conhecimento ou não, bem como daquele indivíduo que protagoniza esta produção. Este espaço, sob o qual gostaríamos de refletir posteriormente, é carregado de significações abusivas e violentas que compõe a complexa questão racial de discriminação presente em nossa sociedade. Suas paredes e seus atores, ainda que não de modo geral, ou até às vezes não intencionalmente, reproduzem as ideias do colonizador. Não obstante as associações simbólicas depreciativas, o corpo negro é constantemente invisibilizado por esta educação escolar que, vale ressaltar, está pautada em concepções e conhecimentos eurocêntricos.

Não é raro perceber mesmo em escolas onde a maioria das/os estudantes são negras/os, o não reconhecimento e a não aceitação de quem são.

Ora, não poderia diferir, não é possível reconhecer-se em um indivíduo invisível. Através de uma ciência que desqualifica seus atributos físicos, características e contribuições no que diz respeito à sua participação na construção de conhecimento científico.

O ensino de ciências ministrado por esta educação, na escola, durante os anos iniciais, introduz na vida do aluno o primeiro contato com o estudo do corpo humano. Neste momento, uma infinidade de descobertas se inicia e incide diretamente no desenvolvimento da criança. Nesse movimento em que o corpo é revelado ao estudante sob uma nova perspectiva, ele é conduzido a uma maneira diferente de enxergar a si próprio. Inicia-se aqui o processo de ver-se por espelhos (PINHEIRO, 2014; NOGUEIRA, 1998; SOUZA, 1983) que ultrapassam a referência da família; antes, representam uma coletividade mais ampla, onde as subjetividades por trás das imagens podem ser perigosas para o mundo simbólico da criança a elas exposta. Que corpo humano é esse apresentado por esta ciência? Uma reprodução dos reflexos estabelecidos através de lentes carregadas de impressões e concepções de mundo impostas em nossa sociedade[25]? Ou uma complexa gama imagética que traça interpretações aludindo à diversidade racial?

Sobre o tal lápis

Imaginemos uma sala de aula repleta de crianças colorindo um desenho. Ao chegar na figura que representa um ser humano, uma dessas crianças, que é negra, solicita à outra: "me dá o lápis cor de pele?". A outra criança, prontamente, atende à solicitação e entrega o lápis com uma tonalidade de rosa que se assemelha à tonalidade da pele de um indivíduo branco. Mas, de que pele esta criança está falando? Essa pergunta não é de difícil resposta. Essa pele é a mesma apresentada a esta criança durante todo seu processo educativo. Como é possível um indivíduo não perceber as múltiplas e diferentes tonalidades e cores de pele que constituem os mais diversos povos que compõem as sociedades do mundo? As escolhas imediatas que as crianças (negras ou brancas) uti-

---

[25] Trata-se de uma sociedade com visão de mundo eurocêntrica, pautada em um sistema econômico no qual a desigualdade social, principalmente derivada das relações de poder abusivas, dita regras desumanas aos seus componentes.

lizam para significar a cor da pele em atividades escolares, podem nos informar sobre processos de significação e subjetividades em construção que se afastam de uma noção delas mesmas enquanto pessoas negras? A popularização do termo, dentro das salas de aula, no cotidiano escolar, das escolas brasileiras, se reverberou em diversas iniciativas que visam a quebra do paradigma da única "cor de pele". Em 2017, a autora Daniela Brito, publicou o livro infantil denominado *"Lápis cor de Pele"* (BRITO, 2017). Na obra, *a menina Ana*, depara-se com um problema generalizado em sua turma, no primeiro dia de aula. Ao retratar a si mesmos e as suas famílias, as crianças pediam insistentemente à professora, um lápis, de tonalidade rosa, para representar a cor da pele de seus personagens. Ana lembra-se da tonalidade de pele escura de sua mãe e de seu irmão, então se demonstra inquieta com a situação. A partir daquele momento, a garota inicia uma aventura, para tentar mostrar aos colegas que as peles possuem cores e tons diversos.

Outra iniciativa que visou combater este paradigma imposto às crianças através das práticas sociais discriminatórias, partiu de um grupo formado por pesquisadoras denominado UNIAFRO-Política de Promoção da Igualdade Racial na Escola, que se debruçou na criação de uma caixa, com giz de cera, com variados tons de marrom, para possibilitar a diversificação da representação da cor da própria pele de crianças negras (UNIAFRO 2013). No início, o grupo propôs a criação de 12 cores diferentes, que partiam do bege ao marrom escuro, ampliando o número de lápis para 24, de modo a oferecer maiores possibilidades, às crianças, de auto representação.

Problematizando o lápis "cor de pele"

Sabemos que o Brasil, em sua História, buscou trilhar pelo caminho do branqueamento. A Ciência das Raças, deu a base teórica desta estratégia, que faria o país sair da "catastrófica" condição de representar uma nação com uma população majoritariamente negra, para outra não mais honrosa, mestiça, alcançando, por fim, o objetivo da brancura populacional.

Ancorada em princípios racistas, a elite intelectual brasileira passa a acreditar que a mestiçagem poderia ser um subterfúgio para torná-la exemplo da eficácia das teorias Darwinistas. Neste sentido, a sociedade resolve não assumir o viés de leis discriminatórias, mas passa a acreditar na remissão da nação, a partir do cruzamento das raças. Este pensamento levou-a a viver um falso estado de harmonia, onde era possível vivenciar a tão almejada democracia racial. Doravante, o país iniciou um processo de omissão e negação da realidade contida na relação entre as raças, o que culminou nas mais variadas problemáticas que circundam a vida social da negritude no país. Nesta trilha em direção à brancura, que até o presente século, a população negra é pressionada e induzida a percorrer, a não aceitação e o não reconhecimento de si mesmo, são, também, fantasmas que perseguem a negritude. Deste modo, não nos parece estranho que crianças, desde cedo, sejam levadas a acreditar que uma única cor, possa representar a infinidade de tonalidades e cores de peles, contidas na vasta diversidade da população brasileira. Não coincidentemente, um lápis de cor rosa claro, em um tom alaranjado, foi escolhido para representar a pele humana em ilustrações.

De acordo com Santos (2020) pele é o maior órgão do corpo humano que compõe o sistema tegumentar, o qual desempenha funções importantes como revestimento e proteção. Ela é a barreira delimitadora, que separa o meio interno do corpo ao meio externo. Ela protege os tecidos subjacentes a ela, evitando infecções de micro-organismos que possam causar algum mal, além de conter células do sistema imunológico. Por meio da melanina, a pele evita que a radiação dólar danifique os demais tecidos, evitando desidratação do corpo. Nela, estão presentes receptores de frio e calor, pressão entre outros, o que auxilia na percepção de alguns estímulos. Pensando nas peculiaridades da formação da pele humana, foi possível, a princípio, associar a cor do lápis rosa em tom alaranjado à parte da pele abaixo da epiderme, a derme. Essa camada tecidual, por conter muitos vasos sanguíneos, possui uma cor que, de certa forma, se assemelha a cor do lápis em questão. Neste sentido, é possível pressupor que o paradigma da "cor de pele" esteja associado a uma parte interna do corpo, não visível em toda extensão da pele de uma pessoa saudável? Talvez. Aludir a uma área interna do corpo, como representante de cor de pele, pode se configurar como estratégia de grupos da elite branca, para referendar uma falsa ideia de democracia racial. A negação da raça, no Brasil, tem servido como discurso de combate a toda e qualquer medida de reparação social, assumida pelo Estado brasileiro (SAVEGNANI, 2016). Outrossim, com base nesta negação, surge no País a defesa da ideia de raça humana[26], como discurso de democracia racial.

Outra possível associação está diretamente ligada à cor apresentada pela epiderme. Nesta parte do órgão, é produzida a melanina, proteína que apresenta pigmentação marrom, que desempenha a função de proteger a pele dos raios ultravioletas. Deste modo, quanto menos melanina existir na pele, menos pigmentada ela será. Neste sentido, a quantidade de melanina é maior na pele de pessoas negras (SILVA; REMOR, 2000) A dermatologia utiliza uma escala de cores de peles humanas, para estabelecer o grau de influência que os raios solares exercem sobre os diferentes tons de pele, através da escala de Fitzpatrick, que classifica o fototipo. Esse sistema foi criado para classificar a pele branca e não pensou na classificação para pele negra, visto que esta possui grande variedade em gradação das cores. Neste sentido, a pele negra está classificada em fototipo IV, V e VI, que raramente ou nunca queimam, quando expostos aos raios solares. Sendo assim, tal escala não se incumbiu em definir a etnicidade.

Ao observarmos a escala dermatológica, percebemos que o fototipo de pele branca tipo I, quando exposto ao sol, não bronzeia, apenas queima. Este tipo de pele possui uma tonalidade rosada, que tende a acentuar o tom, todas as vezes que é exposta aos raios UV. O Fototipo em questão é facilmente encontrado em países europeus, nos quais as pessoas possuem um leve tom rosado nas bochechas do rosto.

O privilégio de ser branco – a ciência explica

Diante de sua cultura imperialista dominadora, os povos europeus, após a descoberta de outros povos humanos, cuja diversidade chamava atenção, sentiram a necessidade de buscar uma classificação que os diferenciasse dos demais. Para isto, a ciência ocidental se incumbiu em criar o conceito de raça (SÁNCHEZ, SEPÚLVEDA; El-HANI, 2013). Esta conceituação foi a base para o estabelecimento do racismo, visto que criava uma relação direta entre

---

[26] A ideia de raça humana sustenta a defesa do discurso de consciência humana, no lugar da consciência negra, por exemplo. Negando a importância do dia no país, e afirmando ser isso, a perpetuação de regalias raciais a determinados grupos.

EDUCAÇÃO, AMBIENTE, CORPO E DECOLONIALIDADE

características biológicas, valores morais, capacidade intelectual, psicológica e arcabouço cultural dos diferentes grupos humanos, estabelecendo, com essa estratégia, um sistema de hierarquização dos grupos humanos em superiores e inferiores.

Durante o século XIX, as teorias darwinistas de evolução pautavam a ciência das raças. O naturalista inglês Charles Darwin defendia a ideia de que a seleção natural e a seleção sexual poderiam ser mecanismos que explicavam as diferenças entre os grupos raciais. Para o estudioso, existia uma competição pela sobrevivência, travada pelas raças humanas, na qual, aquelas superiores, ou com maior capacidade de sobrevivência, extinguiria naturalmente àquelas selvagens, não aptas à existência humana (SÁNCHEZ; SEPÚLVEDA; El-HANI, 2013). Compactuavam das ideias de seleção natural e evolução biológica das espécies, outros tantos cientistas[27], que previam a extinção de povos não "civilizados". Em vista, da aparente extinção dos povos não civilizados, iniciou-se uma corrida para que estes fossem estudados, daí despontam uma gama de descrições científicas inéditas, como a etnologia, antropometria e etc.

A ciência ocidental, por muito tempo, aportada em estudos discriminatórios estabeleceu critérios de segregação dos diferentes povos, que justificavam massacres, genocídios e dominação de grupos humanos. A craniometria, por exemplo, estabelecia medidas quantitativas de tamanho do crânio, por meio do qual era possível traçar o perfil de um indivíduo enquanto a raça a que pertencia, ao temperamento criminal e/ ou inteligência possuída. Na era vitoriana, através do extermínio de diferentes povos humanos, pensava-se seguir o curso "normal" da vida, no qual a ciência estabelecia que povos inferiores, em convivência com povos superiores, se extinguiriam (SEPÚLVEDA, 2018; SABATTINI, 2011). Os naturalistas contemporâneos a Darwin assim como ele, tendiam à animalização dos povos não europeus. Por muitas vezes, esses estudiosos compararam a inteligência destes povos a de animais, além de considerarem os idiomas e dialetos desses grupos como incapazes de promover comunicação. Sánchez, Sepulveda e El-Hani (2013), citam o filósofo, médico alemão e grande partidário das ideias de Darwin, Ludwig Büchner (1824-1899) que ressaltou que os grupos humanos inferiores

---

[27] A exemplo de Ludwig Büchner (1824-1899); John Lubbock (1834-1913), Juan Vilanova (1821-1893); Ernst Haeckel (1834-1919), Ludwig Büchner, *segundo* Sánchez, Sepulveda e El-Hani (2013).

eram desprovidos de qualquer atributo moral, psicológico, intelectual e cultural que os povos europeus pudessem considerar pertencer a uma sociedade. Os autores ainda ressaltam que estudiosos como Armand de Quatrefages (1810-1892) ou o espanhol Juan Vilanova (1821-1893), *"se habían destacado en la defensa de la unidad biológica de nuestra espécie (monogenismo) y en la lucha contra la esclavitud, dos rasgos que también encontramos en Darwin"* (SÁNCHEZ, SEPÚLVEDA e El-HANI, 2013, 2013, p. 59).

Apesar de no Brasil, as medidas de leis discriminatórias não terem sido adotadas pela sociedade, a ratificação da superioridade de uma raça em relação à outra se deu através de uma incansável investida de intelectuais brasileiros, que publicaram em suas obras, ideias que claramente explicitavam a ideologia do branqueamento populacional, como uma forma de melhoramento social. Estes, também defendiam a ideia de que o negro pertencia a um grupo mais primitivo (DOMINGUES, 2002; OLIVEIRA, 2008; SEPÚLVEDA, 2018), a exemplo de João Baptista Lacerda, médico, formado pela Universidade do Rio de Janeiro, que desempenhou as funções de Ministro da Agricultura, chefe de Laboratório Experimental e subdiretor das seções de zoologia, antropologia e paleontologia, além de ter sido presidente da Academia Nacional de Medicina. Lacerda versava suas pesquisas no estudo de povos indígenas brasileiros, especificamente nos Botocudos, propondo que estes representavam o estágio mais atrasado de civilização (SEPÚLVEDA, 2018). Neste sentido, foi necessário abdicar do extremismo da teoria darwinista e optar por "adaptar os modelos: preconizar a adoção do ideário científico, porém sem seu corolário teórico; aceitar a ideia da diferença ontológica entre as raças sem condenar a 'hibridação', uma vez que o país, a essas alturas, encontrava-se irremediavelmente miscigenado." (SCHWARCZS, 2011.p. 232). O Brasil, então, se torna terra fértil para que teorias pautadas no "branqueamento democrático", fossem estabelecidas. Assim, passou-se a estabelecer casamentos arranjados, estabelecidos através do princípio de eugenia e a incentivar a imigração de povos brancos, para que paulatinamente, enfim, a brancura de toda uma população fosse alcançada.

Ao pensarmos no corpo humano, somos tentados a defini-lo prioritariamente como biológico. À primeira vista, não somos capazes de conceber toda a complexidade simbólica que gira em torno de sua composição. Ele é a reprodução de toda uma estrutura social que o circunda, ou seja, a maneira como o corpo é concebido depende basicamente do ponto de vista da sociedade que o define. Por ser também composição de atribuições simbólicas, a aparência do corpo pode falar sobre a posição que alguém ocupa na sociedade, ou pode ser ponto de definição sobre quem é considerado útil ou não para esta. Assim sendo, podemos dizer que diante das narrativas históricas que formam o povo brasileiro, não fica difícil, entre o negro e o branco, estabelecer quem ganha um salário menor e mora em locais menos privilegiados, que não raramente, ou quase sempre, está associado ao pobre ou menos favorecido.

Para pensar nas representações que giram em torno do corpo negro, é necessário fazer uma contraposição com o corpo branco, que foi socialmente escolhido como representação padrão do ser humano em nossa sociedade. Na história escravagista do Brasil, vemos que o corpo branco é construído como o oposto do corpo negro, ou seja, enquanto um representa tudo de melhor que tem a sociedade no que diz respeito à moral, capacidade intelectual, e atribuições físicas desejáveis; o outro representa o inverso, visto que "negro e branco se constituem como extremos, unidades de representação que correspondem ao distante – objeto de um gesto de afastamento – e ao próximo, objeto de um gesto de adesão" (NOGUEIRA, 1998, p. 44). Para Kilomba (2019), essas representações antagônicas se deram justamente pelo esforço da branquitude em se redimir, a partir da personificação da parte "má" de seu ego. O corpo negro, dessa forma, se torna objeto de repressão, uma vez que no mundo conceitual branco, é a encarnação de agressividade e sexualidade[28].

Outrossim, por ser o oposto da representação do corpo desejado, o corpo negro "*é indesejável, inaceitável, por contraste com o corpo branco, parâmetro da auto-representação dos indivíduos*" (Nogueira, 1998. p. 44). As subjetividades simbólicas que giram em torno da construção desse corpo indesejado, foram atribuídas a ele historicamente, o que o faz trilhar o caminho da negação. Ao povo negro foi imposta a incumbência de viver para alcançar o corpo desejado, visto que ele está fadado a carregar em si, a representação da "*inferioridade social*". Esse fado significa negar suas atribuições físicas, a exemplo do alisar de um cabelo "ruim" para que ele fique "bom" ou até mesmo negar sua cultura e costumes.

---

[28] A autora afirma, que psicanaliticamente, esse lugar de "outridade" que a pessoa negra ocupa, confere ao branco remissão ou isenção de toda parte negativa de seu ego. Ele assume a parte positiva e se estabelece como um bom exemplo de ser humano.

Para alguns[29] teóricos da psicologia, a imagem do corpo não está diretamente relacionada ao esquema corporal, pois este faz referência às características generalizadas, que de algum modo, pertencem a todos que representam a espécie, ou seja, ao olharmos o "eu" e os "outros", é possível nos enquadramos no conjunto "nós", visto que nosso esquema corporal, nos torna humanos. Partindo dessa premissa, seria possível afirmar que o esquema corporal pertencente a todos, nos coloca de forma igualitária dentro de um grupo, nos humanizando.

Em princípio, a maioria de nós concordaria com esse pensamento, sem fazer ressalvas. No entanto, se olharmos mais profundamente, não nos parece que para o negro, o esquema corporal o dê a sensação de pertencimento a esse grupo macro. De acordo com Nogueira (1998), não é possível compreender as representações atreladas à ideia de corpo negro, desconsiderando as contribuições e marcas deixadas pelo sistema socioeconômico escravagista, que por anos atribuiu ao negro a posição de mão de obra, nem é possível compreender as contribuições de uma ciência racista, que por décadas tentou comprovar sua ineficiência intelectiva, incapacidade moral e inferioridade. Para a autora, a integridade da construção de uma ideia de corpo, generalizada para o corpo negro, é ferida no momento em que este processo é rabiscado pelas representações depreciativas associadas a ele, durante séculos. Por ter esses rabiscos postos como obstáculos, "o sentimento de humanidade e pertencimento, fica abalado quando muitos negros rejeitam sua conformação física e se tornam desejantes de características físicas que os aproximem do branco, que o humanizem" (NOGUEIRA, 1998. p.79)

A imagem que se tem do próprio corpo, além de depender das representações sociais, historicamente produzidas pela sociedade, se aporta também na história individual de cada sujeito. Para o negro, ser portador de seu corpo, onde sua pele revela todo peso simbólico enrustido nela, é uma tarefa árdua. Como lidar com um corpo indesejado, que o coloca em posição de inferioridade, "um corpo que é a negação daquilo que deseja, pois seu ideal de sujeito, sua identificação é o inatingível-corpo branco" (NOGUEIRA, 1998). Como a autora ainda afirma:

---

[29] A exemplo de Françoise Dolto.

> [...] na medida em que o desejo se põe, imaginariamente, como a tentativa de recuperar um momento original mítico, de plenitude, o desejo de brancura supõe, para o negro, a negação de sua condição própria, a negritude – desde a Origem. É desse modo que o embranquecimento, significa o desejo de sua própria morte, do desaparecimento do seu corpo[...] (NOGUEIRA, 1998, p. 90).

Ao categorizarmos o corpo, como negro, assumimos que o ser, ou a identidade do indivíduo está traçada a partir de significantes definições excludentes. O corpo negro está dentro de uma categoria:

> [...] incluída num código social, que se expressa dentro de um campo etno-semântico onde o significante "cor negra" encerra vários significados. O signo "negro" remete não só a posições sociais inferiores, mas também a características biológicas supostamente aquém das propriedades biológicas atribuídas ao branco (NOGUEIRA, 1998, p. 91)

Nesse sentido, para o corpo negro, o esquema corporal é o que revela sua condição. Nele, estão impressas todas as suas características físicas, que ratificam e impulsionam seu desejo de "não ser". O caminho em direção ao ego branco, é a tradução da violência racista que encarcera o negro nas celas de sua alma, visto que seu corpo não possui um conjunto biológico satisfatório que represente um corpo *desejável* (COSTA, 1984).

O caminho ao embranquecimento

A ideologia do branqueamento, diz respeito a uma maneira de pensar da elite branca que conduz às práticas desumanas e segregadoras. Tais práticas cerceiam o caráter indenitário do outro, o diferente, conduzindo-o a um caminho em que a imagem admirada e almejada não corresponde a quem ele é, ou ao grupo étnico ao qual pertence. De acordo com Pinheiro (2014), esta ideologia tornou-se hegemônica, pois conseguiu ser impregnada nas mentes e nos corações de nossa sociedade, que, por sua vez, através da camuflagem e escamoteamento do conflito social vivido aqui, nega a existência da pessoa negra, que sofre pela desigualdade racial histórica enraizada.

Nesse processo em que a sociedade branca reprime a/o outra/o, a partir da imposição de um poder centrado na força do colonizador, que para além de oprimir com castigos corpóreos, oprime simbolicamente, perpassando principalmente o âmbito psíquico (KILOMBA, 2019 PINHEIRO, 2014; FANON, 2008; NOGUEIRA, 1998), percebe-se um movimento para esconder um racismo que, apesar de ser notório, é tido como velado ou sútil. No livro, "Memórias da plantação", a autora Grada Kilomba discorre sobre a icônica máscara de ferro utilizada por senhores de engenho para punir, impedindo que a pessoa escravizada se alimentasse (KILOMBA, 2019). Para a referida autora, essa alusão é uma significante representação de como é construída a lógica na qual se aporta a ideia de identidade que a branquitude tem de si mesma, assim como a noção que possui de negritude.

Neste cenário de opressão, a boca aparece enquanto órgão que representa ameaça; por meio dela, o outro[30] efetiva seu ato violento de levar aquilo que pertence ao seu senhor, assumindo a representação do malfeitor. Quando amordaçada, a vítima passa a ser o algoz. Essa troca de papéis é definida pela autora como o *processo de negação*, no qual *"o sujeito afirma algo sobre a/o outra/o que se recusa a perceber em si próprio"* (KILOMBA, 2019 p. 34). Esse processo, ainda de acordo com a autora, se estabelece como mecanismo de defesa do ego. Desse modo, é possível afirmar que o reconhecimento do **Eu** se dá a partir do entendimento da existência de outro, que é antagônico ao **Ego**. Quando a sociedade colonial opressora transformou a pessoa negra escravizada em culpada e opressora, automaticamente, ela passou a representar o papel da pessoa inocente e oprimida.

Nessa base colonial de transferência de atributos, se estabelece o racismo, que ainda parece ser um tema tabu na sociedade brasileira. Se por um lado se admite vagamente sua existência, por outro, fazê-lo ser percebido nas situações cotidianas da vida, não passa de mania de perseguição de grupos não brancos. De uma forma ou de outra, não é possível negar que se trata de um problema social grave. O racismo pode ser definido como um complexo conjunto de estigmas sociais gerados por meio de processos discriminatórios, que, por sua vez, é assumido pelo grupo que possui "o poder de se definir como norma"[31] (KILOMBA, 2019. p. 75).

---

[30] Neste caso, a pessoa negra escravizada.

[31] Para a autora, não se pode falar em racismo, sem atrelar o ato preconceituoso ao poder, esta é uma importante observação no combate às ideias que caminham em direção ao estabelecimento do conceito de racismo

As diferenças estabelecidas pelo racismo estão atreladas a valores hierarquizados, nos quais indivíduos diferentes são associados aos estigmas da desonra e inferioridade (Santos, 1984). A partir da junção de ambos, diferenças e hierarquização, podemos estabelecer a definição de preconceito (KILOMBA, 2019). O preconceito, associado ao poder político, cultural, social e histórico, dá origem ao racismo, que nada mais é que a "supremacia branca" (KILOMBA, 2019, p. 75). Nenhum outro grupo racial pode ser considerado racista, ou performar o racismo, visto que nenhum desses grupos detém esse poder. Todos os conflitos entre esses grupos, ou que parta deles ao grupo dominante branco, é definido como preconceito[32]. Desse modo, ao passo que o racismo exclui a pessoa negra da estrutura social e política de uma sociedade, ele assume o caráter estrutural.

Esse tipo de violência se revela nos âmbitos sociais mais variados, estabelecendo à pessoa negra desvantagens no mercado de trabalho, na justiça etc. Ele é promovido cotidianamente através de comportamentos, ideias e pensamento que se reverberam em imagens, ações e discursos, percebidos a todo momento como uma tentativa de depreciar e segregar, tornando a vítima do racismo, a personificação de todos os aspectos sociais reprimidos e indesejados pela branquitude (KILOMBA, 2019).

É justamente na base da negação, que os processos discriminatórios são desenvolvidos, sendo ela, ferramenta fundamental e estruturante para que o racismo se estabeleça enquanto violência (KILOMBA, 2019). Nesse sentido, é possível dizer que em sua psique, o indivíduo branco está dividido entre a pessoa "boa" e "benevolente", acolhida por ele como reflexo real de seu ser; e a pessoa "má" e "perversa", negada e transformada no outro, que não se quer parecer. É nesse momento que a pessoa negra passa a ser "a tela de projeção daquilo que o sujeito branco teme reconhecer sobre si" (KILOMBA, 2019, p. 37).

Bento (2002), corroborando com as ideias de Kilomba (2019), afirma que apesar de, no Brasil, a culpa da negação de si, efetivada na automutilação do ser, estar associada rotineiramente ao indivíduo negro, tornando-o responsável pelo processo, ela é na verdade, produto gerado pela branquitude, que em seu imaginário, construiu uma ideia de negritude pautada em tudo

---

reverso. Não é possível o branco ser vítima de racismo, pois, o poder que ele detém, principalmente na sociedade ocidental, alcança o modo de vida, a política, a estrutura social e define normas; ele não é conferido a nenhum outro grupo não branco.

[32] Por este motivo, a ideia de racismo reverso é equivocada.

aquilo que representava oposição à sua autoimagem. Outrossim, apesar da branquitude atual ter conhecimento histórico das suas práticas discriminatórias, que por sua vez, a coloca em posição de opressora, ela decidiu suprimir de suas discussões qualquer responsabilidade a esse respeito.

De acordo com Bento (2002) no Brasil, essa postura se dá porque o branco saiu do período de escravidão com uma bagagem simbólica positiva, mesmo que esta tenha sido gerada a partir da apropriação do fruto do trabalho de grupos escravizados. Para a autora, a omissão é apenas uma desculpa para não haver a reparação dos danos causados ao grupo negro; por este motivo é que o estabelecimento de ações afirmativas e compensatórias, é visto com maus olhos pela sociedade brasileira, que insiste em afirmar não passar de uma medida de proteção, que visa privilegiar um grupo social. É possível perceber, até em grupos mais politizados, que a discussão sobre as questões sociais é tratada como um problema puramente econômico, por meio do qual o fator racial não é considerado[33].

Esse cuidado excessivo dos brancos, de acordo com Bento (2002), nada mais é que um protecionismo racial, que os impede de culparem-se. Esta indiferença manifestada por meio da omissão de responsabilidade social e falta de reconhecimento dos danos causados pela escravidão, que visa manter a branquitude como boa e benevolentes, pode ser caracterizada pelo que a autora chama de pacto Narcísico. Brancos protegem brancos, incapazes de macular a imagem do próprio grupo, associando-os ao racismo. Tal pacto é tão forte, que na maioria das vezes, até mesmo entre aqueles conscientes das desigualdades raciais existe a incapacidade de associá-las à discriminação. Ou seja, para estes "há desigualdades raciais? Há! Há uma carência negra? Há! Isso tem alguma coisa a ver com o branco? Não! É porque o negro foi escravo, ou seja, é legado inerte de um passado no qual os brancos parecem ter estado ausentes" (BENTO 2002, p.3).

De fato, o desinteresse do branco em se perceber como protagonista desse processo discriminatório se dá para que não haja o desconforto de discutir sobre os mais diversos privilégios da classe. Por este motivo, assume-se

---

[33] Bento (2002), em seu artigo branqueamento e branquitude, discute sobre uma palpável omissão de pessoas brancas, que mesmo engajadas com atividades voltadas para a mudança social e diante do reconhecimento das desigualdades sociais, negam-se a associá-las ao racismo. A autora fala sobre um pacto estabelecido entre estas pessoas, que as impede de assumir a culpa e responsabilidade histórica, causada pela exploração de povos não brancos.

a postura de reconhecer parte do problema. Se por um lado a pobreza no Brasil atinge as mais diversas raças, inclusive os brancos, por outro, a maioria dessas pessoas em situação de pobreza são negras, que por conta de sua condição biológica, terão dificuldades de serem inseridas no mercado de trabalho, por serem vítimas do racismo cotidiano (KILOMBA, 2019). Nesse sentido, ainda é possível que mesmo para o branco em situação de pobreza, exista o que Bento (2002) vai chamar de o privilégio simbólico da brancura. Este comportamento que ao mesmo tempo em que omite, nega a responsabilidade branca, evidencia um forte componente narcísico de autopreservação[34], visto que é acompanhado de um investimento incansável que visa colocar os brancos como referência humana ideal.

Não obstante ao movimento de negação como componente do racismo, o medo também desempenhou papel basilar e fundante na construção da imagem de negritude, a partir do imaginário da branquitude. Durante o século XIX, existia um forte sentimento de insatisfação que atormentava a elite branca brasileira. Como resultado de 300 anos de escravidão, o número de pessoas negras no Brasil, girava em torno de 4 milhões de pessoas. Essa sobrepujança soava em tom ameaçador, que se manifestava em forma de extrema preocupação da elite, que temia o enegrecimento da população, e a tomada de poder por parte dos subjugados. Para resolver a questão, criou-se a política de imigração, que por sua vez, facilitava a entrada de imigrantes europeus no país. Como resultado, num período de 30 anos, o número de imigrantes batia a marca de 3,99 milhões de pessoas[35],[36]. Por anos, a elite brasileira procurou solução para o "problema" étnico-racial brasileiro, buscando um possível modo de diminuir a presença do negro, em uma sociedade onde 60% da população correspondia ao grupo (DOMINGUES, 2002).

---

[34] A autora afirma que segundo Freud, o narcisismo pode ser caracterizado como o amor a si mesmo, se revelando basicamente como uma forma de preservação do EU, que consequentemente torna o outro estranho. Essa atitude, que o psicólogo vai chamar de aversão ao diferente, faz com que ele crie uma "normalidade" inspirada em si mesmo, na qual aquele que é diferente, para parecer normal, precisa entrar num processo de assemelhamento. Foi neste processo, através da dominação e exploração de outros povos, que o branco se estabeleceu como a imagem do normal. A partir das criações de ideias e ações que torna qualquer outro grupo racial como o outro.

[35] Esta informação, a autora discorre a partir da obra de Célia Marinho de Azevedo em sua obra "Onda negra" (1987), a autora constrói a definição para o que vai chamar de "medo branco". Este medo refere-se à sensação branca de ser sobrepujada por uma raça inferior, que com seu crescimento, poderia se caracterizar como um problema ameaçador.

[36] Esta teoria era fortemente defendida pelo estudioso João Batista Lacerda, que no Primeiro Congresso Mundial da Raças, na Universidade de Londres, o único representante brasileiro, e publicou, por sua vez, um manuscrito, afirmando que em 3 gerações, se o Brasil importasse brancos para sua sociedade; as pessoas negras e indígenas, seriam extintas.

A resposta encontrada foi a miscigenação, a passos lentos caminharia em direção ao embranquecimento do país. O autor relata que o clareamento da população, contava com a miscigenação proposta pela classe dominante. Para além do clareamento da pele, a classe dominante estabeleceu o embranquecimento moral e social do pensamento da população negra, buscando convencer a população negra de que a mudança de comportamento, a tornaria mais próxima da realidade da branquitude, levando a uma segunda abolição (DOMINGUES, 2002). A insegurança sentida por parte dos brancos, diante da robusta massa de pessoas negras que adentravam às ruas após a abolição, era uma crescente. Bento (2002) afirma que, contemporaneamente a este período, foi criado um asilo que se incumbia de tratar mulheres, em sua maioria negras, corriqueiramente classificadas como pessoas degeneradas, em detrimento de seus atributos físicos. Essas mulheres eram tiradas da sociedade, enclausuradas, e definidas por muitas vezes como ninfomaníacas, principalmente quando encontradas viajando sozinhas[37].

O medo de ser suplantado e a negação de seu caráter cruel, levou o imaginário da branquitude a construir uma base de projeção da imagem do negro no Brasil (KILOMBA, 2019). O bandido assumiu um rosto, e os degenerados, assumiram características físicas. Esse chamamento que atraía pessoas brancas ao país se configurava nas mais diversas tentativas de branqueamento de toda uma população. Essas tentativas se pautavam na teoria de seleção natural das raças, defendida pelo naturalista Darwin. As ideias que corroboravam para a previsão de extinção biológica, foram amplamente divulgadas por cientistas como: Ernest Haeckel e Ludwig Büchner, como afirmam Arteaga; Sepúlveda e El–Hani, (2013). A partir da necessidade de justificativa para a exploração de mão de obra escrava, por volta do século XIX, surge a ideologia racial. Os europeus acreditavam que "o colonialismo imperialista transmitia o progresso econômico e cultural. Africanos e asiáticos eram encarados de forma etnocêntrica como bárbaros e primitivos, enquanto os europeus se consideravam em missão civilizadora" (OLIVEIRA, 2008, p. 5).

Essa política que se resumia a uma constante investida, que visava a expansão de alguns povos em detrimento da subjugação de outros, iniciou um processo cruel, onde intelectuais pensadores do século, apoiando-se na teoria de seleção natural, construíram um arcabouço teórico que concluiu

---

[37] Bento apud Maria Clementina Pereira Cunha (1988).

que, pessoas de pele branca eram superiores àquelas de pele escura ou não branca; estas eram fortes e aquelas fracas (BENTO, 2002).

A sociedade científica brasileira decidiu adotar as ideias disseminadas pelo Darwinismo social. Por volta de 1870, as concepções da ideologia de raça adentram o Brasil e passam a ser aceitas e adotadas de modo geral por volta de 1880 (OLIVEIRA, 2008). Instaura-se, então, na nação brasileira, a corrida científica que visa comprovar a inferioridade dos negros, bem como instaurar a ideia de um possível branqueamento da população. Essa possibilidade, no entanto, não dizia respeito apenas ao contexto genótipo, mas primeiramente ao fenótipo desta população (DOMINGUES, 2002). E é essa faceta da ideologia do branqueamento que vivemos ainda hoje. Ela assume outra roupagem, mas sempre caminhando em direção à brancura. A mesma brancura que leva o indivíduo negro a viver preso ao "mundo de brancos" (PINHEIRO, 2014), onde o autorreconhecimento é uma atividade difícil, visto que o apagamento racista do negro nesta sociedade insiste em aumentar, indicando que "à medida que o negro se depara com o esfacelamento de sua identidade negra, ele se vê obrigado a internalizar um ideal de ego branco" (NOGUEIRA,1998, p. 88).

Considerações finais

O corpo negro sempre foi historicamente depreciado, sinônimo de desvantagem social. A pele, o maior órgão do corpo humano, dita o grupo ao qual pertenceremos ao nascer, se aquele que goza de privilégios sociais ou àquele que precisa lutar por um lugar ao sol.

O racismo estrutural estabelecido historicamente na sociedade ocidental tende a se camuflar em questões aparentemente inofensivas, se escondendo por trás de "coisas de criança", desse jeito foi tratado o termo e objeto "lápis cor de pele". Durante muito tempo no cenário educacional, visto como umas falas de equívoco infantil.

Neste sentido, a reflexão aqui feita, reforça a necessidade de atentarmos para questões que possam passar despercebidas por muitos, mas que, cotidianamente interfere no ser e no existir de crianças negras que posteriormente passam a ser adultos que lutam contra sua própria negritude, buscando se encaixar no grupo tão desejado da branquitude.

Dissociar a imagem do corpo negro das adjetivações negativas é fundamental para rompermos com as barreiras e imposições racistas que nos são postas todos os dias; reconhecer as novas modalidades de discriminação racial é primordial, uma vez combatidas, surgem novas na tentativa de invisibilizar a pessoa negra forçando seu apagamento social.

Referências

BARBOSA, Fernanda de Souza. Modelo de impedância de ordem fracional para a resposta inflamatória cutânea/ Fernanda de Souza Barbosa. – Rio de Janeiro: UFRJ/COPPE, 2011.

BENTO. Maria Aparecida Silva. **Branqueamento e Branquitude no Brasil In: Psicologia social do racismo – estudos sobre branquitude e branqueamento no Brasil** / Iray Carone, Maria Aparecida Silva Bento (Organizadoras) Petrópolis, RJ: Vozes, 2002.

BRITO.Daniela. **Lápis cor de Pele**. Goiânia. Ed Cortez, 2017.

COSTA, Jurandir Freire. **Violência e psicanálise**.Rio de Janeiro: Edições Graal Ltda. 1984.

DOMINGUES. Petrônio José. **Negros de Almas Brancas? A Ideologia do Branqueamento no Interior da Comunidade Negra em São Paulo**, 1915-1930. Estudos Afro-Asiáticos, Ano 24, nº 3, 2002.

FANON, Frantz. **Pele negra, máscaras brancas**. Trad. Renato Silveira. Salvador: Edufba, 2008.

GOMES, Nilma Lino. Trajetórias escolares, corpo negro e cabelo crespo: reprodução de estereótipos ou ressignificação cultural? **Revista Brasileira de Educação**, n. 21, set.-dez. 2002. Disponível em: https://doi.org/10.1590/S1413-24782002000300004. Acesso em: 08/10/2019.

KILOMBA, GRADA. **Memórias da plantação**: episódios de Racismo Cotidiano. Trad. Jess Oliveira. 1. Ed. Rio de Janeiro: Cobogó, 2019.

NOGUEIRA, Isldinha Baptista. **Significações do Corpo Negro**. Teses de Doutorado. São Paulo: Universidade São Paulo, 1998.

OLIVEIRA. Idalina Maria Amaral. **A ideologia do Branqueamento na Sociedade Brasileira**. Santo Antônio do Paraíso, Paraná 2008.

PARÉ, Marilene Leal. **Auto-imagem e auto-estima** na criança negra: um olhar sobre o seu desempenho escolar. Dissertação de mestrado. Porto Alegre: Pontifícia Universidade Católica do Rio Grande do Sul, 2000.

PINHEIRO, Bárbara Carine Soares. **Educação em Ciências na Escola Democrática e as Relações Étnico-Raciais.** https://doi.org/10.28976/1984-2686rbpec2019u329344 , v. 19, p. 329-344, 2019.

PINHEIRO, Soares, Juliano, Henrique, Hélen, & Santos, Ênio. (2010). A (in)visibilidade do negro e da história da África e Cultura Afro-Brasileira em livros didáticos de Química. **XV Encontro Nacional de Ensino de Química (XV ENEQ)**. Brasília (DF), 2010.

PINHEIRO, Adevanir Aparecida. **O Espelho quebrado da Branquitude:** aspectos de um debate intelectual, acadêmico e militante. São Leopoldo: Casa Leira, Rio Grande do Sul. 2014.

QUIJANO, Anibal. (2005). **Colonialidade do poder, eurocentrismo e América Latina. In: Lander, E. (Org.). A colonialidade do saber: eurocentrismo e ciências sociais** (pp. 345–392). Buenos Aires: Consejo Latinoamericano de Ciencias Sociales – CLACSO.

SANCHEZ-Arteaga, JM, Sepúlveda, C., & El-Hani, CN. Racismo científico, processos de alterização e ensino de ciências. Magis, **Jornal Internacional de Pesquisa em Educação,** 6 (12) Edição especial de ensino de ciências e diversidade cultural, 55-67, 2013.

SANTOS, Joel Rufino dos. **O que é racismo**. 10. ed. São Paulo: Brasiliense, 1984. 82p

SANTOS. Jucimar.C. Uma discussão sobre a História da Educação da População Negra na Bahia. In: **Descolonizando Saberes – A lei 10.636/2003 no ensino de Ciências.** São Paulo – Editora Livraria de física. 2018.

SANTOS, Vanessa Sardinha dos. Pele. **Brasil Escola.** Disponível em: https://brasilescola.uol.com.br/biologia/pele.htm. Acesso: 02/04/2021.

SEPÚLVEDA. Cláudia.**O Racismo científico como plataforma para educação das relações étnico-raciais no ensino de ciências.** In :PROGRAMA DE PÓS GRADUAÇÃO EM EDUCAÇÃO CIENTÍFICA E TECNOLÓGICA (PPGECT):CONTRIBUIÇÕES PARA PESQUISA E ENSINO. São Paulo: Editora Livraria.2018.

SEVEGNANI. Maíra. **A negação da Raça e o discurso neoliberal meritocrático.** De. 2016. Disponível em: GOOeral-meritocrati.pdf. Acessado em 20/08/2020.

SILVA. Ana Célia. Estereótipos e Preconceitos em relação ao negro no livro de comunicação e expressão no livro de 1º grau – Nível 1, UFBA. **Caderno de Pesquisa.** Salvador. 1987.

SCHWARCZ, Lilia Mortz. **O espetáculo das raças:** cientistas, instituições e questão racial no Brasil (1870-1930). São Paulo: Companhia das Letras, 1993.

_____. Previsões são sempre traiçoeiras: João Baptista de Lacerda e seu Brasil branco. História, Ciências, Saúde – Manguinhos, Rio de Janeiro, v. 18, n. 1, 2011.

SOUZA, Neusa Santos. **Tornar-se negro.** Rio de Janeiro: Graal, 1983.

UNIAFRO – **Política de Promoção de Igualdade Racial**. Universidade Federal do Rio Grande do Sul-Rio Grande do Sul. Disponível em: www.ufrgs.br/uniafro/index. Acesso em 22/03/2019.

doi.org/10.29327/5220270.1-8

Capítulo 8

SABERES TRADICIONAIS QUILOMBOLAS E A PESQUISA DE INTERFACE CIÊNCIA E LITERATURA: EXAMINANDO *TORTO ARADO* E *ROÇA É VIDA*

Caio Ricardo Faiad e Daisy de Brito Rezende

Oito da noite já tá o breu,
o candeeiro já acendeu
O quilombo ainda existe
Saiba que ele não morreu
Falta água porque não choveu
Pedindo pra Deus, fazendo louvor
Quem vive na extrema pobreza
Tem em comum o escuro na cor

Ostentação à Pobreza – Rincon Sapiência

Introdução

ABRIMOS este texto com trecho de *Ostentação à Pobreza*, do excelente álbum *Galanga Livre*[38] do rapper paulista Rincon Sapiência. O disco abre com *Crime Bárbaro, canção* que conta a história de um escravizado que assassina seu escravizador. Agora livre, o ex-escravizado, herói da própria história, convive com o medo de ser pego na fuga. Essa junção de conceitos aparentemente paradoxais (herói e medo) aparece também em outras faixas, como *Ostentação à Pobreza*.

---

[38] Galanga era o rei do Congo, que foi capturado com a família e vendido como escravo. Conhecido como Chico-Rei, foi trabalhar forçadamente na extração de ouro em Vila Rica (Ouro Preto). O folclore mineiro conta que Chico-Rei juntou ouro das minas para trocar por sua alforria, de seu filho e de seus irmãos africanos, que posteriormente o proclamaram rei de Ouro Preto.

Sapiência diz, em entrevista, que o avanço político-social [da era PT] deu acesso à informação aos mais pobres ao mesmo tempo que criou uma desinformação sobre a realidade da miséria brasileira. *Ostentação à Pobreza*, portanto, é um rap de protesto e denúncia sobre "Brasis" não visto, mesmo que os brasileiros estejam mais conectados aos veículos de informação.

É tecendo o paradoxo de ter o acesso à informação e estar desinformado, que Rincon Sapiência coloca em destaque, em *Ostentação à Pobreza*, o quilombo e os conflitos com os latifundiários. Na canção, temos um interlúdio: "Quando você fala de terra, você fala de riqueza e esta riqueza é disputada. Disputada pelos grandes latifúndios, disputada pelos fazendeiros, disputada por muitos". Em entrevista complementa:

> Esses avanços [da redução dos abismos sociais entre o pobre e o rico no que tange ao acesso à informação] deram a impressão de que esse tipo de situação de pobreza quase não existia mais, o que não é verdade. Quando a gente fala em 'quilombo', geralmente, a gente sempre pensa nas questões históricas, em Zumbi dos Palmares, só que ainda existem pessoas que vivem nessa situação hoje no Brasil e em constante conflito com latifundiários. Mas ninguém nunca fala disso. (MOURA, 2017)

A ruptura democrática no Brasil culminou na ascensão ao poder de um presidente neofascista calcado nas estratégias da "política do confronto" e da "guerra cultural" (SAUER; LEITE; TUBINO, 2020). A "política de confronto" está engendrada na pauta econômica ultra-neoliberal que fragiliza as instituições do Estado, enquanto a "guerra cultural" se fundamenta nos preconceitos contra os grupos sociais minorizados produzindo aumento de conflitos e desprezo institucional sobre as mazelas sociais. O levantamento "Quilombolas contra Racistas", por exemplo, apontou que 94 discursos racistas foram proferidos por autoridades da administração pública desde 2019 (CONAQ, 2022).

Enquanto educadores, podemos refletir sobre a permissividade social de elevar ao grau máximo da política nacional um deputado federal que usa expressões preconceituosas e discriminatórias com o claro propósito de ridicularizar e desumanizar a população negra e as comunidades quilombolas[39].

---

[39] Antes de ser eleito, em palestra no Clube Hebraica, Bolsonaro afirmou: "Eu fui num quilombo. O afrodescendente mais leve lá pesava sete arrobas. Não fazem nada. Eu acho que nem para procriador ele serve mais." (AFFONSO; MACEDO, 2017).

Enquanto educadores, podemos agir para uma mudança no pensamento racial brasileiro por meio da apresentação do conhecimento científico historicamente acumulado em um contexto educacional que fomente a formação para a cidadania plena tal qual expressa na Lei de Diretrizes e Bases da Educação (Lei 9.394/1996) e largamente exposto por Verrangia e Silva (2010).

Este texto é um recorte da pesquisa de doutorado que está sendo desenvolvida no Programa Interunidades em Ensino de Ciências da Universidade de São Paulo (PIEC-USP) que, além de chamar a atenção para a ausência da literatura negra na pesquisa de interface Ciência e Literatura, nos provoca a observar que a literatura negro-brasileira, ao intercruzar História e Memória e descrever o mundo do trabalho dos negros e negras brasileiras, materializa no texto literário saberes tradicionais que podem ser interrelacionados com os conhecimentos científicos da Química.

Este capítulo, desenvolvido ao estilo de um ensaio científico, evoca a problematização posta por Rincon Sapiência e seleciona *Torto Arado*, de Itamar Vieira Junior e *Roça É Vida*, de autoria coletiva de escritores quilombolas do Vale do Ribeira (SP), para focalizar questões atuais das comunidades quilombolas brasileiras. Nosso objetivo principal é mostrar que, para efetivar o combate ao racismo e às violências de caráter epistemológicas no campo educacional, formadores de professores de Ciências da Natureza podem transformar a leitura da literatura negro-brasileira (CUTI, 2010) em instrumento formativo para a Educação das Relações Étnico-raciais (ERER), por possibilitar o reconhecimento e a valorização da história, cultura e identidade do povo negro.

Essa possibilidade se concretiza na Educação em Ciências porque a literatura negro-brasileira descreve em suas narrativas, dentre tantas coisas, os saberes tradicionais das comunidades às quais pertencem suas personagens. Segundo Santilli (2002), saberes tradicionais são aqueles gerados, ao longo de anos e de gerações, por meio da descoberta, seleção e manejo de vegetais, animais, minerais e, até mesmo, microrganismos, com propriedades farmacêuticas, alimentícias, agrícolas, dentre outras. Uma vez reconhecidos pelos professores, os saberes tradicionais presentes na literatura podem ser usados para contextualizar o ensino de determinados saberes científicos ou ainda serem utilizados no desenvolvimento de práticas pedagógicas interdisciplinares em que os conteúdos científicos expliquem as práticas e técnicas populares (GONDIM; MÓL, 2008).

Comunidades Quilombolas e Educação das Relações Étnico-raciais

De acordo com Prandi (2000, p. 52), "entre os anos de 1525 e 1851, mais de cinco milhões de africanos foram trazidos para o Brasil na condição de escravos[40]." É importante mencionar que, na primeira metade do século XIX, por interesses econômicos, a Inglaterra impôs a proibição do tráfico negreiro como uma das condições para o reconhecimento da independência brasileira de 1822. Em consequência disso, é estabelecida a Lei de 7 de novembro de 1831, que proibiu a entrada de escravizados no Brasil.

A historiadora Beatriz Mamigonian (UFSC) explica, em entrevista para Baima (2017), que de início houve uma tentativa de fazer valer a lei, porém devido à pressão da classe dominante branca, que dependia do trabalho escravo para atender a demanda do capitalismo do Norte Global, os mecanismos de fiscalização se tornaram mera encenação nascendo assim a expressão "para inglês ver".

Nesse período em que o tráfico negreiro se tornou ilegal no Brasil, não se sabe quantas pessoas foram trazidas como escravizadas para cá. Não houve muitos registros nesse período e o pouco que foi registrado foi queimado em 1891 a mando de Ruy Barbosa, Ministro da Fazenda da Primeira República. Historiadores como Marisa Saenz Leme (Unesp) defendem que tal ato visava também impedir a tentativa de indenizações por parte das pessoas ex-escravizadas por terem sido sujeitadas ilegalmente à condição de trabalho forçado (BERNARDO, 2020).

A etnolinguista Yeda Pessoa de Castro expõe que 75% dos escravizados eram provenientes da região banto, de territórios situados atualmente em Angola e nos dois Congos (MELO, 2008). Nesse grupo inclui: lunda, ovimbundu, mbundu, kongo, imbangala, etc. A contribuição linguística para o portuguê brasileiro é enorme. Palavras como *corcunda*, *xingar*, *cochilar*, *caçula*, *bunda*, *marimbondo*, *carimbo* e *cachaça* têm origem nas línguas banto.

---

[40] Atualmente, temos a compreensão de que as pessoas negras raptadas na África e trazidas ao Brasil não eram escravas, se tornavam escravas. Nesse sentido, usaremos preferencialmente o termo "escravizado" (particípio passado do verbo "escravizar") para descaracterizar a conotação essencial que o termo "escravo" ganhou e reforçar a situação condicional dessa trágica circunstância histórica. Contudo manteremos o termo "escravo" em casos de citação direta.

Segundo Munanga (1996, p. 58), "quilombo é seguramente uma palavra originária dos povos de línguas banto (kilombo, aportuguesado: quilombo)". É importante enfatizar que banto é um termo utilizado para se referir a um tronco linguístico e não se refere a um povo, nem a uma etnia. Compreendemos, portanto, banto como um conjunto de 300 a 600 grupos étnicos diferentes de um mesmo tronco linguístico que povoam o Centro e o Sul do continente africano (FIGURA 1).

Figura 1: Em marrom, a área habitada por grupos étnicos que falam línguas banto

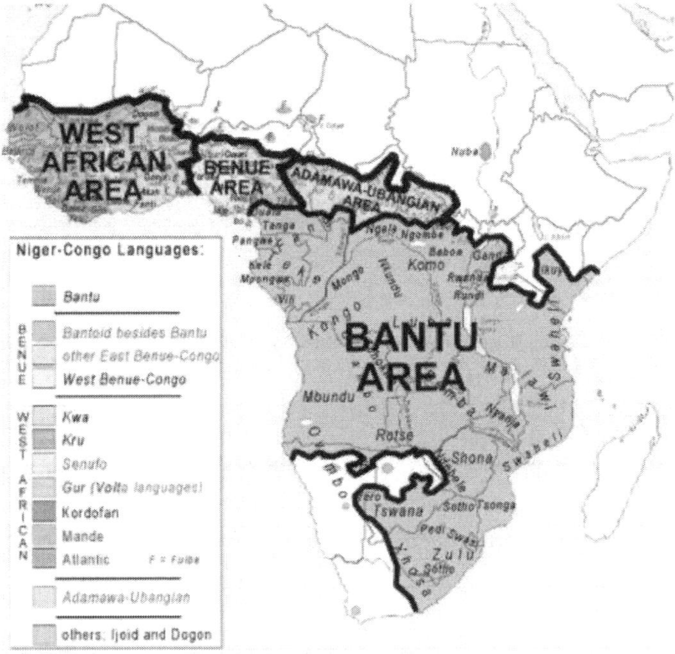

Fonte: https://bit.ly/41kKCBB

A diversidade de etnias de origem banto, e portanto, de tradições culturais, tecnológicas e econômicas é um dos pontos de partida para o entendimento da formação, em todo território nacional, dos quilombos como comunidades múltiplas e variadas tanto no campo quanto nas cidades. Andrade (2011) faz uma revisão histórica dos quilombos no Brasil e pontua que:

> tais grupos se constituíram a partir de uma grande diversidade de processos e estratégias de resistência: as fugas com ocupação de terras livres; o recebimento de terras por herança, doação ou como pagamento de serviços prestados ao Estado; a compra de terras[41]; ou ainda, a permanência nas áreas que ocupavam e cultivavam no interior de grandes propriedades (ANDRADE, 2011, p. 16).

Contudo, Abdias Nascimento é taxativo: "quilombo não significa escravo fugido". Tal afirmação deriva de um tratamento analítico para o quilombo enquanto um movimento sócio-histórico em que o comunitarismo baseado em valores culturais africanos produziu um modelo econômico contrário ao modelo colonial, no qual prevaleceu a "economia espoliativa do trabalho, chamada capitalismo, fundada na razão do lucro a qualquer custo" (NASCIMENTO, 1980, p. 263).

Já Beatriz Nascimento (2006, p. 117), o quilombo é o resultado de numerosas formas de resistência "que o negro manteve ou incorporou na luta árdua pela manutenção da sua identidade pessoal e histórica". A historiadora e ativista dos movimentos negro e feminista expõe que quilombo passou de uma instituição africana a uma instituição no período colonial e imperial no Brasil, e que recentemente se tornou um princípio ideológico de resistência estética e cultural.

Em se tratando de questões territoriais, o Decreto Federal nº 4.887, de 20 de novembro de 2003, que "regulamenta o procedimento para identificação, reconhecimento, delimitação, demarcação e titulação das terras ocupadas por remanescentes das comunidades dos quilombos", no artigo 2º decreta que:

> Consideram-se remanescentes das comunidades dos quilombos, para os fins deste Decreto, os grupos étnico-raciais, segundo critérios de auto-atribuição, com trajetória histórica própria, dotados de relações territoriais específicas, com presunção de ancestralidade negra relacionada com a resistência à opressão histórica sofrida. (BRASIL, 2003)

---

[41] Colocamos, respeitosamente, uma nota de rodapé em uma citação direta para pontuar o leitor sobre a Lei de Terras, lei nº 601 de 18 de setembro de 1850. A partir dessa data, se estabeleceu que só poderiam adquirir terras por meio de compra e venda ou por doação do Estado, isto é, não seria mais permitido obter terras por meio de posse (usucapião). Essa lei foi um preparo de grandes fazendeiros e políticos latifundiários no impedimento de que negros pudessem se tornar donos de terras e que se tornassem "trabalhadores abundantes e baratos para os latifúndios" (WESTIN, 2020).

As comunidades quilombolas estão distribuídas por todas as regiões do país. Um dos levantamentos mais robustos é o Atlas Observatório Quilombola elaborado pela KOINONIA (organização que trabalha pela garantia dos direitos quilombolas desde 1999) em parceria com a Associação das Comunidades Remanescentes de Quilombos do Estado do Rio de Janeiro (Acquilerj) e o apoio da antiga Seppir[42]. Embora haja maior detalhamento das comunidades fluminenses, – nome da comunidade, histórias, localização, número de famílias, situação fundiária e condições socioeconômicas –, como se observa na Figura 2, é possível obter informações de comunidades quilombolas de todo o Brasil.

Figura 2: Levantamento de Comunidades Remanescentes de Quilombos em todo território nacional

Fonte: https://bit.ly/4oNPoYf

---

[42] A Secretaria de Políticas de Promoção da Igualdade Racial (SEPPIR) foi um órgão instituído pelo presidente Lula em 21 de março de 2003, com o objetivo de promover a igualdade e a proteção de grupos raciais e étnicos afetados por discriminação e demais formas de intolerância, com ênfase na população negra. Em 2015, durante a gestão Dilma, a SEPPIR se une à Secretaria de Direitos Humanos e à Secretaria de Políticas para as Mulheres criando o Ministério das Mulheres, da Igualdade Racial e dos Direitos Humanos. A pasta foi extinta em 2016, após a posse de Michel Temer como presidente interino.

Contudo, é preciso pontuar o descaso governamental em reconhecer essas comunidades como proprietárias das terras. Embora o direito das comunidades quilombolas à propriedade das terras originárias/ocupadas esteja assegurado na Constituição de 1988, Andrade (2011) salienta que apenas 6% das 3.000 que se estima existir, estão legalmente demarcadas.

Nos governos progressistas pós-redemocratização foram, em alguma medida, implementadas as demandas sociais da população negra. No campo educacional, destacamos as *Diretrizes Curriculares Nacionais para a Educação das Relações Étnico-Raciais e para o Ensino de História e Cultura Afro-Brasileira e Africana* (BRASIL, 2004) a serem adotadas em todas as escolas, de modo a promover institucionalmente a superação das desigualdades raciais produzidas e reproduzidas pelo estado brasileiro no âmbito escolar. Também destacamos, as *Diretrizes Curriculares Nacionais para a Educação Escolar Quilombola* (BRASIL, 2012) que se referem à construção de propostas pedagógicas nas escolas instaladas nas comunidades remanescentes de quilombo, pois essa Educação deve considerar as especificidades das comunidades nas quais elas se inserem.

Uma vez que a formação de quilombos é elemento constitutivo da história nacional enquanto mecanismo de luta dos povos negros, não apenas no aspecto institucional, mas também no campo ideológico como aponta Nascimento (2006), introduzir os conhecimentos quilombolas nas disciplinas da área de Ciências da Natureza é compatível com o que é preconizado na Lei de Diretrizes e Bases da Educação pela incorporação da Lei 10.639/03. Nesse sentido, pesquisas nas áreas de Educação em Ciências estão cada vez mais preocupadas em investigar as cosmovisões dos povos tradicionais de matriz africana em intersecção com os conteúdos dos componentes curriculares das Ciências da Natureza (ALVES-BRITTO, 2021; FAIAD; LIMA; MARINGOLO, 2021; SANTOS; CAMARGO; BENITE, 2020; FRANZÃO, 2017).

Enegrecendo a pesquisa de interface Ciências e Literatura

O aspecto fenomenológico da Ciência pode ser apresentado de forma materializada na atividade social. A trivial ida ao mercado pode ser usada para exemplificar diversos fenômenos abordados curricularmente nas disciplinas das Ciências da Natureza. São essas relações sociais que configuram as Ciências como integrantes da nossa cultura. Nesse sentido, a relação entre conhecimento químico e atividade social se torna um dos caminhos para a formulação de práticas pedagógicas que implementem a Educação das Relações Étnico-raciais (ERER) no ensino de Química.

Os fenômenos científicos e suas relações sociais podem ser corporificados nos instrumentos artístico-culturais e, por isso, a presença de elementos científicos em narrativas literárias se tornou objeto de pesquisa no campo da Educação em Ciências. Labianca e Reeves (1975) já defendiam que a literatura, em um contexto interdisciplinar, oferece um vislumbre fora da própria vida do aluno, dando a oportunidade de se obter uma perspectiva sobre o objeto científico a ser ensinado. Galvão (2006) descreve mecanismos que possibilitam compreender os possíveis diálogos entre Ciências e Literatura. E Silochi (2014), por sua vez, aponta cinco categorias que expressam as preferências de utilização de textos literários em sequências didáticas de Ciências para o Ensino Fundamental.

Contudo, o trabalho de Faiad e Rezende (2021) traz evidências de que as pesquisas de interface entre Ciências e Literatura privilegiam, mesmo que de forma inconsciente, obras literárias produzidas por homens brancos do Norte Global. Em 2023, a inclusão na LDB da obrigatoriedade da abordagem de História e Cultura Africana e Afro-brasileira em todas as disciplinas fará 20 anos. Porém, a implementação dessa política de combate ao racismo ainda é um desafio para a Educação em Química, pois conforme constatam Faiad, Lima e Rezende (no prelo), a maioria dos Estados (18) não apresentou um único trabalho de pesquisa publicado nessa vertente nos Encontros Nacionais de Ensino de Química de 2002 a 2020.

Portanto, com o intuito de contribuir para a mudança desse quadro e assim colaborar para a construção de uma educação pautada pela igualdade racial, trabalharemos com as obras *Torto Arado*, de Itamar Vieira Junior e *Roça É Vida*, de autoria coletiva de escritores quilombolas. Dessa forma, este trabalho dialoga com outros trabalhos que focalizam o protagonismo negro em instrumentos artístico-culturais para o ensino de Química (FAIAD; LIMA; MARINGOLO, 2021; FAIAD, 2020; FAIAD, et al., 2018).

Segundo Pinheiro (2021, p. 67-8), é possível implementar abordagens didáticas na Educação em Ciências calcadas na ERER considerando três possíveis vertentes (QUADRO 1).

Quadro 1: Sistematização das abordagens ERER para o ensino de Ciências

Abordagem	Descrição
afro-brasileira	pauta no âmbito escolar elementos da cultura africana manifestados na diáspora, visando valorizar conhecimentos africanos trazidos ou criados no Brasil
antirracista	prevê a reversão do sistema de opressões raciais por meio da denúncia do racismo nos diversos segmentos sociais, acrescentando um reforço positivo dos traços intelectuais, fenotípicos e sociais da população negra
afrocentrada	norteada pela ideia de afrocentricidade enquanto perspectiva filosófica, está associada à descoberta, à localização e à realização da atuação africana e afro-diaspórica que leva para a escola um discurso de potência, de pioneirismo e de altivez da negritude

Fonte: Elaborado a partir de Pinheiro (2021, p. 67-8)

Uma vez que essas categorias podem ser organizadas e pensadas concomitantemente, traremos aqui reflexões sobre a ERER para a Educação em Ciências que se fundamenta na abordagem afro-brasileira por elucidar a amalgamação de conhecimentos trazidos da África com os conhecimentos indígenas existentes na América do Sul. E, de maneira adicional, as reflexões também exprimem uma abordagem afrocentrada porque o modo de exposição será delineado a partir do protagonismo negro presente nas obras literárias selecionadas.

A coivara em *Torto Arado* e *Roça é Vida*

Torto Arado é um romance do escritor baiano Itamar Vieira Junior vencedor de importantes prêmios literários de língua portuguesa: o Prêmio Jabuti (2020) e o Prêmio Oceanos (2020). O sucesso da obra pode ser creditado às estratégias de composição empregadas pelo escritor. Em um primeiro plano, o romance conta a história de duas irmãs, Bibiana e Belonisia, marcadas por um acidente de infância. Porém, à medida que se avança a leitura, nos damos conta de que estamos diante da história de uma comunidade que vive em regime análogo à escravidão:

> Meu povo seguiu rumando de um canto para outro, procurando trabalho. Buscando terra e morada. Um lugar onde pudesse plantar e colher. Onde tivesse uma tapera para chamar de casa. Os donos já não podiam ter mais escravos, por causa da lei, mas precisavam deles. Então, foi assim que passaram a chamar os escravos de trabalhadores e moradores. Não poderiam arriscar, fingindo que nada mudou, porque os homens da lei poderiam criar caso. Passaram a lembrar para seus trabalhadores como eram bons, porque davam abrigo aos pretos sem casa [...]. Como eram bons, porque não havia mais chicote para castigar o povo. Como eram bons, por permitirem que plantassem [...]. "Mas vocês precisam pagar esse pedaço de chão onde plantam seu sustento, o prato que comem, porque saco vazio não fica em pé. Então, vocês trabalham nas minhas roças e, com o tempo que sobrar, cuidam do que é de vocês. Ah, mas não pode construir casa de tijolo, nem colocar telha de cerâmica. Vocês são trabalhadores, não podem ter casa igual a dono. Podem ir embora quando quiserem, mas pensem bem, está difícil morada em outro canto." (VIEIRA JUNIOR, 2019, p. 204-5)

Dividida em três partes, cada uma delas tem uma narradora específica: na primeira parte Bibiana, na segunda, Belonisia e, na terceira, uma entidade do Jarê, a Santa Rita Pescadeira. O Jarê – religião de matriz africana existente somente na região da Chapada Diamantina (BA) – é usado como recurso estilístico para a construção do realismo mágico presente na obra. De forma sensível, Itamar não começa a narrativa nos dizendo que aquilo que vivenciaremos na leitura é uma história quilombola. É no encaminhamento de leitura, que temos, literalmente, essa certeza:

> Meu irmão insistiu no assunto, apesar de evitar falar na frente de nosso pai. Vivia com Severo para cima e para baixo, entre um trabalho e outro, para ganhar a atenção dos moradores. **"Não podemos mais viver assim. Temos direito à terra. Somos quilombolas."** Era um desejo de liberdade que crescia e ocupava quase tudo o que fazíamos. (VIEIRA JUNIOR, 2019, p. 187, negrito nosso)

Uma das características da literatura negro-brasileira, conforme aponta Cuti (2000), é fazer do preconceito e da discriminação racial temas de suas obras, apontando-lhes as contradições e as consequências. Cuti (2010, p. 89) diz que o "sujeito étnico negro do discurso enraíza-se, geralmente, no arsenal de memória do escritor negro". É nesse sentido que se torna importante evidenciar que Itamar Vieira Junior é geógrafo, doutor em Estudos Étnicos e Africanos e funcionário do Instituto Nacional de Colonização e Reforma Agrária (Incra). Trabalho e formação dão ao escritor conhecimentos que possibilitam construir um espaço literário, a fazenda Água Negra, nos moldes do espaço geográfico latifundiário brasileiro: um local com intensas disputas pela terra[43], repleto de denúncias de trabalho análogo à escravidão[44] e de exploração infantil[45]. Em *Torto Arado*, estão presentes as perseguições, as intimidações e os assassinatos cometidos contra a população negra e quilombola:

> Antes que pudesse começar a falar diante dos vizinhos e parentes, Bibiana sentiu seu corpo tremer de desconforto, ao ver que Salomão a observava de longe, de cima de um cavalo, acompanhado do atual gerente. Logo depois ele apearia, postando-se à sombra de um jatobá. Queria intimidá-la. Sua presença tinha a clara intenção de silenciar aquela reunião, ou, no mínimo, fazer com que se medissem bem as palavras antes de lançá-las para fora da boca. Argumentaria que era sua terra, e que não iria mais tolerar aquela desordem de gente se reunindo para propagar ideias como as que Severo espalhava, ideias que tinham a intenção de prejudicá-lo. "Nunca houve quilombola nestas terras", podia ouvi-lo repetir, antes mesmo de se pronunciar. Mas não havia volta: Bibiana estava tomada pela revolta. (VIEIRA JUNIOR, 2019, p. 218)

> Se prepararam para a guerra, como os coronéis fizeram no passado pelo controle dos garimpos. A diferença é que agora o conflito era pelo direito de morar. Mas a decisão da Justiça parecia demorar a sair, e no meio da espera o homem apareceu morto. A suspeita de imediato recaiu sobre os moradores.

---

[43] Exemplicado em **Terras em disputa: a luta quilombola pelo território** de Alexandre Lucas Pereira. Disponível em: https://bit.ly/3maxlqK.

[44] Exemplificado em **A exploração no campo e o trabalho da Oxfam Brasil**. Disponível em: https://bit.ly/3ZCWxtb

[45] Exemplificado em **O trabalhador infantil vai ser o escravo mais tarde**, diz coordenador da OIT. Disponível em: https://livredetrabalhoinfantil.org.br/noticias/reportagens/o-trabalhador-infantil-vai-ser-o-escravo-mais-tarde-diz-coordenador-da-oit/

> Muitos foram conduzidos à delegacia. Até mesmo Bibiana foi levada, junto com o filho. Lá se recordou da morte do marido, que ainda não havia completado um ano. Questionaram sobre o papel dela na desordem que relatavam na fazenda. Disse que era professora, casada por muitos anos com um militante. Disse que era quilombola. Escutou que ninguém nunca havia falado sobre quilombo naquela região. "Mas a nossa história de sofrimento e luta diz que nós somos quilombolas", respondeu, tranquila, diante do escrivão e do delegado. (VIEIRA JUNIOR, 2019, p. 256)

Conceição Evaristo irá chamar de escrevivência um conceito de escrita que entrelaça história, memória e experiência, sobretudo do ponto de vista coletivo da negritude (EVARISTO, 2008). Os saberes tradicionais, enquanto um "conjunto de conhecimentos e práticas que são próprios das suas culturas e úteis para as suas sobrevivências" (BAPTISTA, 2010, p. 681) aparecem no texto literário muitas vezes relacionados ao mundo do trabalho das vivências negras sob os mais variados aspectos. Em *Ponciá Vicêncio* (EVARISTO, 2017), o manejo das argilas do solo para produção de esculturas aparece sem muito destaque se comparado ao romance *Água de Barrela* (CRUZ, 2018) onde a trajetória da família se cruza com o alvejante dos tempos coloniais.

Em *Torto Arado*, os saberes tradicionais aparecem a todo momento na obra. Há citação sobre o uso das ervas: "Foi nessa última casa, ao lado do curador João do Lajedo, que Donana aprendeu a manejar ervas e raízes para fazer xaropes e remédios para os mais distintos males que acometiam gente de toda origem" (VIEIRA JUNIOR, 2019, p. 166). Há também as utilidades do dendê e do buriti:

> Continuávamos a colher buriti e dendê para levar para a feira da cidade às segundas-feiras. Minha mãe, as comadres, eu, Belonísia e Domingas catávamos os frutos nas várzeas dos marimbus. Meu pai, Zezé e os outros moradores colhiam os cachos de dendê nos pés para prepararmos o azeite. Os buritizeiros eram altos e seus frutos não eram de serventia se colhidos nos cachos. Era preciso esperar que caíssem para que pudessem ser consumidos. Armazenávamos os frutos em grandes tonéis de água para amolecer a casca. Retirávamos com as mãos, de forma suave, para aproveitar a polpa, e levávamos aquelas massas em sacos de linhagem na cabeça, pela estrada, para comerciar com as senhoras que faziam doce de buriti e sucos para vender. (VIEIRA JUNIOR, 2019, p. 69)

Mas queremos dedicar nossa atenção ao modo de preparar a terra para o plantio. A começar pelo título. "Arado" é referência a um instrumento agrícola, que no romance é usado por Zeca Chapéu Grande, pai das protagonistas. "Arado" também é a palavra escolhida por Belonisia na tentativa de retomar o poder da fala, que frustrada, descreve o seu modo de falar essa palavra da seguinte maneira: "Era um arado torto, deformado, que penetrava a terra de tal forma a deixá-la infértil, destruída, dilacerada" (VIEIRA JUNIOR, 2019, p. 127). Com isso, podemos interpretar que o título da obra, Torto Arado, faz do objeto agrícola símbolo de um passado colonial e escravagista que reverbera nas desigualdades sociais da atual sociedade brasileira.

Uma das tarefas de Zeca Chapéu Grande é "organizar os trabalhadores para capinar e fazer a coivara, deixar a terra limpa, sempre, para quando a chuva chegasse" (VIEIRA JUNIOR, 2019, p. 85). Segundo Navarro (2013, p. 233), coivara deriva do tupi antigo, *koybara*, "cata-paus de roça" e a define como "técnica indígena de manuseio da terra, que consiste em queimar resto de tronco, galhos de árvore e mato para preparar a terra para lavoura, limpando-a". Navarro ainda comenta que, no português brasileiro, coivara passou a significar "restos ou pilha de ramagens não atingidas pela queimada, na roça à qual se deitou fogo, e que se juntam para serem incineradas a fim de limpar o terreno e adubá-lo com as cinzas, para uma lavoura".

A coivara, portanto, é um saber tradicional de preparo da terra que, pelo modo como é descrita em *Torto Arado*, é passada de geração em geração, acompanhada por outros saberes populares e realizada tanto por homens quanto por mulheres:

> Semanas depois chegaram as primeiras nuvens de chuva, e da terra subia um frescor que os trabalhadores chamavam de ventura. Diziam que poderíamos cavar um pouquinho o barro seco para sentir que a umidade iria chegar, para sentir a terra mais fria. Era o sinal de que o tempo de estiagem estava findando [...]. Vi as mulheres da fazenda entoarem suas cantigas com mais força pelos caminhos, enquanto levavam suas roupas para lavar no rio que crescia em volume, ou carregando suas enxadas para capinar e fazer a coivara no terreno onde fariam seus plantios. Os homens só puderam se juntar às mulheres depois de limpar o terreno onde plantariam as roças dos donos da fazenda. (VIEIRA JUNIOR, 2019, p. 94)

> Meu pai olhava para mim e dizia: "O vento não sopra, ele é a própria viração", e tudo aquilo fazia sentido. "Se o ar não se movimenta, não tem vento, se a gente não se movimenta, não tem vida", ele tentava me ensinar. Atento ao movimento dos animais, dos insetos, das plantas, alumbrava meu horizonte quando me fazia sentir no corpo as lições que a natureza havia lhe dado. Meu pai não tinha letra, nem matemática, mas conhecia as fases da lua. Sabia que na lua cheia se planta quase tudo; que mandioca, banana e frutas gostam de plantio na lua nova; que na lua minguante não se planta nada, só se faz capina e coivara. (VIEIRA JUNIOR, 2019, p. 99-100)

> Quando Severo viajava para encontrar o povo que lhe ensinava as coisas, sobre a precariedade do trabalho, sobre o sofrimento do povo do campo, eu dormia na casa de Bibiana para lhe fazer companhia. Inácio, meu afilhado, já era menino crescido, tinha corpo de homem, gostava de me ajudar a plantar no quintal de casa. Ele mesmo tomava a enxada da minha mão ou da mão da mãe, cavava cova, fazia coivara, com nossa vigília. Tinha o mesmo interesse pelos livros da mãe e do pai. (VIEIRA JUNIOR, 2019, p. 156)

Santilli (2002, p. 90) apresenta uma proposta de definição de comunidades tradicionais como aquelas que incluem "populações que vivem em estreita relação com o ambiente natural, dependendo de seus recursos naturais para a sua reprodução sócio-cultural, por meio de atividades de baixo impacto ambiental."[46] Contudo, em algumas localidades, a "coivara" foi impedida de ser executada devido a leis ambientais. E é sobre essa questão que nos debruçaremos sobre a narrativa ilustrada "Roça É Vida".

Em 2020, escritores e ilustradores quilombolas e aquilombados do Vale do Ribeira (SP) publicaram uma obra que narra com muita sensibilidade o Sistema Agrícola Tradicional Quilombola reconhecido pelo Instituto do Patrimônio Histórico e Artístico Nacional (Iphan) como patrimônio imaterial do Brasil. Proposto pelo Grupo de Trabalho da Roça, o pequeno livro *Roça é Vida* traz, em suas 44 páginas, textos e imagens arrebatadores.

---

[46] Essa definição contrapõe discurso do presidente Jair Messias Bolsonaro na 75ª Assembleia Geral da Organização das Nações Unidas (ONU) quando defendeu os latifundiários e culpabilizou os povos originários e quilombolas pelas queimadas na Amazônia e no Pantanal "Nossa floresta é úmida e não permite a propagação do fogo em seu interior. Os incêndios acontecem praticamente nos mesmos lugares, no entorno leste da floresta, onde o caboclo e o índio queimam seus roçados em busca de sua sobrevivência, em áreas já desmatadas." (GIMENES, 2020)

O ponto de vista quilombola é marcado desde o começo da obra, que abre com um poema de Leonila Priscila da Costa Pontes, do quilombo Abobral Margem Esquerda, em Eldorado (SP). "Quilombola sempre foi soldado / que cedo ao trabalho sai / cuida pelo seu roçado / não pode descuidar / tudo tem tempo marcado / na hora de plantar". Mas o grande destaque está no uso da prosopopeia para personificar valores e trajetórias de vida enquanto personagens literárias.

O texto é narrado em primeira pessoa, sendo Fartura a contadora de história. No decorrer da obra, sabemos que ela é filha da Experiência, neta da Tradição (FIGURA 3) e mãe de dois filhos: Êxodo e Continuação. Já Território e Luta são compadre e comadre, respectivamente, de Fartura, e Resistência é o nome da filha desse casal. No fim da narrativa nasce a neta de Fartura: Esperança.

Figura 3: Ilustração da personificação textual de Fartura, Experiência e Tradição

Fonte: LUIZ, et al, 2020, p. 8-9

Assim, Tradição, Fartura, Experiência, Êxodo, Continuação, Território, Luta, Resistência e Esperança revelam uma visão de mundo voltada para a garantia de direitos sociais e também ambientais, já que a natureza não é analisada de maneira apartada da vida humana nas comunidades quilombolas. É nesse contexto que o leitor fica sabendo que a coivara serve para alimentar todas as famílias da comunidade e que:

> Todo esse conjunto de saberes e técnicas passado de geração a geração, e a interação com todos os elementos da natureza, são conhecimentos que fazem parte de um grande ciclo conhecido como Sistema Agrícola Tradicional Quilombola. (LUIZ, et al, 2020, p. 16)

Fruto da interação de comunidades negras com o espaço territorial desde o período colonial, segundo o Iphan, o Sistema Agrícola Tradicional Quilombola incorpora formas próprias de organização sócio-comunitárias do Vale do Ribeira:

> O Sistema Agrícola Tradicional das Comunidades Quilombolas do Vale do Ribeira é um conjunto de saberes e técnicas acumuladas na pesquisa e observação das dinâmicas ecológicas e resultados de manejo, oriundas do repertório de conhecimentos agrícolas, ambientais, sociais, religiosos e lúdicos das comunidades quilombolas localizadas na Região Sudeste do Estado de São Paulo e leste do Estado do Paraná, no Vale do Ribeira. (IPHAN, 2019)

Na narrativa ilustrada, o conflito narrativo é apresentado quando Fartura nos conta que houve momentos em que as leis ambientais proibiram de fazer as roças de coivara. Continuação fica na terra com sua mãe, mas Êxodo vai para a cidade em busca de trabalho. Na entrevista de emprego, Êxodo explica que o fogo utilizado na coivara não prejudica o meio ambiente (FIGURA 4).

> [...] primeiro escolhemos a área fértil para fazer a roçada e a derrubada da vegetação; depois, picamos os galhos das árvores já derrubadas. Em seguida, fazemos o aceiro[47] para o controle do fogo durante a queimada. Posteriormente, selecionamos as sementes e mudas para o plantio. (LUIZ, et al, 2020, p. 21)

---

[47] Também conhecido como atalhada ou sesmo, aceiro é o corte, que se faz nas matas, para evitar propagação de incêndio. Falaremos mais adiante sobre os aceiros.

Adams e Pasinato (2018) informam que as roças de coivara do Vale do Ribeira foram impactadas pela legislação ambiental quando, na década de 1980, o governo paulista demarcou Unidades de Conservação de Mata Atlântica sobrepostas aos territórios quilombolas. Mesmo com a promulgação da Lei da Mata Atlântica pelo presidente Luiz Inácio Lula da Silva em 2006, apenas no ano de 2010 os roçados passaram a ser permitidos, desde que recebessem autorização do governo paulista. A burocracia estatal, no entanto, ainda promovia insegurança alimentar e êxodo rural para os quilombolas.

A situação só se resolveu com a luta coletiva da comunidade em prol de direitos civis estabelecidos de maneira referenciada aos conhecimentos construídos pela própria comunidade. Em *Roça É Vida*, essa demanda organizada de mudança da lei a partir das necessidades da comunidade é evidenciada no trecho:

> CONTINUAÇÃO e ÊXODO entenderam bem a situação. Aquele tempo precisava de uma mudança. "Afinal de contas, a gente sabe cuidar da floresta e sempre soube, alguém precisa ver isso e mudar a lei". [...]
>
> Aqui na nossa comunidade, a RESISTÊNCIA está à frente dessas discussões com os órgãos ambientais para que as licenças das roças sejam liberadas no tempo certo para plantar. Eles não sabem o tempo certo. Eles não têm esse conhecimento do nosso modo de fazer a roça, por isso, quando as autorizações chegam, já passou do tempo de fazer o plantio e assim vamos perdendo as nossas sementes crioulas. (LUIZ, et al, 2020, p. 27-8)

Recentemente, a luta quilombola foi reconhecida no estado de São Paulo e está expressa na lei estadual nº 17.460 que, no artigo 4, estabelece que uma das diretrizes da Política Estadual de Manejo Integrado do Fogo é:

> VI – a valorização das práticas de uso tradicional e adaptativo do fogo e de conservação dos recursos naturais por povos indígenas e povos e comunidades tradicionais, de forma a promover o diálogo e a troca entre os conhecimentos tradicionais, científicos e técnicos. (SÃO PAULO, 2021)

Como se observa, o conflito narrativo mimetiza os conflitos sociais causados nas comunidades quilombolas quando se aplicam regulamentações descontextualizadas das vivências locais da população. Portanto, abre-se espaço para abordar como o conhecimento científico desconectado da complexa materialidade social pode ser usado como ferramenta de opressão. Pensamos que descrever a coivara em um contexto de aprendizagem científica possibilita implementar a inserção da história e cultura afro-brasileira nos conteúdos de Ciências da Natureza e colocar a ciência contemporânea e sua aprendizagem em um constructo de emancipação coletiva.

A química envolvida na coivara

Ensinamos, em contexto escolar, que a combustão completa de qualquer combustível orgânico (como o etanol) leva à formação de gás carbônico (CO_2) e água (H_2O) (1).

$$C_2H_6O(l) + 3\ O_2(g) \rightarrow 2\ CO_2 + 2\ H_2O\ (l) \tag{1}$$

Em ambientes com quantidade insuficiente de oxigênio para consumir o combustível, a reação de combustão forma monóxido de carbono (CO) (2) ou carbono elementar (C) (3), a qual chamamos de reação de combustão incompleta.

$$C_2H_6O(l) + 2\ O_2(g) \rightarrow 2\ CO + 2\ H_2O\ (l) \tag{2}$$

$$C_2H_6O(l) + O_2(g) \rightarrow 2\ C + 2\ H_2O\ (l) \tag{3}$$

No entanto, quando os resíduos de vegetais são combustíveis da reação de queima, formam-se outros produtos além dos apresentados em (1), (2) e (3) devido aos diversos elementos químicos presentes nas biomoléculas. As proteínas, os carboidratos, os ácidos nucléicos, os lipídios e as vitaminas são exemplos de biomoléculas e, como se observa no Quadro 2, algumas delas possuem outros elementos químicos na composição além do carbono (C), hidrogênio (H) e oxigênio (O). Destaca-se a presença de nitrogênio (N), enxofre (S) e fósforo (P).

Quadro 2: Exemplos de biomoléculas com S, N e P na constituição

Biomoléculas	Exemplos		
proteínas	valina	glicina	cisteína
	As proteínas possuem em sua estrutura primária aminoácidos. Existem cerca de 300 aminoácidos na natureza, mas nas proteínas podemos encontrar 20 aminoácidos principais.		
Ácidos nucleicos	fosfato	ribose	adenina
	Os nucleotídeos são a base de todos os ácidos nucleicos (DNA ou RNA). Eles são compostos por: um grupo fosfato, um açúcar (pentose) e uma base nitrogenada.		

Fonte: Elaboração do autor

A presença de elétrons não-ligantes possibilita a constituição de importantes biomoléculas com metais complexados como no caso da clorofila (FIGURA 4) da qual, embora haja vários tipos, em todos ocorre a presença de Mg^{2+} complexado pelos elétrons não-ligantes do nitrogênio.

Essa complexidade das biomoléculas, mas também de outras substâncias presentes nos vegetais, propicia a existência de S, N, P e alguns metais durante o processo de combustão. Com isso, a queima de vegetais produz a emissão de outros gases ambientalmente indesejados como CH_4, NO_x, SO_x e N_2O.

Figura 4: Clorofila A: um exemplo de biomolécula com metais em sua constituição

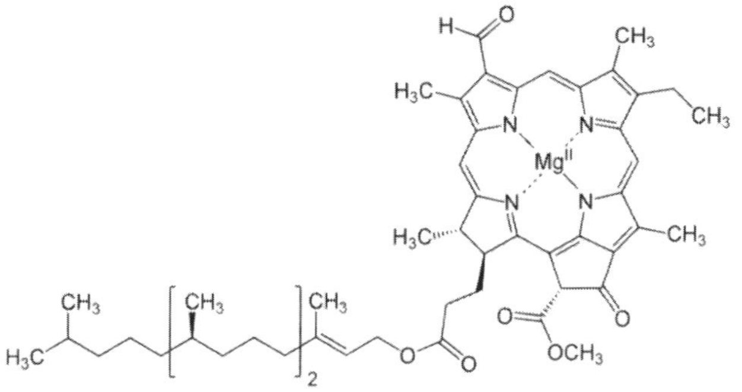

Fonte: Elaboração do autor

Assim como o dióxido de carbono (CO_2), o metano (CH_4) e o óxido nitroso (N_2O) são algumas das substâncias gasosas, que conforme ilustrado na Figura 5, absorvem parte da radiação solar infravermelha que foi refletida pela superfície terrestre. Esse fenômeno natural que dificulta o escape da radiação infravermelha é chamado de Efeito Estufa.

Figura 5: Ilustração e explicação do Efeito Estufa.

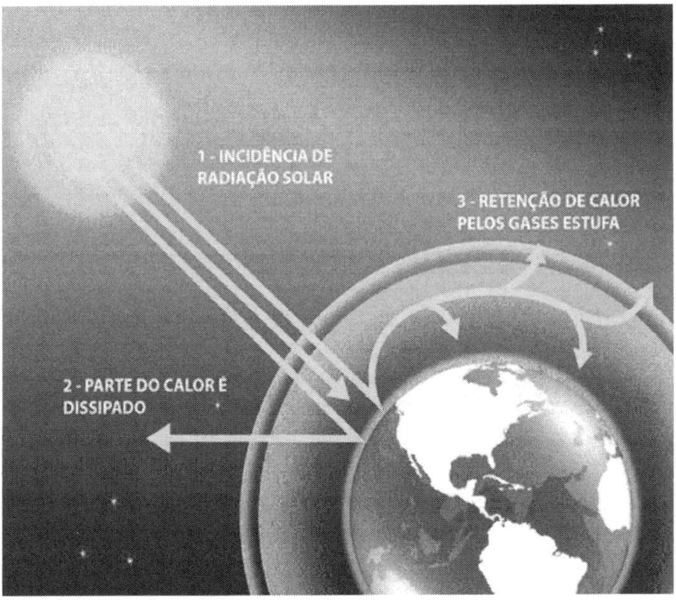

Fonte: https://bit.ly/435sNrJ

Já os gases NO_x e SO_x são conhecidos pela intensificação da acidez da chuva. Fornaro (2006) explica que se considera uma chuva ácida quando o pH está abaixo de 5. Essa caracterização se baseia na relação natural do gás carbônico e da água de chuva (4).

$$CO_2 + H_2O \rightarrow H_2CO_3 \qquad (4)$$

É durante a primeira metade do século XX que se observa o aumento significativo da acidez das águas de chuva em várias regiões do planeta devido à presença de ácidos fortes como o nítrico (5) e o sulfúrico (6).

$$NO_2 + H_2O \rightarrow H_2NO_3 \qquad (5)$$

$$SO_3 + H_2O \rightarrow H_2SO_4 \qquad (6)$$

Mas os óxidos gasosos não são os únicos produtos da queima de vegetais. Os metais presentes no material vegetal em combustão formam produtos sólidos que são um dos constituintes das cinzas, cuja composição varia muito, a depender do vegetal que se queima. Os constituintes óxidos sólidos predominantes são os de cálcio (CaO), de ferro (Fe_2O_3), de magnésio (MgO) e de potássio (K_2O). Além dos óxidos, as cinzas possuem também hidróxidos e carbonatos desses metais.

Ainda pensando quimicamente no processo da queima de material vegetal em atividades agrícolas, podemos racionalizar os aceiros, as faixas livres de vegetação relatadas e ilustradas em *Roça É Vida* (FIGURA 6). Para uma reação química ocorrer, é preciso que haja quantidade suficiente de reagentes e, ao retirar completamente a vegetação da superfície do solo para formar os aceiros, impede-se a continuidade do processo de combustão e, portanto, evita-se a propagação do fogo.

Devido à sua importância na prevenção de incêndios florestais, em São Paulo as medidas dos aceiros são prescritas no Decreto n° 47.700/2003, que dispõe sobre a eliminação gradativa da queima da palha da cana-de-açúcar (SÃO PAULO, 2003). No Estado de São Paulo, o setor sucroenergético é o mais importante do agronegócio, havendo municípios com 90% do território destinado à cana[48].

Figura 6: Ilustração de *Roça É Vida*. Note que entre a área queimada e a floresta há uma faixa livre de vegetação: os aceiros

Fonte: LUIZ, et al, 2020, p. 20-1.

Como vimos, a coivara é uma técnica em que se ateia fogo sob galhos de árvores em um terreno escolhido para ser plantado. Podemos, então, pensar na coivara como um procedimento em que se realiza a queima de material vegetal, produzindo emissões gasosas que são poluentes atmosféricos. Esse é um dos motivos que levaram os cientistas agrários a desenvolverem outras técnicas de preparação para o plantio, de menor impacto ambiental (CARCARÁ; MOITA NETO, 2012). Essa alternativa é de extrema importância para os latifúndios do agronegócio, pois reduz consideravelmente as emissões de gases tóxicos ao meio ambiente e à saúde do trabalhador rural, conforme evidencia Ribeiro (2008) no estudo da queima da cana-de-açúcar, principalmente nos latifúndios paulistas.

---

[48] Ler Ranking traz as 100 cidades brasileiras que mais produziram cana-de-açúcar em 2017 Disponível em: https://www.novacana.com/n/cana/safra/ranking-100-cidades-brasileiras-mais-produziram-cana-de-acucar-2017-161018.

Contudo, dependendo da situação e do sistema de produção, a queima pode ser uma opção de manejo a ser considerada devido ao aumento dos teores de N, P, K, Ca, Mg no solo (REDIN, et al, 2011). Segundo Ribeiro et al (2015), é a composição química das cinzas (rica em óxidos, hidróxidos e carbonatos de cálcio e magnésio) que torna as cinzas de vegetais capazes de neutralizar a acidez do solo e agir como corretivo e fertilizante do solo.

Esse é o caso dos roçados quilombolas que, se comparados aos latifúndios, são quantitativamente menores em unidades e também em tamanho de hectares. Além disso, o uso da coivara em comunidades quilombolas se completa com o abandono da área para que a floresta se regenere por conta própria.

> — A gente cuida das plantas até a colheita em seguida cultivamos outras espécies de alimentos. Desse modo evitamos a abertura de novas áreas e aproveitamos o máximo dos nutrientes do solo. Depois disso a área fica em pousio para que a vegetação possa se regenerar. E nós iremos cultivar outra área para novos plantios. Vamos fazendo um rodízio das áreas.
> — Pousio?
> — Sim, nós quilombolas temos a prática de trabalhar a terra, manejá-la, cultivá-la, mas também deixamos a terra descansar, porque assim como as pessoas, a terra é viva e precisa de um tempo de descanso. É isso que nós chamamos de pousio. (LUIZ, et al, 2020, p. 22-3)

O pousio é marca diferencial entre a agroecologia de subsistência das comunidades quilombolas e o manejo agrário com finalidades acumulativas de capital dos grandes latifúndios. Com isso, embora, neste texto, tenham sido explorados os aspectos químicos da preparação do solo, o Sistema Agrícola Tradicional Quilombola, patrimônio cultural e imaterial do Brasil, poderia adentrar na sala de aula de Ciências por outras abordagens tais como a análise da microbiota do solo ou a perspectiva química para crescimento de vegetação, se ao invés da coivara, o enfoque didático fosse o pousio.

Considerações Finais

Evaristo (2008) reflete sobre a importância da memória na ocupação dos espaços vazios da historiografia tradicional nacional ao ser materializada em "escrevivência" literária. Podemos analisar as obras *Torto Arado* e *Roça É Vida* no contexto da escrevivência, por ficcionalizar uma memória coletiva quilombola que inclui a queima do roçado das comunidades como instrumento de subsistência e, por isso, alvo das autoridades legais.

O que *Torto Arado* e *Roça É Vida* nos ajudam a pensar é que tentar criminalizar a coivara[49] não é sobre reduzir as queimadas na Amazônia e no Pantanal, visto que, a utilização dessa técnica pelos povos indígenas é prova de que essa prática não é responsável pelos grandes incêndios florestais[50]. Tentar proibir a coivara não é sobre a promoção de uma política de redução de poluição atmosférica, nem de preservação da Mata Atlântica (no caso de São Paulo). Tentar proibir a coivara é sobre o impedimento da organicidade política e comunitária de uma parcela da população vítima do racismo institucional. Impedir o meio pelo qual as comunidades provêm seu sustento é o caminho para fragilização dessas comunidades e a conquista de suas terras.

Propiciar ao professor de Ciências, Química, Física e Biologia a leitura da literatura negro-brasileira possibilita uma formação humanística, necessária para todos os âmbitos da vida e, também, um instrumento técnico para pensar "práticas pedagógicas que busquem a inter-relação entre os saberes populares e os saberes formais ensinados na escola" (GONDIM; MOL; 2008, p. 3) tal qual mostramos ao discutir a coivara neste texto. Colocar a coivara em um conteúdo curricular de estudos dos óxidos, por exemplo, é colocar a Educação em Química em contextos de Educação Ambiental crítica, em contextos de Educação em Direitos Humanos, em contextos de Educação das Relações Étnico-raciais.

---

[49] Aqui nos referimos, novamente, ao discurso do presidente Jair Messias Bolsonaro na 75ª Assembleia Geral da Organização das Nações Unidas (ONU), quando defendeu os latifundiários e culpabilizou os povos originários e quilombolas pelas queimadas nas florestas brasileiras "Nossa floresta é úmida e não permite a propagação do fogo em seu interior. Os incêndios acontecem praticamente nos mesmos lugares, no entorno leste da floresta, onde o caboclo e o índio queimam seus roçados em busca de sua sobrevivência, em áreas já desmatadas." (GIMENES, 2020)

[50] Um levantamento do MapBiomas mostra que, nos últimos 40 anos, 20% da floresta amazônica foi devastada, enquanto apenas 2,4% das florestas originais dentro de territórios indígenas foram perdidas. Portanto, as terras destinadas às comunidades tradicionais protegem as florestas. https://mapbiomas.org/terras-indigenas-contribuem-para-a-preservacao-das-florestas

Agradecimentos

Agradecemos a CAPES pela bolsa de doutorado. Somos imensamente gratos à Hedylady Santiago Machado (mestra em Ensino, Educação Básica e Formação de Professores na UFES) e à Gabriela Aparecida de Lima (mestranda em Ensino de Ciências na USP) pela leitura crítica e pelos apontamentos para a melhora deste texto.

Referências

ADAMS, Cristina; PASINATO, Raquel. É hora de tratar a roça quilombola com o devido respeito. **Nexo Jornal**. 09 out. 2018. Disponível em: https://bit.ly/3MmeDMT. Acesso em: 14 nov. 2022.

AFFONSO, Julia; MACEDO, Fausto. Justiça condena Bolsonaro por 'quilombolas não servem nem para procriar'. **Estadão**. 03 out. 2017. Disponível em: https://bit.ly/2pt9k2L. Acesso em: 13 mai. 2022.

ALVES-BRITO, Alan. Educação escolar quilombola: desafios para o ensino de Física e Astronomia. **Plurais Revista Multidisciplinar**, v. 6, n. 2, p. 60-80, 2021.

ANDRADE, Lúcia. As comunidades quilombolas do Brasil. In: DUTRA, Mara Vanessa Fonseca (org). **Direitos quilombolas: um estudo do impacto da cooperação ecumênica**. Rio de Janeiro: Koinonia Presença Ecumênica e Serviço, 2011, 140 p.

BAIMA, Cesar. Proibição do tráfico de escravos no século XIX ilustra cinismo e racismo na formação social do Brasil. **O Globo**. 12 ago. 2017. Disponível em: http://glo.bo/3Ml7Rao. Acesso em: 15 jun. 2022.

BAPTISTA, Geilsa Costa Santos. Importância da demarcação de saberes no ensino de ciências para sociedades tradicionais. **Ciência & Educação**, v. 16, p. 679-694, 2010.

BERNARDO, João Vicente. Medo do passado: quando Rui Barbosa tentou apagar a memória da escravidão. **Aventuras na História**. 4 mai. 2020. Disponível em: https://aventurasnahistoria.uol.com.br/noticias/reportagem/historia-brasil-quando-rui-barbosa-tentou-apagar-memoria-escravidao.phtml. Acesso em: 15 jun. 2022.

BRASIL. Conselho Nacional de Educação/Conselho Pleno. **Diretrizes Curriculares Nacionais para a Educação das Relações Étnico-Raciais e para o Ensino de História e Cultura Afro-Brasileira e Africana**. Parecer normativo, n. 3, de 10 de março de 2004. Relatora: Petronilha Beatriz Gonçalves e Silva.

_____. Conselho Nacional de Educação/Câmara de Educação Básica. **Diretrizes Curriculares Nacionais para a Educação Escolar Quilombola**. Parecer normativo, n. 16, de 20 de novembro de 2012. Relatora: Nilma Lino Gomes.

_____. Decreto nº 4.887, de 20 de novembro de 2003. Regulamenta o procedimento para identificação, reconhecimento, delimitação, demarcação e titulação das terras ocupadas por remanescentes das comunidades dos quilombos de que trata o art. 68 do Ato das Disposições Constitucionais Transitórias. **Diário Oficial da União**, Brasília, 21 nov. 2003.

CARCARÁ, Maria do Socorro Monteiro; MOITA NETO, José Machado. Queimadas rurais: necessidade técnica ou questão cultural? In: ROCHA, José de Ribamar de Sousa; BARROS, Roseli Farias Melo de; ARAÚJO, José Luís Lopes (Orgs). **Sociobiodiversidade no Meio Norte Brasileiro**. 1ed. v. 7. Teresina: EDUFPI, 2012, p. 79-104.

CONAQ. Coordenação Nacional de Articulação das Comunidades Negras Rurais Quilombolas. **Quilombolas Contra o Racismo**. 2022. Disponível em: https://quilombolascontraracistas.org.br/ Acesso 26 jul 2022.

CRUZ, Eliane Alves. **Água de Barrela**. Rio de Janeiro: Editora Malê, 2018

CUTI [Luiz Silva]. **Literatura negro-brasileira**. São Paulo: Selo Negro, 2010.

EVARISTO, Conceição. Escrevivências da afro-brasilidade: história e memória. **Releitura**, n. 23, p. 5-11, 2008.

EVARISTO, Conceição. **Ponciá vicêncio**. Rio de Janeiro: Pallas, 2017.

FAIAD, Caio Ricardo. Arte afro-brasileira e Química: caminhos interdisciplinares para a Educação das Relações Étnico-raciais. **ReDiPE**: Revista Diálogos e Perspectivas em Educação, v. 2, p. 213-228, 2020.

FAIAD, Caio Ricardo; LIMA, Gabriela Aparecida de; ALVARENGA, M. A. F. M.; REZENDE, Daisy de Brito. África como tema para o ensino de metais: uma proposta de atividade lúdica com narrativas do Pantera Negra. **Revista Eletrônica Ludus Scientiae**, v. 2, p. 39-55, 2018.

FAIAD, Caio Ricardo; LIMA, Gabriela Aparecida de; MARINGOLO, C. C. B. Conhecimento que vale ouro: química e cultura negra para Educação Escolar Quilombola. **Revista Debates Em Ensino De Química**, v. 7, p. 38-53, 2021.

FAIAD, Caio Ricardo; LIMA, Gabriela Aparecida de; REZENDE, Daisy de Brito. A História e Cultura Africana e Afro-brasileira no Ensino de Química: uma análise da lei 10.639/03 nos Anais do ENEQ (2004-2020). **Educação Química** *en Punto de Vista*, (no prelo)

FAIAD, Caio Ricardo, REZENDE, Daisy de Brito. **Análise descritiva dos autores de obras literárias das pesquisas em Ensino do ENPEC (2003-2019)**. In: ENCONTRO NACIONAL DE

PESQUISA EM EDUCAÇÃO EM CIÊNCIAS, 13, 2021. **Anais...** Campina Grande: Realize Editora, 2021.p. 1-9.

FORNARO, Adalgiza. Águas de chuva: conceitos e breve histórico. Há chuva ácida no Brasil? **Revista USP**, n. 70, p. 78-87, 2006.

FRANZÃO, Juliana Moraes. **Comunidades Kalunga e Jardim Cascata: realidades, perspectivas e desafios para o ensino de Química no contexto da educação escolar Quilombola.** 2017. Tese (Doutorado em Química) - Instituto de Química, Universidade Federal de Uberlândia, Uberlândia, 2017.

GALVÃO, Cecília. Ciência na literatura e literatura na ciência. **Interacções**, n. 3, p. 32-51, 2006.

GIMENES, Erick. Bolsonaro culpa indígenas, imprensa e ONGs por queimadas e consequências da covid. **Brasil de Fato**. 22 set. 2020. Disponível em: https://www.brasilde-fato.com.br/2020/09/22/bolsonaro-culpa-indios-caboclos-midia-e-ongs-por-queima-das-e-consequencias-da-covid. Acesso em: 13 mai. 2022.

GONDIM, Maria Stela da Costa; MÓL, Gerson de Souza. Saberes populares e ensino de ciências: possibilidades para um trabalho interdisciplinar. **Química Nova na Escola**, v. 30, p. 3-9, 2008.

IPHAN. Instituto do Patrimônio Histórico e Artístico Nacional. **Sistema Agrícola Tradicional das Comunidades Quilombolas do Vale do Ribeira**. Disponível em: https://bit.ly/2KbCXkp. Acesso 25 nov 2022.

LABIANCA, Dominick A.; REEVES, William J. An interdisciplinary approach to science and literature. **Journal of Chemical Education**. v. 52, n. 1, p. 66-67, 1975.

LUIZ, Viviane Marinho; SILVA, Laudessandro Marinho da; AMÉRICO, Márcia Cristina; DIAS, Luis Marcos de França. **Roça é vida**. São Paulo: IPHAN, 2020. Disponível em: https://bit.ly/3nO-POPx. Acesso em: 6 mai. 2022.

MELO, Adriano de. 75% dos escravos levados para o Brasil eram banto. **Fundação Cultural Palmares**. 10 set. 2008. Disponível em: https://bit.ly/3KeEWll. Acesso em: 15 jun. 2022.

MOURA, Beatriz. A libertação de Rincon Sapiência. **Noisey - Vice**. 24 mai. 2017. Disponível em: https://bit.ly/3zC2GLz. Acesso em: 09 nov. 2022.

MUNANGA, Kabengele. Origem e histórico do Quilombo na África. **Revista USP**, n. 28, p.56-63, 1996.

NASCIMENTO, Abdias. Quilombismo: um conceito científico histórico-social. In: O **Quilombismo**: documentos de uma militância pan-africanista. 1. ed. Petrópolis: Editora Vozes, 1980, p. 261-265.

NASCIMENTO, Beatriz. O conceito de quilombo e a resistência cultural negra. In: RATTS, Alex. **Eu sou atlântica**: sobre a trajetória de vida de Beatriz Nascimento. São Paulo: Imprensa Oficial, 2006. p. 117-125.

NAVARRO, Eduardo de Almeida. **Dicionário de tupi antigo**: a língua indígena clássica do Brasil. São Paulo. Global. 2013.

PINHEIRO, Bárbara Carine Soares. O Período das Artes Práticas: A Química Ancestral Africana. **Revista Debates em Ensino de Química**, v. 6, n. 1, p. 4-15, 2021.

PINHEIRO, Bárbara Carine Soares. **História Preta das Coisas**: 50 invenções científico-tecnológicas de pessoas negras. São Paulo: Editora Livraria da Física, 2021.

PRANDI, Reginaldo. De africano a afro-brasileiro: etnia, identidade, religião. **Revista USP**, n. 46, p. 52-65, 2000.

REDIN, Marciel; SANTOS, Gabriel de Franceschi dos; MIGUEL, Pablo; DENEGA, Genuir Luís; LUPATINI, Manoeli; DONEDA, Alexandre; SOUZA, Eduardo Lorensi de Impactos da queima sobre atributos químicos, físicos e biológicos do solo. **Ciência Florestal**, v. 21, p. 381-392, 2011.

RIBEIRO, Helena. Queimadas de cana-de-açúcar no Brasil: efeitos à saúde respiratória. **Revista de Saúde Pública**, v. 42, n. 2, p. 370-376, 2008.

RIBEIRO, Rodrigo et al. Utilização da cinza vegetal para calagem e correção de solos–um estudo de caso para a região metropolitana de Curitiba (RMC). **Agrarian Academy**, v. 2, n. 03, 2015.

SANTILLI, Juliana. A biodiversidade das comunidades tradicionais. In: BESUNSAN, Nurit (Org.). **Seria melhor ladrilhar? Biodiversidade como, para que, por quê**. Brasília: Editora Universidade de Brasília, Instituto Socioambiental, 2002. p. 89-94.

SANTOS, Marciano A.; CAMARGO, Marysson JR; BENITE, Anna MC. Quente e frio: Sobre a Educação Escolar Quilombola e o Ensino de Química. **Química Nova na Escola**, v. 43, p. 269-280, 2020.

SÃO PAULO. Decreto nº 47.700, de 11 de março de 2003. Regulamenta a Lei nº 11.241, de 19 de setembro de 2002, que dispõe sobre a eliminação gradativa da queima da palha da cana-de-açúcar e dá providências correlatas. **Diário Oficial do Estado**, São Paulo, 18 mar. 2003.

_____. Lei nº 17.460, de 25 de novembro de 2021. Institui a Política Estadual de Manejo Integrado do Fogo. **Diário Oficial do Estado**, São Paulo, 25 nov. 2021.

SAUER, Sérgio; LEITE, Acácio Zuniga; TUBINO, Nilton Luís Godoy. Agenda política da terra no governo Bolsonaro. **Revista da ANPEGE**, v. 16, n. 29, p. 285–318, 2020.

SILOCHI, Josiane. **Aproximações entre literatura e ciência:** um estudo sobre os motivos para utilizar textos literários no ensino de ciências. 2014. Dissertação (Mestrado em Educação em Ciências e em Matemática) – Setor de Ciências Exatas, Universidade Federal do Paraná, Curitiba, 2014.

VERRANGIA, Douglas; SILVA, Petronilha Beatriz Gonçalves. Cidadania, relações étnico-raciais e educação: desafios e potencialidades do ensino de Ciências. **Educação e Pesquisa**, v. 36, p. 705-718, 2010.

WESTIN, Ricardo. Há 170 anos, Lei de Terras oficializou opção do Brasil pelos latifúndios. **Agência Senado**. 14 set. 2020. Disponível em: https://www12.senado.leg.br/noticias/especiais/arquivo-s/ha-170-anos-lei-de-terras-desprezou-camponeses-e-oficializou-apoio-do-brasil-aos-latifundios. Acesso em: 25 nov. 2022.

doi.org/10.29327/5220270.1-9

Capítulo 9

CONCEPCIONES DE LOS PROFESORES EN FORMACIÓN INICIAL Y SU RELACIÓN CON LA DESCOLONIZACIÓN DEL CONOCIMIENTO

Maritza Mateus-Vargas, Bárbara Carine Soares Pinheiro y

Adela Molina Andrade

Introducción

ESTE TEXTO hace parte de los resultados de la investigación doctoral "Concepciones de los profesores en formación inicial sobre la clasificación de los seres vivos desde una perspectiva descolonial: el caso de la licenciatura en biología de la universidad Distrital Francisco José de Caldas y la Universidad Pedagógica Nacional (Bogotá – Colombia)"[51]. En particular, con este texto se busca determinar en qué medida las concepciones sobre la clasificación de los seres vivos de los licenciados en formación incluyen perspectivas descoloniales e igualmente aportar a la formación de licenciados con algunas reflexiones. Un antecedente importante se refiere a las formas de colonización que discute la perspectiva descolonial y su importancia para el campo de la educación científica; con tal fin retomamos lo escrito por Maldonado Torres (2007):

---

[51] CONCEPCIONES DE LOS PROFESORES EN FORMACIÓN INICIAL SOBRE LA CLASIFICACIÓN DE LOS SERES VIVOS DESDE UNA PERSPECTIVA DECOLONIAL: EL CASO DE LA LICENCIATURA EN BIOLOGÍA DE LA UNIVERSIDAD DISTRITAL FRANCISCO JOSÉ DE CALDAS Y LA UNIVERSIDAD PEDAGÓGICA NACIONAL (BOGOTÁ – COLOMBIA). Realizada dentro del PPG Doutorado em ensino, filosofia e historia das ciências (UFBA/UEFS) y del programa Doctorado interinstitucional en educación de la U.D.F.J.C. Desarrollado gracias al apoyo de la Coordinación de la formación del personal de nivel superior (CAPES).

> Y, si la colonialidad del poder se refiere a la interrelación entre formas modernas de explotación y dominación, y la colonialidad del saber tiene que ver con el rol de la epistemología y las tareas generales de la producción del conocimiento en la reproducción de regímenes de pensamiento coloniales, la colonialidad del ser se refiere, entonces, a la experiencia vivida de la colonización y su impacto en el lenguaje. (MALDONADO-TORRES, 2007, p. 130)

En consecuencia, la diversidad cultural (DC) colombiana, que influye en los profesores en formación inicial, puede ser analizada desde los conceptos enunciados por Maldonado como son: colonialidad del poder y colonialidad del ser, ellos se constituyen en aportes para su comprensión y permiten vincular los enfoques de los grupos que participaron en esta investigación: DICCINA (Diversidade e criticidade nas ciências naturais) e INTERCITEC (Interculturalidad, ciencia y tecnología). Así la oportunidad de introducir la diversidad, diferencia cultural y la descolonialidad en la enseñanza de las ciencias permite nuevas conversaciones que redundan en propuestas, cada vez más acordes con los contextos latinoamericanos.

Teniendo en cuenta que la DC se trata de un fenómeno complejo, es pertinente entenderla desde periodos previos a la llegada de los españoles, periodo que no corresponde a la modernidad y el panorama mostraba una fragmentación espacial y política de nuestro territorio [...] *nunca hubo unidad política, ni hegemonías de caciques, ni señores prehispánicos; sino una gran diversidad de empeños y de culturas* (TOVAR PINZÓN, 1992, p. 47). Dicha fragmentación espacial se acrecentó con la alteración de la organización social impuesta en la colonización, de cacicazgos con autonomía y con una misma lengua a la organización por provincias y luego por gobernaciones, establecidas desde la visión europea; las cuales agruparon indiscriminadamente comunidades diferentes en torno a los conquistadores, quienes poseían diferentes intereses y disputas. Esto da continuidad a la regionalización (TOVAR PINZÓN, 1992; MOLINA-ANDRADE, 2007), cuyo registro fue reportado tiempo después, tomando como base las características de la familia (GUTIÉRREZ DE PINEDA, 1968, p. 50), o mediante la constitución intercultural en relación con los territorios (BUSTOS VELAZCO, 2016). Actualmente la heterogeneidad y diversidad étnica cultural es descrita según la variedad de grupos étnico-culturales que habitan el territorio nacional (ARISTIZÁBAL GIRALDO, 2000). Otro criterio que evidencia tal complejidad son las cosmovisiones, concepciones y estilos cognitivos de los sujetos de acuerdo con su participación en comunidades culturalmente diferenciadas; (HEDERICH MARTÍNEZ; CAMARGO URIBE, 1999; MOLINA-ANDRADE, 2000; MOLINA-ANDRADE; PEDREROS MARTÍNEZ; VENEGAS-SEGURA, 2020; PÉREZ-MESA, 2016; VENEGAS-SEGURA, 2020; URIBE-PÉREZ 2020; ADAME, 2021).

Quien también se refirió a la colonialidad del poder fue Quijano (2000, p. 123), al describirla como parte de la estructura de dominación con la cual América Latina, África y Asia fueron sometidas por el colonialismo europeo. Una de sus manifestaciones se observa en el deseo de los sujetos colonizados por adquirir la cultura europea que, sumado al dominio colonial por medio de la economía, determinaron la forma de pensar, de ser y de organizarse socialmente en los territorios colonizados, conllevando a la jerarquización de lugares y papeles sociales (GOMES, 2012, p. 99). Es así que encontramos casos como los de los primeros científicos colombianos, también conocidos como científicos criollos, que se definían por los valores europeos con el objetivo de ser identificados como españoles nacidos en América (AFANADOR LLACH, 2007, p. 11). Ellos obtenían los conocimientos de las comunidades locales, los llevaban a las comunidades científicas europeas, quienes los usaban con fines de explotación económica (DEAN, 1989, p. 8), oculto tras el objetivo de quitar la imagen de tierras incivilizadas por no tener "dominio de la naturaleza" (AFANADOR LLACH, 2007, p. 12).

Como resultado de este proceso, se incurrió en un epistemicidio de los conocimientos tradicionales/locales, lo que persiste hasta ahora. Tal como lo relatan Miranda y Riasco (2016, p. 549), la imposición de la perspectiva eurocéntrica del conocimiento a las comunidades locales por medio de la dominación, le garantizó prestigio social y ventajas a los llamados euro-descendientes, estableciendo jerarquías que posicionaban a los conocimientos tradicionales en categorías inferiores, llevándolos a ser denominados creencias, opiniones, magia o idolatrías (FERNANDES; MASCARENHAS; PINHEIRO, 2019, p. 3). Lo anterior conllevó a la destrucción de saberes locales que no estaban en los marcos del modelo epistemológico europeo, derivando así en su desconocimiento y futura desaparición.

En cuanto a la colonialidad del ser Mignolo (2005) afirma que es tipo de colonialidad que ha tenido consecuencias más, ya que provoca la negación propia y el olvido de los procesos históricos de su comunidad, conllevando dificultades en la estructuración de la identidad y la libertad del ser (OLIVEIRA; CANDAU, 2010). Frente a este panorama y entendiendo las concepciones como expresiones del pensamiento que permitirán captar *la experiencia vivida de la colonización y su impacto en el lenguaje*, percibimos que en el estudio realizado por Suárez (2017) sobre los Recursos Educativos Abiertos (REA) como mediadores se muestra cómo las concepciones están enraizadas y comprendidas desde el contexto y, en el caso de Bustos Velazco (2016), las concepciones se relacionan con el concepto de *colonialidad del poder*, al establecer que la existencia de hegemonías que expresan poderes que luchan por los territorios requiere de ciudadanos que entienden que el territorio se constituye cuando se vive en él.

Teniendo lo anterior como referencia, se encuentra como el estado colombiano ha tenido fallas en la implementación de políticas educativas que pretenden involucrar el conocimiento de las diferentes culturas y etnias en sus propios contextos educativos. Si bien, desde el Ministerio de Educación Nacional (MEN) se han diseñado estatutos enfocados al reconocimiento y conservación de los legados tradicionales, esto como parte de la reivindicación indígena (VASCO URIBE, 2004, p. 67) y que tales políticas están basadas en la educación multicultural y la etnoeducación, estas se proyectan exclusivamente para los territorios étnicos reconocidos, excluyendo diásporas y comunidades que no se autoreconocen pertenecientes a algunas de estas etnias; en general no se considera la complejidad que implica la diversidad y diferencia cultural colombiana.

Esta exclusividad evidencia la insuficiencia de dichas políticas para la integración de las culturas a través de sus conocimientos en cada uno de los contextos educativos presentes en el país, además de afianzar la inequidad entre las diversas comunidades que hacen parte de la población colombiana. Frente a esta situación han surgido propuestas de incluir la perspectiva descolonial en la educación, tal como lo afirma Pinheiro (2019, p. 331) existe la necesidad de educar a la juventud mostrándole narrativas diversas y descoloniales pertenecientes a los diferentes marcos civilizatorios que los constituyan, como parte de las estrategias de superación de los patrones de colonialidad y que le permitan reconciliarse con sus historias, epistemologías e identidades. Lo anterior acompañado del reconocimiento de los límites entre conocimientos, hallando su origen ya sean de índole geográfico (WALSH, 2013, p. 26) o de orden epistemológico (SANTOS, 2009, p. 22) y articulándolos con las fuertes diferencias que se marcan entre ellos.

Es importante tener en cuenta que la inclusión de esta perspectiva requiere la participación activa de los profesores, lo cual involucra directamente a la formación de profesores(as) y a los profesores(as) en formación. Para esto es importante indagar sobre las concepciones presentes en su conocimiento, teniendo como antecedentes algunos estudios como el realizado por Erazo Praga (2003, p. 113) en el que pone en evidencia la presencia de concepciones cientificistas, positivistas y objetivistas en profesores de ciencias aspirantes al programa de maestría en docencia de la química de la Universidad Pedagógica Nacional (Bogotá-Colombia); de manera más amplia, Molina et al (2014) establecen cinco concepciones de los profesores sobre la diversidad cultural y sus implicaciones en la enseñanza de las ciencias en un estudio que cubrió 12 ciudades (cientificista, excluyente, sociocultural, empírico contextual y humanista); Adame (2021) caracteriza las concepciones de los profesores formadores de licenciados en ciencias sobre la naturaleza de la ciencia desde la perspectiva de la diversidad cultural y encuentra además de concepciones cientificistas, concepciones pluralistas y contextualistas. En el contexto anterior se propone la pregunta ¿Cuáles son las concepciones de los profesores y las profesoras en formación inicial sobre la clasificación de los seres vivos desde una perspectiva descolonial en las licenciaturas en Biología de la Universidad Pedagógica Nacional - UPN y la Universidad Distrital -UD?

Sobre la formación inicial de profesores y las concepciones

Dentro de los fines de estudiar las concepciones de los profesores en formación inicial encontramos lo afirmado por Suárez (2014, p. 61) quien anota que las concepciones están afectadas por la cultura en la que las personas se desarrollan y lo dicho por Luna Serrano y Cordero Arroyo (2014, P. 23) quienes aseguran que el aprendizaje se relaciona con el cambio de las concepciones y que es de esperar que la formación docente promueva estos cambios, debido a la inmersión en la cultura académica. Sumado a lo anterior hay dos aspectos relevantes de las concepciones: el primero planteado por Suárez (2014, p. 61) quien manifiesta que el conocimiento de las concepciones de los profesores en formación inicial permite comprender y develar el papel de los procesos de formación y así propiciar cambios a nivel didáctico dentro de dicho proceso; y el segundo expuesto Acevedo Díaz (1994, p. 112) al decir que estas concepciones son incluidas en la enseñanza de forma implícita y/o explícitamente.

Al orientar la atención hacia la formación de profesores(as), es importante resaltar que un conocimiento de carácter descolonial en la formación inicial permite que ellos(as) incorporen y fortalezcan perspectivas heterogéneas y plurales en los procesos de enseñanza que implementan, teniendo en cuenta que los conocimientos tradicionales pueden ser suministrados por el mismo estudiante, lo que permite un acercamiento o cruce de culturas desde el conocimiento (CALVO; RENDÓN LARA; ROJAS GARCÍA, 2004, p. 11). Esto unido a la idea que expresan Soacha-Godoy y Gómez (2016, p. 7) al decir que:

> "la teoría y las experiencias muestran que la ciencia es un ejercicio colectivo, en el cual además de los científicos y amadores de la ciencia, hay personas que resuelven problemas comunes usando el conocimiento como medio para mejorar la calidad de vida" (SOACHA-GODOY; GÓMEZ, 2016, p. 7)

Y en parte esto es lo que debe ser desarrollado en la clase de ciencias, además de despertar, mantener y acrecentar el asombro, el cuestionamiento y el escepticismo; Walsh (2007, p. 33) afirma que, articulando la dimensión pedagógica y descolonial se estructura la pedagogía descolonial, la cual busca desafiar la colonialidad presente en los aspectos sociales, políticos y epistemológicos.

Para esto retomamos la idea de Santos Baptista (2014, p. 29) quien dice que la presencia de la diversidad cultural en las clases de ciencias constituye un instrumento para la enseñanza, permitiendo la creación de relaciones de semejanza y/o diferencia entre los contenidos y los conocimientos culturales, por lo cual, esta diversidad debe ser parte del proceso de formación de profesores(as), teniendo en cuenta que los estudiantes de licenciatura poseen conocimientos previos de los que hacen parte sus creencias. Esto sumado a que el profesional docente debe tener la capacidad de organizar situaciones de aprendizaje, para esto cuenta con su principal herramienta, el conocimiento (PAQUAY *et al.*, 2011, p. 11).

Cardoso y Pinheiro (2021, p. 408) nos muestran que la orientación docente desde un abordaje crítico en la enseñanza es importante en la formación del estudiante, para la desestructuración de discriminaciones como sucede en la *democracia racial*, la cual naturaliza las diferencias implantadas por cuestiones de *raza* proyectando una imagen de armonía dentro de las relaciones étnico-raciales. Como consecuencia, lo anterior genera la creencia según la cual en la sociedad no existen preconceptos o segregaciones (DOMINGUES, 2005, p. 105), sin embargo continúan proliferando patrones discriminatorios como el racismo científico, que bajo los argumentos que relacionan la capacidad intelectual con la producción y reproducción de los patrones cognitivos subalterniza los conocimientos de comunidades negras, indígenas y locales (PINHEIRO, 2019, p. 335). El estudio realizado por Beltrán Castillo en 2019 muestra claramente este efecto en la educación colombiana y su presencia en los libros de texto, de este resultado se propone la implementación de una educación intercultural que permita la desconstrucción de la enseñanza basada en una biología racializada.

La discriminación racial estuvo y está fundamentada en la diferencia racial en la que han sido enmarcados los grupos humanos no europeos, conllevando la división e inequidades en ámbitos como el laboral, el salarial, la producción cultural y la consolidación de los conocimientos (QUIJANO, 2000, p. 348). Al transferir elementos descolonizadores a la practicas sociales, como a la educación, es un inicio para la superación del eurocentrismo, ya que permitiría poner en evidencia como la colonialidad favorece la imposición de ideologías dominantes y relaciones de poder (CARDOSO; PINHEIRO, 2021, p. 478). Para ejemplificar esto, traemos a colación el caso de la escuela Afro-Brasileira María Felipa (Bahía-Brasil), que mediante la educación basada en perspectivas sociales ancestrales africanas, amerindias y europeas, desarrolla el dialogo de conocimientos haciendo énfasis en propuestas contrahegemónicas que resisten a la modernidad/colonialidad (RIBEIRO, 2017, p. 16).

Estas prácticas descoloniales han permitido que la escuela Afro-Brasileira María Felipa (Bahía-Brasil) rescate y valorice conocimientos ancestrales amefricanos y amerindios, relacionándolos horizontalmente con conocimientos hegemónicos occidentales, con perspectivas interculturales críticas (DOS PASSOS; PINHEIRO, 2021, p. 128). Es así que el estilo de enseñanza propio de esta institución rechaza la hegemonía occidental y las violencias que esta implica, mediante la construcción de un currículo descolonial, a partir de la articulación de la teoría y la práctica, el cual permite a niñas y niños de todas las condiciones conocer su constitución histórica, tanto brasilera como mundial, desde diversos puntos de vista, contribuyendo a la descolonización del ser y del poder (DOS PASSOS; PINHEIRO, 2021).

La descolonización a partir de la clasificación de los seres vivos

Profundizando en el carácter descolonial, se realizó una exploración de las publicaciones realizadas hasta el 2017 sobre este problemática mediante un Mapeamiento Informacional Bibliográfico (MIB), proporcionando así la caracterización de los enfoques descolonización de la educación y formación de profesores. En el primero se resalta la importancia de los procesos reflexivos sobre la autocreación como sujetos históricos, unido al dialogo intercultural con marcos epistémicos subalternizados (COELHO; BARBOSA, 2017; RAMALLO, 2014); en cuanto a la implementación de estrategias interculturales descolonizadoras su compromiso es el de impregnar la educación de un carácter ético y político fuertemente teorizados, además debe incluir el análisis de los riesgos y contrariedades que puedan aumentar la inequidad entre culturas, que incurran en el aumento de las desigualdades sociales (OSUNA, 2013; PIÑÓN GARCÍA; SANDOVAL FORERO, 2016).

En cuanto al enfoque formación de profesores, la incursión de la perspectiva descolonial busca la formación de profesores intelectuales/transformadores, que alcancen la descolonización del saber, la justicia cognitiva, la valorización de discursos y prácticas de diferentes orígenes epistémico- culturales. Además, que reconozcan las singularidades socioculturales y las subjetividades individuales, integrando en su profesión la reflexión crítica de los discursos actuales (MATEUS-VARGAS; PINHEIRO; MOLINA-ANDRADE, 2018, p. 911).

Comparando la formación de profesores inmersa en la cultura occidental con la formación de profesores indígenas, las caracterizaciones permitieron destacar algunas diferencias y semejanzas; entre ellas se encuentra, que al encaminarse hacia la implementación de la perspectiva descolonial en la formación profesores desde una perspectiva occidental (FOP), se prioriza el análisis de la educación desde planteamientos teóricos externos a las comunidades tradicionales; la formación indígena de profesores (FIP) busca la implementación de corrientes pedagógicas producidas dentro de las comunidades. Mientras la FOP busca establecer una educación emancipatoria que irrumpa el pensamiento capitalista, desde la FIP se busca la enseñanza-aprendizaje desde los saberes y cosmovisiones tradicionales/locales. Las dos propenden por el reconocimiento de las subjetividades de las personas, la integración de epistemologías y ontologías tradicionales/locales en la enseñanza. Sin embargo, la FIP hace una clara alusión a la interacción entre la universidad y la comunidad, rompiendo el modelo vertical propio de la educación eurocéntrica, junto a un acompañamiento de los educadores indígenas y profesores en formación intercultural, algo que es poco evidente en la FOP.

Para encaminar el estudio de las concepciones se usó el tema clasificación de los seres vivos, esto con el fin de evidenciar como desde las diferentes culturas se pueden encontrar diversas explicaciones a los fenómenos de la naturaleza, para lo cual se crean entidades. Sánchez Gutiérrez (2003, p. 1) afirma que los conocimientos producidos dentro de una cultura incluyen los valores y las practicas tecnológicas que esa cultura desarrolló dentro de su relación con la naturaleza. A la par Urcelay (2011, p. 5) en su investigación enfatiza en la importancia del estudio de este tema destacándolo como uno de los más importantes, por que envuelve el estudio de la diversidad a partir de un sistema de organización. Relacionado con lo anterior Crisci y Lopez (1983, p. 3) resaltan los cambios que ha tenido la clasificación de los seres vivos a lo largo del tiempo, en estos incluye cambios filosóficos, de procedimiento y de reglas debido al uso o implementación de nuevas tecnologías, lo cual repercute en la creación de conceptos. Es importante resaltar que la clasificación como disciplina de investigación es responsable por el agrupamiento de los organismos a partir de la identificación de sus características físicas y de comportamiento (CRISCI; LOPEZ, 1983, p. 3), no siendo este objetivo o meta exclusivo de la sistemática y taxonomía sino también de las clasificaciones creadas por las comunidades ancestrales y locales.

Mediante un mapeamiento informacional bibliográfico (MIB) (MOLINA-ANDRADE *et al.*, 2013, p. 3) sobre la clasificación de los seres vivos se realizó la caracterización del enfoque clasificación de los seres vivos y sobre sistemas de clasificación étnicos y occidentales, esto con el objetivo de destacar las características propias de cada uno de ellos. Si bien, se ha encontrado que existe un acervo importante que muestra las diversas formas de clasificar que poseen las comunidades, se resalta la visión que cada una de ellas tiene de su relación con el entorno. Se resalta que la visión occidentalizada presenta a la naturaleza como una fuente de recursos que debe ser cuidada para extender la existencia humana; por el contrario, desde cosmovisiones tradicionales/locales se observa una perspectiva diferente sobre la relación humano-naturaleza que permite la reflexión sobre el cuidado del planeta. Es así que la clasificación de los seres vivos en el campo de la formación inicial de profesores de biología permite establecer procesos reflexivos en el aprendizaje y la enseñanza de las ciencias, pensamientos que pueden ser extrapolados a los contextos sociales, políticos y económicos.

La clasificación de los seres vivos comprendida como sistema usado para organizar y nombrar los organismos y sus observaciones, termina convirtiéndose en un acervo de conocimientos y lenguajes que se basan en las actividades notadas en la misma naturaleza por los habitantes de las comunidades, con lo cual las diversas culturas establecen criterios de clasificación y/o agrupamiento. Conjuntamente establecen nombres que muestran las particularidades de cada grupo de organismos, tales como: estructuras morfológicas, hábitos alimenticios, onomatopeyas, horario del día en que son observables y/o las relaciones que tienen con los humanos (AIGO; LADIO, 2016; APARICIO APARICIO; COSTA-NETO; ARAÚJO, 2018; VILLAGRÁN, 1998). Y es a partir de este detallado conocimiento de los organismos que la clasificación se relaciona con otros conocimientos, tales como la biodiversidad, en la que se evidencia la variación biológica en un lugar a lo largo del tiempo, con la inclusión de aspectos importantes para su conservación, reconocimiento del estado de vulnerabilidad de las especies que respaldan la creación de estrategias de conservación (GUIASCÓN, 2004; PERONI; MARTINS, 2000; QUINLAN; QUINLAN; DIRA, 2014).

Con respecto al enfoque de clasificaciones étnicas, folk y/o tradicionales, diferentes estudios muestran la conceptualización que las entidades culturales tienen de los elementos que hay en su entorno, es decir, la forma y el sentido con el cual ellos organizan el mundo natural en su idioma local (LUNA-JOSÉ; RENDON AGUILAR, 2012; RENGALAKSHMI, 2005). Ejemplo de esto es la investigación realizada por Aigo y Ladio (2016) que muestran como la comunidad Mapuche (Patagonia-Argentina) describe la relación entre la conservación del agua y los organismos que habitan en ella, así mismo refiere como esto permea los métodos de pesca. También encontramos el estudio sobre la nomenclatura del Sorgo en las comunidades agrícolas en Etiopía realizado por Benor y Sisay (2003), donde se detallan como a partir de características como el sabor, la resistencias a factores bióticos y ambientales, las comunidades nombran las variedades del cereal y como estos conocimientos hacen parte de su tradición oral. Por último los aportes de la investigación realizada por Braga, Alves y Mota (2017) que no solo muestran como incorporan características morfológicas, ecológicas y socioculturales a la clasificación, sino que muestran la creación de nuevos vocablos para diferenciar los organismos agrupados de los individuales.

Así mismo las publicaciones permiten dar a conocer los diferentes lenguajes, mitos, historias y linajes de esas culturas antes invisibilizadas (BENOR; SISAY, 2003; LEYVA *et al.*, 2018). Es el caso de la publicación realizada por Balée (1989) pone en evidencia como la importancia cultural influye en la nomenclatura de las plantas cultivadas y las no cultivadas por las comunidades pertenecientes a la familia lingüística Tupi-Guarani. En su estudio Brown (1982) contrasta la nomenclatura desarrollada por las comunidades de cazadores y recolectores con las desarrolladas por los grupos agrícolas, resaltado la influencia de sus labores en la realización de inventarios y en la identificación y nomenclatura de los organismos. También se encontró la investigación publicada por Clément (1995) que comenta como las comunidades Montagnais y Cree usan sus creencias y relatos religiosos para describir los organismos presentes en su entorno, por su lado Villagrán *et al.* (1999) incluyen en su artículo los relatos asociados a los animales propios de la comunidad Mapuche.

En relación con las categorizaciones, las investigaciones consultadas muestran como las comunidades agrupan los organismos sobre la base de aspectos generales. Estas categorías (etnocategorías) parecen situarse en un mismo nivel, aunque tienden a presentar una organización jerárquica al incluir especies subordinadas (MAIN JOHNSON, 1999; POSEY, 1984). Para ejemplificar se encontró el estudio realizado por Magalhães, Costa-Neto y Schiavetti (2016) quienes muestran la categorización que realiza la comunidad de Conde (Bahía-Brasil) de los crustáceos de acuerdo a sus características, llegando a identificar la forma de vida Marisco. Berlin Boster y O'neill (1981) muestran que para la comunidad de Aguaruna los nombres de las aves están ligados a su prominencia en el ambiente, además, de la marcada diferencia entre los sexos de las aves. Y por último lo publicado por Alcántara-Salinas, Ellen y Rivera-Hernández (2016) quienes revelan como las comunidades, mediante sus conocimientos sobre el mundo natural, contribuyen a la conservación de las aves.

Lo anterior evidencia que el estudio de la clasificaciones de los seres vivos provenientes de los conocimientos tradicionales/locales proveen de una amplia diversidad de información sobre los fundamentos de estas clasificaciones, que permiten un acercamiento a la perspectiva descolonial de la enseñanza y aprendizaje de la biología. De esta forma, lo encontrado en el enfoque educación (caracterizado en este mismo MIB) se resalta lo concluido por Pizarro-Neyra, (2011) y Quintriqueo M, Quilaqueo R. y Torres (2014) en sus respectivos estudios los cuales incluyen diversos enfoques culturales en la enseñanza de la sistemática biológica; ellos indican que el aprendizaje de los estudiantes se inicia a partir de sus propias observaciones que les posibilitan la construcción de sus propios sistemas de clasificación, lo cual facilita su relación con las teorías biológicas. Por otro lado Álvarez, Oliveros y Domènech-Casal, (2017) y Méndez Santos y Rifá Téllez, (2011) señalan que la inclusión de los sistemas locales de clasificación permiten la contextualización de la enseñanza y la creación de didácticas relacionadas al desarrollo social, cultural y político de la comunidad.

Metodología

La metodología desarrollada tiene como enfoque el contexto conceptual de las perspectivas culturas adoptadas (GARCÍA CANCLINI, 2004) y algunos resultados sobre los estudios de concepciones propios del grupo de investigación INTERCITEC. En síntesis, se pretende mostrar cómo la perspectiva sustantiva y adjetiva de cultura se proyecta en la caracterización de las concepciones en particular en la metodología. Así, tales perspectivas se refieren al enfoque semiótico de cultura (GEERTZ, 2003, p. 20) y la perspectiva sustantiva (GARCÍA CANCLIN, 2004, p. 49), basados en la comprensión de las acciones culturales a partir de entramados de significaciones. En tal sentido, las concepciones se tratan de significados públicos, cristalizados y sedimentados en el tiempo (MOLINA-ANDRADE, 2015, p. 77).

Lo anterior integrado con la perspectiva adjetiva de la cultura (GARCÍA CANCLIN, 2004, p. 49), que implica entender las concepciones desde las relaciones interculturales, concibiendo la interculturalidad en una sociedad como las interacciones entre diferentes que ocasionan tensiones, encuentros y desacuerdos, siendo posibilidades mismas para el diálogo e intercambio entre culturas (MOLINA-ANDRADE, 2015, p. 77). Así las investigaciones desarrolladas sobre concepciones por el grupo de investigación INTERCITEC han logrado establecer varias hegemonías (BUSTOS VELAZCO, 2016; CASTAÑO CUELLAR, 2020; SUÁREZ, 2014), que muestran condiciones de vulnerabilidad asociadas con la diversidad y diferencia cultural, entretejidas en los planos ontológico, epistemológico, ético, educativo y el de políticas públicas. Concomitante con las anteriores perspectivas culturales es plausible abordar las concepciones desde el enfoque de las teorías implícitas (RODRIGO; RODRÍGUEZ; MARRERO ACOSTA, 1993), que nos conducen a dos escenarios. El primero permite articularlas en ámbitos y contextos culturalmente diferenciados, es decir, no pueden interpretarse únicamente como productos mentales, también tienen un carácter de construcción simbólica. Además, aparecen dinámicamente debido a las interacciones sociales y culturales, por lo tanto, son las maneras o formas en que una comunidad se comunica y hace entender una realidad. En tal sentido, las concepciones no son explícitas y están sujetas a procesos de interpretación (MOLINA-ANDRADE, 2019), así el proceso implica una continua interacción entre concepciones individuales y concepciones colectivas. Lo anterior dado que la cultura, en sentido sustantivo, entiende que los significados son públicos y desde una visión individual resaltan la importancia de las experiencias personales directas, que al interactuar son seleccionadas en razón de la importancia cultural que revisten.

El segundo escenario está relacionado con los presupuestos y creencias que determinan las concepciones tanto de profesores como de estudiantes (UTGES VOLPE; PACCA, 2003); Molina-Andrade *et al.* (2009) indican que las teorías implícitas son de gran utilidad y permiten precisar los trazos dominantes de las concepciones; perspectiva útil para orientar el desarrollo de la metodología de esta investigación.

El enfoque metodológico de la investigación es mixto (cualitativo y cuantitativo) de corte interpretativo. En cuanto al primer enfoque, el cualitativo (que corresponde a la etapa exploratoria), se trata de un abordaje epistemológico que asume la construcción del conocimiento sustentado en las relaciones entre el sujeto cognoscente, el sujeto conocido y el contexto cultural. En la revisión y reflexión del paradigma cualitativo, se ofrece un panorama amplio fundamentado desde diversos autores que expresan una manera en la que "el mundo es comprendido, experimentado y producido por las personas en sus interacciones con él" (ANGUERA ARGILAGA, 1986; GLASER, 2013; VASILACHIS DE GIALDINO, 2009). Así mismo, se pregunta por los sentidos y los significados que expresan a través de las narraciones personales, los relatos, las experiencias, el lenguaje de los actores y sus prácticas como formas de conocer. Algunos elementos propios de la investigación cualitativa están orientados a la toma de datos que tengan profundidad y detalle, que provengan de un proceso de categorización de acuerdo al contexto donde se elaboraron los registros, garantizando los criterios requeridos en las fuentes de información (ANGUERA ARGILAGA, 1986).

De esta etapa hizo parte el Mapeamento Informacional Bibliográfico (MIB) descrito por Molina *et al* (2013), que retoma algunas ideas de André (2009); como una estrategia de investigación bibliográfica que permite la organización, registró y análisis de publicaciones especializadas, siendo la indicada para buscar y organizar los artículos que tratan sobre un tema específico, en este caso la descolonización del conocimiento y clasificación de los seres vivos. Lo anterior seguido por la construcción y aplicación de entrevistas semiestructuradas y su posterior análisis por medio del Software Atlas.ti. Estas permitieron recopilar conocimientos de tres investigadores profesionales (Ata, Bosa y Mica)[52] que han tenido la oportunidad de desarrollar trabajos relacionados con

---

[52] Nombres asignados para mantener el anonimato de los entrevistados. Vocablos propios de la lengua Chibcha, propia de los grupos indígenas anteriormente ubicados en la zona del altiplano cundiboyacense colombiano.

la clasificación de los seres vivos desde la enseñanza o la investigación. Estas experiencias pudieron o no implicar el diálogo con comunidades ancestrales, afrodescendientes y/o campesinas y permitieron la creación de dimensiones para el análisis de las concepciones de los profesores en formación inicial. Las respuestas obtenidas dieron una aproximación al universo cultural de los entrevistados por medio de sus experiencias, en varios aspectos relacionados al conocimiento, la cultura y la clasificación de los seres vivos (MOLINA-ANDRADE, 2012).

Además de mostrar de forma contextual las relaciones entre conocimientos sobre la clasificación de los seres vivos y la cultura, los diálogos entablados en las entrevistas permitieron construir dimensiones para el análisis de las concepciones de los estudiantes de licenciatura en biología. Estas dimensiones, además de guiar la construcción de un instrumento que será descrito posteriormente, enmarcaron la interpretación de las respuestas dadas por los estudiantes participantes, condensando la naturaleza de estas respuestas y los símbolos ligados a ellas (PÉREZ-MESA, 2016, p. 136).

Con respecto al segundo enfoque el cuantitativo (que corresponde a la etapa de sistematización[53]), se entiende que estos estudios procuran explicar y predecir los fenómenos investigados en búsqueda de regularidades y relaciones entre los elementos. Este proceso implica rigor en concordancia con las reglas lógicas específicas, que garanticen estándares de validez y confiabilidad. Las investigaciones cuantitativas buscan comprender la *realidad externa-objetiva* al individuo que puede ser independiente de los aspectos subjetivos de las personas o su "realidad interna" (HERNÁNDEZ SAMPIERI; FERNÁNDEZ COLLADO; BAPTISTA LUCIO, 2010). Dentro de nuestra investigación construimos un Cuestionario de Ponderación Múltiple Escala Likert (CPM-SL) que consta de cuarenta y siete preguntas, en la cuales se incluyen cuatro preguntas de identificación personal, siete preguntas de autorreconocimiento étnico-racial y 36 afirmaciones con siete opciones de respuesta, de las cuales debían escoger una.

Los datos obtenidos mediante el cuestionario fueron sometidos a un análisis multivariable de tipo factorial, que permitió establecer interrelaciones entre un conjunto de variables (afirmaciones), con el fin de reducir la complejidad que representan. El tipo de análisis factorial que hace parte de este estu-

---

[53] En esta etapa contamos con la colaboración del doctor Oscar Jardey Suárez, quien nos orientó en el proceso e interpretación de los datos estadísticos.

dio es el Análisis Factorial de Componentes Principales (ACP) que trata de sintetizar y estructurar la información contenida en la matriz de datos (LÓPEZ-ROLDÁN; FACHELLI, 2016, p. 15) produciendo así nuevas variables, que en este caso las denominamos componentes/concepciones y que visan a producir un nuevo conocimiento (LÓPEZ-ROLDÁN; FACHELLI, 2016, p. 6)

La confiabilidad de la etapa de sistematización hace referencia al grado en el que lo observado se acerca a la realidad y puede ser considerado fiable y razonable en la medida en que los datos dan cuenta del fenómeno estudiado, así como de sus relaciones internas (MCMILLAN; SCHUMACHER, 2005). En relación a lo anterior, los valores de los supuestos son adecuados según se observa en la tabla.

Tabla 1: Índices de confiabilidad

Alfa de Cronbach	0,759
KMO	0,802
Prueba de esfericidad de Bartlett	0,496
Varianza total explicada para los siete componentes	51,278

Fuente: Datos obtenidos por medio del software SPSS

Resultados y análisis

En este apartado se presentan resultados de la fase cualitativa y cuantitativa. La primera se refiere a las dimensiones encontradas del análisis de las narrativas de los tres participantes y que se constituyeron en la base para la construcción del cuestionario (etapa de sistematización), estas se presentan a continuación:

1. Descolonialidad, Interculturalidad y Educación Científica (DIyEC): Propiciar ambientes educativos contextualizados donde la enseñanza y el aprendizaje de las ciencias naturales estén acorde a las exigencias educativas de la comunidad en los ámbitos social, económico político y cultural que integren pedagogías descolonizadoras reflexivas desde la perspectiva intercultural critica que abran espacios para las relaciones culturales para lo cual se requiere profesores

intelectuales que construyan pedagogías con carácter contrahegemónico y emancipatório.

2. Conocimientos ancestrales y occidentales: cultura, diversidad y diferencia cultural (CACO-CDDC): Fundamentado en conocimientos que incluyan un lenguaje y observaciones propias de las comunidades, como el caso de la clasificación de los seres vivos al incluir nombres, vocablos e historias de los organismos y de los ambientes, fortalece filosofías interculturales y emancipatorias propias de las comunidades, permitiendo la continua discusión y reflexión sobre la historia, el pensar y el accionar de las comunidades latinoamericanas y las relaciones que estas establecen con las culturas europeas.

3. Clasificación de los seres vivos en el ámbito de variados sistemas de conocimiento (CSV-AVSC): Clasificación de los seres vivos como muestra de la particularidad de las culturas en la interpretación de los hechos y fenómenos presentes en la naturaleza, conllevando saberes propios, que mediante su historia evidencian cambios a través del tiempo. Son muestra de la incidencia de ámbitos políticos, económicos y sociales en su estructuración como área de conocimiento, que pueden favorecer el fortalecimiento de la hegemonía del pensamiento europeo o que dan bases para el rescate y reconocimiento de otras formas de saber.

Estas dimensiones también proporcionan las bases para el análisis de las concepciones obtenidas. Con respecto a la etapa de sistematización se describen siete concepciones, que dejan entrever la construcción cognitiva que tienen los profesores en formación inicial de licenciatura en biología. Estas concepciones reflejan una amplia gama de visiones sobre las ciencias, desde perspectivas cientificistas hasta descoloniales interculturales, lo que permite reflexionar sobre el abordaje que se está dando a la diversidad y diferencia cultural en la formación de profesores. Además, establecen un marco de referencia para la reflexión propia como profesores de ciencias sobre la inclusión de diversas formas de conocimiento en la enseñanza.

Concepciones

Concepción interculturalidad relacional: siendo la relación más básica de las descrita por Walsh (2009), muestra a las culturas en estado de correspondencia, convirtiéndose así en una barrera porque no permite ahondar en las problemáticas e inequidades que puedan presentarse dentro de dicha relación. Desde la dimensión Descolonialidad, Interculturalidad y Educación Científica (DIyEC) esta concepción no estaría acorde con la descolonización de la enseñanza, debido a su poco acercamiento a los conocimientos tradicionales y sus procesos de construcción, sumado a la existencia de una imagen de superioridad concedida al conocimiento eurocéntrico. A partir de la dimensión Clasificación de los seres vivos en el ámbito de variados sistemas de conocimiento (CSV-AVSC) la concepción hace referencia a que se identifican los aportes del conocimiento tradicional sobre clasificación, sin profundizar en las particularidades de la conformación de este ni en las problemáticas concernientes a su construcción y divulgación.

En concordancia con lo encontrado en esta concepción, hallamos en las entrevistas lo siguiente:

> *Bosa: Entonces el canto, las diferentes, o sea, poder escuchar los organismos por los tocar, todo eso viene de una de una interrelación con la naturaleza muy fuerte que tienen que tienen todos los pueblos del mundo y si tú ves hay por ejemplo grupos de avistamiento de aves y grupos taxonómicos y todo eso que es que están trayendo ese tipo de cosas, entonces por ejemplo las aves es fácil identificarlas con los cantos, así como lo hace una persona de gran conocimiento, de una tradición no científica, y eso ha conllevado a que muchas personas puedan clasificar, pues no clasificar, sino identificar las aves, entonces, yo pensaría que en la práctica misma de que la práctica misma de identificar el organismo, describirlo y finalmente de que casos de clasificarlo me imagino que debe haber una gran influencia de distintas de distintas experiencias que tienen origen en distintas tradiciones de relación con la naturaleza.*

Lo expuesto refuerza la idea que en la sociedad colombiana existe la noción de la relación entre las culturas a través de su conocimiento, sin embargo, se evidencian vacíos sobre los procesos de conformación de los conocimientos y las condiciones de intercambio entre ellos. Lo cual debe ser integrado al momento de establecer una educación descolonial intercultural.

Concepción descolonial – interculturalidad crítica: Reconocimiento y denuncia de las discriminaciones de las que han sido objeto los conocimientos tradicionales/locales y las comunidades que los construyeron. A través de la dimensión Descolonialidad, interculturalidad y educación científica (DIyEC) esta concepción está enfocada no solo al reconocimiento de los conocimientos tradicionales y sus epistemologías, sino también está encaminada a demandar equidad mediante la relación horizontal entre conocimientos. Desde la dimensión Conocimientos ancestrales y occidentales: cultura, diversidad y diferencia cultural (CACO-CDDC) esta dimensión hace énfasis en las diferencias de lenguaje presente en los sistemas clasificatorios, permitiendo el discernimiento del papel de la cultura en la construcción del conocimiento base para dichos sistemas.

Dentro de las entrevistas se encontraron dos experiencias que aluden a esta concepción:

Ata: un poco más atrás hemos trabajado con el tema de plantas útiles en diferentes comunidades de la región amazónica conjuntamente con ellos y ellos lo que pretenden con esto es por lo menos incorporar digamos a un texto el conocimiento tradicional de tal forma que esa erosión cultural que se vaya dando por lo menos digamos vaya estando un poco controlada con el registro en publicaciones escritas de ese conocimiento tradicional en el que obviamente ellos piden en buena medida que también se incluya texto en lengua en sus lenguas de origen.

Bosa: fue que él se encontró una persona de la de la comunidad negra ya, ya se me olvidó, pero es una persona de la comunidad negra que le da las plantas y qué le dice vea esas plantas sirven para eso que usted está necesitando y ellos hacen un intercambio de esta decirle estar variedades tal otra y el negro le dice no, no es esa y Zelada y luego él indaga con esa persona negra cómo llegó a saber lo que sabe y entonces le explica cómo a través de la pelea de una serpiente y un águila algo así

> *él supo de esos poderes de esa planta y este señor al apropiarse de ese conocimiento, llegó a un nuevo... pues incluso vio que era una especie nueva y la describió y todo eso, entonces yo pensaría que hay muchas relaciones y pues es en la práctica misma de la identificación de las especies, de los usos todo eso, me imagino que se pueden ver la influencia y las relaciones entre sus distintos saberes.*

Y como parte de una reflexión más profunda se encontró lo siguiente:

> *Mica: La unidad entre el ser humano la naturaleza y la espiritualidad ahí hay una unidad ontológica que le da sentido a la cosmovisión de ese pueblo de este pueblo indígena que ellos están convencidos de que sea alguna manera esa relación se rompe o cualquiera de esos hilos se rompe pues eso ocasionado a afectaciones negativas sobre la vida humana. Entonces digamos que el propósito cotidiano de los Yuri en la chorrera y creo que muchos pueblos indígenas latinoamericanos y aun así y asiáticos es cuidar que esa relación se mantenga lo más armónica posible entonces pues es evidente que ese es un conocimiento valioso. Miren en la que estamos con esta pandemia un vil virus que tiene de una molécula de RNA nos tiene muertos de miedo y encerrados además con la economía vuelta nada y la política también o sea ese hilo ontológico se ha roto por muchas razones, pero especialmente pienso que que* digamos el producto de la soberbia del conocimiento científico Que niega cualquier otra forma de conocimiento es como por ahí.*

Concepción excluyente: Aferrada a un total desconocimiento de otras formas de conocer y sus aportes a la enseñanza de las ciencias, fomenta la violencia epistémica al jerarquizar los conocimientos. Enmarcada en la dimensión Descolonialidad, Interculturalidad y Educación Científica (DIyEC) esta concepción obstaculiza la construcción de enseñanzas contextualizadas, descartando cualquier tipo de relación entre el conocimiento occidental y los conocimientos tradicionales/locales. Dentro de la dimensión Conocimientos ancestrales y occidentales: cultura, diversidad y diferencia cultural (CACO-

CDDC) justifica la limitación impuesta al estudio y comprensión de otras formas de conocer frente al fenómeno de la diversidad biológica, impidiendo la reflexión sobre el pensamiento de las culturas tradicionales/locales y su interpretación de este fenómeno.

Contrario a lo encontrado en esta concepción los entrevistados afirmaron:

> *Mica: Deconstruir esa visión morfología de los seres vivos como solo morfología, además, ¿sí? porque Ya te lo dije o sea eso rompe nuestros hilos con la naturaleza pero también digamos desde la historia de la biología digamos esa Concepción morfológica de los organismos vivos Pues tampoco ha sido la más la más propicia ¿sí? porque los seres vivos no son solamente formas digamos que hay en una Concepción del organismo vivo que a estas horas de la historia humana pues ya es muy pobre sí puesto que el organismo se ve como un individuo es decir hay una visión muy individualista del organismo vivo excluye las concepciones que tenemos como humanos frente a la naturaleza digamos que, que la enseñanza de la biología ha tomado o sobre la que se ha apoyado Esa visión morfológica de organismos sin relación sin interacción sin interdependencia eh lo que ha estado dos propiciando un individualismo que a estas horas de la historia no es lo más pertinente creo que esa visión individualista de lo vivo no es para nada beneficiosa, hay que construir otras visiones de mundo, es como desde ahí.*

En relación a la formación de profesionales en ciencias y educación en ciencias, de las entrevistas se extrajo el siguiente apartado:

> *Ata: me parece que en eso si hay si hay un vacío digamos como en la valoración del conocimiento tradicional y eso apunta mucho digamos como a la erosión cultural del conocimiento que muchas veces no se incluya en la toma de decisiones y eso si es una cosa que nos están debiendo en las universidades, porque entonces cada momento cada momento cuando uno tiene digamos la cercanía digamos a un estudiante de pregrado o maestría o alguna cosa están en unas disciplinas muy distantes al conocimiento tradicional.*

Concepción objetivista: A partir de la idea de que la ciencia es un proceso superior, se le atribuye un carácter de único y valido al conocimiento originado en la cultura occidental, desconociendo los aportes tomados de los conocimientos originados en otras culturas. Esta concepción dentro de la dimensión Clasificación de los seres vivos en el ámbito de variados sistemas de conocimiento (CSV-AVSC) muestra a la clasificación de los seres vivos lejos de la producción humana, es decir, no la muestra como un interpretación del fenómeno sino como el fenómeno en sí, reflejando la imagen de una ciencia construida lejos de la influencia cultural. En lo concerniente a la dimensión Conocimientos ancestrales y occidentales: cultura, diversidad y diferencia cultural (CACO-CDDC) esta concepción desconoce la influencia de la cultura, evidenciada a través del lenguaje, en la construcción de los sistemas clasificatorios, además la integración e explotación de los conocimientos tradicionales/locales por parte del pensamiento colonialista.

En relación a esto, encontramos la experiencia de uno de los entrevistados:

> *Bosa: hay esfuerzos, pero no o sea ellos ellos* la exigencia de la escuela es muy clara y la de los padres de familia y ellos, sí de alguna manera concisa. Me cuerdo mucho uno de ellos hablaba pues que sí que el conocimiento tradicional en conocimiento práctico y entonces que el otro era un conocimiento un conocimiento válido por alguna cosa, todo eso todo eso está muy presente en los licenciado.*

Todavía se encuentran discursos coloniales y excluyentes en la enseñanza, donde se mantiene la jerarquización de los conocimientos, sobre la base que el conocimiento occidental es válido y el tradicional no. Esto limita la descolonización intercultural crítica, incluso en comunidades que se reconocen con identidad étnica.

Concepción utilitarista: Si bien esta concepción está cimentada en la construcción del conocimiento a partir de las necesidades del humano, tiende a relacionarse solamente al conocimiento tradicional/local, desvinculándolo del proceso intelectual y razonal en el que está inmersa la construcción de este conocimiento. Desde la dimensión Clasificación de los seres vivos en el ámbito de variados sistemas de conocimiento (CSV-AVSC) la concepción evidencia la clasificación de los seres vivos producida en las comunidades tradicionales/locales como resultados netamente de las necesidades de la comunidad, contrario a la imagen de producción intelectual dada a la clasificación producida en la cultura occidental. Claramente identificada en diversos sistemas de clasificación tradicionales/locales, la concepción utilitarista es disociada de los sistemas construidos a través del conocimiento occidental, tendiendo así a la desvalorización de otras formas de conocer, al analizarse desde la dimensión Conocimientos ancestrales y occidentales: cultura, diversidad y diferencia cultural (CACO-CDDC).

Lo anterior puede distinguirse en lo dicho por uno de los entrevistados:

Ata: Sí pues sí conozco digamos, no muy de fondo, no muy a fondo sí conozco alguno que se desarrolló por lo en el Medio Caquetá sobre, era sobre plantas y teníamos pues con muchas afinidades en muchos grupos y digamos mientras más grande era la categoría más afinidad hay, en el nivel específico dificultades obviamente con aciertos de las más obvias, las especies más obvias y las especies digamos como con una variabilidad menos expresa pues ¿cierto? Pero digamos al nivel ya de géneros o familia mientras sube la categoría ya digamos hay un distanciamientos significativos, por ejemplo, en muchas de las especies que tenían un exudado blanco entonces están incorporadas en una familia entonces todas las que tenía hojas de palmadas entonces eran una familia entonces pero era, era importante y también digamos esto, esto lo hacían teniendo en cuenta la forma pero mucho también los usos entonces esto digamos hacía digamos hacia como que fuera muy muy útil en el manejo de los recursos pues de las comunidades locales de allí pero digamos que fueron Digamos como unos eventos que se dieron hace como quizás unos veinte años y después hacia el futuro la gente de las comunidades poco se han interesado digamos en avanzar más en esos sistemas de clasificación o en utilizarlos.

Concepción intercultural funcional: Marcada por el desconocimiento de las consecuencias del proceso de colonización sobre la conformación del conocimiento científico, conserva la idea de la jerarquización de conocimientos, aunque con un reconocimiento superficial de los aportes hechos por las culturas tradicionales/locales. Desde la dimensión Descolonialidad, interculturalidad y educación científica (DIyEC) esta concepción permite la inclusión débil de los conocimientos tradicionales/locales, saturando la enseñanza del conocimiento occidental y desconociendo la influencia de los factores históricos, sociales y políticos en estos procesos. Dentro de la dimensión Clasificación de los seres vivos en el ámbito de variados sistemas de conocimiento (CSV-AVSC) se evidencia la identificación de cierta particularidad de las culturas presente en los sistemas de clasificación, sin embargo, se mantiene la idea de una clasificación válida, única y verdadera producida en el conocimiento occidental. A partir de la dimensión Conocimientos ancestrales y occidentales: cultura, diversidad y diferencia cultural (CACO-CDDC) se ve cómo se intenta reconocer los conocimientos de culturas diferente a la occidental frente al fenómeno de diversidad biológica, sin embargo, no se exploran las bases de dicho conocimiento, restringiendo la reflexión sobre las filosofías interculturales y emancipatorias contenidas en él. Esto apoyado por lo rescatado de las entrevistas sobre los rituales y creencias que son parte de la cosmogonía de la comunidad y su influencia en la relación que establecen con el entorno y la naturaleza:

> Ata: ...allí [comunidad Nukak Maku] conocí un caso muy particular, pues que digamos soporta un poco lo que te estoy diciendo sobre conocimientos tienes, y es que por ejemplo: un indígena que en un momento de cacería sacrificó más individuos de los que las el grupo necesitaba entonces en medio de los rituales algunas de estas cosas lo rezaron para que no cazara y entonces no pudo volver a hacer cacería no era muy eficiente no puedo nunca tener pues una mujer y unos hijos entonces eso era digamos una prueba muy clara que ellos tenían digamos una relación de mucho equilibrio con la naturaleza lo que no hacen los blancos pues o la gente que está como digamos ligada al mundo occidental del beneficio económico de las riquezas de los seres vivos.

Teniendo en cuenta que estas concepciones muestran una primera aproximación entre el conocimiento tradicional/local y el occidental, es necesario profundizar en las cosmogonías y cosmovisiones que hacen parte de este conocimiento para entenderlo como un sistema de conocimiento sólido y reconocer sus aportes en la transformación de la visión de mundo que se tiene actualmente.

Concepción cultural hegemónica: Manteniendo la universalización del conocimiento eurocéntrico, limita la comprensión de otras formas de conocer tratándolas de irrelevantes y poco contributivas al conocimiento en ciencias. Desde la dimensión Clasificación de los seres vivos en el ámbito de variados sistemas de conocimiento (CSV-AVSC), se evidencia la alta relevancia dada a los momentos históricos que refuerzan la idea de la validez de un único sistema de clasificación, contribuyendo a la imposición de una sola forma de razonamiento frente a los fenómenos presentes en la naturaleza. Dentro de la dimensión Descolonialidad, interculturalidad y educación científica (DIyEC) esta concepción limita la creación de didácticas y pedagogías contrahegemónicas frente al conocimiento occidental, lo cual impide la construcción de una educación emancipatoria descolonial.

Frente a esta postura vemos como en las entrevistas también se observaron experiencias enmarcadas en la hegemonía cultural impuesta desde el conocimiento occidental desde la educación y desde la investigación:

> *Bosa: Bueno, pero pues... no hay, o sea, en el ejercicio de investigación de los biólogos el conocimiento tradicional no es tomado pues como como algo obligatorio ¿sí? Muchos, muchos investigadores no lo hacen ni lo necesario, pensaría que una gran mayoría ¿Sí? y hay otros que lo han empezado pues como integrar en, en, en prácticas que antes no tenían en cuenta el conocimiento tradicional o el de los conocimientos y los están teniendo en cuenta el manejo de las áreas naturales ¿sí? entonces eso, eso pues de alguna manera tanto en Colombia como en el mundo pues se ha dado que, que las concepciones del manejo de las áreas naturales ha cambiado en la medida que el hombre se ha visto como parte del medio ambiente la comunidad y ese tipo de cosas En-*

tonces eso, eso cada vez cada vez por las propias necesidades de las preguntas de los biólogos se ve necesario abordar el conocimiento tradicional ancestral las dinámicas sociales de los pueblos la identidad y los territorios.

Ata: Bueno, es muy desequilibrado digamos la producción, la producción actual cierto de investigaciones y comunicaciones producidas por los biólogos en Colombia es porque en muy buena medida nuestros proyectos se generan desde un sistema muy centralista digamos que tiene digamos como un enfoque en el que nos indican para qué hay recursos entonces todos los investigadores estamos buscando fondos para investigación y los fondos tienen ciertas directrices eso hace entonces digamos que la producción actual se... muy desequilibrada digamos en términos de la información que uno incluye digamos del conocimiento ancestral y digamos que lo que hoy está en alguna forma digamos como tratando de desequilibrar un poco es que hay mucho tiene mucho que ver con las con algún proyecto digamos de fondos importantes la comunidad económica Europea que pretenden entonces como generar alternativas.

En lo referido especialmente a la universalización del conocimiento por medio de la clasificación de los seres vivos como producto de la homogenización cultural, en las entrevistas se encontró lo siguiente:

Mica: el problema es que la sistemática anglosajona occidental pues tiene la pretensión de verdad tiene la pretensión de universalización digamos de esos sistemas clasificatorios y ¿qué tan conveniente es eso para la enseñanza de la biología? es como la pregunta que subyace ahí, pues ya lo sabemos la respuesta ya está dada ahí, o sea la sistemática no, al centrarse solamente en las formas deja de lado las interacciones y las interdependencias que tenemos en términos de naturaleza, entonces pues yo creo que eso no no* ha propiciado la valoración de esa diversidad ni siquiera biológica Pues porque no busca interacciones o no las encuentra ¿sí? y no no* le han enseñado a los niños qué a los niños de hace dos siglos que dependemos estrictamente de esas relaciones de interacción y que somos dependientes de todo ese tipo de relaciones, el *mejor ejemplo pues es el que estamos el que estamos viviendo ¿sí? el ser humano es digamos soberbio y esa soberbia Y esa prepotencia la construido cuando se le enseña el conocimiento científico a los niños y el virus nos está diciendo que somos muy frágiles y la razón que es como no dependemos no no* reconocemos que interactuamos con lo vivo que tenemos yo no sé cuántos millones de bacterias en el interior del organismo y que no todas son malas que hay unas que son benéficas como no entendemos o no nos enseñaron digamos todas esas relaciones esas interdependencias.*

Como se mencionó anteriormente, estas siete concepciones descritas y analizadas a través de las dimensiones encontradas en la etapa exploratoria e interpretadas a la luz de algunas las respuestas obtenidas de las entrevistas, muestran algunas características presentes en el conocimiento de los(as) profesores(as) en formación inicial que hicieron parte de este estudio. Dejando entrever que, si bien hay presencia de concepciones que identifican la incidencia de la diversidad y diferencia cultural en el conocimiento en ciencias y en su enseñanza, aún se encuentra una fuerte dominación del conocimiento occidental que no permite la relación horizontal entre conocimientos y culturas.

Retomando lo expuesto por Tardif (2002, p. 11) se ratifica que el saber de los profesores está relacionado con su identidad, su experiencia y con su historia profesional; lo cual puede fomentar la reflexión sobre cómo se están incluyendo las formas de conocer de las comunidades locales en el entorno del profesor en formación, para que él las apropie y las haga parte de su identidad, su experiencia y su desarrollo profesional. Vasco Uribe (2004, p. 70) menciona la falta de profesores indígenas en las universidades urbanas, lo cual hace pensar en la necesidad de una mayor movilidad estudiantil entre universidades de esta población para propiciar el aumento de perspectivas más plurales en el ámbito universitario. Con lo cual, propiciar mayor inmersión de los estudiantes en contextos de enseñanza y aprendizajes variados que involucren diferentes formas de entender la naturaleza, que conlleven a interiorizar la necesidad de conocer epistemologías diferentes a la occidental.

Considerando que la práctica pedagógica y sus cambios contribuyen a la modificación de las políticas educativas, es probable que a partir de la implementación de la educación descolonial/intercultural crítica en la mayoría de los contextos educativos colombianos se llegue a la inclusión de esta perspectiva en la legislación educacional. Sin embargo, es imprescindible comenzar por la formación inicial de profesores, permitiéndoles crear habilidades y herramientas para su enseñanza, así mismo, acercarlos a diversos ambientes culturales mediante la investigación pedagógica, para engranar su labor docente, con la investigación y la reflexión.

Profundizando en la formación de profesores es importante rescatar lo dicho por Pinheiro y Rosa, (2018, p. 13) frente al currículo, que es instrumento de poder y por lo tanto homogeneizadores, es así que se hace necesaria la reestructuración de los currículos de las licenciaturas en biología, para que desde allí sean incluidos los conocimientos tradicionales/locales.

A modo de conclusión

La exploración de las publicaciones mediante el MIB permitió identificar el alcance que ha tenido la perspectiva descolonial en las investigaciones. Si bien no son limitadas a la educación y formación de profesores, puede observarse como se han integrado a debates educativos y filosóficos, que además permiten evaluar los alcances que esta perspectiva a tenido en contextos específicos y sobre temas específicos. Sumado a lo anterior, la exploración permitió un panorama de las estrategias educativas que son usadas en contextos educativos descolonizadores, suministrando herramientas didácticas aplicables en los contextos colombianos.

La clasificación de los seres vivos como objeto de descolonización del conocimiento presenta múltiples ventajas, partiendo que este conocimiento se fundamenta en lo observado en el entorno o en la naturaleza, permitiendo interpretaciones diversas, al llevarlo a la escuela permite el encuentro de por lo menos tres percepciones, la del profesor, la del estudiante y la de la comunidad, de este modo, en su enseñanza involucra tanto la cultura del profesor, la cultura del estudiante, como el de la comunidad. En el caso que la enseñanza se desarrolle en un contexto culturalmente diversificado implicará el encuentro de diversas culturas a través de sus conocimientos. Por tal motivo, el uso de la clasificación de los seres vivos en la educación descolonial exigirá del docente la habilidad de crear relaciones entre conocimientos y desarrollar por medio de estas la formación en ciencias de los estudiantes.

Uno de los factores más relevantes del encuentro cultural desde la clasificación de los seres vivos es el lenguaje y los símbolos que se construyen a través de este. La creación de vocablos con significados para distinguir cada uno de los organismos implica procesos complejos de observación, descripción y análisis, rompiendo con imaginarios discriminadores relacionados con la construcción de estos sistemas. Además, el estudio del lenguaje inmerso en la clasificación de los seres vivos abre un panorama sobre la conservación de las características culturales de una comunidad y sus conocimientos.

Las entrevistas permitieron tener una visión más específica sobre el conocimiento tradicional/local presente en Colombia. A través de sus experiencias y aprendizajes, los tres investigadores facilitaron la construcción de un marco referencial que permita analizar la comprensión, uso y alcance del conocimiento tradicional y, en específico, el conocimiento sobre la clasificación de los seres vivos.

Las concepciones aquí mostradas abren un espacio de reflexión sobre cómo está siendo construido el conocimiento de los profesores de biología, sobre qué elementos deben ser integrados a su contexto universitario y frente a qué referentes deben ser enfocados los procesos de reflexión y evaluación propios de los profesores. Además de esto, se señala la necesidad de integrar de forma más acentuada la diversidad y diferencia cultural colombiana en su formación mediante espacios variados, que le permitan establecer relaciones de equidad entre los conocimientos producidos por culturas diferentes.

Referencias

ACEVEDO DÍAZ, José Antonio. Los futuros profesores de secundaria ante la sociologia y la epistemologia de las ciencias. Un enfoque CTS. **Revista interuniversitaria de formación del profesorado**, vol. 19, no. 1990, p. 111–125, 1994.

AFANADOR LLACH, María José. La obra de Jorge Tadeo Lozano: Apuntes sobre la ciencia ilustrada y los inicios del proceso de independencia. **Historia crítica**, vol. 34, p. 8–31, 2007. Available at: https://bit.ly/410uhBN.

AIGO, Juana; LADIO, Ana Haydee. Traditional Mapuche ecological knowledge in Patagonia, Argentina: Fishes and other living beings inhabiting continental waters, as a reflection of processes of change. **Journal of ethnobiology and ethnomedicine**, Tacoma, WA, vol. 12, no. 1, p. 1–17, 2016. DOI 10.1186/s13002-016-0130-y. Available at: https://bit.ly/3Gk5kJL.

ALCÁNTARA-SALINAS, Graciela; ELLEN, Roy F.; RIVERA-HERNÁNDEZ, Jaime E. Ecological and behavioral characteristics in grouping Zapotec bird categories in San Miguel Tiltepec, Oaxaca, Mexico. **Journal of ethnobiology**, Tacoma, WA, vol. 36, no. 3, p. 658–682, 2016. DOI 10.2993/0278-0771-36.3.658. Available at: https://bit.ly/3MdxEkG.

ÁLVAREZ, Joan Antoni; OLIVEROS, Carlos; DOMÈNECH-CASAL, Jordi. Diseño y evaluación de una actividad de transferencia entre contextos para aprender las claves dicotómicas y la clasificación de los seres vivos. **Revista electrónica de enseñanza de las ciencias**, vol. 16, no. 2, p. 362–384, 2017.

ANDRÉ, Claudio Fernando. **A prática da pesquisa e mapeamento informacional bibliográfico apoiados por recursos tecnológicos: impactos na formação de professores**. 2009. 182 f. 2009. Available at: https://bit.ly/3zB5zMK.

ANGUERA ARGILAGA, Mª Teresa. La investigación cualitativa. **Educar**, vol. 10, p. 23, 1986. https://doi.org/10.5565/rev/educar.461.

APARICIO APARICIO, Juan Carlos; COSTA-NETO, Eraldo Medeiros; ARAÚJO, Gilberto Paulino de. Etnotaxonomía mixteca de algunos insectos en el municipio de san miguel el grande, Oaxaca, México. **Etnobiología**, vol. 16, no. 2, p. 58–75, 2018.

ARISTIZÁBAL GIRALDO, Silvio. La diversidad étnica y cultural de Colombia: un desafío para la educación. **Pedagogía y Saberes**, vol. 15, p. 1–8, 2000. Available at: http://revistas.pedagogica.edu.co/index.php/PYS/article/view/6006/4980.

BALÉE, William. Nomenclatural patterns in Ka'apor ethnobotany. **Journal of ethnobiology**, Tacoma, WA, vol. 9, no. 1, p. 1–24, 1989.

BELTRÁN CASTILLO, María Juliana. **Racismo científico en los textos escolares de ciencias naturales en Colombia**. 2019. 387 f. Universidad Distrital Francisco José de Caldas, Bogotá, 2019. Available at: https://bit.ly/43a0VCU.

BENOR, Solomon; SISAY, Lemlem. Folk classification of sorghum (Sorghum bicolor (L.) Moench) land races and its ethnobotanical implication: a case study in northeastern Ethiopia. **Etnobiología**, vol. 3, p. 29–41, 2003.

BERLIN, Brent; BOSTER, James Shilts; O'NEILL, John P. The perceptual bases of ethnobiological classification: evidence from Aguaruna Jivaro ornithology. **Journal of ethnobiology**, Tacoma, WA, vol. 1, no. 1, p. 95–108, 1981.

BRAGA, Franciany; ALVES, Rômulo Romeu Da Nóbrega; MOTA, Heliene. Sistemas de classificação da mastofauna utilizados pelas comunidades locais do parque nacional da Quiçama, Angola. **Ethnoscientia**, vol. 2, p. 1–10, 2017. Available at: https://bit.ly/42ZVbeK.

BROWN, Cecil H. Folk zoological life-forms and linguistic markers. **Journal of ethnobiology**, Tacoma, WA, vol. 2, no. 1, p. 95–112, 1982.

BUSTOS VELAZCO, Edier Hernán. **Concepciones de territorio de docentes universitarios formadores de profesionales de las ciencias de la tierra (PCT): estudio comparado en dos universidades públicas ubicadas en contextos culturalmente diferenciados.** 2016. Universidad Distrital Francisco José de Caldas, Bogotà, 2016.

CALVO, Gloria; RENDÓN LARA, Diego Bernando; ROJAS GARCÍA, Luis Ignacio. Un diagnóstico de la formación docente en Colombia. **Red Academica**, no. 47, p. 15, 2004.

CARDOSO, Silná Maria Batinga; PINHEIRO, Bárbara Carine Soares. Indícios de uma perspectiva (de)colonial no discurso de professores (as) de química sobre as relações étnico-raciais. **Revista da ABPN**, vol. 13, no. 35, p. 464–492, 2021. Available at: https://bit.ly/410YOiH.

CASTAÑO CUELLAR, Norma Constanza. **Concepciones de vida, cosmogonía Muruy, enseñanza de la biología y diversidad cultural: perspectivas ontológicas y epistemológicas.** 2020. 1–274 f. Universidad Distrital Francisco José de Caldas, 2020.

CLÉMENT, Daniel. Why is taxonomy utilitarian? **Journal of ethnobiology**, Tacoma, WA, vol. 15, no. 1, p. 1–44, 1995. DOI 10.1016/j.jfoodeng.2005.08.031. Available at: http://scholar.google.com/scholar?hl=en&btnG=Search&q=intitle:Why+is+taxonomy+utilitarian?#0.

COELHO, Olivia Pires; BARBOSA, Maria carmen Silveira. Anarquismo E Descolonização: Possibilidades Para Pensar a Infância E Sua Educação. **Childhood & Philosophy**, vol. 13, no. 27, p. 335–352, 2017. https://doi.org/10.12957/childphilo.2017.26731.

CRISCI, Jorge Víctor; LOPEZ, Maria Fernanda. **Introducción a la teoría y práctica de la taxonomía numérica**. [S. l.: s. n.], 1983.

DEAN, Warren. A botânica e a política imperial: introdução e adaptação de plantas no Brasil colonial e imperial. **Instituto de estudos avançados da USP**, Sao Paulo. p. 21, 1989.

DOMINGUES, Petrônio. O mito da democracia racial e a mestiçagem no Brasil (1889-1930). **Diálogos Latinoamericanos**, no. 10, p. 116–131, 2005.

DOS PASSOS, Maria Clara Araújo; PINHEIRO, Bárbara Carine Soares. Do epistemicídio à insurgência: o currículo decolonial da Escola Afro- Brasileira Maria Felipa (2018-2020). **Cadernos de Gênero e Diversidade**, vol. 7, n. 1, p. 118–135, 2021.

ERAZO PRAGA, Manuel. Concepciones epistemológicas de los aspirantes al programa de maestría en docencia de la química. TED. **Congreso sobre formación de profesores**. p. 113–115, 2003.

FERNANDES, Kelly Meneses; MASCARENHAS, Érica Larusa Oliveira; PINHEIRO, Bárbara Carine Soares. Uma análise da afrocentricidade na pesquisa em Ensino de Ciências e o tema saberes populares. **XII Encontro nacional de pesquisa em educação em ciências – XII ENPEC**. p. 1–9, 2019.

GARCÍA CANCLIN, Néstor. **Diferentes, desiguales y desconectados**. [*S. l.: s. n.*], 2004.

GEERTZ, Clifford. **La interpretación de las culturas**. [*S. l.*]: Gedisa, 2003.

GLASER, Barney. Grounded theory methodology. **Introducing qualitative research in psychology**. [*S. l.: s. n.*], 2013. p. 69–82. https://doi.org/10.1191/1478088706qp063oa.

GOMES, Nilma Lino. Relações étnico-raciais, educação e descolonização dos currículos. **Currículo sem fronteiras**, vol. 12, no. 1, p. 98–109, 2012.

GUIASCÓN, Oscar Gustavo Retana. Principios de taxonomía zoológica chinanteca: aves. **Etnobiología**, vol. 4, p. 29–40, 2004.

GUTIÉRREZ DE PINEDA, Virginia. **Familia y cultura en Colombia**. [*S. l.*]: Universidad Nacional de Colombia, 1968. Available at: https://asc2.files.wordpress.com/2008/07/pages-from-59360954-gutierrez-de-pineda-virginia-familia-y-cultura-en-colombia-2.pdf.

HEDERICH MARTÍNEZ, Christian; CAMARGO URIBE, Ángela. **Estilos cognitivos en Colombia. Resultados de cinco regiones culturales colombianas**. [*S. l.*]: Universidad Pedagógica Nacional; CIUP, 1999.

HERNÁNDEZ SAMPIERI, Roberto; FERNÁNDEZ COLLADO, Carlos; BAPTISTA LUCIO, María del Pilar. **Metodología de la investigación**. [*S. l.: s. n.*], 2010. Available at: https://bit.ly/3UdygZr.

LEYVA, Xochitl; ALONSO, Jorge; HERNÁNDEZ, R. Aída; ESCOBAR, Arturo; KOHLER, Axel; CUMES, Aura; SANDOVAL, Rafael; SPEED, Shannon; BLASER, Mario; KROTZ, Esteban; PIÑACUÉ, Susana; NAHUELPAN, Héctor; MACLEOD, Morna; INTZÍN, Juan López; GARCÍA, Jaqolb'e Lucrecia; BÁEZ, Mariano; BOLAÑOS, Graciela; RESTREPO, Eduardo; BERTELY, María; ... SANTOS, Boaventura de Sousa. **Prácticas otras de conocimiento(s) II: Entre crisis, entre guerras**. [*S. l.: s. n.*], 2018.

LÓPEZ-ROLDÁN, Pedro; FACHELLI, Sandra. **Metodología de la investigación social cuantitativa**. [*S. l.: s. n.*], 2016. Available at: http://ddd.uab.cat/record/142928.

LUNA-JOSÉ, Azucena de Lourdes; RENDON AGUILAR, Beatriz. Traditional knowledge among Zapotecs of Sierra Madre Del Sur, Oaxaca. Does it represent a base for plant resources management and conservation? **Journal of ethnobiology and ethnomedicine**, Tacoma, WA, vol. 8, p. 1–13, 2012. https://doi.org/10.1186/1746-4269-8-24.

LUNA SERRANO, Edna; CORDERO ARROYO, Graciela. Evaluación de la transferencia de la formación de profesores: aspectos básicos. *In*: CANO, Elena; BARTOLOMÉ, Antonio (eds.). **Evaluar la formación es posible**. [*S. l.*: *s. n.*], 2014. p. 15–34.

MAGALHÃES, Henrique Fernandes; COSTA-NETO, Eraldo Medeiros; SCHIAVETTI, Alexandre. Classificação Etnobiológica De Crustáceos (Decapoda: Brachyura) Por Pescadores Artesanais Do Município De Conde, Litoral Norte Do Estado Da Bahia, Brasil. **Ethnoscientia**, v. 1, n. 1, 2016. DOI 10.22276/ethnoscientia. v1i1.22. Available at: http://ethnoscientia.com/index.php/revista/article/view/22.

MAIN JOHNSON, Leslie. Gitksan plant classification and nomenclature. **Journal of ethnobiology**, Tacoma, WA, vol. 19, no. 2, p. 179–218, 1999.

MALDONADO-TORRES, Nelson. Sobre la colonialidad del ser. Aportes al desarrollo de un concepto. **Antología del pensamiento crítico puertorriqueño contemporáneo**. [*S. l.*]: CLACSO Consejo Latinoamericano de Ciencias Sociales, 2007. p. 565–610.

MATEUS-VARGAS, Maritza; PINHEIRO, Bárbara Carine Soares; MOLINA-ANDRADE, Adela. Decolonización, saberes y formación de profesores. enfoques y campos temáticos a partir del mapeamento informacional bibliográfico. 2018. **VI Congreso nacional de investigación en educación en ciencias y tecnología** [..]. [*S. l.*: *s. n.*], 2018. p. 905–913.

MCMILLAN, James; SCHUMACHER, Sally. **Introducción al diseño de investigación cualitativa**. [*S. l.*]: Pearson education, 2005. Available at: https://bit.ly/3UcNiP1.

MÉNDEZ SANTOS, Isidro E.; RIFÁ TÉLLEZ, Julio C. La identificación de organismos vegetales a partir del nombre común; un método útil para la enseñanza y el aprendizaje de la botánica. **Bio-grafía: Escritos sobre la biología y su enseñanza**, vol. 4, n. 7, p. 111–120, 2011.

MIGNOLO, Walter D. **La idea de América Latina**. [*S. l.*: *s. n.*], 2005.

MINISTERIO DE EDUCACIÓN NACIONAL. Ley 115. Ley general de educación. 1994. Available at: https://bit.ly/3zuZwJz.

MIRANDA, Claudia; RIASCO, Fanny Milena Quiñones. Pedagogias decoloniais e interculturalidade: desafios para uma agenda educacional antirracista. **Educação em foco**, vol. 21, no. 3, p. 545–572, 2016. https://doi.org/10.22195/2447-5246v21n320163186.

MOLINA-ANDRADE, Adela. **Conhecimento, Cultura e Escola: Um estudo de suas Inter-relações a partir das ideias dos alunos (8-12 anos) sobre os espinhos dos cactos**. 2000. Universidade de São Paulo, Sao Paulo, 2000.

MOLINA-ANDRADE, Adela. Contribuciones metodológicas para el estudio de las relaciones entre el contexto cultural e ideas sobre la naturaleza de niños y niñas. **Educación en enseñanza de las ciencias naturales en América Latina**. [*S. l.*: *s. n.*], 2012. p. 63–88.

MOLINA-ANDRADE, Adela. Línea de investigación enseñanza de las ciencias, contexto y diversidad cultural: estado de desarrollo. **Revista EDUCyT**, vol. 10, p. 76–81, 2015.

MOLINA-ANDRADE, Adela. Relaciones entre contexto ultural y explicaciones infantiles de las adaptaciones vegetales. **Nodos y nudos**, vol. 3, no. 23, p. 76–87, 2007.

MOLINA-ANDRADE, Adela. Science education researsh in South America: Social cohesion and cultural diversity. **Cultural and historical perspectives on science education**. [*S. l.*: *s. n.*], 2019. p. 59–83.

MOLINA-ANDRADE, Adela; MARTÍNEZ RIVERA, Carmen Alicia; MOSQUERA SUÁREZ, Carlos Javier; MOJICA RÍOS, Lyda. Diversidad cultural e implicaciones en la enseñanza de las ciencias: reflexiones y avances. **Revista Colombiana de Educación**, n. 56, 2009. https://doi.org/10.17227/01203916.7582.

MOLINA-ANDRADE, Adela; PEDREROS MARTÍNEZ, Rosa Inés; VENEGAS-SEGURA, Andrés Arturo. Interculturalidad, conglomerados de relevancias y formación de profesores de ciencias. **Investigación y formación de profesores de ciencias: Diálogos de perspectivas Latinoamericanas**. [*S. l.*: *s. n.*], 2020. p. 221–247.

MOLINA-ANDRADE, Adela; PÉREZ-MESA, María Rocío; BUSTOS VELAZCO, Edier Hernán; CASTAÑO CUELLAR, Norma Constanza; SUÁREZ, Oscar Jardey; SÁNCHEZ, María Elvira. Mapeamento informacional bibliográfico de enfoques e campos temáticos da diversidade cultural: o caso dos journal CSSE, Sci. Edu. e Sci & Edu. **Atas do IX encontro nacional de pesquisa em educação em ciências – IX ENPEC**. p. 1–8, 2013.

OLIVEIRA, Luiz Fernandes de; CANDAU, Vera Maria Ferrão. Pedagogia decolonial e educação antirracista e intercultural no Brasil. **Educação em revista**, Belo Horizonte, vol. 26, no. 1, p. 15–40, 2010. https://doi.org/10.1590/s0102-46982010000100002.

OSUNA, Carmen. Educación intercultural y Revolución Educativa en Bolivia. Un análisis de procesos de (re)esencialización cultural. **Revista española de antropología americana**, vol. 43, no. 2, p. 451–470, 2013. https://doi.org/10.5209/rev_REAA.2013.v43.n2.44019.

EDUCAÇÃO, AMBIENTE, CORPO E DECOLONIALIDADE **259**

PAQUAY, Léopold; PERRENOUD, Philippe; ALTET, Marguerite; CHARLIER, Évelyne. Formando Professores Profissionais: Quais Estratégias? Quais Competências? [*S. l.: s. n.*], 2011.

PÉREZ-MESA, María Rocío. **Diversidad cultural y concepciones de biodiversidad de docentes en formación inicial de licenciatura en biología.** 2016. 390 f. Universidad Distrital Francisco José de Caldas, Bogotà, 2016. DOI 10.5151/cidi2017-060.

PERONI, Nivaldo; MARTINS, Paulo Sodero. Influência da dinâmica agrícola itinerante na geração de diversidade de etnovariedades cultivadas vegetativamente. **Interciencia**, vol. 25, no. 1, p. 22–29, 2000.

PINHEIRO, Bárbara Carine Soares. Educação em ciências na escola democrática e as relações étnico-raciais. **Revista brasileira de pesquisa em educação em ciências**, vol. 19, p. 329–344, 2019. DOI 10.28976/1984-2686rbpec2019u329344. Available at: https://periodicos.ufmg.br/index.php/rbpec/article/view/13139.

PINHEIRO, Bárbara Carine Soares; ROSA, Katemari. **Descolonizando saberes. A lei 10.639/2003 no ensino de ciências.** [*S. l.*]: Editorial Livraria da física, 2018.

PIÑÓN GARCÍA, Gloria; SANDOVAL FORERO, Eduardo Andrés. Educación intercultural en Ecatepec, Estado de México. **Ra Ximhai.** p. 57–78, 2016. Available at: https://bit.ly/3m50ER4.

PIZARRO-NEYRA, José. Peruvian children's folk taxonomy of marine animals. **Ethnobiology letters**, vol. 2, no. 1, p. 50–57, 2011. https://doi.org/10.14237/ebl.2.2011.50-57.

POSEY, Darrell Addison. Hierarchy and utility in a folk biological taxonomic system: patterns in classification of arthropods by the Kayapó Indians of Brazil. **Journal of ethnobiology**, Tacoma, WA, vol. 4, no. 2, p. 123–139, 1984.

QUIJANO, Aníbal. Colonialidad del poder, eurocentrismo y América Latina. **La colonialidad del saber: eurocentrismo y ciencias sociales. Perspectivas Latinoamericanas.** Buenos Aires: Consejo Latinoamericano de Ciencias Sociales, 2000. p. 201–246.

QUINLAN, Marsha B.; QUINLAN, Robert J.; DIRA, Samuel Jilo. Sidama agro - pastoralism and ethnobiological classification of its primary plant, enset (Ensete ventricosum). **Ethnobiology letters**, vol. 5, p. 116–125, 2014. https://doi.org/10.14237/ebl.5.2014.222.

QUINTRIQUEO M, Segundo; QUILAQUEO R., Daniel; TORRES, Héctor. Contribución para la enseñanza de las ciencias naturales: saber mapuche y escolar. **Educação e pesquisa**. p. 965–982, 2014. Available at: http://www.scielo.br/pdf/ep/v40n4/es_aop1357.pdf.

RAMALLO, Francisco. Enseñanzas de la historia y lecturas descoloniales: entrecruzamientos hacia los saberes de otros mundos posibles. **Revista entramados - educación y sociedad**, vol. 1, p. 43–59, 2014. Available at: https://bit.ly/3GH5jQj.

RENGALAKSHMI, R. Folk biological classification of minor millet species in Kolli hills, India. **Journal of ethnobiology**, Tacoma, WA, v. 25, n. 1, p. 59–70, 2005. Available at: https://bit.ly/3K70ksS.

RIBEIRO, Djamila. **O que é lugar de fala?** [*S. l.*]: Letramento: Justificando, 2017. Available at: https://doi.org/10.9771/cgd.v5i3.32734.

RODRIGO, María José; RODRÍGUEZ, Armando; MARRERO ACOSTA, Javier. **Las teorías implícitas. Una aproximación al conocimiento cotidiano.** [*S. l.*: *s. n.*], 1993. Available at: http://armandorodriguez.es/Libros/archivos/RodrigoRPerezMarrero-RodrigoRPerez-Marrero1993b.pdf.

SÁNCHEZ GUTIÉRREZ, Enrique. Saberes locales y uso de la biodiversidad en Colombia. Presentación en el evento: Los grupos étnicos y las comunidades locales en Colombia. 2003. **Instituto de livestigación de recursos biológicos Alexander von Humboldt**. Available at: https://www.cbd.int/doc/external/bioday-2006-colombia-resumenes-es.pdf. Accessed on: 22 Aug. 2017.

SANTOS BAPTISTA, Geilsa Costa. Do cientificismo ao diálogo intercultural na formação do professor e ensino de ciências. **Interacções**, vol. 31, p. 28–53, 2014.

SANTOS, Boaventura de Sousa. Más allá del pensamiento abismal: de las líneas globales a una ecología de saberes. *In*: SANTOS, Boaventura de Sousa; MENESES, María Paula (eds.). **Epistemologias do Sul**. [*S. l.*: *s. n.*], 2009. p. 21–66.

SOACHA-GODOY, Karen; GÓMEZ, Natalia. Reconocer, conectar y actuar: porque la ciencia la hacemos todos. 2016. **Primer encuentro de ciencia participativa sobre biodiversidad** [..]. Bogotá (Colombia): Instituto de Investigación de Recursos Biológicos Alexander von Humboldt, 2016. p. 1–53. Available at: https://bit.ly/40VgJHS. Accessed on: 22 Aug. 2017.

SUÁREZ, Oscar Jardey. Concepciones, artefactos culturales y objetos de aprendizaje. *In*: MOLINA-ANDRADE, Adela (ed.). **Enseñanza de las ciencias y cultura: múltiples aproximaciones**. [*S. l.*: *s. n.*], 2014. p. 2014.

SUÁREZ, Oscar Jardey. **Recursos educativos abiertos como artefactos culturales: concepciones de los profesores de física que trabajan en la facultad de ingeniería**. 2017. 380 f. Universidad Distrital Francisco José de Caldas, Bogotà, 2017.

TARDIF, Maurice. **Saberes docentes e formação professional**. [*S. l.*: *s. n.*], 2002.

TOVAR PINZÓN, Hermes. Colombia: lo diverso, lo multiple y la magnitud dispersa. **Manguare**, vol. 2, p. 47–79, 1992.

URCELAY, Carlos. **La enseñanza de la diversidad biológica en la Universidad: epistemología y didáctica en las guías de trabajos prácticos**. 2011. Universidad nacional de Cordoba, 2011.

UTGES VOLPE, Graciela Rita; PACCA, Jesuína L.A. **Análisis factorial en la caracterización de representaciones implícitas. Reflexiones metodológicas a la luz de algunas investigaciones realizadas**. [*S. l.*]: Editorial Universidad del Rosario, 2003.

VASCO URIBE, Luis Guillermo. Etnoeducación y etnobiología: ¿una alternativa? **Acta biológica colombiana**, vol. 9, no. 2, p. 67–70, 2004.

VASILACHIS DE GIALDINO, Irene. Ontological and epistemological foundations of qualitative research. **Forum: Qualitative Social Research**, vol. 10, no. 2, p. 1–18, 2009.

VENEGAS-SEGURA, Andrés Arturo. **Estudio de las ideas de naturaleza de niños y niñas de ascendencia Sikuani y llanera: los conglomerados de relevancia y su aporte para la enseñanza de las ciencias**. [*S. l.*: *s. n.*], 2020.

VILLAGRÁN, Carolina. Etnobotánica indígena de los bosques de Chile: sistema de clasificación de un recurso de uso múltiple. **Revista chilena de historia natural**, vol. 71, p. 245–268, 1998.

VILLAGRÁN, Carolina; VILLA, Rodrigo; HINOJOSA, Luis Felipe; SANCHEZ, Gilberto; ROMO, Marcela; MALDONADO, Antonio; CAVIERES, Luis; TORRE, Claudio La; CUEVAS, Jaime; CASTRO, Sergio; PAPIC, Claudia; VALENZUELA, America. Etnozoología Mapuche: un estudio preliminar. **Revista chilena de historia natural**, vol. 72, p. 595–627, 1999. Available at: http://rchn.biologiachile.cl/pdfs/1999/4/Villagran_et_al_1999.pdf.

WALSH, Catherine. Interculturalidad, colonialidad y educacion. **Revista educación y pedagogía**, vol. XIX, no. 48, p. 25–35, 2007.

WALSH, Catherine. Interculturalidad crítica y educación intercultural. **Construyendo interculturalidad crítica**. p. 9–11, 2009.

WALSH, Catherine. Introducción. Lo pedagógico y lo decolonial: entretejiendo caminos. **Pedagogías decoloniales. Prácticas insurgentes de resistir, (re) existir y (re) vivir**. [*S. l.*: *s. n.*], 2013. p. 23–68.

doi.org/10.29327/5220270.1-10

Capítulo 10

O RACISMO AMBIENTAL COMO HERANÇA COLONIAL: DIÁLOGOS ENTRE EDUCAÇÃO AMBIENTAL E DIREITOS HUMANOS NA FORMAÇÃO DE PROFESSORAS/ES

Jacson Oliveira dos Santos, Ayane de Souza Paiva e Claudia Sepulveda

Introdução

COABITAMOS um mundo com uma diversidade de interesses políticos, econômicos e sociais que refletem a variedade de visões de mundo, que operacionalizam as relações sociais e também as relações com o meio ambiente. Portanto, essas relações se dão a partir de disputas de visões de mundo e de um reiterado ciclo de lutas sociais por direitos. A educação, com o seu papel de promotora do conhecimento, não passou ilesa pelas disputas ideológicas. Em decorrência dessas discussões ideológicas tem sido produzida uma diversidade de práticas educacionais, as quais, na maioria das vezes, priorizam aspectos hegemônicos constituintes da sociedade patriarcal, racista, classista e capitalista.

Nesse contexto de disputas de narrativas, a educação sofre constantes intervenções políticas e ideológicas que querem suprimir discussões importantes para a formação de uma sociedade engajada na superação das relações de opressão existentes no cotidiano das nossas cidades. O caso mais emblemático e que ganhou repercussão nacional foi o conjunto de projetos, configurados como um programa e um movimento social mais amplo, que foi batizado de PL 7.180/2014, conhecido como 'Escola sem Partido'. Esse PL chegou a vigorar em alguns estados e municípios e define o que pode ou não fazer parte das discussões em sala de aula, cerceando o direito de aprender e lecionar de professoras/es e estudantes, configurando uma afronta à Constituição Brasileira.

Diante dessas intervenções na educação, a educação ambiental é na maioria das vezes pautada de forma a negar seus aspectos sociais e políticos. Como relata Rangel (2016. p. 129) ao dizer que as questões ambientais são discutidas a partir da "óptica que concebe a natureza como uma questão de gestão, externa à sociedade e a ser equacionada nos parâmetros da tradição racionalista burocrática e iluminista". Assim, se alinhando com uma ideia hegemônica de desenvolvimento, que na prática alimenta o sistema econômico vigente ao invés de confrontá-lo. Acreditamos que a discussão ambiental deve extrapolar a preocupação do uso dos recursos naturais e seu eminente esgotamento e engendrar novos debates que perpassem por setores da economia e da sociedade, visando da luz as injustiças ambientais provocadas pelos modos de desenvolvimento industrial e tecnológico.

O exame de casos de racismo ambiental, que representa a prática de crimes ambientais que afetam diretamente comunidades negras, torna visível as lutas de comunidades vítimas desses crimes, pois a invisibilidade desses grupos faz parte da execução do projeto de desenvolvimento que inviabiliza a participação desses indivíduos na tomada de decisão e coloca os interesses de uma minoria acima dos interesses da sociedade. Esse projeto de desenvolvimento fica evidente com a PL 510/2021, conhecida como "PL da grilagem", que na prática beneficia grandes empresários do agronegócio em detrimento de populações ribeirinhas, quilombolas e indígenas que não têm as posses de suas terras, além de abrir caminhos para novos crimes ambientais e consequentemente injustiças ambientais. Portanto, consideramos que a discussão dessa temática e as controvérsias que encerra podem contribuir para promoção de pensamento crítico na formação de professores.

Partindo desse pressuposto, este capítulo busca examinar as possibilidades de articulação entre direitos humanos e educação ambiental na formação de professoras/es por meio da temática do racismo ambiental. Para tanto, apresentaremos uma breve interpretação da história do movimento contra o racismo ambiental, aspectos da educação ambiental e dos direitos humanos e uma análise de como a discussão do fenômeno do racismo ambiental possibilita a articulação entre educação ambiental crítica e educação em direitos humanos.

O pressuposto que orienta essa análise é que o direcionamento de danos ambientais às comunidades vulneráveis, fenômeno ao qual o conceito de racismo ambiental se refere, retira o direito a um ambiente ecologicamente equilibrado, que está diretamente ligado ao direito à vida e ao pleno desenvolvimento humano e social, os quais ferem os direitos humanos garantidos pela Declaração Universal dos Direitos humanos e pela Constituição Brasileira.

Racismo ambiental e a herança colonial

A discussão referente ao Racimo Ambiental surge nos Estados Unidos após denúncias de comunidades negras sobre violações de direitos humanos referente ao meio ambiente, ganhando maior visibilidade e força com a participação do movimento negro norte americano. Antes disso, a crise ambiental já vinha sendo amplamente divulgada por ambientalistas e já fazia parte das discussões acadêmicas pelo mundo, às quais, no entanto, não se observavam os aspectos relacionados à distribuição dos impactos negativos da produção industrial e tecnológica, restringindo-se aos aspectos relacionados ao enfrentamento e às possibilidades de frear as mudanças climáticas.

A crise ambiental suscitou debates referentes à preservação ambiental, uso sustentável dos recursos naturais e mudanças de comportamento individuais em relação ao consumo. Dessa forma, as discussões não ultrapassaram a visão utilitarista da natureza, segundo a qual toma a natureza como mercadoria para exploração. Tais debates propunham maior cautela na exploração dos recursos naturais, sob o argumento de que a prática naquele contexto era considerada danosa à sobrevivência das próximas gerações. Contudo, essas discussões não miraram as bases fundantes da crise ambiental, as quais estão assentadas em nosso sistema econômico, que prioriza o acúmulo de capital e a propriedade privada. Incentiva o uso dos recursos naturais na produção de mercadorias, que influenciam o consumo e a desigualdade material, social e ambiental. Assim, a crise ambiental na verdade não é a crise do ambiente, e sim, a crise de valores éticos e culturais que fundamentam o nosso modo de vida (GOMES, 2007).

O Movimento Contra o Racismo Ambiental nos Estados Unidos surge a partir dessa realidade, e passa a denunciar a seletividade dos danos da crise ambiental, apontando que a crise não chega a todas as pessoas da mesma forma. Na verdade, seus danos chegam com maior intensidade a países com histórico de pobreza e colonização europeia. Nesse contexto, podemos entender a crise ambiental como uma crise socioambiental, já que se refere às experiências e aos enfrentamentos distintos pelos grupos sociais, tendo marcadores como raça, etnia, territorialidade e classe muito presentes no destino dos danos. Com isso, a maior parcela dos estragos ambientais referente a produção industrial e tecnológica alcança minorias vulneráveis pelo mundo.

O primeiro caso que inaugurou a luta por dignidade ambiental ficou conhecido como *Love Canal* que ocorreu na cidade de Búfalo, Nova Iorque. A história se dá quando uma comunidade de trabalhadoras/es, predominantemente branca, descobre que foram assentados sobre um antigo canal que servia como depósito de resíduos tóxicos e viram seus familiares adoecerem pelas emissões de gases que proliferavam do solo, contaminando tudo que tinha contato com a terra. Esse caso gerou uma enorme comoção na época, sendo que no contexto de seu debate não foram analisadas questões referentes à raça ou classe, mas tornou visível um caso específico de injustiça ambiental (SILVA, 2011).

Acredita-se, contudo, que a consolidação do Movimento por Justiça Ambiental se dá a partir do caso de Warren Country na Carolina do Norte, quando moradores de uma comunidade negra descobrem que seria implantado um depósito de produto tóxico próximo às suas residências. Essa descoberta causa uma comoção na comunidade negra, tomando níveis nacionais. A partir desse caso, o movimento negro estadunidense passa a liderar uma batalha por ações que promovessem a garantia de um ambiente saudável e equilibrado para sua sobrevivência (ACSELRAD, 2004; BULLARD, 2004).

Nesse contexto de denúncias e lutas pelo direito à vida digna, a Comissão de Justiça Racial (CJR) da *Unit Church Christ* em 1982 realizou uma pesquisa cujos resultados demonstram que o circuito dos danos ambientais, oriundos da produção industrial, fazia o mesmo trajeto que as comunidades negras daquele país. Com base nessa constatação, a comissão chega à conclusão que a composição racial de uma comunidade é a variável mais apta a explicar a existência ou inexistência de depósitos de rejeitos perigosos de origem comercial em uma área. Por essa razão, Benjamim Chavis, diretor da CJR, a qual foi a responsável pela elaboração da pesquisa, cunha o termo racismo ambiental como sendo a "imposição desproporcional, intencional ou não de rejeitos perigosos às comunidades de cor" (ACSELRAD, 2004; BULLARD,

2004). Outra definição dada ao termo, foi cunhada por Herculano (2006), que nos apresenta o racismo ambiental como:

> Um conjunto de ideias e práticas das sociedades e seus governos, que aceitam a degradação ambiental e humana, com a justificativa da busca do desenvolvimento e com a naturalização implícita da inferioridade de determinados segmentos da população afetados – negros, índios, migrantes, extrativistas, pescadores, trabalhadores pobres, que sofrem os impactos negativos do crescimento econômico e a quem é imputado o sacrifício em prol de um benefício para os demais (2006, p. 11).

A mesma autora afirma que a *Environmental Protection Agency* (EPA), uma espécie de organização governamental que cuida da recuperação de solos poluídos por produtos tóxicos e proteção ambiental, tornou o racismo ambiental parte das suas políticas ambientais, estudando os casos e ampliando as discussões a respeito do fenômeno. Porém, o termo racismo ambiental não teve uma boa receptividade na EPA, que o considerou forte demais e com o potencial maior de segregar do que integrar grupos na luta contra as injustiças ambientais.

O racismo no contexto estadunidense, opera de forma distinta, quando olhamos para a realidade brasileira. As lutas antirracistas do movimento negro estadunidense foram mais intensas e influenciaram os movimentos sociais pela América Latina. Dessa forma, a discussão do racismo ambiental tem sua gênese nas lutas pelos direitos civis de negros e negras norte-americanos/as, originando-se, portanto, de um contexto social distinto do brasileiro. De modo que é importante entender que a discussão do racismo não possui um status universal (ALIER, 2011).

Em 2001, aconteceu no Rio de Janeiro um colóquio com a presença de Robert Bullard e Beverly Wright, sociólogos e ativistas do movimento negro estadunidense. Nesse evento houve uma discussão sobre o racismo ambiental no contexto brasileiro, quando ficou acordado que o termo justiça ambiental seria o mais apropriado para nossa realidade social. Já no ano de 2005 aconteceu o primeiro Seminário Brasileiro Contra o Racismo Ambiental, contando com uma diversidade de sujeitos vindos da academia, de institutos federais e oriundos de movimentos sociais e populações em vulnerabilidade. O termo racismo ambiental na época não emplacou no movimento negro urbano e sofreu uma resistência dentro da academia, que colocava questões práticas à utilização do termo no Brasil. Com isso, as discussões a respeito do tema passaram a ser identificadas pelo termo justiça ambiental, como aconteceu nos Estados Unidos (HERCULANO, 2006).

O debate acerca do termo racismo ambiental realizado pela Rede Nacional de Justiça Ambiental pode ser entendido a partir dos imaginários sociais sobre a identidade nacional e formação da sociedade brasileira, entre os quais ainda é hegemônica a defesa da existência de uma variedade étnica na constituição da população, além do argumento de que temos uma desigualdade social que não afeta apenas negros, mas outros grupos. Argumenta-se, dessa forma, que seria mais indicado o uso do termo justiça ambiental, pois aglutinaria a luta contra as injustiças ambientais, que é vivenciada por vários grupos, inclusive brancos/as pobres. Ademais, é válido ressaltar que a Rede Nacional de Justiça Ambiental mantém um grupo de pesquisa que se utiliza do termo racismo ambiental para definir os casos de injustiças ambientais (RANGEL, 2016).

Essa discussão, de qual termo usar para definir os casos de injustiças ambientais em nosso país, demonstra uma visão classista dos casos e parece esquecer do nosso passado de colonização que escravizou milhares de negras e negros, os quais, mesmo depois da abolição, se tornaram escravizados pela miséria e pela negligência do Estado que não criou políticas públicas para inseri-los na sociedade de modo digno e equitativo. A colonização deixou suas heranças, e o racismo ambiental é uma dessas tantas experiências vivenciadas pela população negra. Essas afirmações podem ser evidenciadas, por exemplo, ao ver os dados do censo de 2010, em que 51% das/os entrevistadas/os se autodeclararam negras/os e mostra uma porcentagem maior referente às condições ambientais, como saneamento básico, quando comparado aos 48% declarados brancos (IBGE, 2010a). Dados mais recentes apontam para o aumento desse quantitativo de declarados negros, agora são 118,6 milhões, ou seja, 56% dos 210, 5 milhões de habitantes de acordo com dados projetados pela Pesquisa Nacional por Amostra de Domicílios Contínua (PNAD), para o primeiro trimestre de 2020 (IBGE, 2020b). Além disso, essa população tem os maiores índices de mortes decorrentes da Covid-19, por ações policiais, e também a maior população carcerária.

Para examinarmos as controvérsias a respeito do uso do termo justiça ambiental em lugar do termo racismo ambiental no contexto do Brasil, é importante atentarmos para as definições cunhadas por Acselrad (2004) no contexto da Rede Brasileira de Justiça Ambiental (RBJA). Fundada no primeiro colóquio Internacional por Justiça Ambiental, a rede realizou o mapeamento de injustiças ambientais que vitimam as populações vulneráveis no Brasil e, orientada por uma análise marxista, propôs tais definições para substituir a utilização do termo racismo ambiental nas discussões principais do movimento. Os termos Justiça Ambiental e Injustiças ambientais receberam as seguintes definições respectivamente:

> Justiça ambiental são as práticas que asseguram que nenhum grupo social, seja ele étnico, racial, de classe ou gênero, suporte uma parcela desproporcional das consequências ambientais negativas de operações econômicas, decisões de políticas e programas federais, estaduais, locais, assim como da ausência de políticas (ACSELRAD, 2004. p. 10).

> A condição de existência coletiva própria a sociedade desigual onde operam mecanismos sociopolíticos que destinam a maior carga dos danos ambientais do desenvolvimento a grupos sociais de trabalhadores, populações de baixa renda, segmentos raciais discriminados, parcelas marginalizadas e mais vulneráveis da cidadania (ACSELRAD, 2004. p. 10).

A definição do racismo ambiental propostas por Benjamin e Herculano, demonstra a semelhança entre o termo justiça ambiental proposta por Acselrad (2004) no contexto da RBJA. Mas nesse contexto o marcador raça não fica em evidência, embora outros marcadores sociais estejam presentes nas definições. Com isso, suspeitamos que a exclusão ou a minimização da raça como categoria analítica e explicativa das injustiças ambientais no Brasil, tenha relação com algumas especificidades de como o racismo tem se mantido na dinâmica de manutenção das desigualdades sociais no Brasil. Como nos alerta estudiosos e ativistas da luta antirracista, como Munanga (2004); Gomes (2005); Lima (2008), o racismo no Brasil é ambíguo e se mantém pela sua negação.

Várias estratégias têm sido historicamente produzidas para manter esse processo, entre eles a construção e manutenção do mito da democracia racial. Segundo Abdias do Nascimento (1978), consiste em uma estratégia da elite branca para, sob superfície teórica de assimilação, aculturação e miscigenação, assegurar que a crença na inferioridade do africano e seus descendentes permaneça intocada. Desse modo, buscou-se negar a existência do racismo do Brasil, ao distinguir e comparar as relações étnico-raciais no País com o regime segregacionista norte-americano, tido como paradigma de prática social de racismo. Tendo sido desmascarado e denunciado pelo movimento negro ao longo das décadas de 1980 e 1990, o mito da democracia racial tem recebido novos matizes por meio do recente discurso antirrraça produzido pelas pesquisas da genômica que propõem que o conceito de raça é inadequado para descrever a variabilidade da espécie humana e não tem estatuto biológico. Esse discurso tem sido popularizado por afirmações como "raças humanas não existem" e "somos todos iguais" (Santos e Maio, 2005 e Sepulveda et al, 2019).

Nesse sentido, defendemos a utilização do termo racismo ambiental, pelo seu histórico de lutas sociais do movimento negro pelos direitos básicos à vida e pelo constante apagamento de teorias e conhecimentos formulados por intelectuais negras/os, porém acreditamos no uso interseccional dos marcadores de opressão, como Davis (2016) relaciona o viés classista e de raça nas políticas intervencionistas nos Estados Unidos.

Educação ambiental

A Educação ambiental surgiu no século XX como ferramenta de conscientização da sociedade para o enfrentamento dos problemas ambientais. Nesse período, exatamente entre os anos 1950 e 1960, surgem os protestos protagonizados pela sociedade civil, que questionam os valores da sociedade capitalista e os danos causados à natureza. Durante o século XX, ocorreram vários eventos para discutir as questões ambientais, como a Conferência Mundial sobre o Meio Ambiente Humano, ocorrida em 1972, na cidade de Estocolmo, e a Conferência Intergovernamental de Tbilisi, realizada em 1977 na Geórgia. Esses eventos são considerados os marcos das discussões sobre a Crise Ambiental que era denunciada por cientistas e ambientalistas (RAMOS, 2001).

Segundo Layrargues e Lima (2011), existem três macrotendências da educação ambiental, a Conservacionista, Pragmática e Crítica, que os autores definiram como sendo as principais perspectivas da prática em educação ambiental. O início das discussões ambientais é marcado por uma homogeneidade que silencia os aspectos políticos envolvendo o debate ambiental. Nesse período, o principal objetivo é a preservação da natureza e a conscientização dos indivíduos para mudança de comportamento em relação às práticas que degradam o meio ambiente. Dessa forma, toda a sociedade é colocada como responsável igualmente pela conservação e pelos danos causados ao meio ambiente. Essa perspectiva é chamada de conservacionista.

A macrotendência pragmática pauta-se em um discurso mais liberal da natureza, segundo o qual a natureza é um recurso prestes a ser esgotado, e defende um consumo sustentável como estratégia para evitar esse esgotamento. É a partir dessa perspectiva, que surgem os discursos e campanhas em prol da economia de água e energia, diminuição das emissões de carbono e a revisão do paradigma do lixo, que passa ser concebido como resíduo, ou seja, que pode ser reinserido no metabolismo industrial. Essa perspectiva teria um potencial muito grande no enfrentamento da crise ambiental, mas deixou à margem as discussões políticas e sociais. Dessa forma, essa tendência foca nas mudanças comportamentais dos indivíduos, como na conservacionista, com a diferença da inserção da discussão da sustentabilidade, que inicialmente não era abordada na conservacionista, a qual prioriza o culto a natureza intocada e a criação de espaços de conservação sem a presença de humanos. (LAYRARGUES; LIMA, 2011).

A macrotendência crítica, a qual defendemos, tem na sua essência a busca pela articulação das questões econômicas, políticas, sociais e ambientais. Ela surge em meados da década de 1980 e início dos anos 1990, tendo as obras de Marx e Paulo Freire como influenciadoras. Essa tendência traz uma abordagem pedagógica que problematiza os contextos societários em sua interface com a natureza. A luz dessas referências, argumenta-se que não se deve discutir os problemas ambientais distanciados dos problemas sociais e das relações desiguais de poder, que afetam a vida de muitos indivíduos que, na maior parte do tempo, têm suas lutas silenciadas e não estão presentes nas decisões importantes sobre seus territórios, modos de vida e corpos (LOUREIRO; LAYRARGUES, 2013).

Na perspectiva da EA crítica, as discussões sobre racismo ambiental, justiça ambiental e injustiças ambientais toma um papel importante dentro das pesquisas relacionadas a esse campo. Esses conceitos passam a ser ferramentas para a crítica e enfrentamento da ideia neoliberal de distribuição dos recursos ambientais propagada pela mídia elitista, pelos documentos governamentais que definem a educação ambiental de que os problemas ambientais o são igualmente sentidos e enfrentados por todos os setores da sociedade, ou seja, não focam nas causas, mas apenas em soluções pontuais e individuais, tornando invisíveis as práticas de racismo ambiental (BULLARD, 2004; ACSELRAD *et al.*, 2009; LOUREIRO, LAYRARGUES, 2013.

De acordo com Gohn (2005) o saber popular politizado, torna-se um risco para as classes dominantes, na medida em que ele reivindica espaços nos aparelhos estatais, através de conselhos com caráter deliberativo. Esse risco seria provocado porque o saber popular estaria invadindo o campo de construção da teia de dominação das redes de relações sociais. Dessa maneira, as formas de dominação situam-se no sentido de intensificar as assimetrias de poder, impedindo a participação popular para assegurar e legitimar o processo de dominação. Assim, defendemos a abordagem sobre o racismo ambiental dentro da práxis em educação ambiental, sendo importante para analisarmos como práticas ambientais degradantes impactam implacavelmente populações vulneráveis, além de orientar a população a respeito dos seus direitos ambientais e empoderá-las na busca de maior participação das decisões que lhes afetam diretamente.

Direitos humanos

A discussão dos direitos humanos, segundo Comparato (2010), tem seu primeiro registro histórico no artigo I da Declaração de Independência Americana, que defende a ideia de igualdade entre os homens. Essa ideia também está presente na Declaração dos Direitos do Homem e do Cidadão, de 1789. Esses direitos tinham caráter de exclusividade, pois alguns dos direitos básicos que hoje são garantidos a todas/os, não alcançavam mulheres, crianças, homossexuais e pessoas escravizadas. O termo "direitos do homem" foi motivo de críticas, ao veicular uma visão masculina dos direitos humanos, no sentido de que era necessário nascer homem para ser digno de consideração moral e social. Na prática era isso o que acontecia, denunciados pelos movimentos feministas e apontados pelos estudos feministas de gênero.

É notório também perceber o tom antropocêntrico na discussão do "direito do homem" no que diz respeito ao homem tido como universal e digno de consideração moral, ou seja, além da questão da exclusão das mulheres, esse homem universal, em geral, se refere ao homem europeu branco e heterossexual, não incluindo no círculo de beneficiários dos direitos humanos, homens não brancos e homoafetivos, além de um distanciamento do objeto natureza. É a partir desse antropocentrismo que passamos a lidar com a natureza de forma indiferente e nos colocando como seres superiores sobre as outras espécies não humanas. Dessa forma, tudo que difere desse homem é algo primitivo e que precisa ser ajustado ou explorado. A história da escravização dos povos africanos é um marco nessa relação da ideia de superioridade das espécies, ao desumanizar as pessoas negras, o colonizador impõe-lhes o status de outra espécie, o que possibilitou a utilização e posse da mão de obra escrava.

Segundo Passos (2016) o processo de internacionalização dos direitos humanos começa na metade do século XIX e se finda com a chegada da Segunda Guerra Mundial. Para Piovesan (2010) a Segunda Guerra Mundial provoca uma ruptura com os direitos humanos, essa percepção deixa claro o caráter seletivo dos direitos humanos, ao negar que o processo de extermínio de populações indígenas e exploração dos corpos negros nas colônias europeias não se configuraram como ruptura desses direitos. Piovesan (2010), afirma que o pós-guerra então se caracteriza por uma volta à defesa dos direitos humanos, visto as atrocidades e negações ocorridas contra a dignidade da pessoa humana durante o período de guerra. Dessa forma, os direitos humanos adquirem status dogmático com a criação da Organização das Nações Unidas (ONU).

A pauta dos direitos humanos é constantemente atacada na sociedade e muitos desses ataques partem da desinformação a respeito do que representam os direitos humanos. As discussões surgem de uma visão errada do direcionamento dos benefícios que esses direitos promovem na sociedade. É corriqueiro ouvirmos que os direitos humanos apenas beneficiam os bandidos, gerando uma ideia de bem e mal, ou seja, cidadãos de bem injustiçados e malfeitores beneficiados. Dessa forma, os militantes dos direitos humanos são constantemente atacados e taxados como defensores de bandidos, quando não são mortos. Um caso emblemático foi a execução da socióloga e vereadora Marielle Franco, em março de 2018, após sua efetiva atuação no acompanhamento de casos de chacinas e execuções policiais nas favelas do Rio de Janeiro.

A violação de direitos humanos no Brasil, como na América do Sul, em geral, têm um longo histórico. Entre os eventos importantes, podemos citar as invasões pelo continente europeu que levaram ao extermínio de comunidades indígenas e aos milhões de assassinatos de negras e negros, além das ditaduras que mataram e silenciaram as vozes de milhares de indivíduos, Esses acontecimentos fizeram o Brasil aderir à defesa dos direitos humanos, a parti da Constituição Brasileira de 1988, que traz em seus princípios fundamentais, o princípio da dignidade da pessoa humana (BRASIL, 1988). Porém, como nos afirmam Candau e Sacavino (2013) não adianta legislações bem escritas sobre os direitos humanos, se na prática enxergamos situações concretas de violações contra comunidades indígenas, quilombolas e as populações periféricas dos grandes centros urbanos, configurando-se um discurso retórico que deixam impunes essas situações de opressões.

Para promovermos a superação de ataques aos direitos humanos, se faz necessário um processo de internalização no imaginário social da importância dos direitos humanos para a consolidação da democracia e respeito à vida. Dessa forma, como nos aponta Candau e Sacavino (2013) os processos educacionais são essenciais para atingirmos esse horizonte, e nesse sentido a formação de professores em direitos humanos numa perspectiva globalizada, buscando aspectos sociais, culturais, econômicos e ambientais, é fundamental para promovermos uma educação humanitária, que produza empoderamento individual e coletivo, em especial a grupos em vulnerabilidade socioeconômica.

Direitos humanos e educação ambiental: possíveis diálogos na formação de professores a partir da abordagem do racismo ambiental

A base da nossa sociedade foi forjada na subjugação de seres humanos e não humanos. De um lado, criamos ferramentas, conceitos para definir quem é apto à consideração moral, do outro lado, nos distanciamos da natureza com o intuito assumir um espaço de centralidade e domínio sobre os outros seres vivos. Estruturamos, enquanto sociedade, espaços de convivência mediados por relações desiguais de poder, competição e oportunidade, sendo que esses outros foram desvalorizados na sua essência e existência, se tornando mercadorias em um sistema excludente e danoso às relações sociais e ambientais.

O racismo ambiental é um fenômeno criado por essa formação social baseada na exclusão e dominação do outro. No caso da formação da sociedade brasileira, é necessário entender o processo de colonização e sua base escravagista, que concedeu direitos a parte da população enquanto que retirava de outros, como o direito a Terra, que foi negado aos negros durante e após a escravidão.

O racismo estrutural que foi construído no processo de escravização e após abolição, ainda resiste dentro da sociedade, respingando nas instituições e estruturando todas as nossas relações, alargando a desigualdade social e ambiental e assegurando o direcionamento da maior parte dos danos das atividades industriais às comunidades vulneráveis. Essa situação é fundamental para entendermos a lógica do nosso sistema econômico e social, que é baseado na produção de mercadoria e no consumo, além de tornar as pessoas peças de um jogo macabro de exploração e descartes. Esse modo de vida baseado na exploração de seres vivos não humanos, de descaso como a natureza e desumanização das populações em vulnerabilidade é gerador da degradação ambiental e social, e se não combatido, chegaremos ao limite do esgotamento ambiental, intensificando as violações de direitos humanos, caracterizando o racismo ambiental.

A definição do racismo ambiental então nos sugere essa articulação entre direitos humanos e educação ambiental, pois a discussão sobre o racismo ambiental e o direito a um ambiente ecologicamente equilibrado surge em meio à luta da comunidade negra norte americana pela garantia dos direitos básicos à sobrevivência.

De outra maneira, o tom denunciativo do movimento por justiça ambiental no Brasil, também nos revela a luta por um ambiente preservado, direito que é garantido pela Conferência das Nações Unidas sobre Meio Ambiente Humano, realizada em Estocolmo, em Junho de 1972, que é considerada como o marco de nascimento do Direito Ambiental Internacional. A Constituição Brasileira de 1988, também traz em seu artigo 225 que "todos têm direito ao meio ambiente ecologicamente equilibrado, bem de uso comum do povo e essencial à sadia qualidade de vida, impondo-se ao poder público e à coletividade o dever de defendê-lo e preservá-lo para as presentes e futuras gerações"

Assim, acreditamos que, discutir a existência de um direito humano ao meio ambiente na formação docente é falar essencialmente do exercício da política, e entender que esse exercício perpassa por uma disputa de poder e concepções diversas entre vários atores, que tem capacidade e acesso a informações e apoios diferentes para interferir em decisões importantes sobre o uso dos recursos naturais. A utilização do fenômeno do racismo ambiental, que entendemos como sendo uma herança do sistema colonial, pois o processo de abolição no Brasil, não garantiu liberdade plena aos negros e às negras escravizadas/os, ao contrário, o estado brasileiro garantiu anos de exclusão social e ambiental, o que reflete hoje a nossa sociedade, que viveu por anos sob o manto da falácia de uma democracia racial. Esse abandono dos libertos pelo Estado asseverou as diferenças entre brancos e pretos, o que garantiu aos negros a vivência com inúmeras injustiças ambientais provocados pelo racismo ambiental, por meio do discurso falacioso de um desenvolvimento econômico e industrial.

Com essa articulação podemos promover a formação de professores em educação ambiental para além da perspectiva que a percebe como sendo isolada das práticas de produção atual, além de perceber os direitos humanos fora da óptica neoliberal que focaliza no individualismo, o que afasta a construção de um pensamento coletivo da promoção dos direitos humanos. Assim, busca-se romper uma formação em educação ambiental que prioriza o culto à natureza, a preservação ambiental, o foco no indivíduo e a sustentabilidade midiática, e criar caminhos para compreender a crise socioambiental que vivemos, e entender suas raízes estruturantes, que brotam de um sistema econômico, político e social, os quais financiam de forma articulada a degradação ambiental e a exclusão de comunidades inteiras, e que provocam violações constantes dos direitos humanos.

Os documentos nacionais e internacionais referentes às práticas em educação ambiental e a promoção do ensino sobre direitos humanos na educação, também nos dão uma visão a respeito da potência da articulação entre esses campos de conhecimento. Um dos objetivos fundamentais da Lei

9.795/99, que se refere a Política Nacional de Educação ambiental, diz respeito à participação individual e coletiva na preservação e equilíbrio do meio ambiente, o qual precisa entender a qualidade ambiental como sendo um bem imprescindível para o exercício da cidadania e sobrevivência, além de defender a construção de uma sociedade ambientalmente equilibrada, fundada nos princípios da liberdade, igualdade, solidariedade, democracia, justiça social e também ambiental, como na responsabilidade e sustentabilidade (BRASIL, 2009). Dessa forma, é visível a relação entre as discussões presentes na Lei 9.795/99 como o Plano Nacional de Direitos Humanos, Decreto 7.037, em que há a discussão sobre a valorização da pessoa humana como sujeito central do processo de desenvolvimento, como também a promoção e proteção dos direitos ambientais como direitos humanos, incluindo as gerações futuras como sujeitos de direitos.

A educação é um campo em disputa, assim como a educação ambiental e os direitos humanos. Dessa forma, ações para a construção de ferramentas capazes de criarem uma frente contra-hegemônica na educação se torna necessário na formação de professoras/es. Por isso defendemos a discussão do racismo ambiental como meio para articular direitos humanos e educação ambiental na formação docente.

Considerações Finais

Acreditamos que sozinhos/as não podemos mudar o mundo, mas confiamos que ao pensar coletivamente e expressar através da prática educacional princípios que possam construir caminhos diferentes para um futuro mais justo e digno, consigamos promover uma educação emancipatória. Ao enfrentar certas batalhas dentro do âmbito da educação, da política e do social, pautando aspectos da sociedade que são silenciados nos grandes debates sociais e políticos, é acreditar e ser empático com o sofrimento do outro e tornar a superação desse sofrimento uma luta diária. Nós pesquisadoras/es e professoras/es "precisamos celebrar um ensino que permita as transgressões – um movimento contra as fronteiras e para além delas. É esse movimento que transforma a educação na prática da liberdade" (HOOKS, 2013. p. 24).

Com isso confiamos que a inserção da discussão do racismo ambiental na formação de professoras/es em direitos humanos e educação ambiental, tende a enriquecer o debate, além de promover a articulação desses campos de conhecimento, possibilitando a formação de professores engajados e conscientes das práticas de injustiças ambientais vivenciadas por indivíduos em vulnerabilidade.

Não é o nosso papel prescrever métodos ou definir quais as formas melhores de ensinar, mas consideramos como nosso papel contribuir para uma educação que possibilite a construção de práticas sociais, econômicas e políticas que priorizem a dignidade da pessoa humana, que abrace a coletividade e equidade como princípio de vida, que repensem a exploração dos seres vivos não humanos, garantindo a eles dignidade e uma vida sem sofrimento. Enfim, um mundo mais empático, democrático e diverso.

Referências

Acselrad, H. As Práticas Espaciais e o Campo dos Conflitos Ambientais. In: **Conflitos Ambietais no Brasil**. H. Acselrad (org). Rio de Janeiro: Relume Dumará: F. Heinrich Böll, 2004.

Acselrad, H. Mello e C. C. A. Bezerra G. N. **O Que é Justiça Ambiental**. Rio de Janeiro: Garamond, 2009.

Alier, Joan Martinez. **O ecologismo dos pobres: conflitos ambientais e linguagens de valoração**. São Paulo: Contexto, 2011.

Brasil. Constituição Federal. **Constituição da República Federativa do Brasil**. Brasília, DF: Senado, 1988.

Brasil. **Secretaria Especial dos Direitos Humanos da Presidência da República**. Programa Nacional de Direitos Humanos. Secretaria Especial dos Direitos Humanos da Presidência da República. Brasília: SEDH/PR, p224, 2009.

Bullard, R. Enfrentando o Racismo Ambiental no Século XXI. In Acselrad, H. Herculano, S. Pádua, J. A. (Orgs.). **Justiça Ambiental e Cidadania**. Rio de Janeiro: Relume Dumára: Fundação Ford, 2004.

Candau, V. M. F. e Sacavino, S. B. Educação em Direitos Humanos e Formação de Educadores. **Educação**. Porto Alegre, v. 36, n. 1, p. 59-66, 2013.

EDUCAÇÃO, AMBIENTE, CORPO E DECOLONIALIDADE **279**

Comparato, F. K. **A Afirmação Histórica dos Direitos Humanos**. 7 ed. São Paulo: Saraiva, 2010.

Davis, A. **Mulheres, Raça e Classe**. Tradução: Heci Regina Candiani. São Paulo: Boitempo, 2016.

Gomes, N. L. Alguns termos e conceitos presentes no debate sobre relações raciais no Brasil: uma breve discussão. In: BRASIL. Secretaria de Educação Continuada, Alfabetização e Diversidade. **Educação anti-racista**: caminhos abertos pela Lei Federal n. 10639/03. Brasília: Ministério da Educação, 2005. Disponível em: https://bit.ly/3nQdgM6. Acesso em: 01/02/2023.

Gomes, D. V. A solidariedade Social e a Cidadania na Efetivação do Direito a em Ambiente Ecologicamente Equilibrado. **Desenvolvimento em Questão**. Ano 5, n.9 Ijuí, 2007.

Gohn. M da G. **Movimentos sociais e educação**. 6.ed. São Paulo: Cortez, 2005.

Herculano, S. Lá como cá: conflito, injustiça e racismo ambiental. I Seminário Cearense contra o Racismo Ambiental. **Anais..**, Fortaleza, 2006.

Herculano, S. **Racismo ambiental, o que é isso?** Disponível em http://www.professores.uff.br/seleneherculano/wpcontent/uploads/sites/149/2017/09/Racismo_3_ambiental.pdf. Acesso em: 01/02/2023.

Hooks, B. **Ensinando a Transgredir**: A educação como prática de Liberdade. Tradução: Marcelo Brandão Cipolla. São Paulo. WMF Martins Fontes, 2013.

IBGE, Instituto Brasileiro de Geografia e Estatística. Censo. Rio de Janeiro, 2010.

IBGE, Instituto Brasileiro de Geografia e Estatística. Rio de Janeiro, 2020.

Layrargues, P. P. e Lima, G. F. C. Mapeando as Macrotendências Politicas Pedagógicas da Educação Ambiental Contepoânea no Brasil. In: **Encontro Pesquisa em Educação Ambientais**. 6 Anais. Ribeirão Preto: Universidade de São Paulo – Campus de Ribeirão Preto, 2011.

Loureiro, C. F. B. e Layrargues, P. P. Ecologia Política, Justiça e Educação Ambiental Crítica: **Persperctiva de Aliança Contra Hegemônica**. Trab. Educ. Saúde, Rio de Janeiro, v. 11 n. 1, p. 53-71, 2013.

Lima, M. B. Identidade étnico-racial no Brasil: uma reflexão teórico-metodológica. **Revista Fórum Identidade**, v.3, pp. 33-46, 2008.

Munanga, K. Uma Abordagem conceitual das nações de raça, racismo, identidade e etnia. **Cadernos Penesb**, v.5, p. 16-34, 2004. Disponível em: https://www.geledes.org.br/wp-content/uploads/2014/04/Uma-abordagem-conceitual-das-nocoes-de-raca-racismo-dentidade-e-etnia.pdf. Acesso em 01/02/2023.

Nascimento, A. **O Genocídio do Negro Brasileiro**: o processo de um racismo mascarado. Rio de Janeiro: Paz e Terra, 1978.
Passos, J. D. S. **Evolução Histórica dos Direitos Humanos**. Unisul de Fato e de Direito, ano VII, n. 13, 2016.

Piovesan, F. **Direitos Humanos e o Direito Constitucional Internacional**. 11 ed. São Paulo: Saraiva, 2010.

Ramos, E. C. Educação Ambiental: origem e perspectiva. **Educar**, n. 18, p. 201-218, 2001.

Rangel, T. L. V. Racismo Ambiental à Comunidades Quilombolas. **RIDH – Revista Interdisciplinar de Direitos Humanos**. Bauru, v. 4, n. 2, p. 129-141, 2016.

Santos, R. V.; Maio, M. C. Antropologia, raça e os dilemas das identidades na era da genômica. **História, Ciências, Saúde – Manguinhos**, v. 12, n. 2, p. 447-68, 2005.

Sepulveda, C.; Lima, D. B.; Ribeiro, M. G.; Sánchez-Arteaga, J. Variabilidade humana, raça e o debate sobre cotas raciais em universidades públicas: articulando ensino de genética à educação em direitos humanos In: Teixeira, P.; Oliveira, R. D. V.; Queiroz, G. R. P. C. (Org.). **Conteúdos Cordiais: Biologia humanizada para uma Escola sem Mordaça**.1 ed. São Paulo: Livraria da Física, 2019. pp. 85-106.

Silva, L. H. P. Ambiente e Justiça: Sobre a Utilidade do Conceito de Racismo Ambiental no Contexto Brasileiro, **e-cardernos CES**, pp. 33-46, 2012. Disponível: https://journals.openedition.org/eces/1123. Acesso em: 01/02/2023.

doi.org/10.29327/5220270.1-11

Capítulo 11

LINGUAGEM, EDUCAÇÃO E DECOLONIALIDADE: CAMINHOS PARA PENSAR A ECOLOGIA DOS SABERES

Vicente Paulino

Prólogo

O HUMANO é feito pela linguagem e com ela produz sentidos das coisas. O humano é verdadeiramente humano pela educação, pois sem a educação o humano não pode transformar-se e transformar o mundo. Portanto, a linguagem, a educação e decolonialidade são, de alguma forma, identificadas como caminhos para pensar na ecologia dos saberes que se caracterizam pela presença de múltiplos arquivos do passado. Especialmente, no que diz respeito ao mundo da educação, entende-se pela classificação de múltiplos mundos educativos. Os fenômenos culturais, literários e linguísticos oferecem acesso privilegiado para entender a linguagem, a educação e a decolonialidade. Como e porque é a Linguagem um caminho para o conhecimento? Como e porque é que só com a educação se projeta o futuro do mundo? Em que medida é que a decolonialidade é entendida como ponto de partida para pensar na "decolonialidade do saber e do ser", na ecologia dos saberes e nos saberes locais?

Linguagem e experiência humana como caminho para a produção do conhecimento

Língua/ linguagem é algo instrumental que tem sido amplamente discutido nos estudos filosóficos, de comunicação, de educação e de antropologia, conjugando com estudos linguísticos e semiologia-linguística. O crescimento de múltiplas relações interdisciplinares que têm assumido o papel de harmonização das tarefas e habilidades fragmentadas e especializadas, assim como, a valorização de posições funcionalmente diferenciadas e conhecimento codificado de cada indivíduo, como dizia Aristóteles (1963), "o homem é um ser dotado pela linguagem", desde o primeiro instante de sua vida até ao seu último suspiro.

Nota-se que termos como *linguagem* (*idiom* em latim, ou *language* em inglês) *conhecimento* (epistêmê), *pensamento* (noûs), *intelecção* (noesis), *sabedoria* (sophia), *verdade* (alétheia) e *falsidade* (pseudos) (Crátilo 411c–412b), e ainda entre tantos outros de crucial importância para a filosofia do conhecimento na linha de orientação platônica, são inicialmente associados ao caminho de afirmação do ser nas teorias de ideias. Além disso, os termos referidos são relacionados entre si, pois são termos que essencialmente aplicados pelos filósofos e cientistas de todas as áreas do saber em suas produções de ideias científicas.

Quando se fala sobre a relação que tem a linguagem e o conhecimento, pensa-se logo na forma como o mundo existe, na forma como a vida existe, na forma como a linguagem produz algo a significar e transforma-lo como um elemento do conhecimento. Pensa-se na vida de um jovem que está na fase de busca de algo novo com a sua aprendizagem na escola, e pelo fato, esse jovem aprende mesmo o que pretendia alcançar com algumas atividades multifacetadas, mostrando a sua capacidade de análise e apresenta alguma hipótese na produção do conhecimento que é considerado como algo novo para o seu crescimento pessoal. Todo esse processo é sempre gerado pela linguagem, porém, se associa sempre ao poder e conhecimento que conduz à afirmação do no nosso "ser" pela determinação da linguagem. E assim há uma percepção de que

> A 'ciência' (conhecimento e sabedoria) não pode ser separada da linguagem; as línguas não são apenas fenômenos 'culturais' em que as pessoas encontram a sua 'identidade'; elas também são o lugar onde se inscreve o conhecimento (Mignolo, 2003, p.633).

A ciência (conhecimento e sabedoria) é uma construção do ser humano. É o espelho da sociedade que a criou e se a ciência é um produto, então, ela pode alterar-se de um momento para o outro. Por isso, a ciência é caracterizada sempre pela sua lógica convencional do ser humano, pois já nasce com um conjunto de regras de linguagem "processado" na anatomia do cérebro. E isso, faz-se perceber que a linguagem e a ciência são conectadas por um hardware de progressão ideia localizado na área do cérebro, formando uma "floresta zoológica" para compreender a existência da natureza da neurociência.

Robert Merton (1968) define os quatros sentidos mais comuns do termo *ciência* (conhecimento e sabedoria): 1) um conjunto de métodos característicos por meio dos quais o conhecimento é avaliado; 2) um stock do conhecimento acumulado resultante da aplicação dos métodos; 3) um conjunto de valores culturais e normas que presidem às atividades consideradas científicas; 4) uma qualquer combinação dos sentidos anteriores. Partindo destes quatro sentidos, Merton escolhe o terceiro e acrescenta que o conjunto de valores e normas sociais não é objeto de análise sociológica nem os métodos nem o conteúdo substantivo da ciência. Assim se estabelece o critério de delimitação do objeto sociológico da ciência para constituir o *ethos* científico vinculativo à célebre controvérsia entre Newton e Leibniz sobre o cálculo diferencial. E, isso não põe em causa o princípio da socialização do conhecimento científico e estimula a cooperação competitiva entre os cientistas (Santos, 1989).

O conhecimento se produz com a linguagem, pois, a linguagem é um sistema de signos que produz o sentido das coisas. Assim, "Ao descrever eventos ou coisas não se criam fatos ou coisas. Mas claro está que, para se ter acesso aos fatos ou às coisas, necessária se faz a aquisição de linguagem a eles referente" (Moussallem, 2005, p.8) e segundo John Searle "inventamos palavras para afirmar fatos e para dar nome às coisas, mas isso não significa que inventamos fatos ou coisas" (apud Moussallem, 2005, p.7).

O caminho para o conhecimento não se associa apenas com a questão da temporalidade e do tempo, mas está também cada vez mais centrada na linguagem que produz o sentido e dá explicação sobre a sua validade e existência. Pois, na perspectiva de Immanuel Kant (2018), não resta dúvida de que todo o conhecimento começa pela experiência; efetivamente que outra coisa poderia despertar e pôr a capacidade do ser humano em ação para conhecer os objetos que põem em movimento a intelectualidade humana num exercício de analisá-los, compará-los, ligá-los e separá-los, transformando assim a experiência empírica na concreta ação. Assim, na ordem do tempo, todo o conhecimento se inicia com a experiência de observação e de análise, mesmo assim, não prova que todo ele derive da experiência. Portanto o mais importante é de admitir que tem a priori no modo de pensar do homem em conhecer algo a partir da junção da experiência tradicional e da experiência moderna.

A estreita ligação entre conhecimento, temporalidade e linguagem é particularmente evidente na semântica e na pragmática de interpretação, mesmo que menos eficaz nas abordagens clássicas e mais recentes da história da linguagem associada à aquisição do conhecimento.

> E se o conhecimento é aquilo que fixa nossa alma nas coisas, tem-se que somente pela linguagem é que essa fixação – entendida como o reencontro ou o lembrar-se das formas que um dia contemplou – se torna possível (temática do Fédon). E esse processo de reminiscência não se dá senão no contexto de uma relação de aprendizagem entre mestre e discípulo, relação esta que se realiza eminentemente no âmbito da linguagem (Montenegro, 2007, p.374).

A linguagem se tornou tão importante para o ser humano na prossecução do seu modo de viver, do mesmo modo, usa a linguagem a produzir os sentidos sobre o que é e não é em relação de conceber algo. Por isso que a linguagem é muito importante para compreender todo o processo de conhecimento produzido pelo homem, independentemente da realidade em que se inicia o processo de reconhecimento do homem em relação ao seu próprio conhecimento produzido. E assim a importância da linguagem para todo o conhecimento do homem liga-se a toda a sua compressão sobre o mundo, como afirma Ludwig Wittgenstein (2002): "os limites do meu mundo são os limites de minha linguagem". Deste modo, pode dizer que não existe conhecimento sem ter previamente a linguagem.

Três conceitos na formulação de sentidos educativos e na construção de ideias

Para Seixas (2013, p.79-80) há três mundos na educação: o mundo único, o mundo dual e o mundo plural. A metáfora destes três mundos pode em cada leitor fazer rememorar várias homologações: a homologia de desenvolvimentos vários, quer ontológico (cognitivo e moral), quer genealógico (o desenvolvimento humano das sociedades). Estes três mundos são contemporâneos e situacionais, ainda que em cada sistema social se possa vislumbrar que um dos mundos é mais presente que os demais. A cada 'mundo' corresponde um modelo educativo. De forma simplista, no mundo único segue-se um *modelo do Ensino*; no mundo dual, segue-se o *modelo da Aprendizagem*; no mundo plural é antes a *Mudança Pessoal* que está em causa.

Tabela 1: Os três mundos educativos (Seixas, 2013, p.79-80)

	O mundo único	O mundo dual	O mundo plural
Concepção da cultura	Una	Dual	Plural
Estrutura social	Gerações	Classes	Representações
Função do sistema educativo	Processamento de alunos	Processamento de Professores e alunos	Processamento temporal de professores, alunos (carreiras) e conhecimentos
Principal relação	Família/Escola/Nação como função para a manutenção do sistema e da sua união	Família/Escola/Mercado de Trabalho como função para a manutenção da divisão estrutural do sistema capitalista	Professor-Pessoa vs Aluno-Pessoa
Concepção geral de educação	Reprodução: imposição de um produto global e final a ser inculturado	Reprodução: imposição de um produto parcial e final a ser reatualizado	Construção: em situação de um processo parcial e vital/contínuo
Concepção da instituição escolar	Extensão da família, socialização para a nação. Canal de manutenção da coesão social	Aparelho ideológico do Estado. Canal de manutenção das desigualdades de classe	Locus comunicacionais. Diálogos em momentos de desenvolvimento de ciclo de vida/carreira distintos
Imagem do Professor	Socializador burocrata. Agente reprodutor. Missionário/funcionário	Agente de classe. Agente reprodutor ou de resistência. Cúmplice ou vítima	Ator e decisor em situação e desenvolvimento. Autônomo e reflexivo vs transmissor passivo. Professor-Pessoa

Fonte: Elaboração dos autores

Compreende-se que, portanto, o mundo plural educativo liga-se à concepção do mundo único e do mundo dual, porque toda a representação associada ao processo de ensino-aprendizagem é a família, escola, nação e o mercado de trabalho. Por isso que o mundo plural educativo também está ligado à concepção de produção agrícola designada por *alienação* (Karl Marx) e da divisão do trabalho (Durkheim, 1999), associa-se à *cidade* de que fala Georg Simmel (1991) como *ecossistema*. Não se pode ignorar o mundo plural no sentido que este tem o seu próprio relacionamento com a um conjunto de *lógica burocrática* ou *burocracia patológica* que identifica o trabalhador com funções específicas (Robert King); além disso, se estabelece no *sujeito responsável* e *agente* (Arendt, 2007) como cidadão e mero habitante (Agamben, 2002; 2004) do mundo instituído com labor, trabalho e ação. É óbvio que o pensamento pós-moderno, da crítica das metanarrativas associa-se sempre a um projeto educativo único (Lyotard, 1989) para produzir a ciência com consciência (Morin, 1990), à lógica do efêmero (Lipovetsky, 2009) e à liquidez das relações (Bauman, 2001) que se relacionam com o encolhimento espaço-temporal do mundo (Harvey, 2011) e à relevância da velocidade (Virillo, 1998/1999) em todas as suas leituras nos remetem para um mundo plural que se escapa sempre a uma compreensão totalista: a) da cidade à construção da escola de massas, b) da construção da juventude à juvenilização do mundo, c) da descolonização dos povos à descolonização das mentes e d) da tecnologia dos self-media à automediação do mundo.

No âmbito de aquisição do conhecimento, pode empregar o nome de um dos *hardware* do computador como exemplo para perceber esta natureza conceitual: *laho* (de língua timorense - tétum), *rato* (de língua portuguesa) e *mouse* (de expressão inglesa) para desenvolver a forma como se adquire a ciência dentro da sala de aula e fora dela. O enquadramento de aquisição do conhecimento no espaço educativo deve ser instigado a partir do nível de "*laho* – laboratório de acionar a hominização dos objetivos", e tal enquadramento conceitual é fortificado pela ação do "*rato* – racionalidade ativada pela inteligência oratória ou ortodoxa" e tal ação pode ser mobilizada por uma denominação científica chamada "*mouse* – mobilização operacional das unidades do sistema educativo" no processo de ensino-aprendizagem. Certo que com estes três enquadramentos conceituais pode descobrir-se a essência do "*raiz* – razão, ação, inteligência e zoopedia[54]" do conhecimento natural que vem do interior de um ser humano[55].

É, portanto, a definir "*raiz*" é estabelecer uma etimologia. Esta arte de definir a "*raiz*" é uma forma de assegurar um retorno à história e à teoria das línguas-mães que o classicismo, por um instante, parece quer manter "o seu desenvolvimento espantoso, tal como uma semente de olmo produz uma grande árvore que, de cada raiz, lança novos rebentos, produzindo com o tempo uma verdadeira floresta" (De Brosses, 1765, p.18; Foucault, 2005, p.162). As raízes são palavras rudimentares idênticas que se encontram num grande número de línguas – em todas, talvez, inicialmente gritos involuntários, são impostas pela natureza e utilizadas espontaneamente pela linguagem de ação. Foi aí que os homens procuram incluir nas suas línguas convencionais, para que depois as constituem com conceitos terminológicos das ciências (Foucault, 2005, p.161).

De facto, adverte ainda Foucault que as raízes formam-se de várias maneiras: pela onomatopeia, bem entende que não é expressão espontânea, mas articulação voluntária de um signo semelhante àquilo que ele significa: "emitir com a voz o mesmo ruído que emite o objecto que se pretende nomear" (De Brosse, 1765, p.9); pela utilização de uma semelhança experimentada nas sensações: "a impressão da cor vermelho, que é viva, rápida, dura à vista, será muito bem dada pelo som r, que causa uma impressão análogos aos ouvidos"; e ainda há várias impressões que não conseguem apresentar todo aqui nesta abordagem ontológica do termo "raiz". Mas, pode garantir que num espaço de filiação contínua a que De Brosses (1765) chama "arqueologia universal", neste grande espaço filial ter-se-ia a filiação completa de cada raiz enquanto conceito aplicado à ciência (Foucault, 2005, p.162).

Contudo, de que forma se pode jogar estes três conceitos na formulação de sentidos educativos e na construção de ideias sobre o funcionamento do ensino-aprendizagem. Percebe-se, pois, o que se faz mover a funcionalidade de um objeto fora de sua composição interior, como o caso do

---

[54] Zoopedia significa padeia, educação.
[55] No âmbito deste, pode dizer-se que a educação é fortificada pela razão porque existe constantemente na vida do ser humano que geralmente se inicia com o nosso etário de infância e até a idade adulta. A educação eleva a atitude e melhoria a vida humana, assim sucessivamente. Assim a razão da educação passa a ser mais necessária no ser humano, pois só com ela que pode transformar o mundo.

nome de *hardware* do computador: "*laho*", "*rato*" e "*mouse*" que na perspetiva ontológica define a existência de um mesmo objeto em diferentes línguas.

Certo que estes três nomes do mesmo objeto nos conduzem para saber a sua origem etimológica, quando se diz: o que é isto? A ontologia da resposta vai ser, por exemplo' "*laho*", certo que o objeto questionado é o mesmo "*laho*", mas na questão epistemológica da originalidade desse termo sobressai para além da sua fronteira linguística, se questionarmos desta forma: como sabe? A resposta vai ser a mesma, mas, já com outra forma de consideração de um indivíduo com uma certa compreensão o que ele é em outra língua, quando se diz: o "*laho*" é o "rato". E, se nós encadeamos esse mesmo termo para fundamentar o alargamento do nosso conhecimento e aprová-lo no seu sentido de existencialismo, quando se diz: mas, porque é assim? Aqui a noção de representação é só reforçar a existência de diferentes nomes para a designação do mesmo objeto, isto é, o questionamento *porque é assim* como uma forma de esclarecimento quando justifica esse algo desta forma: o "*laho*" é o "*rato*", porque é assim? Porque ele também "*mouse*". Assim que certamente deve entender o mundo único, o mundo dual e o mundo múltiplo da educação no ato de "dar" e "receber", "partilhar" e "considerar" o conhecimento.

Certamente que a sala de aula como centro de aquisição de leitura e do conhecimento com várias modularidades interligadas e conhecidas por "laba-laba de aquisição" que tem ligação muito próxima com o conceito de "cebola de aprendizagem" firmado no "circuito do eu" enquanto "saberes escolares" (Paulino & Santos, 2014, p.109-110). Espera-se assim, pois, o que parece de qualquer forma desejável, possa ser uma questão de consciencialização de aquisição do conhecimento pela própria "ação de partilha" e fortificada pela "raiz do saber", quer isto dizer que a educação deve ser fortificada a partir da base, para que possa solidificar e consolidar o seu tronco até poder dar a vida aos ramos de ciência. Assim, a educação nasce pela razão, cresce pela ação e se desenvolve pela inteligência a fim de intitular-se na zoopedia dos saberes no panorama de "renascenças pedagógicas" (Durkheim, 1999). É assim que os "saberes escolares" constituem o "conteúdo" do ensino que dão origem às "categorias de pensamento" e que, por sua vez, influenciam a evolução das representações coletivas de uma sociedade.

Evidentemente que a especificidade do domínio é em algumas circunstâncias resposta apenas para uma classe bastante restrita na construção de um perfil aprendente na sala de aula, a partir de sons da sua fala de acordo com *sons linguísticos*. Além disso, considera-se também a restrição informacional como um critério de atualização do conhecimento no "interior do cérebro", é o único sistema que atualiza informações dentro da sua própria base de dados.

No âmbito de programatização de um *hardware* na formulação de sentidos educativos e na construção de ideias, a tarefa principal é descobrir os princípios e parâmetros. Há duas categorias que se inserem nesta pragmatização do *hardware* de aquisição do conhecimento: a primeira é relações entre mente e cérebro; a segunda diz respeito a questões de uso da língua na aquisição do conhecimento. Primeiramente, o estudo internalista da linguagem de que fala Chomsky (1998, p.26)) tenta descobrir as propriedades do estado inicial da faculdade de linguagem e os estados que este assume sob a influência da experiência. Os estados iniciais e atingidos são estados do cérebro em primeiro lugar descritos abstratamente, não em termos de células, mas em termos de propriedade que os mecanismos do cérebro têm de satisfazer de algum modo a importância que alguns dispositivos de *hardware* do computador – como "*mouse*" (*rato* em português; *laho* em tétum) – tem na educação. Trata-se de um facto "inato nos cérebros humanos" que produz sempre novos conceitos e novas terminologias em busca das evidências que têm sido usadas para atribuir propriedades e princípios inerente à hipótese de que existe verdadeiramente "um nível de explicação com base no *hardware*" (Searle, 1992) – que em termos da estrutura do dispositivo terminológico no campo linguístico – faz funcionar a evolução cognitiva da ordem cerebral na organização do modo pensar *na* e *em* alguma coisa.

Com relação às ciências do cérebro, o estudo abstrato de estados do cérebro fornece diretrizes para a pesquisa e aquisição do conhecimento numa perspetiva da "concepção científica" que "realmente existe" no seu contexto histórico, onde as ciências vieram a aceitar a conclusão de que há uma relações entre *hard* e *soft* na produção do conhecimento científico (Chomsky, 1998, p.30). Aliás, se nós queremos que todos os conhecimentos e ciências aprendidos nas escolas e na sociedade ficam gravados e preservados ciosamente no cérebro até a morte, por isso, enquanto humano tem e deve beber todas as fontes do conhecimento e da ciência através da leitura como se fosse um modo dado à *pic-nic de ideias*.

Porquê decolonial e não descolonial: questão do uso da linguagem e de interpretação

A decolonialidade não é, de forma alguma, um conceito cujos pontos de contacto se esgotam no domínio dos estudos de poderes, culturais, de educação e literários. Mesmo assim, não se pode confundir o termo "decolonial" com a "descolonização", pois, em termos históricos e temporais, são dois termos bem diferentes, embora tem explicação que se aproxima entre si. O termo "descolonização" é, em última análise, ligada ao poder de superação do colonialismo; ou seja, procura libertar-se no poder de colonialismo com uma luta popular ao direito de independência do território colonizado, ao mesmo tempo, estabelece o sistema político-social e administrativo na base do poder colonial, por o poder de governação e de administração, o poder jurídico e do sistema de educação. Portanto, a ideia de decolonialidade é exatamente o contrário, pois procura transcender a colonialidade face a obscura da modernidade que está operar ainda permanentemente nos dias de hoje em um padrão mundial de poder eurocentrismo, e isso acontece devido à influência pós-estrutural e pós-moderna.

Agora a questão que se coloca é a seguinte: porquê decolonial e não descolonial? Trata-se de uma questão que já foi esclarecida claramente por Catherine Walsh (2009) e outros cientistas de ciências sociais com Walter D. Mignolo (2011) e Aníbal Quijano (2009, 2010), incluindo alguns filósofos como Michel Foucault e Jacques Derrida. Apresentar Foucault e Derrida aqui não é para canonizar-los a matéria de decolonialidade, mas pelos seus pensamentos conceituais associados à uma genealogia do pensamento decolonial que parece tão pertinente para compreender a epistemologia do "porquê decolonial e não descolonial". Parece que aqui o problema está no uso da linguagem em busca da definição e conceptualização dos termos "descolonial" e "decolonial", ou descolonialidade e decolonialidade.

O termo "descolonial" é cortinhado pelo prefixo "des" para descodificar o verdadeiro ato colonial, isto é, o ato de colonizar. Portanto, "descolonial" é uma suave expressão que vai ao encontro de "superação do colonialismo", porém, não é propriamente nesse sentido, pois é usada como uma ferramenta política, epistemológica e social na construção de instituições e relações sociais que ainda se mantém nas estruturas políticas coloniais desiguais. Isto significa que na prática a expressão "descolonial" ou "descolonialidade" não dá um efeito positivo, porque o seu uso terminológico é meramente glorificado apenas nos discursos políticos, ou seja, apenas na retórica de persuasão ou argumentação simbólica do poder de nominação. Por isso que para Catherine Walsh, o uso correto do termo para esta situação ou realidade é "decolonial".

O termo "decolonial" ou decolonialidade pode significar "uma luta contínua" (Colaco, 2012) contra o poder eurocentrismo, tanto no aspecto do poder político, cultural bem como no setor da educação. Assim, entende-se que o termo "decolonial" é forçado pelo prefixo "de" para se afastar ou se retirar totalmente (embora pouco a pouco) no colonialismo, particularmente na colonialidade do poder, do saber e do ser. Por isso que necessita uma luta contínua por parte dos movimentos que defendem a identidade própria, o saber próprio e o seu próprio ser em relação à imposição do poder do colonialismo e imperialismo. Cada vez que queremos nos afastar do poder do colonialismo e imperialismo, mas não conseguimos realizá-lo porque estamos a usar ainda aplicações tecnológicas vindas da europa, EUA, Japão e Coreia do Sul. Assim, estamos a viver numa nova forma de imperialismo, chamada dominação tecnológica e mercadorização global. Portanto, sim quer ou não, estamos dentro do espaço "de" que significa viver com aquilo que o colonialismo herdou através da nova forma de dominação; ao mesmo tempo esse prefixo "de" nos leva a construir uma nova dimensão de pensar, isto é, pensar em uma alternativa, que dificilmente ser encontrada, e nesse sentido que definir-se o "decolonial" como "uma luta contínua" e essa luta é inacabada.

Assim, dizia Catherine Walsh (2009, p.15): "*Lo decolonial denota, entonces, un camino de lucha continuo en el cual podemos identificar, visibilizar y alentar "lugares" de exterioridad y construcciones alternativas*", porque a decolonialidade aparece como o terceiro termo que se afirma a partir da negação do par inseparável modernidade/colonialidade. Ou seja, os conceitos específicos como colonialidade do poder (Walsh, 2010), colonialidade do saber (Lander, 2005), colonialidade do ser (Maldonado-Torres, 2007), biocolonialidade do poder (Cajigas-Rotundo, 2006 e 2007; Beltrán-Barrera, 2019), colonialidade linguística e epistêmica (Garcés, 2007), são definidos como chave principal no desenvolvimento da tese decolonial. Certo é que ao estudar os mecanismos de construção dessas hegemonias da colonialidade, parece que Antonio Gramsci tem razão quando ele apresenta o conceito "Estado ampliado" para falar das hegemonias da colonialidade. Claro que o conceito "estado ampliado" não é puramente constituir uma força a serviço da classe dominante, como defende pensadores mecanicistas de orientação marxista, mas uma força que reveste a um consenso e coerção numa cultura hegemônica (cf. Thomas, 2009). Reconhece-se que no "Estado ampliado" há uma formulação do poder de atuação fundamentado na sociedade ocidental: sociedade política e sociedade civil. Sociedade política reveste-se para o mecanismo de governação ou gerir o sistema político-administrativo, enquanto a sociedade civil reveste para a função de controlo e monitorização dos serviços efetuados pelos agentes do estado e do governo. Deste modo, para Gramsci, todo o movimento deve acontecer no sentido de uma "reabsorção do Estado político pela sociedade civil" (Coutinho, 1989, p.83).

Compreende-se que, portanto, o termo epistêmico "descolonialidade" não é propriamente um novo conceito universal, mas trata-se de uma outra opção, porque o termo epistêmico "decolonial" já abre um novo modo de pensar que se desvincula das cronologias construídas pelas novas epistemes ou paradigmas (moderno, pós-moderno, altermoderno, ciência newtoniana, teoria quântica, teoria da relatividade etc.) (Mignolo, 2017, p.15). Trata-se de uma compreensão que pode ser associada também a realidade geopolítica do conhecimento, particularmente ao paradigma do controlo de subjetividade e de conhecimento numa acepção de descolonialidade epistémica fundamentalmente em relação da produção do conhecimento (Quijano, 2010; Mignolo, 2010; Barros, 2019).

Colonialidade do saber *vs* decolonialidade do saber

A colonialidade do saber ainda está patente no mundo dos periféricos. A desigualdade e injustiça sociais existentes são resultado de uma prática indigna herdada pelo poder do colonialismo e do imperialismo. A corrupção em todo o lado é também um legado do colonialismo e do imperialismo, desde da época civilizatória antiga (como a Grécia antiga, império romano, e antes disso, conta-se com a época do reinado de Mesopotâmia, onde a corrupção moral e política ficaram marcantes na história destes reinos).

EDUCAÇÃO, AMBIENTE, CORPO E DECOLONIALIDADE **293**

Embora o poder do colonialismo e imperialismo antigo já não se atue como antes, mas os seus traços culturais e saberes ainda se encontram no mundo dos povos periféricos, e isso é assinalado pela teoria da dependência relacionada aos outros saberes. Deixando assim os povos dos mundos periféricos ficam amarrados na gaiola da "colonialidade do saber" do colonialismo e do imperialismo, e isso faz com que o legado epistemológico do eurocentrismo que impede esses povos periféricos a compreender o mundo a partir do seu próprio mundo em que eles vivem. Como disse Walter Mignolo, o fato de os gregos terem inventado o pensamento filosófico, não quer dizer que tenham inventado o Pensamento. O pensamento está em todos os lugares onde os diferentes povos e suas culturas se desenvolveram e, assim, são múltiplas as epistemes com seus muitos mundos de vida. Há assim, uma diversidade epistémica que comporta todo o patrimônio da humanidade acerca da vida e de todo o universo (Porto-Gonçalves, 2005).

A colonialidade do saber, no caso da ciência medicina moderna, os médicos e profissionais de saúde aconselham seus pacientes para seguirem apenas um tratamento convencional, proibindo-os de aplicar a medicina alternativa no tratamento de sua saúde. No caso de doença malarial, por exemplo, como a dengue e malária de alta dimensão, aqui, em Timor-Leste, os timorenses usam-se muitas vezes as plantas medicinais para curar a essas doenças, bastando tomar apenas as folhas de papaia misturada com outras ementas alternativas como *piri-piri* e *supermi*; ou tomam as folhas de *Baukmoruk*. Por isso, o problema de malária e/ou a dengue resolve-se logo com a aplicação das plantas medicinais propriamentas dita, e desse modo, não necessita o tratamento convencial aplicado com alguns medicamentos como *paracetamol, cloroquina, mefloquina* ou *atovaquona*. E na verdade, esses medicamentos têm origens em algumas plantas medicinais usadas localmente pela população, por exemplo, folhas de bétele, folhas de papaia e etc. Mesmo que haja medicamentos convencionais oferecidos pelos ocidentais e disponibilizados em clínicas de saúde no país, os timorenses mantêm uma certa atitude de falta de confiança na medicina ocidental e continuam a valorizar os curadores e as plantas medicinais (Martins & Henriques, 2017). Aliás, a questão não é propriamente falta de confiança, mas uma questão de acessibilidade, já que as plantas medicinais crescem livremente e os curadores, com seu conhecimento ancestral, fornecem os seus serviços gratuitos ou baratos para os parentes e as comunidades (Barbosa & Paulino, 2021).

A situação atual da pandemia Covid 19 também um caso concreto que pode ser apresentado como exemplo do uso de tratamento convencional. Aqui, em Timor-Leste, os governantes, os médicos e os profissionais de saúde estão a seguir orientação da OMS (Organização Mundial da Saúde), isto é, orientação para seguir o tratamento convencional de acordo com a ciência moderna. Aliás, para prevenir o Covid 19 é necessário aplicar medidas como "usar a máscara", "lavar as mãos", "distanciamento social", "*labele halibur malu* – não pode reunir", "*labele halo festa cultural* – não pode fazer festa cultural*", "*labele halo misa* – não realizar a missa". Estas regras são recomendadas pela OMS e seguidas pelo governo com a implementação do "Estado de Emergência" como uma forma de combater o alastramento do Covid-19 em Timor-Leste. As regras recomendadas pela OMS são manifestações do conceito "colonialidade do saber", porque obrigando o governo e os profissionais de saúde a seguir tais regras como uma forma de respeitar a lei internacional de saúde. É claro que uma chamada de atenção da OMS sobre o alastramento do Covid-19 no mundo foi muito importante, mas a OMS também precisaria investigar se esse vírus foi criado ou provavelmente inventado por algum governo como arma biológica, ou mesmo, como uma estratégia da indústria farmacêutica. Isto é, criar o vírus, depois produzir a vacina para combater o tal vírus, apoiada pela OMS, já que qualquer vacina tem de ser aprovada por esta Organização Mundial de Saúde. Além disso, OMS recomendou que se Timor-Leste quiser se libertar-se do Covid 19, o governo adquire a vacina AstraZeneca para vacinar o seu povo, recebendo todo o apoio sem estudar os efeitos negativos que essa vacina tem para o nosso corpo[56].

Sendo assim, em termos de aplicação correu muito bem, porque os timorenses depois de terem recebidos a vacina, começaram logo a utilizar as plantas medicinais para aliviar a dor e contrabalançar os efeitos da vacina propriamente dita. Portanto, usar "o conhecimento das plantas medicinais" é uma

---

[56] Portanto, aqui, percebe-se que o governo de Timor-Leste não proíbe o uso da vacina, mesmo que não há laboratório para fazer teste sobre a validade da vacina, isto é, os seus efeitos. No contexto do Brasil a história parece ser diferente, porque desde início da pandemia Covid-19 e o uso obrigatório da vacina para combater esse vírus diabólico (matador dos seres humanos), parece o Presidente do Brasil, Jair Bolsonaro, não concordou com o uso da vacina no país, demorando a comprar a vacina e estimulando as pessoas a saírem nas ruas. E no final das contas, quase 700 mil brasileiros morreram de Covid-19.

"estratégia potencial na terapia da Covid-19" (Bizarri et al, 2021), porque em alguns casos e "muitos locais têm curadores que têm conhecimentos para o uso das plantas medicinais no tratamento específico de certas doenças que não parecem resolver-se com os tratamentos modernos" (Martins & Henriques (2017, p. 103), ou conhecido por tratamento de medicina convencional.

Nesses pressupostos, pode afirmar-se que numa situação desta, vale a pena, o Ministério da Saúde e os profissionais da saúde devem fazer uma ação concreta – como fazem outros países –, particularmente fazem um estudo laboratorial farmacêutico para ver se há ou não a possibilidade de encontrar uma "medicina alternativa" que possa combater o vírus, mas não o fazem porque o "espírito egocêntrico" domina o seu espírito de querer-fazer.

> Por isso é que existe um desafio constante no mundo da ciência da medicina moderna, e tal desafio pode ser ultrapassado, se os profissionais deixarem cair um pouco dos seus "egos intelectuais" na ciência da medicina moderna, tentando olhar para a medicina tradicional e as plantas de pequena e de grande dimensão associadas a "práticas curativas" que eram usadas pelos antigos povos civilizados. A prática curativa aplicada pelos povos (chineses, timorenses, indianos, ou seja, quase a maioria do povo asiáticos que ainda vive no ciclo de "prática cultural e ritual") a uma determinada doença é sempre com as plantas e árvores medicinais (Paulino, Araújo & Santos, 2019, p.237).

Ser-médicos e ser-profissionais de saúde devem mostrar a sua capacidade de buscar soluções com estudos laboratoriais associados a uma determinada doença. Ser médico-cientistas é fazer pesquisa e estudo específicos para descobrir um algo sobre o problema da saúde pública, usando o espírito de "self-profissional", "self-ajuda" e "self-cultural" na recolha de informações locais sobre "os medicamentos tradicionais", ou aquilo que se chama "medicina alternativa". Analisados e testados com o saber medicina moderna para descobrir o seu efeito curativo. É melhor fazer antes que tarde demais, ou seja, prevenir do que remediar. Assim, pode libertar-se um pouco no uso da medicina convencional que vem do pensamento eurocêntrico[57], ou seja, libertar-se

---

[57] É necessário perceber que o uso da medicina convencional que vem do pensamento eurocêntrico, quase na sua maioria vem nos saberes locais, ou saberes do povo. As vezes, a Europa está a apropriar-se os saberes do povo com a modernização do uso, isto é, produzindo um medicamento com o nome *cloroquina*, o estampa farmacêtica é *cloroquina*, que afinal é um medicamento que vem nas plantações dos povos não-ocidentais. Os ocidentais, por exemplo, os administradores coloniais portugueses durante a ocupação portuguesa em Timor

na colonialidade do saber medicina convencional para o uso da medicina alternativa no tratamento de uma grave doença como a do Covid 19. Muitas vezes, o governo não toma atenção a comprovação científica de um medicamento produzido em um sistema de medicina convencional. Essa atitude do governo é pensar apenas em receber apoios, sem estudar para que serve o apoio e para quem é destinado. Tudo por uma questão de interesse dos políticos e daqueles que querem ganhar dinheiro com tal apoio propriamente dito.

Enfim, o pensamento decolonial do saber exige, antes de tudo, um esforço de construir o próprio pensamento sobre o saber local, procurando transformá-lo em um "saber" que tem utilidade para o uso pessoal e social. Em outras palavras, podendo dizer que a decolonialidade do saber é, antes de tudo, a naturalização do saber local ao global que dá suporte ao conhecimento moderno. Assim, os povos periféricos libertam-se no pensamento da "decolonialidade do saber" para a afirmação dos seus saberes como parte integrante do progresso civilizacional.

Colonialidade do ser *vs* decolonialidade do ser

Pode argumentar-se que a "colonialidade do ser" é responsável pela constituição da ideia racial, baseada na corporalidade dos povos colonizados (negra, mulata) e na corporalidade dos colonizadores (raça branca). É um modelo de compreender a humanidade a partir de uma visão eurocêntrica vinculado a um processo de objetificação racista que se mantém atualizado nos dias de hoje. Para isso, já foram feitos vários estudos para analisar os problemas centrais para descodificar o conceito "colonialidade do ser" associado a essa ideia de racialidade pura, certo é que já com o uso do conceito de "decolonialidade do ser" para fazer um balanço conceitual que o caminho certo e seja correto é todos pensam apenas no humanismo do ser como sendo única solução para afirmar que somos humanos habitadores da terra. No caso do corpo negro, Frantz Fanon (1952, edição do português brasil 2008) explica que na era da colonização, os corpos negros sofreram um "processo

---

e em outros territórios colonizados, alegaram que os curandeiros locais são considerados como "pragas humanas", porque usam-se as plantações medicinais no tratamento de uma determinada doença.

de inferiorização" produzido por meio de um duplo movimento. Inicialmente, o corpo negro passou pelo processo econômico – perda da sua terra, autonomia, trabalho e até vendendo o seu corpo como escravos da raça branca – que é desvalorizado por ter sido a sua cor da pele é diferente a dos europeus, classificando-o como um corpo inferior mediante de outro corpo. Além disso, segundo Juliana Moreira Streva (2016), o corpo negro sequestrado e escravizado foi enviado forçadamente para a terra de outros povos como a da América, e foi obrigado a adotar uma linguagem diferente daquela que se aprendeu na sua sociedade de origem.

E, se nos dias de hoje, quando uma afro-brasileira afirma "sou negrita morena" significa ela está mostrar a sua resistência perante de uma personalidade jurídica que também "sou brasileira", e isso justifica que ela está a lutar pela valorização dos corpos negros marginalizados. E o Brasil deve aceitar essa luta pela valorização do corpo negro, porque é um país constituído pelas diversas cores humanas, a raça ocidental tem obrigação de cuidar e valorizar a raiz do Brasil originária dos índios da Amazônia, da Curitiba e das restantes regiões.

Recorda-se também que aqui, em Timor-Leste, agentes coloniais como Paulo Braga (1936a, p.6-7) consideram "as mulheres timorenses foram levadas pelos homens com trocas de búfalos, porcos, galinhas e patacas", desvalorizando-as ainda mais quando o próprio autor justificou que as mulheres timorenses "estilizadas nas lipas justas ao corpo, com os seios pujantes, ainda novas, convencem-nos de que existe uma outra mulher em Timor" (*ibidem*, p.11). Os europeus foram ao bazar para apenas as mulheres, convidaram-nas a viver juntos e deram-lhe filhos, depois disso, esses europeus não os reconhecem como filhos porque não tinham dinheiro para pagar as suas passagens (Braga, 1936b, p.17). Portanto, os pais abandonaram os filhos, gozar o corpo da mulher pelo prazer, o divórcio, são também uma herança da colonialidade do poder do colonialismo, ou seja, para agentes coloniais ditos civilizados, essas práticas são aceitas no poder de "ser superior", embora o seu ato é um ato de barbaridade. Essa situação está bem visível também no Timor-Leste contemporâneo ou no Timor-Leste atual.

Sabe-se que o pensamento do eurocentrismo colonial impede os povos periféricos a ver o seu próprio ser como um ser igual a outro ser. Impede os povos periféricos a usar o seu verdadeiro nome definido culturalmente, um traço de afirmação do seu ser-herdado pelos seus ancestrais. E isso faz com que esses povos periféricos estão no barco da "colonialidade do ser" e que alguns querem viver com ela devido o seu ego em relação do outro, caracterizado superior; enquanto alguns querem libertar-se nela, porque querem mostrar o seu ser enquanto um ser de uma cultura própria e de pertencer um território próprio com sua própria história e origem, isto é, vindos de um antepassado próprio.

Em virtude disso, Vicente Paulino (2019, p.328-329) explica que aqui, em Timor-Leste, na era da colonização, o colonizador utilizava a arma chamada 'política de assimilação', obrigando os timorenses a aceitarem a sua civilização europeia e sensibilizando-os para abraçarem a fé católica. Daí, surgiram os conceitos *sarani* e *jentiu*. A utilização da palavra *sarani* é para caracterizar os timorenses batizados em nome de Jesus Cristo, e o termo *jentiu* é a caracterização genérica dos não batizados ou que não aceitavam o baptismo. Por outras palavras, no momento em que os timorenses alteram o seu nome jentiu (nome orginal) para o sarani, por exemplo, Mau-Loman ou Loerasi para João e Alexandre, entre outros, começam a ser chamados de gente civilizada. Ao respeito disso, Xanana Gusmão fez uma identificação do seu "ser timorense", dizendo que "Sou filho do Maubere, quero usar o nome Maubere – Xanana". Este ato é um sinal de reconhecimento da existência de uma caracterização específica do nome do povo de Timor, desde tempos idos. Pois, bem dizia Ruy Cinatti (1996, p.29):

> O Timorense meu amigo conhece também os seus antepassados, os sítios distantes de onde vieram, a linhagem a que pertence, os seres animais e vegetais que por terem protegido a sua vinda ao Mundo serão, doravante, consagrados epítome simbólica da existência.

A afirmação Ruy Cinatti e de Xanana Gusmão é uma justificação clara no sentido de decodificação da colonialidade do ser, e mostrou que é melhor usar o nome timorense, como Bere-Leto, Aça Bere, Mau-Pelun, Raenbele, Loerasi, Koelaku, Uruk-Bele, Boemau, porque estes nomes são verdadeiros nomes timorenses.

O fato mostra ainda que nos dias de hoje, aqui, em Timor-leste, quando um casal timorense inscreve o seu filho recém-nascido no cartório paroquial com o nome "Bereleto Paulino", "Boemau Sabina", não é considerado pelos padres ou catequistas como sendo nome timorense, embora se assimilar-se com o apelido. Este ato justifica-se que ainda existe o conceito "colonialidade do ser" no pensamento destas pessoas cultas. Talvez seja por isso que algumas comunidades timorenses venham a usar o nome do clã, por exemplo, "Afoan", "Colo", "Elo", no apelido para mostrar o seu ser de pertencer uma comunidade originária que nesse caso é de Oé-Cussi. É uma manifestação clara de descolonização do pensamento voltado à "colonialidade do ser" na identificação do próprio nome como um povo.

É, portanto, a decolonialidade do ser, não se constitui um pensamento que obriga a descolonizar mesmo "a colonialidade do ser", mas procura equilibrar as coisas relacionadas à representação do ser enquanto um ser pertencente de uma cultura ou de um território. Por exemplo, se um timorense é um ser-cristão é um ser-de-uma-lulik é evidente que ele pode ser batizado com o nome de sua própria origem (do clã), apresentando no apelido o acréscimo nome europeu na linha da doutrina cristã. Assim, o nome desse ser-timorense seja "Maubere Franz"; se for batizado com o nome europeu-cristã, então o apelido pode ser enfeitado com o nome de sua origem, assim o nome desse ser vai ficar registado por "Vicente Loerasi", "Irta Caufore", "Carmelinda Ol-laku", "Etelvina Bau", "Manuel Aça", "Manuel Bere-Leto". Portanto, aqui, a decolonialidade do ser não se constitui numa espécie universalismo absoluto, mas procura particularizar a dimensão do uso misto que ascende à condição de um desígnio ético na universalização do saber local. E, a prova mostra que aqui, na terra de Timor, que pela primeira vez, Ruy Cinatti descobre uma parte do seu ser humano dentro de outro ser, pois descobriu que "O Timorense é meu amigo, afinal, um homem como eu. Não nos conhecíamos, sem dúvida. Óbvio que teríamos que nos familiarizar para que pudesse tê-lo por irmão" (Cinatti, 1996, p.21). Portanto aqui, um ser-do-poder colonial descoloniza o seu pensamento colonizador e abre uma nova página para abraçar o outro como um ser verdadeiramente irmão e humano. A mesma razão também partilhada pelos atuais conhecedores de Timor, como Suzani Cassiani a revelar que "Timor não sai de mim. É o meu lar, meu mar. (...) A certeza de levar o Timor no coração. Porque esse amor não sai de mim" (Cassiani, 2021, p.17).

Potencializar o conhecimento local

Toda a produção do conhecimento está ligada às relações do poder, pois o conhecimento é desenvolvido dentro de um espaço disponibilizado e a partir da episteme oferecida. Essa episteme oferecida no quadro da oferta formativa para a aquisição do conhecimento, pode ser desta forma, desenvolvida e garantida por uma estrutura de poder que assegure a hegemonia dos dominantes, ao mesmo tempo em que deslegitima as manifestações contra hegemônicas. Desta forma, o conhecimento está organizado segundo os centros eurocentristas, controlando e dominando as regiões periféricas com seus métodos formativos do conhecimento. Ao mesmo tempo, cria uma ilusão de um conhecimento abstrato e universal sobre as regiões periféricas, e isso desvaloriza a ideia de potencializar o conhecimento local na universalização dos saberes na construção das ciências. Em virtude deste, vale a pena dizer que

> Responds from epistemology, ethics and politics to the decolonization of knowledge (...), a space of reflection that proposes new ways of conceiving the construction of knowledge (...) potentializing local knowledges and building sciences of knowledge, as an indispensable requirement to work not from the answers to the epistemological, philosophical, ethical, political, and economic order, but from a proposal based on [Andean] philosophical principles (Amawtay Wasi 2004).

É preciso saber também que

> This effort is conceived as a space of encounter between disciplines and intellectual, political, and ethical projects, projects constructed in different historical moments and epistemological places and concerned with the search for ways to think, know, and act toward a more socially just world and towards the comprehension and change of structures of domination epistemological as well as social, cultural, and political. As such, it is directed toward a renovation and reconstruction of critical thought in ways that take into account the present-day relations between culture, politics, and economy, challenge the hegemony of Eurocentric perspectives, and promote dialogues and thinking with thought and knowledge 'others', including that of Afro and indigenous social movements and intellectuals (Walsh, 2010, p.87).

Neste contexto as populações dominadas têm suas identidades submetidas à hegemonia eurocêntrica construída a partir da colonialidade do saber. Assim, o imaginário de dominar o mundo com o conhecimento eurocêntrico começa construir-se ao longo da formação de um sistema colonial/moderno que veio também da curiosidade epistemológica buscada nas regiões periféricas. Mesmo assim, a ideia de "curiosidades epistêmicas" construídas a partir dos saberes locais não é valorizada pela dominação hegemônica do pensamento eurocêntrico, embora esses saberes locais reforcem o conhecimento moderno. Isso significa que o pensamento eurocêntrico restringe cada vez mais a ecologia de saberes e começa a construir linhas abissais entre o Sul e o Norte (Santos, 2010).

A cura alternativa que pode ser aplicada para combater ou decolonizar a colonialidade do poder, do saber, do ser e da linguística epistémica, é o uso da razão comunicativa e outros usos da razão epistemológica do entendimento humano recomendada pelo Jürgen Habermas (1987 e 2004). Mesmo assim, esta concepção de modernidade de Habermas dentro dos seus limites e possibilidades, particularmente no que se associa ao "agir" de absorção do estado político colonial, parece que não tem suficientemente uma ligação concreta e "laços existente entre a modernidade europeia e aquilo que J.M. Blaut denomina mito difusionista do vazio" (Maldonado-Torres, 2008). Como escreve Blaut,

> Esta proposição do vazio reivindica uma série de coisas, cada uma delas sobreposta às restantes em camadas sucessivas: (i) Uma região não-europeia encontra-se vazia ou praticamente desabitada de gente (razão pela qual a fixação de colonos europeus não implica qualquer deslocação de povos nativos). (ii) A região não possui uma população fixa: os habitantes caracterizam-se pela mobilidade, pelo nomadismo, pela errância (e, por isso, a fixação europeia não viola nenhuma soberania política, uma vez que os nómadas não reclamam para si o território). (iii) As culturas desta região não possuem um entendimento do que seja a propriedade privada – quer dizer, a região desconhece quaisquer direitos e pretensões à propriedade (daí os ocupantes coloniais poderem dar terras livremente aos colonos, já que ninguém é dono delas). A camada final, aplicada a todos os do sector externo, corresponde a um vazio de criatividade intelectual e de valores espirituais, por vezes descrito pelos europeus [...] como sendo uma ausência de 'racionalidade' (Blaut, 1993, p.15 – apud Maldonado-Torres, 2008, p.85).

Não reconhecer os saberes locais como plataforma de suporte do conhecimento moderno significaria uma "ausência de racionalidade" mediante de um algo que parece útil para construir o conhecimento moderno mais eficaz para a sociedade. A "ausência de racionalidade" pode criar um "vazio" dentro da tomada de decisões associadas ao uso dos saberes locais no conhecimento moderno. Portanto, a ausência de racionalidade pode ser entendida como nulidade de uma parte ou de toda a parte da capacidade de fazer predições sobre os eventos associados a nova matéria do conhecimento produzido. Ou seja, a ausência de racionalidade associa-se aos agentes que não possuem capacidade para obter, proceder e produzir informações necessárias como sendo matérias para a sua análise e tomada de decisão, e isso acontece devido à complexidade do sistema em que tais agentes estão inseridos.

Não é de estranhar também que produzir e desenvolver um certo conhecimento fundamenta-se pela certa racionalidade técnica, isto é, pensar a forma como se constrói o conhecimento a partir da lógica razão (particularmente ideias teóricas) e da razão técnica (ideias práticas). Certo é que *racionalidade técnica* associa-se a abordagem funcionalista de Talcot Parson (1961) sobre o processo de aprendizagem fundamentado no conhecimento e controlo, reforçado pelas micro-relações que se estabelecem entre os diferentes sujeitos que atuam no espaço escolar (Michael Young, 1971), o que mais fundamental na perspectiva sociológica a construção social da realidade escolar pode ser explicitada com fontes teóricas que são perspectivadas como intercâmbio simbólico e da fenomenologia social num enquadramento de "reprodução do sistema de ensino" (Bourdieu & Passeron, 1978) e "reprodução cultural" vindo nas "diferentes reproduções" (Willis, 1981).

Epílogo

Tem de compreender, de uma vez por todas, que o pensamento humano, ou seja, o modo de pensar do homem, se relaciona com o discurso, a linguagem, a cultura, atravessados pela teoria e a prática do poder – a televisão e os média em geral estão no centro desses jogos de poder pensar *na, em* e *através* –, nada mais natural que o interesse com a questão se renovasse o sentido de significação do pensar *com* e *através* a linguagem.

Vê-se que a colonialidade do poder está longe de ser combatida na sua totalidade. É necessário portanto pensar em uma luta contínua para combater essa colonialidade do poder de dominação e de controle que ainda está bem visível nas sociedades periféricas.

Tem de compreender que todo o relacionamento do ser humano com o mundo e com todo o ambiente no seu redor é concebido pelas representações, interpretações, exposições, explicações, publicitação, descrições e argumentações textuais. É, por isso, que o relacionamento do ser humano é definido também como um texto que se move à sua volta.

Referências

ARISTÓTELES. **Categories and Interpretatione**. Translated with Notes by J. L. Ackrill. Oxford: Clarendon, 1963

AMAWTAY WASI. **Aprender en la sabidurí´a y el buen vivir**. Quito: Universidad Intercultural Amawtay Wasi/UNESCO, 2004.

ARENDT, Hannah. **A condição humana**. Rio de Janeiro: Forense Universitária, 2007.

AGAMBEN, Giorgio. **Homo sacer – O poder soberano e a vida nua**. Trad. Henrique Burigo, Belo Horizonte: UFMG, 2002.

AGAMBEN, Giorgio. **Estado de Exceção**. Trad. Iraci D. Poleti, São Paulo: Boitempo.

BLAUT, James M. (1993), The Colonizer's Model of the World: Geographical Diffusionism and Eurocentric History. New York: The Guilford Press, 2004.

BOURDIEU, Pierre & Passeron, Jean-Claude. **A Reprodução**: elementos para uma teoria do sistema de ensino. Lisboa: Editorial Veja, 1987.

BELTRÁN-BARRERA, Yilson J. La biocolonialidad: una genealogía decolonial. In *Nómadas*, n. 50, Universidad Central – Colombia, p.77-91, 2019.

BARROS, João. Geopolítica del conocimiento: control de la subjetividad y del conocimiento en la descolonialidad epistémica. In **Revista de Ciências Sociais**. *Fortaleza*, v. 50, n. 2, p.31–50, 2019.

BRAGA, Paulo. Nos Antípodas. In **Cadernos Coloniais**, n. 21, pp.1-40, 1936a.

BRAGA, Paulo. Díli-Bazar tete – síntese da vida timorense. In **Cadernos Coloniais**, n. 14, pp.1-40, 1936b.

BIZARRI, Carlos Henrique Brasil et al. Do quinino aos antimaláricos sintéticos: o conhecimento das plantas medicinais como estratégia potencial na terapia da CoVID-19. In **Revista Fitos,** 2021. Disponível em https://revistafitos.far.fiocruz.br/index.php/revista-fitos/article/view/1086/786. Acesso em 17/9/2021).

BARBOSA, Alessandro Tomaz & Paulino, Vicente. O pensamento decolonial antropofágico na educação em ciências. In **Perspectiva**, Florianópolis, v. 39, n. 2 p. 01-25, abril/jun, 2021.

CAJIGAS-ROTUNDO, Juan. La (bio)colonialidad del poder: cartografías epistémicas en torno a la abundancia y la escasez. In **Revista Youcali**, n. 11, p.59-74, 2006.

CAJIGAS-ROTUNDO, Juan. Anotaciones sobre la biocolonialidad del poder. In **Revista Pensamiento Jurídico**, n. 18, Bogotá, Universidad Nacional de Colombia-Facultad de Derecho, p.59-72, 2007.

CASSIANI, Suzani. Educação em ciências e tecnologias numa perspectiva decolonial: estudos sobre a cooperação educacional Brasil e Timor Leste. In Vicente Paulino., Suzani Cassiani & Patrícia Giraldi (Orgs.). **Decolonialidade na educação de Timor-Leste**: dilemas e perspectivas. Díli – Timor-Leste, pp. 17-28, 2021.

CHOMSKY, Noam. **Linguagem e mente**. Trad. de Lúcia Lobato, Brasília: Editora UnB, 1998.

CINATTI, Ruy. **Um cancioneiro para Timor**. Lisboa: Editorial Presença, 1996.

COLAÇO, Thais Luzia. **Novas Perspectivas para a Antropologia Jurídica na América Latina**: o Direito e o Pensamento Decolonial. Florianópolis: Fundação Boiteux, 2012. Disponível em: https://bit.ly/3nMZmdN. Acesso em 13/3/2021.

COUTINHO, Carlos Nelson. **Gramsci:** um estudo sobre o pensamento político. Rio de Janeiro: Campus, 1989.

DE BROSSES. **Traité de la formation mécanique des langues**, 1765.

DURKHEIM, Émile. **Da divisão do trabalho social**. São Paulo: Martins Fontes, 1999.

FOUCAULT, Michel. **As palavras e as coisas**. Lisboa: Edições 70, 2005.

FANON, Frantz. **Peau noire, masques blancs**. Paris: Éditions du Seuil, Grove Press, 1952.

EDUCAÇÃO, AMBIENTE, CORPO E DECOLONIALIDADE **305**

FANON, Frantz. **Pele negra máscaras brancas**. Salvador: EDUFBA, 2008.

GARCÉS, Fernando. Las políticas del conocimiento y la colonialidad lingüística y episté-mica. In CASTRO-GOMEZ, Santiago; GOSFROGUEL, Ramón (Comp). **El giro decolonial**: reflexiones para una diversidad epistémica más allá del capitalismo global. Bogotá: Universidad Javeriana-Instituto Pensar, Universidad Central-IESCO, p.217-242, 2007.

HARVEY, David. **O enigma do capital e as crises do capitalismo**. São Paulo: Boitempo Editorial, 2011.

HABERMAS, Jürgen. **Verdade e justificação**. São Paulo: Loyola, 2004.

HABERMAS, Jürgen. **Théorie de l'agir communicationel**. v. 2, Paris: Fayard, 1987.

KANT, Immanuel. **Crítica da razão pura**. Lisboa: Fundação Calouste Gulbenkian, 2018.

LANDER, Edgardo. Ciências sociais: saberes coloniais e eurocêntricos. In Edgardo Lander (org)., **A colonialidade do saber: eurocentrismo e ciências sociais. Perspectivas latinoamericanas**. Colección Sur Sur, CLACSO, Ciudad Autónoma de Buenos Aires, Argentina, p. 8-23, 2005.

LIPOVETSKY, Gilles. **O império do efêmero**: a moda e seu destino nas sociedades modernas. São Paulo: Cia das Letras, 2009.

LYOTARD, Jean-François. **A Condição Pós-Moderna**. Lisboa: Gradiva, 1989.

MALDONADO-TORRES, Nelson. Sobre la colonialidad del ser: contribuciones al desarrollo de un concepto. In CASTRO-GOMEZ, Santiago; GOSFROGUEL, Ramón (Comp) **El giro decolonial: reflexiones para una diversidad epistémica más allá del capitalismo global**, Bogotá: Universidad Javeriana-Instituto Pensar, Universidad Central-IESCO, p.127-167, 2007.

MIGNOLO, WALTER. Desafios decoloniais hoje. In **Epistemologias do Sul**. Foz do Iguaçu/PR, v.1 (1), p. 12-32, 2017.

MIGNOLO, WALTER. **Desobediencia epistémica**: Retórica de la modernidad, lógica de la colonialidad y gramática de la descolonialidad. Buenos Aires: Del Signo, 2010.

MIGNOLO, Walter. Os esplendores e as misérias da 'ciência': Colonialidade, geopolítica do conhecimento e pluri-versalidade epistémica. In Boaventura de Sousa Santos (org.), **Conhecimento prudente para uma vida decente**: Um discurso sobre as ciências revistado. Porto: Edições Afrontamento, 2003.

MONTENEGRO, Maria Aparecida de Paiva. Linguagem e conhecimento no crátilo de Platão. In **Kriterion**, Belo Horizonte, nº 116, Dez/2007, p.367-377, 2007.

MORIN, Edgar. **Science avec conscience**. Paris: Fayard, 1990.

MOUSSALLEM, Tárek Moysés. **Revogação em matéria tributária**. São Paulo: Noeses, 2005.

MERTON, Robert. **Social Theory and Social Structure**. New York: Free Press, 1968.

MARTINS, Xisto & HENRIQUES, Pedro. D. S. Contribuição para o estudo do valor socioeconómico e cultural das plantas medicinais de Timor-Leste. **Veritas**, v. 5, n. 1, pp. 101–125, 2017.

PARSONS, Talcot. **The School Class as a Social System**. New York: Free Press, 1961.

PAULINO, Vicente. **Representação identitária em Timor-Leste**: culturas e os média. Porto: Edições Afrontamento, 2019.

PAULINO, Vicente., ARAÚJO, Irta & SANTOS, Miguel Maia dos. Doenças graves e soluções curativas na sociedade timorense de Timor-Leste: cruzar o saber local e saber moderno. In Sarmento, Cristina Montalvão; Guimarães, Pandora & Moura, Sandra (coord editorial)., *Atas do XXIX Encontro da AULP – Arte e cultura na identidade dos povos*. Lisboa: Associação das Universidades de Língua Portuguesa, pp.223-242, 2019.

PAULINO, Vicente & SANTOS, Miguel Maia dos. **Metodologias e estratégias de aquisição da leitura aos alunos do ensino básico**. Díli: Unidade de Produção e Disseminação do Conhecimento do Programa de Pós-graduação e Pesquisa da UNTL, 2014.

PORTO-GONÇALVES, Carlos Walter. Apresentação da edição em português. In Edgardo Lander (org)., **A colonialidade do saber**: eurocentrismo e ciências sociais. Perspectivas latinoamericanas. Colección Sur Sur, CLACSO, Ciudad Autónoma de Buenos Aires, Argentina, p.3-5, 2005.

QUIJANO, Aníbal. Coloniality and modernity/rationality. In Walter D. Mignolo & Arturo Escobar (Edit.)., **Globalization and the Decolonial Option**. London and New York: Routledge, pp. 22-32, 2010.

SANTOS, Boaventura de Sousa. Para além do pensamento abissal: das linhas globais a uma ecologia de saberes. In: SANTOS, Boaventura de Sousa, MENESES, Maria Paula (orgs.). **Epistemologias do Sul**. São Paulo: Cortez, 2010.

SANTOS, Boaventura de Sousa. **Introdução a uma ciência pós-moderna**. Porto: Edições Afrontamento, 1989.

SEIXAS, Paulo Castro. O mundo plural: a educação como dissonância e tradução. In **Revista VERTIAS**, n. 2 (pp.73-85), Díli: Programa de Pós-graduação e Pesquisa da UNTL, 2013.

SIMMEL, Georg. **Secret et sociétés secrètes**. Estrasburgo: Circé. 1991.

SEARLE, John. **The rediscovery of the mind**. MIT Press, 1992.

STREVA, Juliana Moreira. Colonialidade do ser e corporalidade: o racismo brasileiro por uma lente descolonial. In **Revista Antropolítica**, no 40, Niterói, p.20-53, 2016.

THOMAS, Peter D. **The Gramscian Moment. Hegemony, Philosophy and Marxism**. Leiden: Brill, 2009.

VIRILIO, Paul. **A Bomba Informática**. São Paulo: Estação da Liberdade, 1998/1999.

WITTGENSTEIN, Ludwig. **Tratado Lógico-Filosófico**. Tradução e Prefácio de M. S. Lourenço. Lisboa: Fundação Calouste Gulbenkian, 2002.

WALSH, Catherine. Interculturalidad, **Estado, Socieda d: Luchas (de)coloniales de nuestra época**. Universidad Andina Simón Bolivar, Ediciones Abya-Yala,: Quito, 2009.

WALSH, Catherine. Shifting the geopolitics of critical knowledge: Decolonial thought and cultural studies 'others' in the Andes. In Walter D. Mignolo & Arturo Escobar (Edit.)., **Globalization and the Decolonial Option**. London and New York: Routledge, pp.78-93, 2010.

WILLIS, Paul. Cultural Production is Different from Cultural Reproduction is Different From Reproduction. In **Interchange**, *12*(2-3), 48-67, 1981.

YOUNG, Michael. F. Dwayne. **Knowledge and Control**. London: Collier-Macmillian, 1971.

doi.org/10.29327/5220270.1-12

Capítulo 12

LOS EDUCADORES AMBIENTALES, ACTORES CLAVE PARA LA DESCOLONIZACIÓN DE LA EDUCACIÓN AMBIENTAL

Leyson Jimmy Lugo Perea e Jairo Andrés Velásquez Sarria

Introducción

EN ESTE TEXTO se pretende generar la discusión respecto al papel relevante que tienen los educadores ambientales en la descolonización de la educación ambiental, para lo cual se parte de reflexionar respecto a lo que entendemos por educación ambiental, en especial, se resalta su condición de campo de conocimiento, su propósito de formar ciudadanos para la comprensión de la complejidad ambiental y la particularidad de constituirse en un lugar de enunciación de lo ambiental y lo educativo.

En un segundo momento, reconocemos que la educación ambiental ha sido colonizada en sus discursos y prácticas y, en este proceso los educadores ambientales han tenido un rol clave en su reproducción. Por tanto, consideramos necesaria la descolonización de dicha educación. Finalmente, nos acercamos a entender el quehacer de los educadores ambientales, para ello proponemos una tipología inicial y algunas particularidades de estos actores sociales.

Reflexiones frente a la educación ambiental

Diferentes discusiones se han generado a nivel mundial en relación con la educación ambiental, en especial, por las formas de concebirse y practicarse, sus propósitos y sus lugares de enunciación. Estas cuestiones han posibilitado la constitución de la EA como un campo de conocimiento y de saberes en permanentes tensiones y disputas, lo cual obedece a la diversidad de escuelas, corrientes, perspectivas, concepciones, discursos y prácticas existentes.

La idea de la EA como campo es tomada de los aportes de Bourdieu (2002), Moreno y Ramírez (2003) y, Reyes y Castro (2016). Para Bourdieu, un campo es un sistema de posiciones sociales que se definen unas en relación con otras. En este sentido, Moreno y Ramírez asumen el campo como "(...) un espacio específico en donde suceden una serie de interacciones (...) un sistema particular de relaciones objetivas que pueden ser de alianza o conflicto, de concurrencia o de cooperación entre posiciones diferentes, socialmente definidas e instituidas, independientes de la existencia física de los agentes que la ocupan" (Moreno y Ramírez: 2003:16).

Si bien desde sus inicios se tuvo la idea que la educación ambiental "no debería ser un campo de estudio" (Smith, 1997) como la física, la química, la historia, entre otros, los desarrollos epistemológicos, teóricos y metodológicos generados a partir de investigaciones, reflexiones y publicaciones, han posibilitado su posicionamiento como un campo de conocimiento. Al respecto, Reyes y Castro (2016, p. 173) sostienen que

> "La educación ambiental (EA) no puede quedarse en un activismo social por más intenso y exitoso que éste sea, resulta indispensable que consolide su legitimidad como un campo de conocimiento para contribuir a una comprensión más profunda de la coyuntura histórica actual y, con ella, desplegar estrategias teóricas y prácticas de mayor impacto que el alcanzado hasta hoy".

Este planteamiento puede ser respaldado por la conformación, consolidación y proliferación de comunidades académicas encargadas de reflexionar, teorizar, estudiar e investigar en educación ambiental, así como plantear estrategias para el logro de sus propósitos. Del trabajo de estas comunidades han surgido apuestas distintas, algunas complementarias, otras opuestas que derivan en tensiones y disputas y que hacen parte de ese campo de conocimiento.

Sin embargo, es preciso recalcar que no solo los académicos han aportado a la consolidación de la educación ambiental como un campo de conocimiento, también podemos ubicar las propuestas de comunidades indígenas, campesinas, afrodescendientes, madres de familia, entre otras, quienes, desde sus lugares de interacción, luchas, disputas y resistencias que, desde esos saberes otros, desarrollan procesos formativos basados en la sustentabilidad de la vida, la defensa de los territorios, el rescate de las raíces ecológicas y culturales, la paz ambiental, la reconstrucción de los lazos y relaciones existentes entre lo humano y lo no humano, entre otras. Estas otras perspectivas también hacen parte del campo de la educación ambiental y cobran cada día mayor importancia debido a las tensiones constantes que afrontan estas comunidades ante las disposiciones y políticas hegemónicas establecidas y que afectan o amenazan los territorios.

En atención a los planteamientos de la teoría del campo intelectual de Pierre Bourdieu (2002: 1967), Reyes y Castro (2016), reconocen entre otras características que la EA:

> "i) es una construcción que surge al ver rebasados los marcos tradicionales de la educación y del ambiente por los problemas actuales (ni la educación, ni nuestra lectura de "ambiente" nos proporcionan de manera "normal" los elementos para fincar una cultura ambiental);
>
> ii) establece una nueva propuesta "creadora" que da cuenta de las razones (inéditas) por las cuales surge;
>
> iii) busca legitimarse mediante la generación y la práctica de un capital simbólico, y
>
> iv) produce dicho capital simbólico a partir de agentes que forman parte del campo y que están estructurados (relacionados y jerarquizados), enfrentando luchas o tensiones tanto para legitimar su práctica como para generar conocimiento" (p. 180).

Desde estos trazos escritos en este texto, concebimos la educación ambiental como un campo de conocimiento y de saberes que tiene como propósito fundamental la formación de ciudadanos reflexivos, críticos, éticos y propositivos frente a las situaciones ambientales existentes. Una formación que conlleva en términos de Eschenhagen (2016) a la comprensión de la complejidad ambiental.

Conviene resaltar que la educación ambiental no es la responsable principal de la solución de la crisis ambiental, de las problemáticas y conflictos ambientales como muchas veces se le atribuye. De ahí que su surgimiento en el discurso oficial a finales de los años 60 e inicios de los 70, se da como respuesta a esa crisis ambiental. Al respecto, Arias (2013, p. 1) sostiene que:

> "La EA como campo de conocimientos, saberes y prácticas es un campo joven en relación con otros campos disciplinarios, pero al que tal vez se le ha exigido ofrecer respuestas a una problemática ambiental de época, que a grandes luces escapa a sus reales posibilidades".

El mismo autor señala:

> "No podemos cargarle a la EA una responsabilidad la cual no puede asumir, debido a que los problemas ambientales son consecuencia de un modelo de desarrollo, que fundamenta sus principios en la economía, en el individualismo y en la ganancia de las cosas, por encima de los procesos vitales de la naturaleza y de las necesidades de los propios seres humanos. De ahí que resulta engañoso y hasta cierto punto, malicioso pedirle a la EA que lleve a cabo "algo más" para que contribuya de manera más efectiva a mejorar las condiciones ambientales del planeta".

La educación ambiental sí tiene un papel clave en relación con la crisis ambiental, porque como se mencionó en apartados anteriores, su propósito es la formación ciudadana. Por tanto, se encamina a nivel individual como colectivo, escolar y no escolar, al desarrollo y fortalecimiento de conocimientos, pensamientos, saberes, actitudes, habilidades y prácticas para comprender la situación ambiental actual, develar sus trasfondos económicos, políticos y sus causas profundas, participar y tomar decisiones responsables respecto a lo ambiental, en términos de Eschenhagen (2021) pensar en, desde y para la vida.

Esto nos permite, entonces, asumir la educación ambiental como un lugar de enunciación que emerge en una multiplicidad de escenarios, sean estos las aulas, las calles, las juntas, encuentros de diversa índole o cualquiera otro en el que el debate, la charla, las discusiones, las preocupaciones, las críticas, los cuestionamientos, directa o indirectamente, abordan presupuestos y gramáticas propias de la educación ambiental como referente crítico, propositivo y, por supuesto, formativo.

Esta aclaración resulta fundamental en tanto que atribuirle responsabilidades frente a la crisis ambiental, ha tenido y tiene consecuencias negativas para la educación ambiental. Un ejemplo de ello puede verse en el sistemático desplazamiento que el discurso hegemónico ha hecho de la misma al dirigirla al desarrollo sostenible, argumentando que, pese a no haber logrado sus propósitos, la educación ambiental es coherente con los presupuestos de dicho desarrollo. Dicho en otros términos, el poder hegemónico ha instrumentalizado la educación ambiental para articularla a las lógicas discursivas del desarrollo sostenible, en aras de reforzar su despliegue y sostener el modelo extractivista, por lo que la educación ambiental resulta funcional para reforzar los argumentos de "sostenibilidad" con los que se pretenden apaciguar los daños que produce el desarrollo. De ahí que el imaginario: "educación ambiental como herramienta para promover el desarrollo sostenible" se haya popularizado y extendido hegemónicamente, lo que deja ver una auténtica cooptación o, si se quiere, colonización de la educación ambiental.

La colonización de la educación ambiental

Desde sus orígenes hasta la actualidad, gran parte de la educación ambiental ha estado permeada por los discursos hegemónicos provenientes principalmente de las Naciones Unidas, además del Programa de las Naciones Unidas para el Medio Ambiente-PNUMA y las grandes potencias, a partir de los planteamientos y declaraciones realizadas en eventos mundiales donde el tema ambiental y educativo ambiental han sido el centro de las preocupaciones (Estocolmo, 1972; Belgrado, 1975; Tbilisi, 1977; Moscú, 1987; Río de Janeiro, 1992, entre otros).

Si bien estos eventos fueron relevantes para que los diferentes países implementaran políticas, planes, programas y proyectos ambientales y de educación ambiental, así como para la creación de ministerios y oficinas dedicados a esta temática, incluso en el ámbito de la educación superior toda vez que incidieron en la proliferación de programas de pregrado y postgrado, también es cierto que varios de los planteamientos allí expuestos se han basado en perspectivas antropocentristas e instrumentalistas, que no solo han rehuido a la crítica al modelo de desarrollo actual y al capitalismo y sus implicaciones en el ambiente, sino que han negado, ocultado o matizado sus nefastas consecuencias, para lo que, insistimos, la educación ambiental ha resultado ampliamente contributiva.

De hecho, en el marco de dichos eventos se han generado convenciones y compromisos para la conservación de los bosques, la reducción de los gases de invernadero, la adopción de estrategias para frenar el cambio climático, la protección de la biodiversidad, entre otros, los cuales no han sido apropiados ni firmados por los países que mayor contaminación y destrucción ambiental generan. Aquí es donde se cuestiona el real compromiso que se tiene y cómo muchos de estos discursos se quedan en enunciados de buenas intenciones.

La educación ambiental ha sido colonizada en sus discursos y prácticas. El modelo hegemónico dominante ha permeado las políticas ambientales y educativas, así como los sistemas educativos en todos sus niveles y el quehacer de las instituciones de educación superior desde sus principios misionales: docencia, investigación y extensión, incluso los ministerios, oficinas y entidades encargadas de velar por el ambiente. En suma, se ha configurado una arquitectura estatal en la que tiene lugar una institucionalidad ambiental que "responde" o, mejor aún, se acopla a los imperativos del desarrollo en tanto discurso que "utiliza la lógica del ambientalismo superficial o reformista, que solo perpetúa los intereses económicos sobre la explotación de la naturaleza" (Velásquez, 2014; p. 192)[58].

De ahí que, desde esta lógica institucional, *desarrollo* y *ambiente* sean constitutivos el uno del otro hasta confundírsele, en tanto que *lo ambiental* ha sido vaciado de su contenido crítico, propositivo, problematizador, denunciante, contra-hegemónico, para re-llenarse con un contenido de obediencia y, en consecuencia, de defensa de los postulados e imperativos del *desarrollo*, lo que explica, nuevamente, la potencia del imaginario: *educación ambiental como herramienta para el desarrollo sostenible.*

---

[58] Para este autor, el ambientalismo superficial o reformista es aquel que "opera" de manera superficial y administrativa para lograr cambios sutiles, pero dejando casi intacto el modelo hegemónico de producción y consumismo.

El discurso dominante se esconde bajo el lenguaje del desarrollo sostenible, configurado inicialmente desde el Informe de Brundtland de 1987 y universalizado a partir de la Conferencia de Medio Ambiente y Desarrollo celebrada en Río de Janeiro en el año 1992, también llamada Cumbre de la Tierra. Gutiérrez (20313) sostiene que la Declaración de Río constituye el punto de partida oficial para el concepto de desarrollo sostenible, en ella se platearon 27 principios, algunos de ellos se mencionan a continuación:

- Los seres humanos constituyen el centro de las preocupaciones relacionadas con el desarrollo sostenible. Tienen derecho a una vida saludable y productiva en armonía con la naturaleza.
- El derecho al desarrollo debe ejercerse de tal forma que responda equitativamente a las necesidades de desarrollo y ambientales de las generaciones presentes y futuras.
- A fin de alcanzar el desarrollo sostenible, la protección del medio ambiente deberá constituir parte integrante del proceso de desarrollo y no podrá considerarse en forma aislada.
- Debería movilizarse la creatividad, los ideales y el valor de la juventud del mundo para forjar una alianza mundial orientada a lograr el desarrollo sostenible y asegurar un mejor futuro para todos.
- La paz, el desarrollo y la protección del medio ambiente son interdependientes e inseparables

Como vemos, en esta conferencia el foco estuvo puesto en la necesidad, entre otras, de adoptar el desarrollo sostenible en lo educativo. Gutiérrez (2013, p. 143) señala que: "Con esta declaración comienza un nuevo debate interno en el ámbito de la educación ambiental que ha suscitado enfrentamientos institucionales, enrocamiento de posturas, virulencia en los debates... que dura hasta nuestros días".

Es justo la Agenda 21 derivada de la Cumbre de Río la que solicitó la reorientación de la educación ambiental hacia la educación para el desarrollo sostenible. El requisito de la educación para el desarrollo sostenible se presenta como un retroceso Sauvé (2009), ya que entró en el proceso educativo en la perspectiva estrecha de la llegada de un mundo globalizado, donde la economía se reduce a un conjunto de recursos para "manejar" y garantizar así un mayor desarrollo.

La educación para el desarrollo sostenible como marco hegemónico, se visibiliza en los discursos y prácticas de ministerios, instituciones educativas, entidades y oficinas, incluso en educadores ambientales, sin al menos haber problematizado, cuestionado y develado los trasfondos económicos, políticos y éticos del desarrollo sostenible.

La educación ambiental ha sido utilizada con diferentes finalidades e intereses políticos, económicos, sociales y ecológicos provenientes de diferentes sectores y actores sociales. Es así como podemos evidenciar discursos y prácticas encaminadas al cuidado y conservación de la naturaleza o de los llamados "recursos naturales", incluso de multinacionales y empresas que con sus acciones generan destrucción del patrimonio natural de los territorios, donde prima un interés económico. La mayoría de estas apuestas se sustentan bajo el desarrollo sostenible.

Estas propuestas hegemónicas han desconocido, invisibilizado y subyugado discursos y prácticas de educación ambiental provenientes de otras geografías, como diría Ana Patricia Noguera, de otras escrituras de la Tierra, las cuales se configuran desde otras formas de sentir, pensar, ser, actuar y habitar. En suma, la visión hegemónica de la educación ambiental está directamente relacionada con la EA desde la perspectiva moderna que, según Sauvé (1999), está enfocada en la búsqueda de unidad y de valores universales. La multiplicidad de concepciones y prácticas es aquí problemática porque se asume como necesidad el definir estándares que ayuden a hacer más uniforme la EA.

Las anotaciones hasta aquí elaboradas "retratan" la imagen de una educación ambiental colonizada. Esto es, una educación ambiental que ha sido vaciada de su contenido transformador, transgresor, desobediente frente a la potente fuerza de la matriz colonial del poder que, históricamente, ha hecho de la naturaleza un usufructo y de lo humano un instrumento que se adapta a sus lógicas y defiende o, por lo menos no cuestiona sus presupuestos, alcances y efectos. Se trata, entonces, de una educación ambiental dessujetada de sí misma y, en consecuencia, sujetada a estructuras dominantes desde donde despliega una fuerza discursiva que, lejos de cuestionar el modelo civilizatorio hegemónico y de visibilizar su lógica devastadora, promueve acciones que "corrijan" pero que no cuestionen.

Surgen aquí algunos interrogantes que abordaremos de inmediato en el mismo orden en que se plantean: ¿de qué y de quiénes ha sido des-sujetada la educación ambiental? ¿Qué sujetos produce o a qué sujetos se "dirige" la educación ambiental colonizada? ¿cuál debe ser la postura de los educadores ambientales que se ubican por fuera de la educación ambiental colonizada?

En lo que sigue nos referiremos a cada uno de estos interrogantes, en procura de ofrecer elementos para enriquecer el debate en torno a la necesidad de des-colonizar el saber ambiental. Como ya indicamos, los autores asumimos la educación ambiental como un lugar de enunciación contra-hegemónico, lo que implica atribuir a la misma un carácter des-obediente y transgresor, si se tiene en cuenta que la educación ambiental, entre otros aspectos, se empeña en "producir" sujetos, subjetividades e intersubjetividades que asuman la naturaleza, no como una objetividad desprendida de sí y de nos, sino como una trama envolvente que constituye al sí y al nos. Un "cuadro" abigarrado en el que lo humano y lo no-humano acontecen para el encuentro, el afecto, la vivencia y la con-vivencia, el asombro, el enigma. Lo ambiental viene a ser retomado por la educación como el constructo histórico y social en el que lo humano despliega su fuerza y creatividad material y simbólica, para ser y estar en esa naturaleza que lo constituye y lo hermana con la vida en su máxima expresión.

La educación ambiental es, entonces, una apuesta para un aprendizaje ambiental que cultive humanos en el seno de una gramática de vida esencial como lo es: el respeto, el amor, la sensibilidad, la empatía, la emoción, el afecto, la espiritualidad; siendo estas diversas formas para conectar con la vida, con la tierra, con los otros. Como bien sugieren Giraldo y Toro (2020), "cultivar la sensibilidad, la empatía, y el bucle de afectos que potencian la acción, quiere decir cultivar un tipo de afectividad común, en la que nos enseñamos entre todos a ser tocados por la emoción de otro, a prestar atención a los fenómenos de los encuentros, y a valorar la experiencia sensible y sintiente de la alteridad que también somos" (p. 110). Este es, quizás, uno de los mayores propósitos de la educación ambiental, toda vez que la formación para la alteridad es el presupuesto central para el encuentro en, con, desde y para el otro humano y no-humano.

Lo anterior implica, entonces, que la educación ambiental se inscriba en una postura rebelde, desobediente, transgresora, perturbadora frente a los presupuestos de un modelo civilizatorio hegemónico que, precisamente, se ve forzado a disolver esta gramática que amenaza potencialmente el despliegue de su ferocidad consumista y extractivista de la naturaleza y de la vida en sí misma. Al modelo neoliberal en el que se ha inscrito la vida no le conviene, ni le interesa ni permite, hasta donde le sea posible, aquellos sujetos respetuosos, amorosos, sensibles, empáticos, emocionales, afectuosos y espirituales consigo mismo, entre sí y con sus territorios de vida. Por el contrario, dicho modelo hace una rigurosa apuesta por una subjetividad e intersubjetividad radicalmente opuesta. Volveremos a esto más adelante.

Como ya advertimos antes, abordar o asumir la educación ambiental como un lugar de enunciación conlleva a desbordarla de sí misma. A re-pensarla, re-encontrarla, re-significarla, re-descubrirla en aulas otras. Esto es, en aquella multiplicidad de lugares donde una plétora de cuerpos se dan lugar para el encuentro en torno a situaciones, eventualidades, circunstancias que les preocupa, les atemoriza, les inquieta, les incomoda. Si bien el lugar académico es ampliamente determinante en "materia" de educación ambiental; sin duda esos lugares otros o, como hemos preferido llamarlo, esas aulas otras son, por sí mismas, expresiones, argumentos, prácticas, ritualidades, estéticas, manifestaciones que atañen a la educación ambiental, sino es que es educación ambiental en sí mismas, pues se encuentran allí en juego posturas, reclamos, exigencias, ideas, nociones, propuestas que proclaman un horizonte de posibilidades donde prevalezca la justicia, el respeto, la armonía. En definitiva, donde a la vida, humana y no-humana, se le ubique por encima de cualquier pretensión hegemónica.

Insistimos ¿no es todo esto educación ambiental? Creemos que sí. Como también creemos que, para quienes directamente nos hallamos inscritos en los procesos de educación ambiental, principalmente en el ámbito académico o, si se quiere, desde la institucionalidad ambiental, los esfuerzos deben dirigirse a esos espacios donde la educación ambiental se constituye en un aspecto emergente de la dialéctica y la praxis, de aquellos cuerpos a los que se hizo referencia en el párrafo anterior. Esto, sin duda, hace que la educación ambiental se constituya en una rica y constante búsqueda y transformación.

En tal sentido, atendiendo al primero de los interrogantes antes planteados, las anotaciones hasta aquí elaboradas permiten entender que la educación ambiental ha sido des-sujetada, primero, de su carácter desobediente y transformador, al inscribírsele, como vimos antes, en un aparato institucional que reproduce discursos hegemónicos como el desarrollo sostenible el cual, sin más, es una antítesis de la vida. Pero no sólo se le ha des-sujetado de dicho carácter, sino que, además, se la ha hecho contradictoria consigo misma, pues la educación ambiental no emergió para promover modelos devastadores y "disimular" sus desastres, sino, por el contrario, para forjar diversas praxis que los problematice y, en consecuencia, los transforme mediante la formación de subjetividades constituidas en esa gramática esencial a la que nos referimos en párrafos anteriores.

De acuerdo con lo anterior, el hecho de que la educación ambiental haya sido des-sujetada de sí misma, implica también pretender des-sujetarla de una trama de sujetos que la constituyen. En otros términos, la cooptación de la educación ambiental conlleva a que esta se les pretenda "arrebatar" también a toda una trama de sujetos, esto es, aquellas personas intelectuales, académicas, activistas, políticas, líderes sociales, artistas o "ciudadanas de a pie" quienes, desde los diferentes lugares de enunciación, la llevamos inscrita y la re-creamos de diversas maneras.

De aquí la imperante necesidad del "frente común" que los múltiples colectivos latinoamericanos, por ejemplo, han conformado frente a la cooptación de la educación ambiental o, al menos, para evitar que esa educación ambiental hegemonizada y hegemonizante permee las estructuras de pensamiento crítico, la praxis, la dialéctica de la educación ambiental que defendemos y ponemos "en terreno". Precisamente es a este colectivo, constituido por universidades, ciertas ONG´s, una amplia constelación de movimientos sociales conformados por campesinos, indígenas, estudiantes, feministas y muchos más, a quienes nos referimos como los sujetos a quienes nos han pretendido "arrebatar" la educación ambiental, como consecuencia de su inminente hegemonización, colonización o cooptación.

La crítica, la resistencia, la problematización, el cuestionamiento frente a esto, puede verse en incontables registros y expresiones tanto desde las aulas académicas como desde las aulas otras antes mencionadas, que van, en ese mismo orden, desde apuestas por descolonizar los currículos y hacer de la educación ambiental un núcleo transversal en la formación universitaria, bajo la convicción de que: si la educación no es ambiental ¿entonces qué es?, hasta las praxis de los colectivos en sus propósitos de promover otros modos de ser y estar en los territorios, una vez más, desde esa gramática esencial antes mencionada. En suma, se trata de colectivos que, como sugiere Ruíz (2002), se movilizan permanentemente hacia una racionalidad ambiental, a lo que agregamos, una racionalidad ambiental que contrasta con la dominante, naturalmente.

Dejamos aquí estas consideraciones para abrir paso al segundo interrogante que orienta las ideas, críticas y reflexiones aquí expuestas. Esto es, ¿qué sujetos produce o a qué sujetos se "dirige" la educación ambiental colonizada? En los párrafos anteriores se hizo referencia al tipo de subjetividad e intersubjetividad a la que se dirige o, mejor aún, la que forma la educación ambiental en la que nos ubicamos. Queremos ahora "mostrar" el tipo de sujeto a quien se dirige la educación ambiental colonizada o hegemonizada, con lo cual se espera no sólo hacer una distinción entre la una y la otra, sino también la posibilidad de reafirmar la postura crítica frente a los mecanismos y propósitos de sujeción de la educación ambiental.

Pensar en el tipo de sujetos al que se "dirige" la educación ambiental hegemónica implica antes comprender que dicha educación está inscrita en la racionalidad neoliberal. Desde allí ha sido cooptada para articularla al discurso del desarrollo sostenible. Si bien no es propósito de este escrito hacer un exhaustivo análisis del neoliberalismo, conviene sí mostrar algunas apreciaciones al respecto, para reforzar los presupuestos que se están defendiendo. El neoliberalismo es una cosmovisión política y económica que se centra en la libertad del individuo, entendida esta en términos de capacidad empresarial, para garantizar su libre acceso al mercado en aras de procurar su bienestar. Como puede notarse, el proyecto neoliberal constituye por sí mismo una fuerte orientación hacia el capitalismo, al considerársele el único sistema económico o de relaciones sociales que posibilita la anhelada libertad neoliberal. De ahí que Cadahia (2018) considere que el "neoliberalismo funciona como un arte de gobernar, una forma de gestionar la vida al servicio de la explotación capitalista" (p. 90). Volveremos a esta última referencia en breve.

En definitiva, el neoliberalismo produce un individuo particular para depositar en él sus lógicas y garantizar así su fuerza y vigorosidad como modelo civilizatorio dominante o hegemónico, para lo cual la educación ambiental hegemonizada resulta determinante, como veremos más adelante. Se trata de un individuo competitivo, emprendedor, responsable de sí. Un sujeto que vive de prisa, sopesando cada aspecto del mundo y de la vida en función de la rentabilidad, la ganancia. Como advierte Byung Chul Han (2017), un individuo que opera para el imperativo (neoliberal) del deber ser por encima del poder ser. Un individuo para el rendimiento. O como describe Quintana (2020), un individuo propietario de sí (encargado de su autoformación, autocuidado, autorregulación).

Pues bien, consideramos entonces que aquella educación ambiental, instrumentalizada y funcionalizada en, desde y para el desarrollo sostenible, se dirige precisamente a este tipo de individuo neoliberal. Como bien se ha indicado antes, el desarrollo sostenible es el discurso neoliberal que legitima el usufructo de la naturaleza, misma que asume crematísticamente como un recurso natural, revestido de un recurso conceptual potencial, pero que para los alcances de dicho discurso resulta tramposo y peligroso, como es la sostenibilidad, argumento con el que se ha defendido exitosamente y durante más de cuatro décadas la práctica devastadora que contiene y a la que conlleva este discurso, bajo la máscara de la conservación y el equilibrio ecológico. Esto último, siguiendo a Mignolo (2000), puede entenderse como el lado claro del desarrollo sostenible, mientras que el daño, la violencia, la devastación, la criminalidad, la contaminación vendría a ser su lado más oscuro.

El individuo neoliberal, por lógica, es el individuo del desarrollo sostenible. Un individuo que, separado de sí mismo y de los otros, apropia la imagen objetiva de la naturaleza y su disposición para el usufructo. Dicho individuo, tras constituirse para la competitividad y el autocuidado, se encierra en su mismidad y, en consecuencia, deja de ser tocado por la alteridad en tanto que se desprende de lo otro humano y no-humano. La educación ambiental que opera para el desarrollo sostenible, por correspondencia, contribuye en la constitución del sujeto neoliberal. Esto puede verse nada más en el hecho de asumir lo ambiental desde el dualismo occidental moderno. Un ambiente en el que el sujeto se encuentra separado de la naturaleza, frente a lo cual crea una racionalidad tecnológica e instrumental con la que dicha naturaleza se somete a los designios del progreso y el bienestar. Esta ha sido la visión ambiental dominante en los currículos escolares y universitarios, en los planes y programas nacionales (Estado, Ministerios, Gobiernos Locales y Regionales) e internacionales (ONU, FAO, PNUMA). Naturalmente, la "producción" de un ambiente en la que se asume la naturaleza desde un remarcado enfoque antropocentrista, ha debido ser obligatoriamente necesaria para conferirle sentido y propósito al discurso del desarrollo sostenible.

Poco o nada interesan al poder hegemónico las concepciones ancestrales del ambiente como un todo interrelacionado, en el que lo humano, lo no humano y lo espiritual se disuelven en una sola interrelación, "produciéndose" así una naturaleza vaciada de objetividad y ricamente dotada de subjetividad: sujeto planta, sujeto roca, sujeto agua, sujeto árbol, como bien lo enseñan la multiplicidad de filosofías ancestrales latinoamericanas. Sin duda, estas visiones otras del ambiente y la naturaleza conllevan por sí mismas una suerte de complejidad acoplada a los ritmos de la tierra que contrasta con los imperativos del desarrollo sostenible. Ello explica las razones por las que se hegemonizó la concepción occidental de ambiente y naturaleza, en aras de acoplar en la misma discursos que legitimaran la lógica extractivista como elemento central del discurso del desarrollo en mención.

En esto último, insistimos una vez más, la educación ambiental hegemonizada ha resultado de gran ayuda para instituir y naturalizar la noción de ambiente y naturaleza que posibilita el proyecto civilizatorio devastador en el que nos hallamos insertos, tanto humanidad como planeta. En suma, lo que predomina en los currículos escolares y universitarios es, sin lugar a dudas, la visión dominante de ambiente y naturaleza en la que se inscribe el individuo neoliberal desde sus etapas iniciales de formación, en quien se naturaliza la idea de que la naturaleza es aquello que lo rodea y que está plenamente dispuesta a su racionalidad empresarial y competitiva.

Un individuo al que, como indica Harvey (2007), se le enseña a ser responsable y a responder por sus acciones y de su bienestar. Un individuo al que no se le forma para cuestionar los excesos del modelo neoliberal sino a asumirse como parte de las correcciones en las fallas del mismo. Es decir, un individuo al que se le responsabiliza del daño y de la conservación ambiental. Sólo por poner un ejemplo, en lugar de efectuar restricciones a los fabricantes de bolsas de plástico, resulta más práctico y conveniente convencer al individuo para que lleve a cabo el reciclaje y porte su propia bolsa en el supermercado o, en su defecto, pague un importe como compensación por su uso recurrente.

Con esto no se quiere indicar que estas acciones sean imprecisas o equivocadas ni tampoco deslegitimar sus contribuciones. El punto es que el individuo sea formado ambientalmente para la correspondencia de sus acciones con las lógicas del proyecto civilizatorio dominante. Estas consideraciones dejan ver la profunda necesidad de des-colonizar el saber o, si se quiere, el currículo, con el propósito de abordar como elemento central de formación, esas naturalezas y esos ambientes ancestrales latinoamericanos que, sin duda, conllevaría a la des-sujeción de ese individuo atrapado en las lógicas neoliberales, a través de un proceso formativo que le permita entenderse como un elemento constitutivo de la trama de la vida, más allá de ser una pieza más del engranaje capitalista.

Dejamos hasta aquí estas consideraciones para abrir paso al último interrogante con el cual esperamos hacer algunos aportes y contribuciones a los procesos de des-colonización del saber ambiental latinoamericano: ¿cuál debe ser la postura de los educadores ambientales que se ubican por fuera de la educación ambiental colonizada o hegemonizada? El hecho de que la educación ambiental se conciba como un lugar de enunciación contrahegemónico, da cuenta de la postura que tiene o debería tener la persona educadora ambiental, pues desde dicho lugar se establecen rupturas con el discurso hegemónico al que se ha hecho bastante insistencia en páginas anteriores: el desarrollo sostenible. El término rupturas permite imaginar a una educadora o a un educador ambiental que se distancia críticamente de la concepción hegemónica de ambiente y naturaleza; que emplea gramáticas distintas a las instituidas y naturalizadas para pensar lo ambiental desde otros lugares, desde otros bordes o fronteras de la racionalidad ambiental dominante; que tensiona y perturba la educación ambiental "puesta" al servicio del poder hegemónico; que proponen pedagogías y didácticas otras en clave decolonial; que retoman los saberes ambientales como los principales referentes para la construcción de una racionalidad ambiental que devenga en nuevas maneras de ser y estar en los territorios. Los aportes a la construcción de una nueva racionalidad ambiental es quizá una de las mayores apuestas de la educación ambiental, lo cual, como indica Leff (2004), implica:

> "(...) la necesidad de deconstruir los conceptos y métodos de diversas ciencias y campos disciplinarios del saber, así como los sistemas de valores y las creencias en que se funda y que promueven la racionalidad económica e instrumental en la que descansa un orden social y productivo insustentable" (Leff, 2004; p. 235).

Sin embargo, es importante tener en cuenta que los educadores ambientales nos hallamos insertos en contextos de hegemonía que confiere bastantes limitaciones e incluso impedimentos formales a las praxis descolonizadoras. El sistema educativo es un muy buen ejemplo de ello. Tanto la escuela como la universidad son dispositivos coloniales orientados por los imperativos del poder hegemónico, lo cual puede verse reflejado en los currículos colonizados en los que el saber ambiental está estrechamente vinculado a los alcances del proyecto civilizatorio hegemónico. No obstante, aun en contextos de hegemonía persisten lugares o intersticios desde los que es posible repensar, en este caso, la potente acción de la educación ambiental. Intersticios desde los cuales "la subalternidad puede hablar, reactivar, criticar y reconocerse a sí misma en su condición de criticidad" (León, 2005; p. 125).

Justo allí, en los intersticios, nos encontramos quienes apostamos por una educación ambiental crítica y propositiva, que deviene en, desde y para las prácticas transformadoras. Una educación y unos educadores ambientales que perturban la gramática y el lenguaje hegemónico que ordena, instituye e impone una sola visión del mundo, deslegitimando e invisibilizando otros mundos que posibilitan no sólo cuestionar el proyecto civilizatorio hegemónico, sino, además, transformarlo. Donna Haraway (2018) dice que: "si estamos atrapados en el lenguaje, escapar de esta prisión requiere poetas" (p. 17). Pues bien, creemos que el conjunto de mujeres y hombres que encarnan la educación ambiental en la que nos ubicamos son, precisamente, poetas o poiéticos.

Entendemos la poiesis como un acto creador o transformador (Dussel, 1984). Pues bien, eso precisamente vendríamos a ser los educadores ambientales, sujetos poiéticos o poetas que perturban el lenguaje hegemónico y las gramáticas dominantes para poetizar en, desde y para el ambiente. Poetas que hacen de las aulas auténticos mundos donde emergen otros sentidos, otras narrativas, otras ritualidades, otras con-figuraciones. En suma, aulas-mundos donde la posibilidad frente a un mundo en crisis se hace manifiesta. Lo posible aquí lo entendemos como aquello que:

> "(...) abre el espacio para lo que no se pensaba que podía ser, pero que puede ser. Por eso, "lo posible" abre el campo de experiencia a lo que no se podía prever, a lo que no ha tenido lugar pero podría tenerlo, es decir, a lo inédito, indeterminable, no anticipable a las condiciones dadas" (Quintana, 2020; p. 77).

La condición y la acción poiética de las y los educadores ambientales permite des-naturalizar lo naturalizado; visibilizar lo invisibilizado; legitimar lo des-legitimado; pensar lo impensado; en suma, controvertir la racionalidad dominante para dejar ver sus contradicciones y a partir de ello descubrir lo posible y hacerlo manifiesto. A través de la educación ambiental, los poetas educadores hacen de las aulas-mundos verdaderos escenarios para la aparición y reafirmación de lo posible en contextos hegemónicos, frente a lo cual se hacen necesarios, además de otros lenguajes y otras gramáticas, otras prácticas, otras pedagogías, otras didácticas, otros saberes, otras narrativas que tienen lugar en los bordes o fronteras de la educación ambiental hegemonizada a las que nos referimos con anterioridad.

Quintana (2020) indica también que lo posible, en otras palabras, tiene que ver con hacer valer la heterogeneidad de las formaciones sociales y la manera en que estas funcionan por ensamblajes que pueden re-articularse. Creemos que esto último re-afirma la imperante necesidad de mantener la apuesta por la descolonización del saber, del currículo, pues, pese a los notables aportes de quienes hacemos educación ambiental en los intersticios en los dispositivos coloniales, sin una previa descolonización será difícil incluir en los procesos de formación ambiental el "recurso" de la heterogeneidad de las formaciones sociales las cuales producen y reproducen la diferencia y re-afirman la alteridad, las cuales son, recordemos, fundamentos centrales de todo proceso de educación ambiental.

Los educadores ambientales como actores clave para la descolonización de la educación ambiental

Muchas discusiones se han generado respecto a la educación ambiental. No obstante, ha faltado mayor reflexión frente a los educadores ambientales y su papel en los diferentes escenarios donde se ponen en escena. Algunos autores han generado planteamientos valiosos, incluso desde sus propias experiencias de formación (Arias, 2019; González y Arias, 2017).

Como se ha mencionado, la educación ambiental en tanto discursos y prácticas fueron colonizados. En este sentido, los educadores ambientales han tenido un rol fundamental en la reproducción de esa visión hegemónica, dominante. De ahí la necesidad de cuestionar su quehacer y apostar por su descolonización. Por ello partimos de las preguntas ¿Qué tipología de educadores ambientales se puede evidenciar a partir de las prácticas de la educación ambiental? ¿Qué educador ambiental se requiere para la formación de ciudadanos frente a la crisis ambiental existente? ¿Cuál es el papel de estos educadores en los territorios donde se ponen en escena?

Para dar respuesta al primer interrogante, partimos de afirmar que, así como existen diferentes formas de entender y practicar la educación ambiental, también encontramos una diversidad de perfiles del educador ambiental, de ahí que proponemos la siguiente tipología:

- Educadores ambientales hegemónicos: son aquellos que se limitan a reproducir el discurso hegemónico sin mayor reflexión ni cuestionamientos, es así como promueven acciones encaminadas a lograr el desarrollo sostenible como la meta última de la educación ambiental. De igual forma, enfatizan en los eventos internacionales organizados principalmente por la ONU, como los hechos históricos principales de esta educación y están siempre en sintonía con sus lineamientos y propuestas.

- Educadores ambientales institucionalizados: son los que responden a intereses particulares de empresas, entidades, organizaciones y demás, que desarrollan procesos de educación ambiental porque deben cumplir con la responsabilidad social y con procesos de compensación ambiental.

- Educadores ambientales instrumentalistas: aquí encontramos aquellos que reducen la educación ambiental a un sinnúmero de actividades como siembra de árboles, reciclaje, limpieza de fuentes hídricas, celebración de fechas ambientales, entre otras, sin mayor reflexión, por lo general desarticuladas y sin propósitos formativos claros.

- Educadores ambientales críticos: en esta categoría están los que problematizan, cuestionan y develan los trasfondos económicos, políticos y éticos de discursos y prácticas reducidas y limitadas de la educación ambiental, entre ellos los hegemónicos y, plantean alternativas pedagógicas, didácticas y curricular para aportar a la formación de una ciudadanía reflexiva, crítica y propositiva frente a las situaciones ambientales. Aquí se pueden ubicar educadores de diferentes corrientes como los decoloniales, postmodernos, complejos, entre otros.

- Educadores ambientales profesionales: en esta categoría se ubican los que se han formado académicamente como profesionales en educación ambiental y los que no tienen dicha formación, pero han desarrollado procesos formativos con diferentes tipos de comunidades y poseen una amplia trayectoria.

- Educadores ambientales activistas: son quienes realizan procesos de educación ambiental en los territorios y apuestan por su conocimiento, protección y defensa, aun poniendo en riesgo sus propias vidas. Éstos desarrollan una serie de actividades que van desde campañas educativas, organización de las comunidades, hasta movilización en defensa de la vida en general, de los derechos y del patrimonio natural y cultural de los territorios.

Esta tipología de educadores ambientales es una primera propuesta, la cual tiene el potencial de ser cuestionada, problematizada, profundizada, complementada y complejizada. Es resultado de nuestros conocimientos y experiencias en el campo de la educación ambiental, en especial, de apreciar el quehacer de los educadores ambientales desde sus discursos, prácticas y lugares de enunciación.

Sobre los educadores ambientales se evidencian algunas tensiones, en especial, la planteada por González y Arias (2017, p.55), quienes sostienen que "Desde hace varias décadas ha habido una discusión en términos dicotómicos sobre si el educador ambiental es un especialista o un generalista".

Esto había sido planteado antes por Gómez (1989). De hecho, resaltan el problema de la identidad difusa del educador ambiental.

Los mismos autores retoman a Macdonald (1997) para hacer referencia a que los educadores ambientales han sido descritos como un campo todavía en el útero, donde convergen distintos perfiles, desde los expertos hasta los aficionados (amateurs). Como parte de estos cuestionamientos, González y Arias (2017) conciben los profesionales en una perspectiva más amplia, conformados no solo por aquellos formados en una universidad con un título específico (pregrado, postgrado u otro), sino también los que han desarrollado prácticas no académicas a partir de su interés y experiencia.

Como aspecto a destacar, afirmamos que más allá de la forma de profesionalización de los educadores ambientales, cada uno se ubica en un lugar de enunciación y a partir de allí pone en escena sus discursos y prácticas en relación con la educación ambiental. Estos educadores tienen un papel clave en la formación de ciudadanos reflexivos, críticos y propositivos frente a las situaciones ambientales existentes.

Su quehacer se da en los más diversos escenarios, sea la escuela en general, el aula de clase, las comunidades, las entidades, instituciones y empresas que realizan procesos de educación ambiental u otros; en ellos los educadores ambientales piensan, sienten, se afectan y se relacionan con otros. En términos de Quintana (2020) son cuerpos que se politizan a través de movimientos, emplazamientos, creación de escenarios de participación y movilización.

Los educadores ambientales son actores clave para la descolonización de la educación ambiental, por tanto, desde nuestra perspectiva, deben poseer los siguientes atributos:

- Ser pensadores críticos, lo cual implica ser capaces de problematizar, cuestionar y develar el trasfondo de las situaciones ambientales y educativas, con la intención de tomar decisiones adecuadas en los territorios. Este pensamiento no se queda en el plano de lo abstracto, trasciende a la acción. Los educadores ambientales que son pensadores críticos tienen la responsabilidad de fomentar esta manera de pensar en los actores sociales donde lleva a cabo su quehacer.
- Tener la capacidad de reconocer la complejidad de lo ambiental, es decir, las conexiones, entramados e interacciones entre lo humano y lo no humano, en aras de favorecer procesos formativos con diferentes

comunidades con una visión no simplista de lo ambiental y de lo educativo.

- Poseer un conocimiento profundo de los territorios, sus potencialidades, problemáticas y conflictos ambientales, los cuales se constituyen en el punto de partida de las propuestas educativas.
- Posibilitar el diálogo de saberes (científicos, ancestrales, míticos, indígenas y demás) para la comprensión de las situaciones ambientales y el planteamiento de alternativas de solución.
- Reconocer los lugares de enunciación y los trasfondos económicos, políticos y éticos de discursos y prácticas de educación ambiental.
- Aportar a la reconstrucción de relaciones menos conflictivas entre lo humano y lo humano.
- Participar activamente en programas, proyectos, comités, organizaciones y demás relacionadas con la educación ambiental, con el propósito de aportar desde allí visiones complejas y críticas de lo ambiental y lo educativo ambiental.
- Ser capaces de plantear estrategias pedagógicas y didácticas novedosas para favorecer procesos de educación ambiental pertinentes y que respondan a las necesidades territoriales.
- Apoyar los procesos de defensa, resistencia y movilización frente a los modelos extractivistas y todo aquello que atente contra la vida y el patrimonio natural de los territorios.

Los educadores ambientales tienen el gran reto de hacer frente a los discursos y prácticas hegemónicas de la educación ambiental en los diferentes escenarios y aportar al posicionamiento esta educación en los distintos ámbitos y niveles de los sistemas educativos. En términos generales, posibilitar una formación ciudadana desde una perspectiva crítica, política y compleja.

Referencias

Arias, O., Miguel, A. **La formación de educadoras y educadores ambientales**: prácticas pedagógicas y horizontes de futuro en la UACM. Universidad Autónoma de la Ciudad de México, Newton, Edición y Tecnología Educativa. México, 2019.

Arias, O., Miguel, A. **La construcción del campo de la educación ambiental**: análisis, biografías y futuros posibles. XII Congreso Nacional de Investigación Educativa COMIE, Temática 5: Posgrado y Desarrollo del Conocimiento. Consejo Mexicano de Investigación Educativa y Universidad de Guanajuato. México, 2013.

Bourdieu, P. Campo de poder, campo intelectual. **Itinerario de un concepto**. Colección Jungla Simbólica. Buenos Aires: Montressor. Consultado en la dirección, 2002. Disponível em: https://bit.ly/415OKFq. Acesso em 01/02/2023.

Cadahia, L. Amor y emancipación: hacia una feminización del populismo. In: **Un feminismo del 99%**. Eds. Alabao, N. et. al. Colección Contextos. Editorial Lengua de Trapo y Ctxt. España, 2018.

Chul Han, B. **La sociedad del cansancio**. Herder Editorial. Barcelona, España, 2017.

Dussel, E. **La filosofía de la poiesis**. Consejo Latinoamericano de Ciencias Sociales (CLACSO). Bogotá, 1984.

Eschenhagen D., M. L. Colonialidad del saber en la educación ambiental: la necesidad de diálogos de saberes. **Revista Praxis & Saber**, 12 (28), e11601. 2021. Disponivel em: https://doi.org/10.19053/22160159.v12.n28.2021.11601. Acesso em: 01/02/2023.

Eschenhagen D., M. L. **Repensar la educación ambiental superior**: puntos de partida desde los caminos del saber ambiental. Universidad Pontifica Bolivariana. Medellín, Colombia, 2016.

Giraldo, O. & Toro, I. **Afectividad ambiental. Sensibilidad, empatía, estéticas del habitar**. Chetumal, Quintana Roo, México: El Colegio de la Frontera Sur: Universidad Veracruzana. México, 2020.

Gómez, G. J.; Ramos, A., R. M. **Bases ecológicas de la educación ambiental**. In: SOSA, N. (Coord.). Educación ambiental. Sujeto, entorno y sistema. Salamanca: Amarú, 1989.

González, G., Édgar J.; Arias, O., Miguel Ángel. La formación de educadores ambientales en México: avances y perspectivas. **Educar em Revista**, n. 63, enero-marzo, Universidade Federal do Paraná, Paraná, Brasil, pp. 53-66, 2017.

Gutiérrez, B., J. M. **De rerum natura.** Hitos para otra historia de la educación ambiental. Sevilla: Bubok. España, 2013.

Haraway, D. **Manifiesto para ciborgs. Ciencia, tecnología y feminismo socialista a finales del siglo XX**. Letra SVDACA ediciones. Argentina, 2018.

Harvey, D. **Breve historia del neoliberalismo**. Ediciones AKAL S.A. España, 2007.

Leff, E. **Racionalidad ambiental.** La apropiación social de la naturaleza. Siglo XXI Editores. México, 2004.

León, C. Hacia una posible superación de la metahistoria de lo latinoamericano. En: Pensamiento crítico y matriz (de) colonial. **Reflexiones latinoamericanas.** Walsh, C. Ed. Universidad Andina Simón Bolivar. Ediciones Abya Yala. Ecuador, 2005.

Macdonald, M. Professionalization and environmental education: is public passion too risky for business?.**Canadian Journal for Environmental Education**, v. 2, p. 58-85, 1997.

Mignolo, W. **Historias locales/diseños globales. Colonialidad, conocimientos subalternos y pensamiento fronterizo.** Ediciones Akal. Madrid, España, 2000.

Moreno Durán, A., & Ramírez, J. E. **Pierre Bourdieu:** Introducción elemental. s.n.. Bogotá, 2003.

Quintana, L. **Política de los cuerpos.** Emancipaciones desde y más allá de Jacques Ranciere. Colección contrapunto. Editorial Herder. España, 2020.

Reyes, R., J. & Castro, R., E. La educación ambiental: ¿un campo de conocimiento? **Revista Electrónica do Mestrado em Educacao Ambiental.** Universidade Federal do Rio Grande, v. 33, n.1, p. 95-111, 2016.

Ruíz, J. Movimientos sociales y educación ambiental. Hacia la construcción de una pedagogía transformadora. En: **Revista Kikiriki.** Cooperación educativa. n. 64. pp. 13-20. España, 2002.

Sauvé, L. Vivre ensemble, sur Terre: Enjeux contemporains d'une éducation relative à l'environnement. En: **Éducation et francophonie**, v. XXXVII:2 – Automne, 2009.

Sauvé, L. La educación ambiental entre la modernidad y la pomodernidad: en busca de un marco de referencia educativo integrador. **Tópicos en Educación Ambiental** 1(2), pp. 7-25, 1999.

Smith-S., N.J. **¿Qué es educación ambiental?** En: Environmental Issues Information Sheet EI-2. University of Illinois Cooperative Extension Service, 1997. Disponível em: https://bit.ly/2wL9Ixx. Acesso em 01/02/2023.

Velázquez Gutiérrez, M. El discurso hegemónico ambiental a través de organismos de cooperación y su influencia en las relaciones internacionales. **Rev. Cient. Gen.** José María Córdova, 12(13), 191-202, 2014.

doi.org/10.29327/5220270.1-13

Capítulo 13

CULTURA ALIMENTAR E COSMOVISÃO AFRICANA COMO PRESSUPOSTOS PEDAGÓGICOS NO ENSINO DAS CIÊNCIAS NATURAIS E DOS ALIMENTOS

Marta Regina dos Santos Nunes e Micaela Severo da F. Jessof

Ciência e tecnologia: diálogos possíveis sobre alimentação na diáspora

A PARTIR da descoberta do fogo e do calor, várias civilizações passaram a desenvolver uma habilidade essencialmente humana: cozinhar. Não seria exagero dizer que cozinhar mudou o curso da história da humanidade, marcando o momento em que nos tornamos seres culturais. O ato de cultivar, coletar os alimentos e prepará-los traz à tona quem nós somos, memórias afetivas, sentimento de pertencimento e coletividade, práticas passadas de geração em geração, uma forma de ser, estar e de ver o mundo, associados com elementos que compõem aquilo que se entende por cultura.

Pode-se dizer que, a maneira como várias culturas se relacionam com a alimentação vai muito além das necessidades fisiológicas, nutricionais e de sobrevivência. A comida nos conecta com o outro e com o mundo, é fio que tece nossas conexões humanas com nossas identidades, ancestralidades, culturas, crenças e histórias. Nenhum hábito alimentar é neutro, e a ele podemos associar aspectos culturais, de distinção social, de pertencimento econômico, de crenças e ideais.

A cultura alimentar envolve uma série de aspectos, nuances e subjetividades que vão além do ato de nutrir ou simplesmente degustar. Em várias culturas, ela remete a aspectos e processos ritualísticos essenciais na liturgia de algumas tradições religiosas. É o caso das religiões Afro-Brasileiras, bem como dos hábitos alimentares encontrados nas Comunidades de Matriz Africana em todo o território nacional (Figura 1).

O Brasil tem a maior população de origem Africana fora da África e, por isso, a cultura desse continente exerce grande influência em todos os segmentos da nossa sociedade: música, religião, hábitos e costumes, inclusive alimentar. Em outros países que foram povoados a partir de África, a partir da escravização de povos daquele continente, também se percebe que o alimento é elemento de ligação de gerações, cultura, vinculado com o sagrado e com os ancestrais.

Figura 1: *Ìyá Olórìṣá* Silvia de *Oṣun*, sacerdotisa da *Ilé Àṣẹ Ìyá Omin Ọrun*

Foto: Santa Maria- RS. Autoras (2020)

EDUCAÇÃO, AMBIENTE, CORPO E DECOLONIALIDADE **335**

O presente trabalho tem por objetivo estabelecer um importante diálogo sobre alimento e cultura dos povos negros em diáspora e ensino de ciência dos alimentos na formação superior, a partir da vivência de um Terreiro de Candomblé de Santa Maria/Rio Grande do Sul e de uma experiência didático-pedagógica aplicada em um Curso de Ciência e Tecnologia de Alimentos da Universidade Estadual do Rio Grande do Sul (UERGS).

Alimento sagrado na casa de *òrìṣà*, relação de coexistência dos mundos material e imaterial.

O Culto aos *àwọn Òrìṣàs*, chamado na diáspora de Candomblé, descende da cultura *Yorubá*, que está localizada na atual Nigéria é uma prática afro-brasileira que chega a América quando uma diversidade de povos é sequestrada de diversos locais do Continente Africano. Estes locais hoje são conhecidos como Gana, Togo, Benin, Nigéria, entre outros países que surgiram a partir da colonização. Com essa diversidade de povos, chega também uma vasta diversidade cultural rica de elementos que caracterizam cada povo, elementos estes que se distinguem na forma de vestir, na linguagem, na cozinha, na música, na dança, nas crenças, no jeito de perceber o mundo, nas tradições e percepções de cada cultura. Neste sentido, Pai Cido de *Osun Eyin* (2000) ressalta que "seria um equívoco, no entanto, falar do Candomblé sem abordar sua formação no Brasil."

A comida para uma comunidade de Candomblé significa se relacionar, sendo esta uma construção tanto do mundo material, que seria o mundo físico quanto do imaterial, que seria o mundo espiritual. É importante que se entenda que dentro do Culto a *Òrìṣà*, esse diálogo é espontâneo e constante, esses mundos coexistem, se tornando uma coisa só, não estando separados ou distantes, mas sim se relacionando de forma fluida. Esses diálogos acontecem de diversas formas e se manifestam no cotidiano de um terreiro, onde a comida está diretamente ligada a prática do Culto aos *àwọn Òrìṣàs*, sendo o alimento uma das bases do Culto e, também, um dos desenvolvedores das dinâmicas de diálogo entre indivíduos e divindades.

A comida é alimento para o corpo, é quem mata a fome da matéria, mas também é alimento para o espírito. Existe, portanto, uma relação sagrada com a cozinha, com o alimento e com tudo que o envolve, seja de forma material, cessando a fome das pessoas da comunidade de terreiro, ou imaterial, alimentando as divindades ou espíritos ancestrais cultuados como guardiões. Os alimentos no Candomblé, caracterizam as divindades e remetem a uma série de elementos que também fazem parte do que forma aquela divindade, esses alimentos são oferecidos na ideia de agradá-las, além de compartilhar, trocar e circular. As divindades recebem alimentos que fazem parte do cotidiano dos indivíduos que as cultuam, ou seja, fazem parte do cardápio e da rotina alimentar daquela comunidade.

Cada divindade remete a um tipo de energia que também é transmitida através do alimento, da forma de prepará-lo, da forma de invocá-la através do idioma *yorubá* e da prática ritualística como um todo. No Candomblé os deuses tem sua comida particular, de seu agrado e preferência pessoal. A comida é ligada às suas histórias, aos seus mitos, muitas vezes é cantada e dançada numa integração harmoniosa de gesto, música e palavra (LIMA, 2010).

O alimento oferecido às divindades é compartilhado com o mundo espiritual, mas também é o alimento que serve a comunidade no mundo material, sendo uma possibilidade de diálogo entre esses mundos coexistentes. Podemos entender o quão sagrado é a relação com a comida, começando desde o momento em que a semente é jogada na terra, seu cultivo, o zelo para que o alimento cresça, depois a colheita, o preparo, os preceitos que envolvem todas essas dinâmicas, até que seja servida para comunidade espiritual ou para as pessoas da comunidade de Candomblé, sejam as pessoas com algum vínculo com o espaço, amigos, simpatizantes ou até mesmo a comunidade do seu entorno.

A relação com alimento é também um ritual coletivo e dinâmico, que envolve mitologia, memória, movimento, dança, cânticos, rezas, relações e etc., o que evidencia que no Candomblé que esses mundos são coexistentes e estão em diálogo constante. Não podemos fazer a separação do mundo material e do mundo imaterial, quando falamos especificamente dessa prática cultural. Como destaca Lima (2010), "as comidas são elaboradas, requintadas na forma, no ordenamento do preparo ou na simplicidade aparente de um despojamento prescrito pelo mito, vez que, atrás de cada oferenda alimentar está o mito que a prescreve pelas práticas divinatórias".

A relação com alimento no Candomblé é sagrada, é Àṣẹ, é a força vital, os àwọn Òrìṣàs, que são manifestações da natureza e tem afeição a determinado alimento, também determinam a forma como alimento é preparado. Cada Òrìṣà está ligado a determinadas plantas, bichos, símbolos, cores, a um lugar da natureza, a cachoeira, ao rio, ao mar, a mata, a chuva, aos raios, ao arco-íris, as rochas, a terra, a lama, ao ar e tudo isso conversa de forma espontânea, natural, dinâmica e fluente. A relação com o alimento e seu preparo, perpassa por todo esse contexto de diálogo entre esses elementos que são primordiais no Culto.

Aqui no Brasil, a diversidade cultural vinda do continente Africano acabou conversando entre si e, dadas às circunstâncias, foi necessária a união dessas diferentes culturas, uma união no sentido de práticas ritualísticas e manifestações culturais, com a ideia de manter as raízes. Essas aglutinações de culturas foram formando uma espécie de "resumo" do continente Africano em território Brasileiro. Surge então o Candomblé como uma prática Afro-Brasileira diaspórica e, poderia-se dizer, que esta seria uma das primeiras formas de organização e articulação do povo negro no Brasil.

Da mesma forma que os grupos negros uniram suas divindades em um único Culto, também as sincretizaram com os santos da Igreja Católica e isso permitiu que a religião pudesse ser mantida nas senzalas durante o cativeiro. Mais tarde, a possibilidade de criar confrarias e suas próprias capelas, foi vista pelos senhores, simplesmente, como uma maneira de desenvolver rituais e formas particulares de devoção aos santos. Porém, foi justamente das confrarias de negros "católicos" que surgiram, oficialmente, os primeiros terreiros de Candomblé (PAI CIDO DE OSUN EYIN, 2000). Foram processos importantes e que ocorreram com intuito de manter o Culto, dentro das possibilidades que existiam, diferentes da atualidade, em que os movimentos são de resgate ancestral de práticas milenares.

Os àwọn Òrìṣàs eram cultuados separadamente do outro lado do oceano e, aqui, passaram a ser cultuados em conjuntos, passando por algumas adaptações, inclusive com relação ao alimento, na tentativa de preservação do Culto. O diálogo estabelecido aqui, não aconteceu somente entre os povos Africanos, pois também inclui as diversidades indígenas que habitavam o Brasil. Na chegada às Américas, os diversos grupos de negros escravizados logo perceberam que os donos dessas terras não eram os colonizadores, aqueles que os sequestraram de seus territórios de origem. Sendo assim, buscaram conhecer os verdadeiros donos deste lugar, os povos indigenas e, logo estabeleceram relações de apoio mutuo e solidariedade, dando forma, a partir destas relações, às práticas de Culto tal como são hoje conhecidas.

Tendo isso em vista, podemos compreender uma relação entre essas diversas culturas, sobretudo na culinária praticada dentro dos cultos Afro-Brasileiros, os quais receberam elementos agregados oriundos da cultura indígena. As condições climáticas eram outras, a flora, a fauna, a temperatura, a terra, plantas e animais também, sendo assim, os hábitos alimentares passaram por algumas adaptações. Neste contexto colonial, de estarem habitando um território totalmente diferente, de terem de estabelecer uma relação com esse espaço e com os alimentos que aqui existiam, acabaram se adaptando para seguir cultuando as divindades assim suas práticas ritualísticas.

Para a *Ìyá Olórìṣá* Silvia de *Oṣun*, sacerdotisa da *Ilé Àṣẹ Ìyá Omin Ọrun*, em conversa não formal, destaca que "a cozinha representa o espaço mais sagrado dentro de um terreiro, pois ali se preparam as comidas dos *àwọn Òrìṣàs* e todo alimento que abastece a comunidade". A liderança religiosa também fala sobre a divindade referida como *Esú*, "a boca que tudo come", *Òrìṣà* que também resguarda aquele espaço. Percebe-se assim, que uma comunidade se relaciona a partir da cozinha e que tudo gira em torno dela, como se a cozinha fosse o eixo daquela comunidade.

Sobre o preparo dos alimentos, *Ìyá Olórìṣá* Silvia de *Oṣun* pontua que uma consulta ao oráculo é a garantia de que tudo será feito de acordo com a vontade das divindades. Este procedimento serve para apurar vários aspectos da preparação dos alimentos: o domínio sobre os elementos, os temperos, invocação das energias, ingredientes específicos de cada *Òrìṣà*, portanto, são necessários conhecimentos profundos envolvendo o preparo dos alimentos dentro da ritualística do Culto.

Essa são evidências dos saberes de terreiro para com os alimentos. Este conhecimento é organizado e elaborado a partir da visão de mundo daquele espaço, da sua forma de construir saberes e nas contribuições de quem está na comunidade. A sacerdotisa ainda comenta que a comida do *Òrìṣà* também é alimento da comunidade e que essas comidas fazem parte da culinária Afro-Brasileira.

A cultura Brasileira foi construída a partir de um aglutinado de diversas culturas, sendo, as principais, as que carregam influências Africanas. Sobre a relação com a natureza, a *Ìyá Olórìṣá* Silvia de *Oṣun* destaca que "tudo que utilizamos na tradição de Culto ao *Òrìṣà* provem da terra, por isso precisamos ter o cuidado com o preparo dos alimentos para que os mesmos possam ser devolvidos e engolidos pela terra, por que a terra também é *Òrìṣà*, tudo que vem dela volta para ela".

Esú é a "boca que tudo come", é o mensageiro que liga o *Aiyê* e *Orun*, plano material e plano espiritual, divindade responsável pela comunicação dos seres humanos, que dá movimento ao corpo, que dá a vida. Quando a *Ìyá Olórìṣá* Silvia de *Oṣun* coloca que esse *Òrìṣà* está presente na cozinha de Candomblé, é porque Ele tem relação direta com a produção do alimento, bem como é responsável por estabelecer a relação de diálogo de quem o prepara com o sagrado. A ligação do mundo material com o mundo imaterial existindo, portanto, a todo momento, em todas relações estabelecidas e isso acontece, também, através do alimento.

Cultura alimentar africana e afro-brasileira

A cultura alimentar Brasileira possui muitas referências na cultura alimentar Africana, bem como das que aqui surgiram com base no continente negro. Apesar de se tratarem de hábitos muito distintos, existem os pontos de encontro, de diálogo e esses pontos perpassam por regiões brasileiras onde se aglutinaram o maior número de descendentes africanos. As práticas alimentares ainda estão como parte da memória e histórias nas Comunidades de Matriz Africana (PAIVA, 2017).

As influências Africanas na culinária brasileira perpassam por uma herança cultural, que comunica através da alimentação ou da relação com ela. As influências são marcantes e muito saborosas, carregadas de identidade, circulando nas mais diversas comunidades que detém práticas de matrizes Africanas. Destacam-se alimentos como: dendê, quiabo, coco, banana, café, inhame, feijão fradinho, canjica, amendoim, dentre muitos outros, ainda alguns temperos como o cravo, canela, pimenta, alecrim, louro e gengibre (PAIVA, 2017).

No Brasil, são muitos os pratos preparados nas comunidades que carregam identidade e memória Africana, dentre eles, podem ser destacados o acarajé, que é um dos mais famosos, o angu, que na diáspora foi adaptado diversas vezes e hoje é produzido com algumas variáveis de sua receita, além da forma original que era com inhame, o caruru, que é um prato que em sua origem Africana seguia uma outra receita, feita com ervas e depois, através de adaptações, foi tomando outra forma e se ressignificando. Podemos então dizer que o caruru é uma receita Afro-Brasileira, além da própria feijoada, o quibebe de abóbora, a cocada, pamonha, cuscuz e vatapá,

Não se pode negar que ainda exista um grande grupo de pessoas que desconhecem o legado cultural, social e histórico dos diversos grupos africanos e que, além disso, existam movimentos que promovem um apagamento das influências Africanas para com a formação. É importante esse reconhecimento também em um movimento de evidenciar outras memórias, para além daquelas produzidas durante o processo de colonização e do regime imposto durante a escravidão.

A partir da lei 10.639/2003, que instituiu a obrigatoriedade do ensino de história e cultura Afro-Brasileira nos currículos escolares, ainda que sutis e lentas, percebe-se alguns avanços no que tange as contribuições étnico-culturais dos mais diversos grupos africanos para a formação da história do povo Brasileiro. As políticas públicas, neste sentido, colaboram para que outras histórias sejam contadas, a partir de perspectivas dos próprios grupos, permitindo assim que estigmas e versões deturpadas sejam revisitadas. No que se refere a cultura alimentar Africana e Afro-Brasileira como lugar também de memória e história, seria esta uma possibilidade de aplicabilidade da lei.

Com relação à prática alimentar dentro das comunidades tradicionais de Matriz Africana, seja Candomblé, Umbanda ou Nação (Batuque), sua finalidade vai além da prática litúrgica e ritualística. A preparação dos alimentos também tem a função de nutrir os adeptos e participantes dos rituais, é momento de encontro e partilha, de troca, de reunião e de celebração. Em muitos momentos, seja da comunidade de terreiro ou da comunidade ao entorno, o alimento preparado tem o objetivo de matar a fome, em sentido prático, exercendo uma função muito importante na rotina de quem tem dificuldades para acessar o alimento.

O Culto a Òrìṣà faz parte da cultura *Yorubá*, que está localizada na atual Nigéria. Aspectos importantes da nação *Yorubá*, inclusive terminologias utilizadas nos procedimentos litúrgicos, estão presentes em rituais de matriz Africana em todo território Brasileiro. Através deste idioma, em ritualísticas, se invocam identidades históricas e políticas vinculadas a lugares específicos do Continente Africano (MATORY, 1998).

Um dos *itãs* propagados no Candomblé é o do *"Olubajé"*, nome dado a um ritual específico para a divindade *Obaluayê (Omolú)*, reconhecido como divindade ligada às enfermidades do corpo, as questões vinculadas à saúde. Esse ritual é tido como indispensável em algumas casas de Candomblé de Culto a Òrìṣà, a ritualística acontece no sentido de prolongar a vida e trazer saúde a todos os filhos e participantes da comunidade.

O *Olubajé* trata-se de um ritual coletivo, uma vez que tanto os iniciados à divindade *Obaluaê*, quanto os iniciados às outras divindades e até mesmo pessoas não iniciadas, mas que de alguma forma buscam equilíbrio para com a saúde, dedicam a *Obaluaê* uma grande homenagem. O *itã* que é evidenciado na diáspora, conta sobre o surgimento da prática ritualística *Olubajé*:

> Certo dia, um grande rei chamado Xangô decidiu dar uma grande festa e chamou todos os Orixás, deixando Omolú fora da lista de seus convidados. Todos perguntaram "Xangô m'obá, meu o senhor, não vai convidar Omolú"? Então Xangô respondeu, "aquele mendigo fedorento e feridento não entra no meu palácio". Quando os boatos chegaram aos ouvidos de Omolú, ele ficou tão furioso que lançou pragas, pestes e epidemias sobre o reino de Xangô. Todos adoeceram. Mulheres, crianças, homens e animais morriam aos montes. Quando Yemanjá ficou sabendo do ocorrido, saiu do mar e foi procurar Omolú. Ele estava observando impiedosamente os corpos chegando para serem sepultados. Foi então que Yemanjá disse: "Omolú, meu filho, o que você está fazendo? Eles também são meus filhos!". Foi então que Omolú ergueu-se e disse para sua mãe: "eles não gostam de mim. Tudo o que fizeram pra me agradar foi por medo". Yemanjá então lhe disse: "eles não lhe conhecem como eu, meu filho" . Omolú então perguntou: "e o rei Xangô?". Yemanjá respondeu: "Xangô é rei de Oyó e você, meu filho, é Obaluayê, rei senhor da terra. Um dia, todos se dobrarão a você. Quando Ikú, a morte, cobrar o pedaço de terra que existe em cada um, deve ser devolvida a você, meu filho, senhor da terra". Omolú decidiu

> então fazer um grande banquete, mas não convidou Xangô. Assim, todos os orixás foram convidados, exceto Xangô. Omolú determinou que o sarapenbê, o mensageiro, partisse para convidar todos os orixás. O sarapenbê então saiu dizendo em cada reino: "Omolú s'ebun asé-nla" (Omolú oferecerá um banquete). Este banquete ficou conhecido como Olubajé. Cada orixá convidado disse que levaria seu prato predileto, pois cada um tinha seus interditos e não se arriscariam em comer sem saber a procedência. Com isso, o Olubajé é ofertado aos participantes, com os pratos prediletos de todos os Orixás (JUNIOR, 2010).

Além da homenagem a divindade *Obaluaê*, tendo como base o *itã* que o descreve, o ritual tem a função de estabelecer o alimento como elemento simbólico de união entre os povos, aqui caracterizado como a união entre as divindades do panteão Africano.

Olubajé: ciência e tecnologia na culinária afro-brasileira

A Lei no 10.639 de 9 de janeiro de 2003, que altera a Lei no 9.394, de 20 de dezembro de 1996, diz respeito à obrigatoriedade da temática "História e Cultura Afro-Brasileira" não apontando um componente curricular específico para isso acontecer. Estes temas são, em geral, superficialmente abordados em disciplinas de História no Ensino Básico (BRASIL, 2003). No Ensino Superior, cursos de Licenciatura e alguns Bacharelados nas áreas de História e Geografia normalmente cumprem a função de apresentar o tema aos futuros professores e profissionais de áreas vinculadas às ditas Humanidades. Em cursos das áreas tecnológicas tais como Engenharias, Ciências Naturais, Exatas e Computação, conhecidos como STEM, estes temas normalmente não são abordados.

Em 20 de julho de 2010 a Lei n. 12.288 instituiu o Estatuto da Igualdade Racial, destinado a garantir à população negra a efetivação da igualdade de oportunidades, a defesa dos direitos étnicos individuais, coletivos e difusos e o combate à discriminação e às demais formas de intolerância étnica. O Plano Nacional de Implementação das Diretrizes Curriculares Nacionais para Educação das Relações Etnicorraciais e para o Ensino de História e Cultura Afro-Brasileira e Africana atende a Lei 9.394 de 20 de dezembro de 1996 (BRASIL, 1996), no que tange como tarefa da "União a coordenação da política nacional da educação", articulando-se em todos os sistemas. A legislação listada demonstra que a problematização e a discussão sobre educação para a diversidade étnico racial, pautando aspectos da cultura negra no Brasil, assumiu âmbito político (RODRIGUES JR, 2016).

Os cursos de Ciência e Tecnologia de Alimentos, tanto os de tecnólogo quanto os bacharelados, possuem um currículo bastante complexo, onde constam disciplinas de Antropologia Alimentar ou Introdução à Ciência e Tecnologia de Alimentos, que normalmente trabalham esses elementos constitutivos da alimentação mundial e Brasileira. A ação aqui descrita aconteceu em um curso de Bacharelado de Ciência e Tecnologia de Alimentos da Universidade Estadual do Rio Grande do Sul, Vale do Taquari, caracteristicamente formada por descendentes de imigrantes italianos, durante atividades que remetiam à Semana da Consciência Negra.

A experiência se deu, especificamente, como parte do Conteúdo Programático da disciplina de Tecnologia de Óleos e Gordura, a partir da observação da docente sobre o desconhecimento dos alunos em relação ao óleo de palma e a partir do desconforto ao perceber a negligência e o descaso com que os currículos do Ensino Superior tratam esta demanda. Existe uma dificuldade em estabelecer marcadores sociais e científicos e ultrapassar as barreiras impostas por um currículo eurocêntrico, uma vez que até mesmo as abordagens sobre contribuições étnicas nos hábitos alimentares do brasileiro, se baseiam na experiência sócio alimentar branca, uma vez que as contribuições negras são invisibilizadas ou desqualificadas.

Com base em trabalhos de educadoras e pesquisadoras (BENITE et al, 2017) de todo o Brasil foi que esta ação, de desconstrução e reflexão, foi pensada e conduzida. Durante as abordagens técnicas de uma disciplina relacionada ao processamento de óleos e gorduras, foi levantada a questão sobre a influência de alimentos do Continente Africano na alimentação do Brasileiro, em especial o óleo de palma/azeite de dendê, muito consumido no outro lado do Atlântico, indispensável na culinária do Norte e Nordeste do Brasil.

A atividade teve início com uma palestra promovida pela docente e convidadas, seguida de uma atividade prática e posterior avaliação com os participantes. A palestra, bem como as outras atividades, versaram sobre a contribuição em termos de ingredientes e costumes alimentares do Continente Africano que influenciaram os costumes nacionais no que se constitui, atualmente, a nossa própria cultura. Foram abordados aspectos da cultura afro-brasileira e das lutas relacionadas à liberdade, à criminalização das religiões Afro-Brasileira, ao racismo, e às dificuldades históricas para a promoção da comunidade negra que se perpetua até os dias atuais. Em seguida foi apresentado o itan do ritual *Olubajé*.

Enfatizou-se a todo momento a importância dos alimentos nos rituais religiosos, praticados em todo o território nacional, no sentido de prolongar a vida e trazer saúde a todos os filhos e participantes do axé, criando um ambiente favorável aos participantes para compartilharem conhecimentos distantes da realidade formativa e sociocultural da maioria dos participantes.

Na parte prática, todos foram convidados a se dirigirem à cozinha industrial do curso, e a utilizarem aparatos específicos, como amarrações/turbantes para a proteção dos cabelos durante a elaboração. Neste momento também houve a introdução dos significados, além da questão higiênica e da importância do uso dos turbantes, tanto como elemento ritualístico (iniciados) quanto higiene-sanitário (em substituição a toucas de proteção).

As receitas escolhidas para a parte prática da atividade levaram em conta o tempo de oficina e a possibilidade de alguns ingredientes serem previamente preparados. Foram preparadas as seguintes receitas: Acarajé, Vatapá, Caruru e Xinxim de galinha.

Um dos pratos mais esperados pelos participantes era o Acarajé, um bolinho de feijão fradinho preparado de maneira artesanal, na qual o feijão é moído em um pilão de pedra (pedra de acarajé), temperado e posteriormente frito no azeite de dendê fervente. O Akará de Oyá ou Akará Jé ("Akará": bolinhas de feijão fritas no azeite de dendê; "Jé": comer), popularmente conhecido como bolinho de Yansã, é uma comida típica, herança deixada pelos nossos ancestrais, e tem forte predomínio no estado da Bahia, principalmente na cidade de Salvador. Atualmente, devido ao movimento negro e sociais empenharem esforços na valorização da herança Africana e Afro-Brasileira, pode ser degustado em vários Estados. Nas comunidades tradicionais de Matriz Africano, dentro dos cultos, a comida é ofertada ao Orixá feminino Yansã.

O ofício das Baianas do Acarajé é reconhecido como cultura imaterial pelo IPHAN (Livro dos Saberes 2005), onde destaca-se a importância da valorização da figura feminina historicamente, uma vez que o ofício de quituteira auxiliou na compra da alforria de muitas mulheres negras escravizadas e, em alguns casos, de indivíduos de seu núcleo familiar, como filhos e companheiros. A tradição baseia-se na prática de produção e venda, em tabuleiro, das chamadas comidas de baiana, feitas com azeite de dendê, onde se destaca o preparo do acarajé, cuja receita tem origem no Golfo do Benin.

Realizou-se um planejamento mais cuidadoso na parte prática da oficina, pois envolveu a preparação de pratos da culinária Brasileira desconhecidos na região do Vale do Taquari, onde observou-se a inexistência da matéria-prima de qualidade, o que dificultou, em parte, a elaboração dos pratos. Abaixo descrevemos alguns dos processos tecnológicos envolvidos na preparação da atividade:

<u>Processos de secagem de alimentos</u>: É praticamente impossível encontrar camarões secos, um dos ingredientes essenciais das receitas, no interior do Rio Grande do Sul. Tendo em vista que o curso aborda tecnologias de secagem em vários componentes curriculares (Tecnologia de carnes, grãos e frutas), foi realizado o processo de secagem a partir de camarões frescos ou congelados encontrados nos estabelecimentos comerciais. Portanto, esta preparação iniciou vários dias antes (Figura 2).

Figura 2: Ingredientes utilizados na preparação dos alimentos – camarão seco, quiabo, azeite de dendê.

Fonte: Acervo dos autores (2017)

Azeite de dendê – óleo de Palma: O dendezeiro (*Elaeis guineensis*) é uma palmeira de origem africana, conhecida pelos Egípcios a mais de 5000 anos, de clima quente e úmido, trazida para o Brasil no século XV (Valois 1997 *apud* Benite, 2015) durante o tráfego negreiro. Do fruto da palmeira podem ser extraídos dois tipos de óleo: o de palma extraído da polpa ou mesocarpo (óleo de palma) e o óleo de palmiste (óleo de palmiste), extraído da semente do fruto (Figura 3). O óleo de palma é um dos mais produzidos no mundo e o 2º mais consumido no Brasil, devido ao balanço de sua composição, entre ácidos graxos saturados e insaturados, é menos propenso a rancificação e, por isso, destinado a indústria alimentícia (fabricação de margarina, sorvete, biscoito, leite e chocolate artificiais, óleo de cozinha, maionese, frituras industriais etc.). O óleo e seus produtos derivados (ésteres) tem grande aplicação nas indústrias de cosméticos, sabões, velas, produtos farmacêuticos, lubrificantes, biocombustível, dentre outras (Valois 1997 *apud* Benite, 2015).

Figura 3: Fruto do dendezeiro e azeite extraído da polpa

Fonte: https://bit.ly/3zyVFv5

Outros ingredientes: Um dos aspectos interessantes da cultura alimentar do Norte do Brasil é cuidado em balancear a presença de carboidratos (bolinho do acarajé, feijão, arroz), gorduras (azeite de dendê) e proteínas de origem animal (frango ou frutos do mar) e vegetal (quiabo, vinagretes). Um ingrediente bastante importante na culinária nordestina, especialmente a baiana, é o quiabo (Figura 2). De origem Africana, o quiabeiro é atualmente cultivado em várias regiões tropicais, subtropicais e regiões temperadas do mundo por conter frutos comestíveis saborosos e ricos em nutrientes (Lima, 2015).

A gente não quer só comida, quer partilha e conhecimento

Estas experiências de preparação dos ingredientes foram relatadas aos participantes da oficina. A preparação da massa do Acarajé, a partir do feijão fradinho, uma variedade pouco comum no Rio Grande do Sul, também foi outro ponto interessante das atividades pré-oficina. A mesma iniciou 48 horas antes, com a preparação do próprio feijão e remoção das partes que não interessavam (casca). Aspectos relacionados ao costume dos usos do Azeite de Dendê também foram objeto de explanação.

Os alunos trabalharam com informações sobre a composição em ácidos graxos do óleo de palma/azeite de dendê e características físico-químicas (pontos de fusão, densidade, ponto de ebulição, etc). O azeite de dendê é uma denominação da legislação Brasileira, uma vez que é extraído de frutos (como, por exemplo, o azeite de Oliva) e se diferencia do óleo de palma industrial pelo fato de ser resultante da prensagem mecânica.

No final, todos foram convidados a se servirem fartamente dos pratos elaborados acompanhados de arroz branco. Observou-se que os mesmos foram muito apreciados pelos alunos que foram envolvidos no enredo do preparo, assimilando o simbolismo de cada ingrediente e de cada iguaria (Figura 4).

Figura 4: Degustação dos pratos e partilha dos conhecimentos

Fonte: Autores (2017)

A avaliação da atividade se deu a partir de um relatório sobre a palestra-oficina, em que os mesmos, além de elencar os pontos importantes na formação do Cientista de Alimentos, características dos alimentos, processos realizados, foram provocados a fazer uma avaliação mais aprofundada sobre as questões sócio-culturais envolvidas.

Abaixo alguns relatos recebidos dos participantes na avaliação do evento.

Relato 1: *"Particularmente achei muito positivo essa oficina pois como havia dito acima são costumes que dificilmente iríamos conhecer, a não ser que se vá até esses locais, e uma disciplina que abre muitas portas positivas, que se fala em diversidade, partilha e acima de tudo que devemos conhecer cada dia mais novas coisas e não fechar os olhos apenas no mundo que vivemos, uma troca de informações muito positiva e bem ministrada."*

Relato 2: *"Como o Brasil tem a maior população de origem africana fora da África e a cultura desse continente exerce grande influência em todos os segmentos da nossa sociedade, inclusive na alimentação, a proposta pedagógica da palestra/oficina foi muito pertinente e contribuiu para a formação dos alunos, que além de adquirirem*

EDUCAÇÃO, AMBIENTE, CORPO E DECOLONIALIDADE **349**

conhecimento, também tiveram a oportunidade de conhecer melhor a contribuição afro-brasileira na cultura alimentar nacional."

Relato 3: *"Por fim, ressalto que a troca de experiências com pessoas externas à instituição é sempre muito valiosa (para ambas as partes) e especialmente nesse caso em que tivemos a oportunidade de conhecer um pouco mais sobre outra cultura, seus ingredientes e costumes."*

No ano de 2020, quando a Lei 10.639/03 faz 17 anos desde a sua criação, é importante descortinar as razões e entraves para a não implementação da mesma. Algumas considerações são feitas no sentido de ponderar que os professores não foram devidamente preparados para tratar destes temas em sala de aula, principalmente em áreas do conhecimento onde ela aparece como tema transversal. Prado (2016), considera que a temática implica em enfrentar e desconstruir o mito da democracia racial, tratando de forma adequada as questões raciais existentes na escola e principalmente em sala de aula. Isso exige dos docentes conhecimento e formação específica para que se possa fundamentar e executar seu planejamento a fim de garantir o cumprimento da lei e os objetivos da Resolução nº 1 de 17/06/2004 CNE/CP em seu Art. 2º que estabelece:

> § 1º A Educação das Relações Étnico-Raciais tem por objetivo a divulgação e produção de conhecimentos, bem como de atitudes, posturas e valores que eduquem cidadãos quanto à pluralidade étnico-racial, tornando-os capazes de interagir e de negociar objetivos comuns que garantam, a todos, respeito aos direitos legais e valorização de identidade, na busca da consolidação da democracia brasileira. (BRASIL, 2004).

A experiência, apesar de ter ocorrido em um curso de formação tecnológica, poderia muito bem ser aplicada aos cursos de licenciatura em química, visto que os temas abordados fazem parte, também, do currículo destes cursos. O ensino de ciências, em todos os níveis de ensino prioriza conhecimentos pautados na repetição de conceitos mais do que na ação reflexiva e na apropriação dos saberes, contextualizados, pelos alunos (Cardoso e Rosa, 2018).

Deve-se enfatizar que existe uma lacuna de pesquisas e materiais teóricos relacionados a ciência dos alimentos, a química dos alimentos e

EDUCAÇÃO, AMBIENTE, CORPO E DECOLONIALIDADE

suas interfaces relacionados a Lei 10.639/03. Entretanto, estratégias libertadoras e inclusivas pautadas em uma educação decolonial, tem como base o estabelecimento de relações de aliança e confiança entre as Instituições de Ensino e os movimentos negros organizados, unindo saberes acadêmicos com experiência, conhecimento e trajetórias de luta por sobrevivência, igualdade e direitos humanos fundamentais.

Considerações finais

Em Lima (2010), a expressão cozinha africana abrange naturalmente as variedades regionais correspondentes aos numerosos grupos étnicos africanos que ajudaram a formar a sionomia racial e cultural do Brasil contemporâneo – trata-se, portanto, da cozinha das várias nações africanas introduzidas no Brasil pelo sistema de escravidão.

É importante entender a ruptura que ocorreu desde os anos 2000 a partir de uma vasta legislação, principalmente no âmbito da educação, como a Lei 10.639/2003, pois ela(s) questiona(m) o currículo oficial. É por meio deste currículo que as instituições escolhem as prioridades do que ensinar e, por isso, houve uma naturalização de seus conteúdos como uma representação da verdade. Tendo em vista que *esta* verdade esta pautada na história oficial que carece de representações positivas de africanos e descendentes de africanos, a história e as contribuições negras estão, consequente, fora do currículo escolar ou erroneamente apresentadas. O currículo é âmbito de construção política de representações oficialmente aceitas, de mundo, de sociedade e de pessoas (ALMEIDA, 2017).

A aplicação da Lei 10.639/03 tem, desde a sua criação, ganhado espaço e qualificação de práticas principalmente na Educação Básica. Entretanto, a educação superior não pode prescindir de trabalhar com base nos ditames desta lei, que pode propiciar a toda a comunidade acadêmica uma aproximação real e contato com a história e a cultura do Brasil reconhecendo as contribuições africanas no país. Portanto, práticas e abordagens em relação a elementos culturais presentes nas tradições de matriz africana ou afro-brasileira, no que tange a alimentação, podem estar presentes em cursos de formação profissional com viés tecnológico.

Sodré (2010) define a ancestralidade como um patrimônio material e/ou espiritual, entendido como herança de um determinado grupo ou universal, que se perpetua enquanto memória concreta. Esta memória se mantém viva a partir da prática perpetuada de geração a geração de seus adeptos.

Pode-se concluir que a atividade contribuiu significativamente para a formação dos alunos e enriqueceu consideravelmente o conteúdo programático do curso. O resultado da atividade foi considerado extremamente positivo sob todos os aspectos detalhadamente na sua condução.

Houve uma adesão muito grande dos alunos/participantes às atividades propostas, sendo que todos se dispuseram não somente a participar ativamente da parte de elaboração dos pratos, bem como fizeram perguntas a todo o momento sobre as questões culturais e sobre a realidade das palestrantes. A palestra-oficina apresentou aspectos relacionados à formação técnico/profissional, oportunizou aos participantes, alunos do curso de Bacharelado em Ciência e Tecnologia de Alimentos, aprender um pouco sobre a história e a cultura do povo africano e seus descendentes, bem como saberes e sabores diferentes da rotina alimentar da região.

Além da experiência real com a cultura Afro-Brasileira, trabalhada a partir de preceitos de uma produção de conhecimento decolonial, pensar e praticar ciência com outros agentes da intelectualidade negra (acadêmica e não acadêmica) tem impacto e importante no combate ao racismo e as desigualdades da nossa sociedade.

A academia como espaço privilegiado e predominantemente não negro precisa refletir sobre as formas de trabalhar estas abordagens nos cursos vinculados a áreas que tradicionalmente negligenciam estes temas. Cursos das Ciências Naturais e Exatas, Computação e Engenharia devem assumir como compromisso a elaboração de atividades (curriculares ou extra-curriculares) que propiciem aos discentes experiências no campo das relações etnicorraciais ao longo de sua vida acadêmica.

É importante pontuar que, desde a década de 1990, como resultado da luta por direitos civis da população negra brasileira, ocorreu o surgimento de um aparato jurídico normativo que contemplou em parte a diversidade étnico-racial, o que vinha sendo reivindicado intensamente pelo movimento negro nas discussões acerca das minorias raciais, étnicas, sexuais, religiosas etc.

A educação superior não pode prescindir de trabalhar com base nos ditames destas leis, que pode propiciar a toda a comunidade acadêmica uma aproximação e real contato com a história e a cultura do Brasil reconhecendo as contribuições africanas e as negras deste país.

Profissionais egressos das Instituições de Ensino Superior, em todas as áreas do conhecimento, devem estar cientes que a luta por igualdade envolve estar atento as lacunas sociais, culturais e de oportunidades deixou como legado de 350 anos de escravidão negra e indígena no Brasil. Portanto, partilhar dessa herança Afro-Brasileira é estar conectado com valores que provém do continente africano e seus povos trazidos à força para o Brasil. A formação acadêmica contemplando estes pressupostos históricos, teóricos e legais ganha relevância social, pois abre caminhos para uma concepção de educação socio comunitária, favorecendo a formação crítica que respeite as diferenças e promova, de fato, a igualdade.

A chamada democracia racial, discurso recorrente que durante décadas permeou as bases das discussões sobre a sociedade brasileira, na verdade se constituiu em um entrave na reflexão sobre o fenômeno do racismo, principal herança de um passado escravagista e violento do nosso país. Conforme Schwarcz (2001), o racismo brasileiro se constitui em uma espécie de discurso costumeiro, praticado como tal, porém pouco oficializado. Com efeito, uma das especificidades do preconceito vigente no país é seu caráter não-oficial".

Não é recente, no Brasil, o esforço antropológico de focalizar elementos culturais e ideológicos que presidem as práticas de consumo alimentar (CANESQUI, 1988, 2005). Não obstante ser parte fundamental da manutenção da vida, a alimentação passou a ser tema da pesquisa das ciências sociais a partir do século passado. Estas abordagens podem e devem estar presentes também em um curso de formação profissional com viés tecnológico.

EDUCAÇÃO, AMBIENTE, CORPO E DECOLONIALIDADE **353**

Referências

ALMEIDA, M. A. B.; SANCHEZ, L. P. Implementação da Lei 10.639/2003 – competências, habilidades e pesquisas para a transformação social. **Pro.Posições.** v. 28, n. 1 (82), 2017.

BASTIDE, R. **O Candomblé da Bahia**. São Paulo: Companhia das Letras, 2001.

BENITE, A. M. C.; SILVA, J.P.; ALVINO, A.C.B.; SANTOS, A.; SANTOS, V.L. Tem Dendê, tem Axé, tem Química: Sobre história e cultura africana e Afro-Brasileira no ensino de Química. **Química Nova na Escola**, v. 39, n. 1, São Paulo, 2017.

BRASIL. **Ministério de Educação e Cultura**. LDB - Lei nº 9394/96, de 20 de dezembro de 1996. Estabelece as diretrizes e bases da Educação Nacional. Brasília: MEC, 1996.

BRASIL. **Lei 10.639/2003**, de 9 de janeiro de 2003. Altera a Lei nº 9. 394, de 20 de dezembro de 1996. Diário Oficial da União, Poder Executivo, Brasília.

BRASIL. Ministério da Educação. **Plano Nacional de Implementação das Diretrizes Curriculares Nacionais da Educação das Relações Étnico-Raciais e para o Ensino de História e Cultura Afro-brasileira e Africana**. Novembro de 2009.

BRASIL. **Resolução nº 1 de 17 de junho de 2004**. Ministério da Educação - Conselho Nacional de Educação. Disponível em: https://bit.ly/40XqhCc. Acesso em 15 de novembro de 2018.

CANESQUI, A.M. Antropologia e alimentação. **Revista Saúde Pública.**, S. Paulo 22:207-16,1988.

CANESQUI, A.M.; GARCIA, R.W. D., orgs. **Antropologia e nutrição: um diálogo possível** [online]. Rio de Janeiro: Editora FIOCRUZ, 2005. 306 p. Disponível em http://books.scielo.org/id/v6rkd/pdf/canesqui-9788575413876.pdf. Acessado em 06/07/2018.

ICONOGRAFIA dos Orixás, uma visão de **Carybé**. Disponível em http://cultura-afro-artesvisuais.blogspot.com/2013/07/iconografia-dos-orixas-uma-visao-de.html?m=1 Acesso em 10/11/2018.

IPHAN. **Ofício das Baianas de Acarajé**. http://portal.iphan.gov.br/pagina/detalhes/58.

LIMA, F. F. S.; SOUSA, A. P. B.; LIMA, A. Propriedades Nutricionais do Maxixe e do Quiabo. **Revista Saúde em Foco**, v. 2, n. 1, Teresina, 2015.

LIMA, V. C. **A anatomia do acarajé e outros escritos**. Salvador: Corrupio, 2010.

MATORY, L. **Yorubá: as rotas e as raízes da nação transatlântica, 1830-1950.** Horizontes Antropológicos. V .4 n. 9 Porto Alegre Oct. 1998.

PAI CIDO DE OSUN EYIN. **Candomblé: A panela do Segredo.** São Paulo: Ed. Mandarim, 2000.

PAIVA, M.C. **A presence Africana na Culinária Brasileira: Sabores Africanos no Brasil.** 2017. 134f. Trabalho de Conclusão de Curso (especialização). Especialização em História da África. Instituto de Ciências Humanas da Universidade Federal de Juiz de Fora. Juiz de Fora/MG. 2017.

PRADO, E. M.; FATIMA, L. E. S.; Os Desafios da Prática Docente na Aplicação da Lei 10.639/03. **Revista Intersaberes.** Vol.11, n.22, p. 124 – 139. jan.- abr. 2016.

RODRIGUES JR., E. **Educação para as relações étnico-raciais e culturais no ensino superior.** 2016. 118fl. Dissertação. Programa de Pós-graduação em Educação – Centro Universitário Salesiano de São Paulo – UNISAL. Americana/SP, 2016.

ROTOLO, T. Et al (org.). **Laboratório de cultura e história da alimentação:** práticas de educação e pesquisa. Volume 1, Editora IFB, Brasilia, 2020.

SODRÉ, J. Educaxé: Ancestralidade na perspectiva da Educação. Disponível em http://mundoafro.atarde.uol.com.br/educaxe-ancestralidade-na-perspectiva-da-educacao/. Acesso em 02/03/2021.

SCHWARCZ, L. M. Racismo no Brasil. **Publifolha.** São Paulo, 2001

Agradecimentos à Universidade Estadual do Rio Grande do Sul, Curso de Bacharelado em Ciência e Tecnologia de Alimentos e Pró-Reitoria de Extensão e a Associação de Arte e Cultura Negra Ará Dudu (Santa Maria/RS).

doi.org/10.29327/5220270.1-14

Capítulo 14

A EDUCAÇÃO AMBIENTAL DE BASE COMUNITÁRIA PARA ADIAR O FIM DO MUNDO: DIÁLOGOS SULEADORES ENTRE PAULO FREIRE E AILTON KRENAK

Marcelo Aranda Stortti e Damires França

> Porque se chamavam homens
> Também se chamavam sonhos
> E sonhos não envelhecem
> Em meio a tantos gases lacrimogênios
> Ficam calmos, calmos
> Calmos, calmos, calmos
> (Lô Borges / Márcio Borges / Milton Nascimento)

Introdução

ESSE CAPÍTULO TEÓRICO tem como objetivos analisar o pensamento de Paulo Freire e de Ailton Krenak identificando convergências e divergências que possam subsidiar potencializando um diálogo com a educação ambiental de Base Comunitária.

Na América latina desde o processo de invasão e conquista espanhola e portuguesa foi instituindo um modo operante colonial de usurpação, deslocamento forçado, destruição da natureza, pilhagem da biodiversidade e exploração, encobrimento e genocídio dos sujeitos que viviam nessa região do Sul Global.

Esse desvelamento de uma outra forma de ver a Pátria Grande, como diria Simon Bolivar, foi detalhada por Eduardo Galeano no livro "As veias abertas da América Latina", que rasgou aquela imagem de "paraíso" construída pelos colonizadores europeus para mostrar a face criminosa da exploração, da espoliação e imposta pelo imperialismo eurocentrado, revelando os diferentes funções e hierarquizações criadas pela sistema-mundo moderno colonial patriarcal necropolítico capitalista, e a sua estruturação de uma sociedade de classes, classificadas pelo sistema da racionalização como demonstra Anibal Quijano, com diversos exemplos no Peru e na América Latina (Stortti, 2019).

Esse modelo de coisificação e classificação de tudo e de todos os seres e suas histórias, memórias, formas de ser e estar na vida; também alterou a forma como pensamos e nos relacionamos com natureza, construindo uma narrativa de dominação, exploração, uso e de destruição que estão interligados as nossas questões sociais, culturais e políticas, sendo necessário repensarmos na relação sociedade-natureza estabelecida por esse modelo e resgatar outras formas ancestrais de nos interconectarmos e de interagirmos com as outras formas de vida em qualquer tipo de dimensão.

Nessa reflexão teórica sonhamos em repensar utopias e leituras de mundo (Freire, 1997) outras mergulhando nos desafios socioambientais e nas intersubjetivas, através de "paraquedas coloridos" (Krenak, 2020) que fazem descer do céu cosmologias e racionalidades ecológicas cosmopolíticas que questionam a hegemonia do pensamento do sistema-mundo moderno colonial e a suas colonialidades do saber, poder e do ser (Quijano, 2000).

Para tal, desejamos sonhar outros mundos, desnudando a realidade construída pelo pensamento único colonial e promovendo o "inédito-viável" (NITA FREIRE, 1992, p. 206), isto é, um sentir-pensar mundos outros, talvez não claramente entendidos ou compreendidos, mais sonhado na boniteza do sonhos ancestrais que se tornam visíveis para aqueles que abrem os olhos da alma, pensam utopicamente e vem as realidades outras transformando-as juntos com esses sujeitos históricos e as suas formas de ser e estar no mundo. Essa forma diferente de estar e viver no mundo proporciona que essas pessoas ensinem uma para as outras instituindo processos coletivos de conhecimento, mediados pelo "saber de experiência feito" dos mais velhos para os mais novos. Então vamos sonhar juntos com esses dois sonhadores de mundos "outros".

Sonhadores de Novas Utopias em Destaque

Krenak

Ailton Krenak teve uma trajetória de vida bastante movimentada, desde pequeno precisou fugir de vários lugares do Brasil com seu pai pois acreditavam que o seu povo havia sido extinto e não tinham um território para criar raízes. Os Krenaks são descendentes dos Botocudos que, apesar de todo o discurso oficial sobre sua extinção, sobreviveram às guerras justas do Império que ambicionava suas terras, ao positivismo científico que os tratavam como selvagens e os expunham em feiras e museus (figura 1) como espetáculo (Koutsoukos, 2020, p.177).

Figura 1: A Exposição Antropológica Brasileira de 1882 e a exibição de índios botocudos

Fonte: Revista Ilustrada 1882

Destes sobreviventes, muitos foram removidos para o Mato Grosso, Goiás e São Paulo que depois, por desejo próprio, migraram para Espírito Santo e Minas Gerais para se esconderem nas suas terras de origem.

Aos 17 anos, Ailton Krenak começa, juntamente com outros indígenas de sua geração, a se movimentar em torno da construção de diálogos entre os diferentes povos que sobreviveram às perseguições estatais e empresariais do agronegócio sobre suas terras.

Nesta movimentação, começaram a se articular por direitos sociais e territoriais num ambiente de fim da ditadura militar e democratização da sociedade. Neste sentido, de forma coletiva, foram construídas a UNI (União das Nações Indígenas) e APF (Aliança dos Povos da Floresta) de grande potência e capacidade de mobilização culminando na criação do Movimento Indígena atual que tem se fortalecido a cada ano e se constituído numa grande articulação política dos povos indígenas de resistência consciente ao modelo social, político e econômico da sociedade capitalista e eurocêntrica.

Krenak afirma que o movimento indígena além de lutar por um lugar aos povos indígenas na sociedade brasileira que sempre foi preconceituosa e racista, também assumiu a luta contra os garimpeiros, contra a bandidagem, a depredação da natureza e ao modelo extrativista da economia da sociedade capitalista.

Foi esta articulação nacional dos povos indígenas que construiu nas diferentes nações o sentimento de auto-reconhecimento e autoestima contribuindo para o desenvolvimento de subjetividades positivas que confrontam as práticas de um mundo que sempre inferiorizou e desrespeitou os povos originários, a floresta, os animais, o rio, o planeta.

Em "Ideias para adiar o fim do Mundo", livro mais vendido deste intelectual, Krenak reflete sobre a Era do Antropoceno provocada pela pegada humana que segue a mentalidade capitalista que transforma tudo que existe em propriedade privada, mercadoria, bens materiais de consumo e, consequentemente, de herança gerando disputas, comparações e desunião entre os indivíduos. Este ideário que envolve bilhões de pessoas, transformadas em consumidores, marcha para a insensatez e para a insustentabilidade da vida humana e não-humana no planeta.

Este pensador, alega que boa parte da violência contra os indígenas se deve ao seu modo de estar na Terra. O sistema de Indigenato preza por outros sentidos da vida, defende a ideia de compartilhamento de espaços, de coletivização do território onde o indivíduo não é dono de nada. A ideia de governança compartilhada de um território coletivo é importante para a manutenção de percepção da vida diferente da praticada pela sociedade urbana com outro ritmo e relações sociais e ambientais pautadas no utilitarismo, no individualismo e na exaustão do planeta para produzir desejos materiais individuais e ilimitados. Sob esta mentalidade que os sujeitos indígenas construíram o movimento indígena, ações locais, nacionais e internacionais e uma gestão territorial indígena pautado numa co-responsabilidade de todos pelo que acontece em seu território.

A ideia de Florestania como legado da APF, que evidencia os dilemas do Antropoceno e do modelo cidadocentrismo, vem revelando-se como uma potência transformadora na medida em que comprova, através dos povos originários que vivem na floresta e não da floresta, a real possibilidade de existência de organizações sociais e políticas diferenciadas das do mundo das mercadorias.

A humanidade, conforme Krenak (2020), tem estado viciada em modernidade e acostumado, em diferentes momentos de crises sociais e econômicas, a achar que a tecnologia ou a ciência possam resolver todos os problemas que surjam dando a "sensação de poder, de permanência e a ilusão" de que o ser humano continuará existindo mesmo diante do fim do mundo. Esta cegueira social e ambiental, patrocinada pelas grandes corporações financeiras formadas dentro da ideologia neoliberal, promove, cotidianamente, uma inação sobre um mundo gerido por uma elite econômica indiferente às consequências globais de suas escolhas privadas.

> É como se tivessem elegido uma casta, a humanidade, e todos que estão fora dela são a sub-humanidade. Não são só as caiçaras, quilombolas e povos indígenas, mas toda vida que deliberadamente largamos à margem do caminho. (...) E o progresso: essa ideia prospectiva de que estamos indo para algum lugar. Há um horizonte, estamos indo para lá, e vamos largando no percurso tudo que não interessa, o que sobra, a sub-humanidade. (Ibid, p.10)

Krenak afirma que o movimento indígena só se tornou atuante e capaz de reagir a este mundo de exclusão pautado numa hierarquização de humanidades a partir do momento que identificou a ideia de florestania como sendo uma forma específica dos povos originários de estarem e viverem no mundo. A floresta, que é um organismo vivo e dinâmico, garante a sobrevivência dos animais, da chuva, do vento, dos índios e suas cosmovisões. Nesta lógica, a florestania é uma forma de vida coletiva humana e não-humana dentro do organismo floresta, é um ecossistema que preconiza o equilíbrio ambiental.

> Essa noção de que a humanidade é predestinada é bobagem. Nenhum outro animal pensa isso. Os Krenak desconfiam desse destino humano, por isso que a gente se filia ao rio, à pedra, às plantas e a outros seres com quem temos afinidade. É importante saber com quem podemos nos associar, em uma perspectiva existencial mesmo, em vez de ficarmos convencidos de que estamos com a bola toda (Ibid ,p.21).

O autor ressalta que os povos originários portam consigo a memória de si enquanto sujeitos coletivos e de seus ancestrais autorizando-os, a partir de uma consciência coletiva e crítica, a narrarem suas histórias sobre o mundo e a se imporem como comunidades humanas que experimentam a existência a partir de outros paradigmas como a humildade e gentileza com os outros seres humanos e não-humanos.

Sem os vínculos profundos com a memória ancestral os índios adoeceriam física e mentalmente como acontece, com frequência, com os não indígenas que vivem numa sociedade pautada na competição, na pressa e no sucesso monetário individual.

A ancestralidade, explica Krenak (2020), é inerente ao modo de vida dos povos indígenas porque não existiria vida presente sem a vida passada, uma memória mais antiga que se prolonga através de seus descendentes. Desse modo, o indígena, enquanto sujeito coletivo que crê numa ancestralidade presente no seu cotidiano, tenta resolver seus dilemas e conflitos sempre acionando a sabedoria destes ancestrais através do sonho individual ou coletivo ou de aconselhamento com os mais sábios, os xamãs da aldeia que têm contato direto com o outro mundo, com o cosmo, com a natureza.

> Existem muitos tipos de sonhos. Se alguém me chama para fazer uma viagem, eu espero sonhar com aquilo. Se eu não sonhar com a viagem ou com um convite para sair de onde estou, significa que eu não vou. Nunca sei o que vou fazer antecipa-

> damente. É uma orientação que pode ser pensada como mágica, mas, na verdade, é o nosso modo de vida. Enquanto perseverarmos nele, vamos continuar sendo quem somos. Essa experiência de uma consciência coletiva é o que orienta as minhas escolhas. É uma forma de preservar nossa integridade, nossa ligação cósmica (Ibid, p. 20).

A experiência de um contínuo através da ancestralidade promove a construção de subjetividades mais positivas e fortes para ligar com um mundo complexo e repleto de desafios. Ter uma herança cultural que remeta a uma harmonia entre os ancestrais e o ritmo da natureza gera um significado de existência e "as relações, os contratos tecidos no mundo dos sonhos, continuavam tendo sentido depois de acordar".

> Nas tradições que eu compartilho, não existe poder sobrenatural. Todo poder é natural, e nós participamos dele. Os xamãs participam dele. Os pajés, em suas diferentes cosmogonias, saem daqui e vão a outros lugares no cosmos. Há um trânsito dos terranos. (Ibid., p.27)

Os ameríndios e todos os povos que têm memória ancestral carregam lembranças de antes de serem configurados como humanos. Ao manterem esta conexão ancestral com organismos de fora da terra, com os animais e a floresta, vivenciam outras perspectivas, sugestões de mundos e formas de viver que impulsionam ao equilíbrio ecossistêmico que também é de ordem psicossocial.

Segundo Krenak, estes perspectivismos ameríndios têm protegido seus povos da psicopatologização inerente à racionalidade ocidental que prega e difunde o projeto iluminista de unicidade de humanismo, de ciência, de religião, de educação, de saúde, de economia, de agricultura etc. O autor afirma que este modelo de vida, proveniente da matriz eurocêntrica, é percebida pelos indígenas como contraponto para a compreensão e educação dos mais jovens sobre o significado de eventos traumáticos nas vidas dos colonizados.

A noção de humano da sociedade ocidental capitalista-racista-patriarcal-individualista produziu e produz subjetividades gananciosas que geram ações violentas perpetradas pelos colonizadores europeus no período da colônia, pelos bandeirantes, capitães do mato, donos de mineradoras, garimpeiros, fazendeiros do agronegócio e fascistas de toda ordem. Krenak afirma que a ausência de uma memória ancestral coletiva que oriente o pensamento e as ações éticas dos indivíduos em prol do bem comum produz e reproduz uma sociogenia (2015).

Os povos indígenas, ao refletirem sobre o modo de vida urbano-individualista, são levados a reafirmarem e valorizarem suas identidades, suas formas de coexistências com a natureza e o tempo, de fruição e dádiva por compartilharem tudo inclusive a experiência de estarem vivos e unidos num determinado momento histórico.

Paulo Freire

Paulo Freire escreveu obras sobre a educação que se tornaram clássicas para cursos de formação de professores devido a sua importância pedagógica e humanística. Desde sua atuação como alfabetizador em Angicos ou no SESI, na década de 60, Paulo Freire buscava promover uma educação crítica e problematizadora sobre o mundo junto com seus educandos (figura 2).

Todo o debate em torno de uma educação para a construção de subjetividades críticas e conscientes se faz em torno da necessidade da descolonização da escola, das práticas de ensino, dos conteúdos programáticos e da avaliação. E neste sentido, a escola precisa valorizar uma relação mesmo hierárquica, mais dialógica, criativa e amorosa entre os sujeitos que se formam mutuamente.

Figura 2: Sala de aula em Angicos

Fonte: acervo Instituto Paulo Freire

EDUCAÇÃO, AMBIENTE, CORPO E DECOLONIALIDADE

Para chegar a esta reflexão tão complexa do ato de educar, Paulo Freire, em A Pedagogia da Esperança, revela que precisou buscar suas origens e seus antepassados para enfrentar seus traumas e livrar-se do seu mal-estar.

> Foi assim que, numa tarde chuvosa no Recife, céu escuro, cor de chumbo, fui a Jaboatão, à procura de minha infância. Se, no Recife, chovia, em Jaboatão, conhecida como "pinico do céu", 23 nem se fala. Foi sob a chuva forte que visitei o morro da Saúde, onde, menino, vivi. Parei em frente à casa em que morei. A casa em que meu pai morreu no fim da tarde do dia 21 de outubro de 1934. "Revi" o gramado extenso que havia na época em frente à casa, onde jogávamos futebol. "Revi" as mangueiras, suas frondes verdes. Revi os pés, meus pés enlameados, subindo o morro correndo, o corpo ensopado. Tive diante de mim, como numa tela, meu pai morrendo, minha mãe estupefata, a família perdendo-se em dor. (...)Naquela tarde chuvosa, de verdura intensa, de céu chumbo, de chão molhado, eu descobri a trama de minha dor. Percebi sua razão de ser. Me conscientizei das várias relações entre os sinais e o núcleo central, mais fundo, escondido dentro de mim. Desvelei o problema pela apreensão clara e lúcida de sua razão de ser. Fiz a "arqueologia" de minha dor (Freire,1987, p.16).

Ao desvelar a razão de ser de sua experiência de sofrimento, Paulo Freire pôde compreender sua angústia e aflição psicológica que tanto prejudicavam sua vida social, profissional e política. Desde então, a vontade de contribuir para o processo de desvelamento dos oprimidos sobre as causas de suas limitações tornou-se prioridade na construção de uma Educação Libertadora que não é realizada apenas pelo professor consciente, mas por um trabalho coletivo de todos os envolvidos no ato educativo, inclusive o próprio educando.

Para Freire, o desvelamento das tramas que produzem a realidade concreta dos indivíduos é importante para que os diferentes sujeitos possam compreendê-la e, possivelmente, superar seus traumas. Sobre sua experiência de exilado político na época da ditadura, escreveu:

> Ninguém chega à parte alguma só, muito menos ao exílio. Nem mesmo os que chegam desacompanhados de sua família, de sua mulher, de seus filhos, de seus pais, de seus irmãos. Ninguém deixa seu mundo, adentrado por suas raízes, com o corpo vazio ou seco. Carregamos conosco a memória de mui-

> tas tramas, o corpo molhado de nossa história, de nossa cultura; a memória, às vezes difusa, às vezes nítida, clara, de ruas da infância, da adolescência; a lembrança de algo distante que, de repente, se destaca límpido diante de nós, em nós, um gesto tímido, a mão que se apertou, o sorriso que se perdeu num tempo de incompreensões, uma frase, uma pura frase possivelmente já ouvida por quem a disse. Uma palavra por tanto tempo ensaiada e jamais dita, afogada sempre na inibição, no medo de ser recusado que, implicando a falta de confiança em nós mesmos, significa também a negação do risco (Freire, 2013, p.32).

Neste sentido, o Freire faz um paralelo com o medo que todo o indivíduo tem de se confrontar com a verdade, com as causas de seu sofrimento e, geralmente, optam pelo exílio voluntário ou se entregam ao passivismo sobre a realidade que acreditam não mudar e param de sonhar.

A compreensão da vida como algo determinado e imutável, disseminada na sociedade colonizadora, constrói subjetividades dóceis e submissas às relações de opressão cotidianas que perpetuam a história.

Para Paulo Freire, não há transformação social sem sonho e não há sonho sem uma mudança nas subjetividades humanas, na sua compreensão de ser e estar num mundo complexo e de constante modificação. E para que estas modificações sejam significativas nas vidas dos oprimidos, eles precisam saber que podem interferir nos rumos da história.

> Não há mudança sem sonho, como não há sonho sem esperança. Por isso, venho insistindo, desde a Pedagogia do oprimido, que não há utopia verdadeira fora da tensão entre a denúncia de um presente tornando-se cada vez mais intolerável e o anúncio de um futuro a ser criado, construído, política, estética e eticamente, por nós, mulheres e homens (...). A nova experiência de sonho se instaura, na medida mesma em que a história não se imobiliza, não morre. Pelo contrário, continua. A compreensão da história como possibilidade e não determinismo, a que fiz referência neste ensaio, seria ininteligível sem o sonho. (Ibid, 2013, p.47)

No livro Pedagogia do Oprimido fica evidente a influência dos escritos de Franz Fanon sobre o pensamento de Paulo Freire com relação à crítica ao modelo da sociedade ocidental colonialista racialista que impõe relações

EDUCAÇÃO, AMBIENTE, CORPO E DECOLONIALIDADE **365**

hierárquicas e desiguais afetando as diferentes subjetividades, suas culturas e maneiras de se relacionar com o mundo. Por isso, a escola, como uma instituição que promove alienação social através da reprodução de conteúdo programáticos e práticas pedagógicas autoritárias, precisa ser questionada e rejeitada. E uma nova escola precisa valorizar os saberes que as classes populares e oprimidas trazem consigo.

> (...) educandos, sejam crianças chegando à escola ou jovens e adultos a centros de educação popular, trazem consigo a compreensão do mundo, nas mais variadas dimensões de sua prática na prática social de que fazem parte. Sua fala, sua forma de contar, de calcular, seus saberes em torno do chamado outro mundo, sua religiosidade, seus saberes em torno da saúde, do corpo, da sexualidade, da vida, da morte, da força dos santos, dos conjuros. (...) O respeito, então, ao saber popular implica necessariamente o respeito ao contexto cultural. A localidade dos educandos é o ponto de partida para o conhecimento que eles vão criando do mundo. "Seu" mundo, em última análise, é a primeira e inevitável face do mundo mesmo. (Ibid, 2013, p.75)

Para Freire a sociogenia da sociedade moderna precisa ser enfrentada a partir do desvelamento de seus sintomas e causas para que novas subjetividades se desenvolvam. A manutenção da condição de oprimidos impede que os sujeitos oriundos das classes empobrecidas ou culturalmente diferentes sejam reconhecidos e respeitados. Nesta lógica, a condição de opressor também produz sujeitos violentos que desumanizam as relações humanas para garantir seus privilégios de classe. Criam regras sociais pautadas num pensamento racional que normatiza comportamentos, sistemas de vigilância, controle e punição dos corpos "rebeldes" numa complexa articulação com o sistema jurídico educacional e de saúde que reproduz esta mentalidade no contato com as classes oprimidas.

A escola e o professor que optam pela prática pedagógica alinhada à educação bancária contribuem para a manutenção do mundo e suas injustiças porque o não reconhecimento das diferenças sociais e culturais dos/das alunos/as de classes populares provoca situações de inferiorização, invisibilidade, humilhação, subordinação nas relações escolares que levam à grandes danos psíquicos nos indivíduos e a um adoecimento social, a sociogenia.

Para Freire (1987), a emancipação associada à desalienação psíquica dos indivíduos são cruciais para a formação de sociabilidades menos violentas e individualistas que contribuam para a transformação da realidade social. Sendo a educação uma das formas de problematização da invasão cultural dominante que cria condições materiais e simbólicas de manutenção dos invasores e de subjugação dos invadidos.

Diálogos Suleadores para Adiar o Fim do Mundo

A educação para Freire e Krenak tem um sentido muito mais amplo do que meramente reproduzir conteúdo sem significado social e individual. Percebem que a perspectiva decolonial, crítica e voltada para o bem comum deve estar sempre orientando a relação e as práticas educacionais do cotidiano escolar.

Ambos passaram pela movimentação social dos anos 70 e 80 de luta contra a ditadura, por liberdade e, principalmente, por igualdade de cidadania. Para eles, os/as oprimidos/as, os/as invisibilizados/as, os/as condenados/as da Terra (Fanon, 2005) precisavam ser ouvidos/as e terem seus direitos respeitados e garantidos pelo Estado.

Portanto, a educação oriunda de um Estado capitalista, norte-cêntrico, patriarcal, branco e hierárquico deveria ser questionada na medida em que tende a reproduzir as relações sócio-econômicas estabelecidas às sociedades periféricas do sul global mascaradas pela ideologia meritocrática que mantém sempre os que possuem privilégios econômicos, de cor, de classe social, de gênero no topo de todas as hierarquias de poder e saber.

Krenak, percebe esse modelo que silencia, desumaniza e aprisiona as crianças, logo para ele o afeto é central na experiência educacional, percebido da mesma forma por Paulo, e por isso, o movimento indígena tendo consciência da reprodução do racismo epistêmico e sócio-cultural praticado nas escolas, passou a exigir que a educação básica indígena fosse oferecida dentro das aldeias e ministradas por professores dos povos originários.

Desta forma as escolas dessas comunidades passaram a abordar muitos conteúdos na língua de origem de seus povos, a ensinar a ouvir, escrever e ler os conhecimentos que, até então, eram passados oralmente de geração em geração (figura 3).

Ele também destaca que esse modelo pensado pela comunidade para os seus sujeitos históricos pode ser replicada em escolas desses outros territórios rompendo com o modelo educacional bancário que Freire critica.

Figura 3: Turma de alfabetização do professor Arautará, acompanhamento pedagógico na escola Karib, comunidade Kuikuro, Parque Indígena do Xingu

Fonte: Acervo ISA

Essa análise Freireana apresentou esta preocupação quando jovens e adultos trabalhadores e analfabetos procuraram a escola como um lugar que pudesse lhes oferecer um outro tipo de sociabilidade, leitura de mundo outra, desvelamento da realidade, compartilhamento de seus saberes, fazeres e o encontro com conhecimentos diversos, inclusive o científico.

Sob a visão dos dois educadores, as emoções são centrais para o permanente processo de avivamento da reflexão, da curiosidade e da esperança sobre a vida nas práticas educativas. O respeito à diversidade histórica e cultural, à experiência e sentimentos dos sujeitos coletivos são condições para uma gestão e planejamento educacional democráticos.

Neste sentido, pensar e praticar uma educação pautada nesse modo outro de pensar que pode estar relacionada com uma visão intercultural tornando-se urgente na medida em que problematiza a metodologia do ensino bancário, o currículo embasado na BNCC e a avaliação meritocrática além de perceber como fundamental a leitura de mundo dos alunos/as no processo de construção do conhecimento e do pensamento crítico.

Sem isso, a ideologia neocolonial da exploração, da barbárie, da ganância, do fim do mundo perpetuará sua lógica de extermínio de homens, mulheres e crianças periféricas e de toda forma não-humana (florestas, mares, rios, animais) que não deem lucro, restando à educação a serventia de formar subjetividades utilitaristas e alienadas.

Esse pensamento Freiriano pode ser encontrado no livro Educação como prática da liberdade, no qual defende a valorização da cultura de todos/as os/as envolvidos/as no ato de educar e sugere a construção de um método de ensino ativo, dialogal, crítico e criticizador aliado à uma modificação do conteúdo programático da educação.

Nessa direção, Krenak ressalta que a escola se tornou um espaço físico de aprisionamento das crianças e por isso, muitas delas evadem do sistema de educação sem sentido, centrado numa formação para o trabalho produtivo ao mercado. Até em escolas indígenas Krenak informa que são constantes as tentativas de controle pedagógico pelo Estado.

> Toda hora uma secretaria de ensino ou o ministério da educação diz que desse jeito não dá mais, que as crianças estão fazendo o que querem. Eles têm que ficar presos e aprender. (...) Há umas pedagogias muito bonitinhas que nos convencem de que assim as crianças vão conseguir criar comunidades. (Krenak, 2019, s/p)

Os dois intelectuais compartilham da preocupação com a reprodução de uma educação colonizadora que oprime inúmeras vidas e mentes. Por isso, defendem uma educação que respeite a heterogeneidade da vida, valorize as diferentes culturas e visões de mundo que promovam o Bem Comum para todos os seres humanos e não-humanos.

Esse tipo de pensamento focado no Sul Global dialoga com as concepções da educação decolonial, na medida que pedagogias multiculturais ou inter-relacionais não são suficientes porque muitas vezes, se isentam de um sentido crítico e de problematização da realidade socioeconômica bem como das relações de poder estabelecidas pela mentalidade monocultural (Shiva, 2001) e utilitarista.

Epistemologia do Sul Insurgente reexistindo na educação ambiental de Base Comunitária

Partindo da percepção de que países do Sul Global sofrem novas formas de colonialismo organizadas e definidas pela política globalizadora e neoliberal de empresas e elites internacionais e transnacionais, entendemos que a produção do conhecimento e da ciência seguem as orientações deste pensamento norte-cêntrico.

Nesse modelo "civilizatório" as instituições educacionais públicas e privadas, de forma acrítica, disseminam a epistemologia colonizadora sobre a comunidade escolar que é apresentada como sendo o conhecimento científico, imparcial e universal enquanto o conhecimento popular é denominado de tradicional, ou seja, local, periférico e não científico.

Dessa forma, resta aos estudantes oriundos de sociedade com outras lógicas de pensamento se adaptarem à fórmula cartesiana "Ego Cogito" que, promove a colonialidade do saber (Mignolo, 2003) e uma geopolítica do conhecimento orientadas pela percepção monocultural de mundo que legitima a dominação social, ambiental epistêmica e linguística de inúmeros povos que são tratados de forma despolitizada e abstrata.

Se contrapondo a essa limitada visão multicultural, que trabalha em prol de um pensamento único, integrando e homogeneizando grupos diferentes numa sociedade hegemônica, alguns autores como Catherine Wahls, Vera Candau, entre outros apontam que uma alternativa para esse modelo pode ser encontrada na educação intercultural crítica.

Essa concepção educacional entende que questionar e buscar a gênese dos diferentes preconceitos, opressões e ódios que mantém a "ordem" das coisas pode ser de suma importância na formação de indivíduos autônomos e atuantes na construção de sociedades "outras".

> A interculturalidade deve ser tomada como um processo "de construção de um conhecimento outro, de uma prática política outra, de um poder social (e estatal) outro e de uma sociedade outra; uma outra forma de pensamento relacionada com e contra a modernidade/colonialidade e um paradigma outro" (Walsh, 2019, p.1).

O pensamento único tem sido reforçado pelas diferentes mídias e redes sociais assim como na maioria das escolas brasileiras através da ausência de discussão sobre o currículo oficial dos livros didáticos, o planejamento descontextualizado histórico-socialmente e a prática avaliativa que responsabiliza o indivíduo por todos os seus fracassos.

Desta escola passiva e conformadora no qual só há reprodução das desigualdades Krenak, em entrevistas ao Portal Lunetas, afirma que "o incorrigível desejo de liberdade faz os meninos fugirem". (Krenak, 2019)

Esse modelo escolar, vem desde o processo de democratização da educação, compreende que o foco principal é a ampliação do acesso à escola pública.

Além desse interesse em ampliar a oferta de mão de obra mais qualificada, grupos sociais pertencentes à outras culturas (popular, rural, indígenas, quilombola) foram obrigados a vivenciarem experiências de violência epistêmica e injustiça social ao serem impostos a assimilarem os saberes colonizados ditados pela elite cultural e financeira.

Entretanto, inúmeras formas de luta contra qualquer tipo de hegemonização sócio-cultural estão sendo gestadas por movimentos sociais, coletivos, sindicatos e educadores. Se contrapondo a esse modelo do sistema mundo colonial identificam que a educação só tem sentido quando considera as motivações dos indivíduos dialogando com o pensamento da interculturalidade assumindo assim um destaque na construção de uma educação para além do capital.

Ressaltando esse pensamento, Candau, (2021), no Seminário "Educação e didática crítica intercultural" promovido pela Universidade Federal de Goiás, afirma que a Educação Intercultural Crítica se caracteriza pela promoção sistemática da inter-relação entre os diferentes grupos sócio-culturais, pela concepção de cultura como sendo um contínuo processo de elaboração, reconstrução a partir do diálogo entre os diferentes, mediado pelo contexto histórico ao qual pertencem e pela problematização das relações de poder e saber que produzem desigualdades. Por isso, ressalta Candau, que a diferença não pode ser percebida como um problema ou um desequilíbrio que precisa ser superado, mas sim como uma potência social.

Nesta perspectiva, Freire inaugurou um novo método de educação, método dialógico, que tentava romper com a didática monocultural (Shiva, 2001) e práticas de ensino colonizadoras promotoras do fracasso escolar.

> Como posso dialogar, se alieno a ignorância, isto é, se a vejo sempre no outro, nunca em mim? Como posso dialogar, se me admito corno um homem diferente, virtuoso por herança, diante dos outros, meros "isto", em quem não reconheço outros eu? Como posso dialogar, se me sinto participante de um "gueto" de homens puros, donos da verdade e do saber, para quem todos os que estão fora são "essa gente", ou são "nativos inferiores"? Como posso dialogar, se parto de que a pronúncia do mundo é tarefa de homens seletos e que a presença das massas na história é sinal de sua deterioração que devo evitar? Como posso dialogar, se me fecho à contribuição dos outros, que jamais reconheço, e até me sinto ofendido com ela? Como posso dialogar se temo a superação e se, só em pensar nela, sofro e definho? A autossuficiência é incompatível com o diálogo. Os homens que não têm humildade ou a perdem, não podem aproximar-se do povo. Não podem ser seus companheiros de pronúncia do mundo. Se alguém não é capaz de sentir-se e saber-se tão homem quanto os outros, é que lhe falta ainda muito que caminhar, para chegar ao lugar de encontro com eles. Neste lugar de encontro, não há ignorantes absolutos, nem sábios absolutos: há homens que, em comunhão, buscam saber mais. (Freire, 1987, p.52)

Partindo da premissa dialógica entre os sujeitos envolvidos no ato de educar, a pesquisa de temáticas significativas torna-se fundamental para que educadores e educandos assumam o papel de investigadores da realidade a fim de compreendê-la e agir sobre ela.

Nessa linha de raciocínio, Paulo defende que "a investigação da temática envolve a investigação do próprio pensar do povo. Pensar que não se dá fora dos homens, nem num homem só, nem no vazio, mas nos homens e entre os homens, e sempre referido à realidade" (Ibid, p.64).

Krenak, em entrevistas à Revista Cirandas, coaduna desta ideia quando afirma que as comunidades de aprendizagem precisam considerar a cultura, a cosmovisão, as tradições e o território dos diferentes educandos como material da experiência pedagógica porque os sujeitos são fruto de uma coletividade e, neste sentido, compartilham vivências, desafios e conquistas mesmo que o modelo individualizante da sociedade ocidental alegue o contrário.

EDUCAÇÃO, AMBIENTE, CORPO E DECOLONIALIDADE

Corroborando com as ideias desses pensadores, Gersen Luciano pesquisador indigena confirma que

> De fato, vivemos essa crise política, ideológica, moral, ética, espiritual, humana e civilizacional pela ausência de interculturalidade e pelo império do desrespeito e do egocenstrismo. A hegemonia da lógica neoliberal e capitalista, ao transformar direitos em mercadorias acaba por esvaziar o humano de seus pressupostos sociais e coletivos, reduzindo-o a uma subjetividade atrelada meramente à esfera econômica e material. Essa produção de "seres para o consumo" atinge a todos os povos do planeta, inclusive, indivíduos ou grupos indígenas e comunidades tradicionais (Luciano, 2017, p. 19).

Por isso, o dialogar gera o diálogo que garante e estimula a fala do outro, motiva as pessoas a se sentirem importantes e envolvidas nas decisões e na corresponsabilidade das escolhas e das consequências dessas (Figueiredo, 2006, p. 9)

Considerações Finais

Com as reformas que foram implementadas na Educação brasileira, acentuou-se o modelo do sistema mundo colonial, que ressalta a colonialidade do poder, saber e do ser, promovendo o encobrimento de todas as outras formas de ser e estar no mundo.

Como observamos o pensamento de Paulo Freire e de Ailton Krenak dialogam em diversos pontos: crítica ao modelo educacional bancário, como argumenta Paulo Freire e aprisionador e que rouba os sonhos das crianças Ailton Krenak.

O processo de formar oprimidos/as, os/as invisibilizados/as, os/as condenados/as da Terra (Fanon, 2005) em contraponto da luta contra essa invasão cultural disseminada pela escola. Crítica ao modelo único do pensamento hegemônico. Valorização das sociobiodiversidade incentivando todas as formas culturais de diferentes comunidades, povos originários e movimentos sociais e as concepções ancestrais que incentivem o Bem Viver, promovendo assim o Bem Comum e o respeito e a sobrevivência de todos os seres humanos e não-humanos. Incentivar a dialogicidade dentro e fora dos espaços escolares para promover a troca de saberes, fazeres e modos de viver no mundo de forma coletiva e solidária colaborando para a construção de um modelo alternativo de sociedade democrática. Respeitando as autonomias e auto governanças das escolas e comunidades de diferentes sujeitos sociais. Esses autores pensam em um tipo de escola totalmente diferente da atual, sendo aberta para o diálogo de saberes, descortinando a realidade local, problematizando e politizando os diferentes temas que emergem das comunidades, da sociedade como um todo e do conhecimento científico mundial.

Por isso o pensamento desses autores se alinha com esse modelo de educação "outro" que se pensa de forma intercultural. A interculturalidade vivenciada no espaço dos povos/comunidades ou da escola preconizando uma comunidade e uma escola engajada que trabalhe segundo os princípios do respeito mútuo e reciprocidade promovendo a formação de pessoas críticas e cientes de seu papel coletivo no mundo a partir do encontro com o Outro que mesmo sendo diferente é igual e deve ser respeitado e valorizado na sua diferença. As práticas pedagógicas precisam ser planejadas na expectativa da superação do senso comum, bem como, da invisibilização dos/as Outros/as e da naturalização de uma cultura universalizante e opressora.

É uma característica da escola intercultural crítica assegurar que diferentes saberes e conhecimentos da sua comunidade acadêmica sejam identificados como conteúdos pedagógicos importantes para um autorreconhecimento individual e coletivo dos educandos diante do mundo.

Diante desse cenário acima exposto, novas pesquisas são necessárias para aprofundar essa reflexão e a problematização desse modelo hegemônico de educação, das reformas curriculares, da invisibilidade e ou encobrimento de diferentes temas tais como: educação ambiental, do ensino da história e da cultura afrobrasileira e indigena garantidos pela lei 11.645 de 2008 (BRASIL, 2008) e de outros saberes ancestrais que ainda não foram reconhecidos e plenamente colocados em prática no cotidiano escolar.

Esses autores explicam que a aprendizagem dos povos/comunidades ocorre por processos coletivos, entre novos e mais velhos, aprendendo com outras culturas em diálogo com os fazeres da vida cotidiana, tendo todo tipo de influência e de informação, vivendo em uma comunidade de aprendizagem local. Como podemos observar existe um saber que nasce no Sul Global e uma educação (em especial ambiental) que emerge das bases comunitárias, que pode adentrar nas salas de aula e colorir a educação que se tornou monocromática pelo sistema mundo moderno colonial.

Referências

BRITO, A.J.; MOREY, B.B. **Geometria e Trigonometria**: dificuldades de professores do ensino fundamental. In: FOSSA, J. A. (org): Presenças Matemáticas. Natal: EDUFRN, 2004.

CANDAU, Vera. **Educação e didática crítica intercultural**. Disponível em: https://www.youtube.com/watch?v=tP8LtzXID0c. Acesso em: 05/01/2022.

FANON, Frantz. **Os condenados da terra**. Trad. de Enilce Alberfaria Rocha, Lucy Magalhães. Juiz de Fora: Ed. UFJF, 2005.

FREIRE, Paulo. **Educação como prática da Liberdade**. Rio de Janeiro: Paz e Terra, 1967

_____. **Pedagogia do Oprimido**. Rio de Janeiro: Paz e Terra, 1987.

_____. **Pedagogia da esperança**: um reencontro com a pedagogia do oprimido. Rio de Janeiro : Paz e Terra, 2013.

FIGUEIREDO, João B. A. **As contribuições de Paulo Freire para uma educação ambiental dialógica**, 2018. Disponível em: https://bit.ly/43cwwDK. Acesso em 10/01/2022.

KOUTSOUKOS, Sandra. **Zoológicos humanos**: gente em exibição na era do imperialismo. São Paulo: Editora Unicamp, 2020.

KRENAK, Ailton. **O que as crianças aprendem ficando presas**? A fugir, 2019. Publicado em 02/05/2019. Disponível em: https://bit.ly/3MlPYrP. Acesso em 01/12/2021.

KRENAK. Ailton. **A Potência do Sujeito Coletivo**, 2019. Disponível em: https://bit.ly/3nOgHmD. Acesso em 15/12/2021.

_____. **Vozes da Floresta**. Disponível em: https://bit.ly/4120850, 2020. Acesso em: 10/12/2021.

_____. **Colóquio internacional os mil nomes de gaia**: Do antropoceno à idade da terra. Disponível em: https://bit.ly/3Ghcb6n, 2015. Acesso 10/12/2021.

_____. **A vida não é útil**. São Paulo: Companhia das Letras, 2020.

LUCIANO, Gersem José dos Santos. Educação Intercultural: direitos, desafios e propostas de descolonização e de transformação social no Brasil. **Cadernos CIMEAC** – v. 7. n. 1, 2017.

MIGNOLO, W. **Historias locales/diseños globales**. Colonialidad, conocimientos subalternos y pensamiento fronterizo. Madrid: Akal. 2003.

SHIVA, Vandana. **Biopirataria**. A pilhagem da natureza e do conhecimento. Petrópolis: Vozes, 2001.

WALSH, Catherine. Interculturalidade e decolonialidade do poder: um pensamento e posicionamento "outro" a partir da diferença colonial. **Revista Eletrônica da Faculdade de Direito da Universidade Federal de Pelotas**. v. 05, n. 1, 2019.

doi.org/10.29327/5220270.1-15

Capítulo 15

"CUANDO LAS SEMILLAS DE LA RESISTENCIA Y LA MEMORIA FLORECEN: DESVÍO A LA RAÍZ-AGRICULTURA ANCESTRAL, UN PROYECTO DECOLONIAL"

Guadalupe Román

Introducción

¿CÓMO ESCRIBIR en un contexto de crisis? ¿Cómo narrar el cambio de una era mientras transcurrimos en ella?, ¿Cómo se escriben los cuerpos atravesados por la herida y el trauma colonial? ¿Cómo se verbaliza el dolor, el miedo y la violencia sistemática? Si la colonización ha sido un acto de escritura del território, ¿por qué escribir entonces? Frente a un Occidente que avasalla y encuentra la manera de mantener la dominación, la opresión y explotación de quienes siguen siendo las "víctimas de la modernidad", muchas veces resulta difícil imaginar un futuro distinto. Sin embargo, quienes nacimos en éstas tierras de siglos de resistencia vimos emerger diferentes propuestas, proyectos políticos, movimientos sociales que han irrumpido el espacio proponiendo otras formas de *estar-siendo* (en términos de Kusch) en ésta América Profunda[59]. Por ello, escribir y poner en palabras lo que emerge,

---

[59] El pensador argentino Rodolfo Kusch rompe con la tradición occidental y eurocentrista de la ontología, elaborando sus propias categorías de pensamiento para recuperar las raíces de la "América Profunda". A través del análisis de la visión del mundo andino, Kusch elabora su categoría existencial del "estar", que contrapone al "ser" europeo. De esta manera, propone una mirada situada geoculturalmente para pensar una ontología desde y para América. "Uno es lo que llamo ser, o ser alguien, y lo descubro en la actitud burguesa de la Europa del siglo XV y, el otro, el estar aquí, que considero como una modalidad profunda de la cultura precolombina. Ambas son dos raíces profundas de nuestra mente mestiza -de la que participamos blancos y pardos- y que se da en la cultura, en la política, en la sociedad y en la psique de nuestro ámbito". (Kusch, R. 2000, p.5)

reexiste y renace en este momento de incertidumbre con un panorama mundial desalentador y catastrófico; las voces de quienes siguen trabajando por otros mundos posibles se hacen cada vez más urgentes y necesarias para afrontar el desánimo y el agobio que produjo este nuevo virus en el 2020.

En las últimas décadas, nos enfrentamos en la región a una problemática que la pandemia del covid-19 ha desnudado; este modelo económico, social, científico y tecnológico se encuentra en crisis. Como señala el sociólogo Boaventura de Sousa Santos (2020), "la pandemia de coronavirus es una manifestación entre muchas del modelo de sociedad que comenzó a imponerse a nivel mundial a partir del siglo XVII y que ahora está llegando a su etapa final". Este modelo que viene desbastando la naturaleza y que ha transformado la convivencia entre los pueblos y la Madre Tierra, da cuenta de que estamos atravesando una catástrofe ecológica que si no se toman las políticas necesarias para contrarrestar ésta situación, no habrá posibilidad de vida para las generaciones venideras. César Augusto Gutiérrez Salazar y María Angélica Mejía- Cáceres afirman al respecto:

> Esta crisis de la civilización se refleja en la significativa problemática ambiental propia de la modernidad tardía, resultado de un sistema capitalista, que se traduce en una injusticia socioambiental en la cual ciertos sectores vulnerabilizados sufren de violencia por apropiación de territorios y tierras contaminadas por grandes empresas generando, a su vez, escasez de alimentos o alimentos contaminados por agrotóxicos, o disputas por los derechos ambientales en términos del uso y la calidad de elementos naturales, tales como agua, aire y tierra. (Gutiérrez Salazar, César A. y Mejía- Cáceres, M.A., 2018, p.35)

Para enfrentar ésta batalla, que no es únicamente económica sino también cultural, es preciso reconocer y visibilizar aquellas experiencias que ya se encuentran en nuestros territorios y, que nos orientan a pensar otras propuestas para crear una nueva realidad más amorosa y respetuosa con nuestro planeta. En este sentido, éste trabajo pretende entretejer las voces y los cuerpos de un proyecto de agricultura ancestral que recupera la memoria de los pueblos indígenas anhelando reconstruir los lazos de convivencia entre la tierra y los seres humanos. Es por ello, que en éste trabajo recorreremos la experiencia de un proyecto agroecológico que se viene consolidando en el territorio santafesino para reconocer cómo se gestan proyectos alternativos de sociedad que proponen otros modos de alimentarnos, de producir y de vincularnos con las personas y el entorno. Asimismo, también en éste trabajo indagaremos de qué modo dentro de éste propuesta colectiva, las mujeres comenzaron a construir un espacio denominado "MujeRaíz" para resurgir el feminismo campesino que hace décadas parió en éstas tierras y, a su vez, indagaremos de qué modo en éste contexto de pandemia de covid-19 las familias campesinas labradoras de soberanía se reorganizaron para seguir sosteniendo y produciendo alimentos respetuosos del suelo.

Coincidiendo con Boaventura de Sousa Santos (2006), "(...) hay que hacer que lo que está ausente esté presente, que las experiencias que ya existen pero son invisibles o no creíbles estén disponibles; o sea, transformar los objetos ausentes en objetos presentes" (p.26).

Somos de la tierra

"No morirá la flor de la palabra. Podrá morir el rostro oculto de quien la nombra hoy, pero la palabra que vino desde el fondo de la historia y de la tierra ya no podrá ser arrancada por la soberbia del poder.

Nosotros nacimos de la noche. En ella vivimos. Moriremos por ella. Pero la luz será mañana para los más, para todos aquellos que hoy lloren la noche, para quienes se niega el día, para quienes es regalo la muerta, para quienes está prohibida la vida. Para todos la luz. Para todos todo. Para nosotros el dolor y la angustia, para nosotros la alegre rebeldía, para nosotros el futuro negado, para nosotros la dignidad insurrecta. Para nosotros nada".

Fragmento de la 4ta declaración del EZLN (Ejército Zapatista de Liberación Nacional).

Han puesto el cuerpo, la carne, la sangre, la voz, las manos, la sonrisa, la bronca; han gritado y luchado; se han unido y se han organizado, murieron por cada bandera que levantaron pero fueron también asesinados/as; y aunque no estén con nosotros y nosotras dejaron en ésta tierra semillas de resistencia indígena, afro y campesina que sigue germinando. Quienes habitamos en ésta América Latina rebelde e insurrecta nos reconocemos como parte de ese legado que lleva más de 500 años denunciando todas las formas de colonialismo que siguen imperando en nuestros territorios. Esas experiencias colectivas que atravesaron los procesos históricos-culturales de nuestra Abya Yala hoy nos exige repensar los nuevos desafíos que tenemos ante un contexto donde se profundiza el extractivismo, la producción del monocultivo, la quema de los montes y de los bosques, el despojo de las tierras, la pobreza y la desigualdad entre hombres y mujeres. Estas problemáticas siguen recayendo sobre quienes históricamente han sufrido los traumas y las heridas de la colonialidad del poder –en términos de Aníbal Quijano- por ello es urgente reconocer y visibilizar a quienes proponen otras acciones comunitarias y colectivas para construir otro(s) mundo(s) posible(s) donde "Vivir Bien" y en armonía entre nosotros/as y con la naturaleza no sea un utopía sino una realidad.

Es por ello, que este trabajo recupera un proyecto ambiental, educativo y cultural de agricultura ancestral y soberanía alimentaria que viene generando grandes cambios y transformaciones no sólo en el espacio territorial donde se pusieron en marcha las iniciativas decoloniales, sino que éstas acciones también se expandieron hacia otros rincones de la región.

Para acercarnos a conocer el paisaje en el cual se ancla éste proyecto, es preciso mencionar que la Provincia de Santa Fe se encuentra ubicada en el centro geográfico de la República Argentina, cuenta con una población de 3.200.736 habitantes según el Censo de 2010; lo que la ubica en tercer lugar en cuanto a cantidad de habitantes dentro del país, luego de Buenos Aires y Córdoba. Una de las características principales que le ha otorgado a este territorio una gran importancia histórica, cultural y ambiental es la presencia de uno de los ríos más trascendentales del cono sur: el río Paraná. "(...) nombre que evoca la supremacía de su corriente poderosa y a la vez describe su curso atormentado y los numerosos riachos y arroyos que engendra a medida que baja hacia el estuario", narra el escritor santafesino Juan José Saer (2003) en su destacado libro "El río sin orillas". Caudal de agua atravesado por personas de distintos colores, paisajes, lenguas, etnias; marca identitaria de nuestra historia y de nuestros cuerpos de quienes habitamos en su cercanía. Hoy el río, es testigo de las quemas de sus humedales, del agronegocio y de los intereses que yacen tras el mercado inmobiliario; pero no se encuentra sólo. Junto a él también están sus aliados/as que se organizan para defender el desmonte, la cosecha sin agrotóxicos, la lucha contra el trabajo forzado, y la explotación del suelo; fruto de este modelo productivo extractivista que se convierte en el brazo principal del patriarcado capitalista.

Un espacio que viene proponiendo a través de sus acciones colectivas culturales, educativas y ambientales; y que irrumpe el territorio santafesino con una propuesta decolonial es "Desvío a la Raíz- Agricultura Ancestral". Ésta organización echó raíces en Desvío Arijón, en un pequeño pueblo costero que se encuentra a 40 km de la capital de la Provincia donde viven 4000 personas que habitan a la vera de la Ruta Nacional 11 hasta la orilla del río Coronda. Allí hace 18 años se asentaron Jeremías Chauque y su compañera Aluminé Martínez quienes comenzaron como familia a preocuparse por las consecuencias que estaba generando el monocultivo de la soja con la utilización desmedida de semillas transgénicas, la fumigación con agrotóxicos muy cerca de las viviendas; la pobreza y el abandono de los campesinos/as de sus campos para migrar a la ciudad en búsqueda de otras oportunidades. No es casual que quien ha comenzado a transitar estos primeros pasos en Desvío sea Jeremías; de sangre mapuche, ésta comunidad originaria del sur de nuestro país hace siglos viene sufriendo el despojo de sus tierras y de los recursos, primero en manos de los terratenientes impulsores del modelo agroexportador a fines del siglo XIX y actualmente, en las últimas décadas, por las empresas transnacionales en convivencia con el sector político, mediático y judicial. De familia guerrera, Jeremías nos señala que éste proyecto busca "recuperar la agricultura a través de los saberes y conocimientos ancestrales de su pueblo y de las comunidades campesinas que históricamente garantizaron el alimento de las familias de este país; a través del cuidado y la conservación del suelo y de las semillas (nativas y criollas)".

¿Por qué es importante recuperar, reconocer y construir otras formas de vida? Los autores del pensamiento decolonial emplean el término colonialidad del saber para explicar de qué manera jerarquizó los conocimientos privilegiando los occidentales sobre los que provenían de otras culturas, etnias y pueblos; en un primer momento con la conquista de América y, luego, el control del conocimiento y de las subjetividades se reforzó durante la consolidación de los estados-nación. Según Boaventura de Sousa Santos (2006), "(...) todas las prácticas sociales que se organizan según este tipo de conocimientos no son creíbles, no existen, no son visibles. Esta monocultura del rigor se basa, desde la expansión europea, en una realidad: la de la ciencia occidental" (p.23). Y agrega: "(...) al constituirse como monocultura (como la soja), destruye otros conocimientos, produce lo que llamo "epistemicidio": la muerte de conocimientos alternativos" (p.24). Por ello, es urgente abrir la posibilidad de narrar las historias negadas y silenciadas de quienes habitaron siempre este territorio, reescribiendo otras narrativas sobre aquellas subjetividades, lenguajes y saberes que fueron invisibilizados por el paradigma moderno-eurocéntrico de conocimiento. Como menciona uno de los integrantes del Grupo Decolonial, Walter Mignolo:

> "(...) la corpo-política es la respuesta a la herida colonial. La herida colonial surge al racismo y del patriarcado/masculinidad. Me refiero a la degradación de las personas por obra y gracia de un discurso, el discurso imperial (...) que pregona la modernidad, clasifica y degrada todo aquello que es necesario <transformar> para que la modernidad no se detenga. (...) en la medida en que la herida colonial se instauró en cuerpos no-europeos, también sus lugares fueron racializados (lenguas, regiones, religiones, saberes, conductas, formas de organización social y económica). Por eso la geo y la corpo-política son dos pilares del pensar y hacer descolonial". (Mignolo, W., 2014, p. 105)

En este sentido, continuando con los aportes de Walter Mignolo (2014), para que ocurra un *desprendimiento* supone moverse hacia una geopolítica y una corpolítica del conocimiento, reconociendo sujetos de conocimiento y de entendimiento que han sido ignorados por las políticas teo-lógicas y ego-lógicas imperiales del conocimiento.

> "De la toma de conciencia y la necesidad de legitimar formas de pensar(se) devaluadas por los actores (e instituciones) que controlan los principios de conocimiento, de la toma de conciencia de habitar los bordes epistémicos y ontológicos; de habitar la *exterioridad* surge la epistemología fronteriza como método de pensar descolonial y las trayectorias de las opciones descoloniales". (Mignolo, W., 2014, p.42)

Según los/as integrantes de "Desvío a la Raíz" ésta construcción colectiva es "ante todo, la posibilidad de dejar como herencia a nuestros hijos/as un pueblo con semilla y tierra en la mano y cultura y memoria como herramientas labradoras". Es por ello, que el comienzo de ésta organización fue reunir las familias de Desvío Arijón a *sentipensar* la tierra y con la tierra. Encontrarse y reencontrarse en torno a ella; compartiendo un mate o semillas, generando charlas, haciendo un surco, acompañando a los/as niños/as mientras jugaban en el llano, limpiando la maleza en un patio fueron las formas de comenzar a pensar la posibilidad de habitar otros caminos. En el encuentro con otros/as desde pequeños lugares fueron enlazando las historias del campo, los saberes de las familias campesinas, los conocimientos de los pueblos indígenas en torno a *la pacha*, los dolores y las alegrías de quienes llegaron a Desvío y de quienes se fueron. Y allí empezaron hablar con su propio lenguaje de agricultura ancestral, soberanía alimentaria, dignidad, comunidad, campo, río, monte; como así también de aquellas palabras que estaban generando la pobreza, la desigualdad, la expulsión de los/as lugareños/as hacia otros territorios: agronegocio, monocultuvo, sojización, agrotóxicos. Como menciona Jeremías Chauque, "también estamos frente a una batalla de conceptos"; "¿quién es el campo? ¿agronegocio es agricultura? ¿Agricultura sin agricultores? ¿A quién representa el término agroecología?". Y continúa Jeremías: "por eso nosotros/as hablamos de agricultura ancestral porque desde ahí definimos social, cultural y políticamente nuestra labor como agricultoras y agricultores de soberanía y memoria. Desde allí podemos recuperar lo que fuimos, recuperar a los guardianes de la memoria, a nuestros abuelos y abuelas respetando su legado ancestral". Identidad y memoria se convierten, en este sentido, en los pilares más importantes a reivindicar por ésta comunidad visibilizando las otras formas de ser, de saber y de organización que se hicieron presentes en nuestra sociedad pero que el discurso imperial y colonial buscó aniquilar desde la conquista hasta nuestros tiempos. Como señala Homi K. Bhabha:

> "Cada vez que tiene lugar el encuentro con la identidad, en el punto en que algo excede el marco de la imagen, elude el ojo, evacua el yo como sitio de identidad y autonomía y, sobre todo, deja una huella resistente, una mancha del sujeto, un signo de resistencia. Ya no estamos enfrentados como un problema ontológico del ser sino con la estrategia discursiva del momento de la interrogación, un momento en el cual la demanda de identificación se vuelve, de modo primario, una respuesta a otras preguntas de la significación y el deseo, la cultura y la política". (Bhabha, 2019, p. 71)

En una entrevista realizada por Nicolás Esperane (2020) para Acción por la Biodiversidad, Jeremías Chauque señala: "Comprendimos que la única manera de defendernos era rebrotando lo que fuimos, lo que somos. Todas las <buenanzas> posibles: los saberes campesinos, la palabra, la salud, semilla, los aromas, colores, diversidad, abrazos y todo aquello que nos fortalecía y nos fortalece como sociedad". Esos saberes y conocimientos que fueron recobrando en comunidad los comparten y los transmiten en las Ferias Campesinas de Agricultura Ancestral que ellos mismos organizan en diferentes espacios, como vecinales, sindicatos, Universidades, centros culturales, entre otros. Los frutos de la tierra y los frutos de las manos de mujeres y varones que se comprometieron a construir un nuevo modelo alimentario y cultural se hacen presentes con otras preguntas, otras narrativas y otros sujetos desafiando la matriz colonial de poder.

Por otro lado, también les preguntamos: ¿Cómo logran producir alimentos sanos y germinados desde la memoria e identidad? Según la organización, "Sin fungicidas, nematicidas, insecticidas, herbicidas, fertilizantes sintéticos, desmontes, tierra, agua, aire, ni familias explotadas ni enfermadas", es decir, "suelo sano, planta sana, alimento sano, sociedad sana". Esto implica desarmar las formas de producción hegemónicas que generan no sólo la acumulación y concentración de riquezas en pocas manos sino también la destrucción de la tierra por el uso indiscriminado de agrotóxicos. Burguener, Germán y Verzeñazzi, Damián señalan que:

> "según los organismos oficiales de Agroindustria de nuestro país, así como las cámaras que nuclean a las empresas vendedoras de productos químicos con probada (y publicitada) acción biocida, desde el año 1996 al año 2012, en Argentina la superficie de producción de eventos transgénicos asociados a pesticidas se incrementó en un 50%, mientras que en el mismo período de tiempo las ventas legales de productos químicos aumentó mas de un 800% (Burguener y Verzeñazzi, 2020, p. 285).

Estos datos aportados por la Cámara de Sanidad Agropecuaria y Fertilizantes (CASAFE); se suma a que entre 2012 y 2013, se comercializaron en Argentina 285 millones de litros/kilos de agrotóxicos. Para el año 2018, las empresas comprendidas en CASAFE[60] vendieron, para su uso en Argentina, 460 millones de litros kilos de agrotóxicos, representando un incremento del 10,9 % respecto del año 2017, donde se consumieron 410 millones de litros kilos de agrotóxicos. Lo números son alarmantes y las consecuencias aún más preocupantes. Estamos ante una crisis climática-ecológica y una crisis humanitaria generada por el capitalismo- colonial y patriarcal que nos está conduciendo a la destrucción masiva del ecosistema. ¿En qué mundo van habitar las próximas generaciones? ¿Qué recursos van a estar disponibles para la supervivencia de la humanidad? ¿De qué modo vamos a garantizar la vida? Como señala de Sousa Santos, Boaventura, (2020), "La defensa de la vida en nuestro planeta en su conjunto es la condición para la continuación de la vida de la humanidad" (p.14).

Frente a este presente que se prende fuego, el viento sur anuncia que otra realidad es posible. "Desvío la Raíz –Agricultura Ancestral" viene demostrando que la organización colectiva puede generar cambios en las cartografías urbanas y rurales de este territorio pero también de espacios más amplios. Ésta organización comenzó a fortalecer su lucha con otras organizaciones sociales y ambientales de la Provincia de Santa Fe y fuera del país. Tales así que fue parte de las organizaciones creadoras del Paren de Fumigarnos, de la Marcha Plurinacional de los Barbijos, de la Secretaría de Derechos Humanos y Pueblos Originarios de la CTA, del Foro Agrario Soberano y Popular, de Agrisalud 2030. Participaron e impulsaron la Red de Agricultura Ancestral conectando diferentes ciudades de ésta Provincia. Junto a la UTT, conforman Aguapey y el Espacio de Ambiente y Cambio Climático de CTA. Como menciona Shiva Vandana (2006) en su Manifiesto para una Democracia de la Tierra:

> "Las economías vivas se basan en la creatividad y la autoorganización de las personas. Las economías vivas crecen hacia afuera: del individuo a la comunidad, a la región, al país y al nivel global. Las relaciones más importantes son las que se dan a nivel local, mientras que las más tenues son las internacionales. De ahí que las economías vivas sean primordialmente locales y descentralizadas, a diferencia del modelo dominante, que es global y centralizado". (Shiva, V., 2006, p. 82)

---

[60] CASAFE, nuclea a una treintena de empresas que poseen el mayor volumen de venta de agrotóxicos en la Argentina, representando al 80 % 85 % del mercado agroindustrial local, el otro 15 a 20 % corresponde a más de un centenar de empresas que o bien forman parte de otras cámaras más pequeñas o no están agrupadas en ningún colectivo de representación empresarial. Recuperado de : https://www.biodiversidadla.org/Documentos/En-la-Argentina-se-utilizan-mas-de-500-millones-de-litros-kilos-de-agrotoxicos-por-ano.

Contraria a la economía de mercado, las economías vivas según Vandana Shiva (2006): "Reservan un lugar central a los seres humanos y a la naturaleza. En las economías vivas la teoría económica y la ecología no se contradicen, sino que se sostienen mutuamente". (p.85).

Un brote de amor que viene germinando

> "Porque lxs campesinxs del mundo entero y sobre todo las mujeres
> son quienes históricamente garantizaron,
> garantizan y garantizarán el cuidado y la conservación
> del suelo y las semillas (nativas y criollas),
> sin la cual ninguna agricultura hubiera sido posible".
>
> Fragmento de la Declaración por el Día Mundial de la Lucha Campesina del Instituto de Salud Socioambiental FCM UNR

Mujeres indígenas, mujeres afro, mujeres campesinas, mujeres de distintos espacios, ya sean urbanos, rurales, privados o públicos han participado históricamente en la construcción de nuestras sociedades. Sin embargo, el capitalismo- colonial y patriarcal no sólo supuso la explotación, opresión y violación de nuestros cuerpos sino también se ha encargado de borrarnos de las narrativas históricas. Aun estando ausentes, invisibilizadas, precarizadas y agobiadas por la sobrecarga de tareas y responsabilidades que nos han asignado por el hecho de ser "mujeres"; la organización colectiva, horizontal, feminista desde distintos rincones, paisajes y colores viene demostrando que es posible la emancipación desde nuevos territorios epistémicos. Y eso significa poder hablar desde la tierra, de sus saberes, sus semillas, los ríos que la recorren, los frutos que germinan por las bondades de la Pachamama.

Quienes abrazan la vida y la tierra y han sostenido el alimento a lo largo de estos siglos fueron las mujeres campesinas, las mujeres rurales. Y en Desvío a la Raíz esto no ha sido la excepción, por el contrario, fueron las mujeres quienes sostuvieron a las familias campesinas y acompañaron a otras familias durante el contexto de pandemia. Conversamos con Amanda Martínez del Espacio de Género sobre el rol que tuvieron las mujeres de Desvío a la Raíz y de su comunidad para enfrentar la falta de alimentos durante el complejo escenario que comenzó en marzo del 2020: "En la pandemia, como casi siempre marca la historia, al principio con tanta incertidumbre, fuimos las mujeres de nuestro espacio la que armamos un grupo aparte, donde sumamos otras que no participaban de la organización y armamos un grupo de mujeres del pueblo. Rápidamente comenzamos asistir antes que el Gobierno Provincial y Nacional a centros de salud, a la policía, comuna, los comercios; ya sea con barbijos, batas y botas. Luego también se nos planteó otro desafío, el de la producción porque Desvío a la Raíz es un circuito, además del trabajo en la tierra; la mayoría de los productos se comercializan porque también es ahí donde las realidades individuales y colectivas se empiezan a modificar también. Y esa comercialización se vio interrumpida por eso tuvimos que salir de manera colectiva a producir alimentos elaborados y vender. Cuando también se vio imposibilitado traer verdura del mercado se empezó a generar un comercio interno en el pueblo donde hubo rotiserías y comercios que elaboraban sus productos con verduras de nuestras huerta".

A las tareas domésticas y a la tarea de los cuidados, las mujeres campesinas enfrentan la "feminización de la pobreza" generada por el capitalismo, el sexismo y el racismo desde los inicios del colonialismo en éstas tierras. Amanda Martínez nos señala respecto a ello: "una de las principales dificultades que tenemos las mujeres de ésta organización es la situación de pobreza, la falta de tierra, así como también la sobrecarga de las tareas de cuidado. Mientras alistamos a nuestros hijos e hijas para ir a la escuela, también estamos en la huerta, vemos la producción o estamos participando de alguna actividad. Muchas responsabilidades que nos cargamos al hombro tiene que ver con ésta situación de pobreza, por eso todo el tiempo tenemos que rebuscárnosla".

Como señala Silvia Federici:

> "(...) la violencia fue el principal medio, el poder económico más importante, en el proceso de acumulación originaria, porque el desarrollo capitalista requirió un salto inmenso en la riqueza apropiada por la clase dominante europea y en el número de trabajadores puestos bajo su mando". (Federici, S.,2015, p.104)

Ello no sólo se implementó en Europa también ésta misma lógica se trasladó a las colonias americanas. De este modo, la acumulación originaria fue posible a través de la explotación de todo aquello considerado como mercancía: tanto los recursos de la naturaleza, como el agua, la tierra, el bosque;

y las mujeres mediante su cuerpo y trabajo. En este Espacio las mujeres conversan y dialogan en torno a esas relaciones coloniales de poder y género que siguen atravesando su *mapu*[61] y cómo esos encuentros pueden crear instancias, por un lado; de sensibilización, concientización sobre la importancia que tienen en las tareas que desempeñan en el campo y en sus hogares y, por otro lado, cómo los conocimientos ancestrales contribuyen a repensarse como comunidad. En cuanto a esto, Itatí Calderón, integrante de este espacio de Desvío a la Raíz nos señala: "Sostenemos, desde hace 13 años, este proyecto que es la memoria de nuestras abuelas y la voz de muchas compañeras. Sabemos que en ese Kimun (saber) es donde está viva la memoria, ahí apuntamos. El cuidado de la tierra, la obtención no sólo del alimento sino también de la medicina". Y acompañando el relato de Itatí, Amanda Martínez agrega: "nos propusimos cuidar de la semilla y entender que esto tiene que ver con una armonía de la tierra, las personas y de la naturaleza".

De este modo, la unión de las mujeres del campo demuestra que desde la amorosidad, el afecto, el compañerismo y la solidaridad pueden transformar desde pequeños lugares y a través de tareas decoloniales la forma de pensar, habitar y sentir el mundo. Como nos afirma Itatí Calderón, "nuestra trinchera es el campo", es allí donde las mujeres se plantan y proponen otras alternativas contrahegemónicas y contraculturales de resistencia a favor de la equidad, la justicia social y ambiental, la paz y solidaridad entre los pueblos.

> "Las luchas ecológicas de las mujeres están introduciendo dos cambios fundamentales en el modo de pensar con respecto al valor económico e intelectual. El primero se refiere a lo que se considera conocimiento y quiénes son los peritos y productores del valor intelectual. El segundo abarca los conceptos de valor económico y riqueza y quiénes los producen". (SHIVA, 1988, p.284)

"El hombre es tierra que anda"

Atahualpa Yupanqui, cantautor, guitarrista y poeta argentino ya nos enseñaba con sus escritos y cantos que el paisaje está ahí, cerquita nuestro. ¿Pero cómo lo habitamos? ¿Cómo somos del paisaje? ¿Cómo vivimos con él y

---

[61] El *mapudungun* o mapuzungun, literalmente "el hablar de la tierra" (lengua mapuche), *mapu* significa tierra, país, patria.

cómo vive él en nosotros/as? ¿Cómo nos alimentamos recíprocamente la tierra y los seres humanos? ¿De qué manera recuperamos el sentido de la vida en relación a la naturaleza y el cosmos? ¿Qué lugar le damos al afecto, a los sentidos y las emociones en el hacer con otros/as?

Sin duda hay otras preguntas que nos podemos seguir planteando como tantas respuestas posibles a éstos interrogantes. Pero sí con seguridad podemos afirmar desde dónde podemos comenzar a transitar otros caminos, otras historias, vivencias, experiencias, voces y miradas; recuperando y reconociendo las luchas y los movimientos que hicieron que hoy podamos mirar y caminar distinto. Estas nuevas epistemologías decoloniales nos permiten resignificar cómo se configuró nuestra sociedad y nuestra forma de vivir en ella. Coincidiendo con el antropólogo venezolano Fernando Coronil (2007): "Podemos pensar un mundo donde quepan todos los mundos, en cualquier idioma, con cualquier epistemología. Pero este mundo será mejor si está hecho por muchos mundos, mundos hechos de sueños soñados en catres en los Andes y en chinchorros en el Caribe, en aymará y en español, sin que nadie imponga qué sueños soñar, hacia mundos en los que nadie tenga miedo a despertar".

"Desvío a la Raíz- Agricultura Ancestral" ha demostrado que la manera de resurgir y reexistir entre las llamas, el agronegocio, los pesticidas y también a la pandemia del covid-19, es pensar y hacer con valentía; en comunidad, con las familias campesinas, con la ayuda de la medicina ancestral de los abuelos y las abuelas de los pueblos indígenas; con el abrazo fraterno; con la entereza y la fuerzas de las mujeres que sigue resistiendo en el frente de batalla; y los niños y las niñas que nos motivan a soñar por un mundo más justo, igualitario, solidario y amoroso. Reafirmamos junto a ellos/as su lema: "Desde la memoria, con la raíz entre los dientes y el amor como bandera".

Referencias

Bhaba, Homi K. **El lugar de la cultura**. 1 ed. 4ª reimp. Buenos Aires: Ed. Manantial, 2019.

Burguener, Germán y Verzeñazzi, **Damián, Desequilibrios ambientales: acerca de problemáticas diversas que amenazan calidad de vida y salud humana**, Sabatier, María Angélica (comp.) 1a ed. - Rosario: UNR Editora. Editorial de la Universidad Nacional de Rosario, 2020.

Chauque, Jeremías Agricultura ancestral. **El desafío de labrar la memoria**. En Esperante, Nicolas, 2020.

Coronil, Fernando. El Estado de América Latina y sus Estados. Siete piezas para un rompecabezas por armar en tiempos de izquierda, en **Rev. Nueva Sociedad**, n. 210, 2007.

De Sousa Santos, Boaventura, **La cruel pedagogía del virus**, Ciudad Autónoma de Buenos Aires: CLACSO. p. 14 y 63, 2020.

De Sousa Santos, Boaventura. **Renovar la teoría crítica y reinventar la emancipación social** (encuentros en Buenos Aires).Buenos Aires: Ed. CLACSO. Agosto. p.23 y 26, 2006.

Esperante Nicolás. Agricultura ancestral: el desafío de labrar la memoria. En **Construyendo una agroecología para alimentar a los pueblos**: Voces de la producción, formación y comunicación en torno a la agroecología. Acción por la Bioddiversidad, 2020.

Federici, Silvia. **Calibán y la bruja: Mujeres, cuerpo y acumulación originaria**. Buenos Aires: Ed. Tinta limón, 2015.

Meneses, Paula De Sousa Santos, Boaventura. **La cruel pedagogía del virus**, Ciudad Autónoma de Buenos Aires: CLACSO, 2020.

Mignolo, Walter. **Desobediencia epistémica**. Retórica de la modernidad, lógica de la colonialidad y gramática de la descolonialidad, Buenos Aires: Ed. del signo, 2014.

Saer, Juan José. **El río sin orillas**, Buenos Aires: Ed. Alianza, 1991

Gutiérrez Salazar César A. y Mejía- Cáceres, María Angélica. Reflexiones epistemológicas y éticas para la educación en ciencias y educación ambiental en la búsqueda de una transformación sociocultural. En Mejía-Cáceres, M. A; Freire dos Santos Laísa M.; García Arteaga, Edwin G. **Educación en ciencias y educación ambiental en la formación de profesores**: un abordaje crítico y cultural. Colombia: Ed. Universidad del Valle, 2018.

Shiva, Vandana. **Abrazar la vida**: Mujer, ecología y supervivencia. Madrid: Ed. Horas y horas, 1988.

Shiva, Vandana. **Manifiesto para una Democracia de la Tierra**. Justicia, sostenibilidad y paz, Barcelo: Ed. Paidós Ibérica, 2006.

doi.org/10.29327/5220270.1-16

Capítulo 16

EL CONOCIMIENTO PROFESIONAL DEL PROFESOR DE CIENCIAS NATURALES DESDE LA DIVERSIDAD CULTURAL: EL PARTO COMO ELEMENTO DIALÓGICO

Yovana Alexandra Grajales Fonseca

Introducción

UNO DE LOS REFERENTES que permite asumir una enseñanza decolonizadora es el diálogo de saberes como hermenéutica para difuminar la visión reduccionista y absolutista de la ciencia. El reconocimiento de contextos particulares, el respeto por la diferencia y las apuestas por la complementariedad de saberes, son ejes que deberían de estar en las prácticas pedagógicas de los maestros y maestras de ciencias naturales. Para ello se hace una revisión sobre una clase exitosa que configura el parto desde dos visiones una medicalizada representado el conocimiento hegemónico y otra desde el ejercicio de partería que ofrece comunidades organizadas como ASOPARUPA (Asociación de partieras del pacifico colombiano). Dicha clase se analiza bajo 4 categorías preestablecidas a. Contenidos escolares, b. Fuentes y criterios de selección de contenidos, c. Referentes epistemológicos de conocimiento del profesor, d. Criterios de Validez, a su vez se relaciona con principios del diálogo de saberes como referente transformador en la práctica docente, asumiendo una postura alternativa sobre el conocimiento profesional del profesor de ciencias naturales desde un enfoque sociocultural específicamente el diálogo de saberes.

Los dilemas del conocimiento profesional del profesor de ciencias naturales y su concepción de ciencia

El conocimiento profesional del profesor de ciencias naturales y el desarrollo de su práctica tiene mucho que ver con la concepción de ciencias que ha construido el maestro o maestra en su formación inicial y continua, esta relación se comprende al revisar investigaciones desarrolladas sobre la diversidad cultural y las concepciones de los profesores sobre ciencia por Molina, A, Suárez, C. J, Utges, R., Ríos, M., Cifuentes, C., Roncancio & Martínez, C (2014), quienes mencionan la prevalencia de una concepción cientificista de las ciencias en los docentes. De esta manera, los profesores de ciencias naturales reciben una formación permeada por intereses cientificistas que suelen aislar elementos importantes para atender la complejidad de la sociedad, de los contextos culturales particulares, los valores sociales y ambientales, que recaen sobre su práctica pedagógica.

La reflexión sobre la práctica profesional del maestro de ciencias para Martínez (2017), es un ejercicio de construcción y de validación del desarrollo profesional que ha permitido reconocer que es un conocimiento particular. Es así, como se lleva a la necesidad de comprender que el problema de enseñar ciencias naturales no es lo mismo que el de las matemáticas. Asumiendo una identidad de la enseñanza de las ciencias que Martínez (2017) basada en los planteamientos de Auduríz e Izquierdo (2003), menciona como la didáctica de las ciencias. Sin embargo, el conocimiento profesional del profesor de ciencias es un tejido lleno de significado cuando, no sólo se comprende como el acervo de conocimientos disciplinares, didáctico, pedagógico, cultural, experiencial, etc., sino que además pueda constituirse como un proceso que es dinámico para el desarrollo profesional a partir de la comprensión del mundo o de lectura de contextos y como productor de saberes. Y es aquí donde surgen cuestionamientos como ¿cuál es la relevancia de construir posturas alternativas para la formación del maestro de ciencias? ¿la formación de maestros de ciencias naturales actual, promueve el diálogo de saberes? ¿Qué aportes relevantes hace la perspectiva dialógica en la enseñanza de las ciencias naturales?

Algunos investigadores interesados en el ejercicio de generar alternativas para la enseñanza de las ciencias desde propuestas que reconozcan la diversidad cultural en las aulas de clase, incorporando saberes propios o ancestrales, que da pie para trascender de una ciencia occidental homogenizadora a una abierta a la construcción y al diálogo con otros conocimientos. Dichas investigaciones realizadas por, Molina, Suarez, Castaño, Pérez, & Bustos, (2016), muestran enfoques donde el maestro de ciencias naturales puede interactuar con su contexto, esto es, desde lo político, lo cultural, o pensarse desde inclusión, ética, etc. Manifestando un cumulo de elementos para tejer en un aula de clase.

El diálogo de saberes en la enseñanza de las ciencias naturales

Para Urbina (2013), el diálogo de saberes tiene como propósito lograr un manejo de mundo, que a su vez es la sumatoria de mundos. Dándole sentido a la connotación "Mundo" como cultura. Y que el interés principal es fomentar respeto para llegar a una justicia social. Este estado de justicia social se comparte no solo con la humanidad sino con la biosfera, así la naturaleza y sus ciclos caben en esta idea de diálogo de saberes, como contribución a la convivencia pacífica y en equilibrio entre comunidades y la naturaleza.

La clave de los diálogos de saberes para Urbina es la vinculación de los sabios que atribuye tal característica a los sujetos que han construido un conocimiento ancestral en una cultura particular, el sabedor es el que maneja el mayor número de símbolos. Es así, como el diálogo de saberes se manifiesta cuando se comunica y se comparte con cada cultura. Ahora bien, cuando existe diferencia entre culturas se visualiza una gran oportunidad de complementariedad favoreciendo un ejercicio de autocrítica y autoanálisis que permita el desarrollo integral de la humanidad. El diálogo es un rescate del pensamiento del otro. Urbina nos muestra que el diálogo es:

> "ir a través de las palabras del otro; es un mutuo recorrerse, atravesarse, trasegar por lo esencial del otro. Lo esencial del otro es su capacidad racional y su razón se manifiesta en sus palabras. Las palabras expresan pensamientos. Por eso la palabra logos además de significar palabra, significa pensamiento" 2013, pp 4.

La riqueza del diálogo de saberes se potencia solo cuando el punto de vista propio es visto a través del lugar del otro, este requisito sirve para cambiar, corregir y enriquecer el punto de vista propio. Es decir, reflexionar sobre lo que es, piensa y hace el otro y manera de complementar lo propio. Conocer al otro es asomarse a lo que piensa y es esa la forma mayor y más efectiva como se manifiesta el respeto.

En investigación recientes sobre los profesores de ciencias naturales y su acercamiento a campos temáticos sobre la educación intercultural, trabajos realizados por (Pérez & Mosquera, 2016), quienes desarrollan una investigación a través del Mapeamiento Informacional Bibliográfico (MIB), logran mostrar aspectos conceptuales, Concepciones de los profesores sobre diversidad cultural e implicaciones en la enseñanza de las ciencias, Creencias frente a la enseñanza y el aprendizaje de las ciencias en docentes en formación, Cruce de fronteras culturales, discurso científico en la academia, Cruce de fronteras culturales y enculturación en la educación superior en ciencias: perspectivas de los estudiantes, Desarrollo profesional intercultural de profesores. La metodología de investigación – acción para fomentar un enfoque intercultural inclusivo. Obteniendo unos referentes actuales que contribuyen a la formación de profesores ciencias naturales desde la interculturalidad, además, muestra las pocas investigaciones a nivel nacional sobre la educación intercultural en la enseñanza de las ciencias que involucren programas de educación superior que transcienda desde una formación homogenizadora de la ciencia occidental hacia posturas descentralizadas y dialógicas, abriendo un campo hacia el desarrollo de esta propuesta de investigación. En el 2019, autores como García E, Guerrero R, Castro M, Grajales Y, Carabalí J y Castillo M, desarrollan un compilado de experiencias exitosas de aula y presupuestos epistemológicos plasmados en el libro "Diversidad Dcultural y enseñanza de las ciencias en Colombia", mostrando así la necesidad de diálogo que debería de estar en el aula de clase, cuando se enseñanza ciencias. De esta manera, se reconocen trabajos que toman un recurso natural como el páramo, visualizándolo como elemento contextualizador, transformar la relación hombre -naturaleza, que este recurso es visto como un dinamizador cultural que potencia múltiples aprendizajes, muestra como el diálogo entre conocimientos puede desarrollarse y ser parte de la profesionalización del maestro de ciencias naturales colombiano.

El parto como elemento dialógico para la enseñanza de las ciencias

El caso del parto medicado y el parto a través de parteras del pacifico colombiano, precisa no solo el diálogo de saberes expertos, sino también la restitución del diálogo con aquellas formas de saber que obtienen su legitimación por vías diferentes a la de los cánones de la ciencia, es decir, a través de la experiencia social (Alveiro & Ochoa, 2012). Por lo que se parte de esta experiencia como eje para el desarrollo de una clase a nivel doctoral como ejercicio decolonial para enseñar ciencias naturales. Siendo entonces una necesidad promover la enseñanza de las ciencias naturales desde la diversidad cultural, si se quiere la transformación de los procesos en la enseñanza - aprendizaje colonizadores a decolonizadores, justos, contextualizados y apropiados por parte de la comunidad educativa. Así, como aproximarse a una ciencia culturalmente dialógica que reconozca las otras formas de comprender e interpretar la naturaleza. Desde esta perspectiva las emergencias interculturales en la enseñanza reconocen la diferencia, escuchan otras formas de ver el mundo y complementan conocimientos propios en las prácticas de los docentes.

El conocimiento profesional del profesor de ciencias naturales desde el diálogo de saberes

Partiendo de ideas fundamentales como las de Tardif (2014) quien reconoce un saber especifico en los maestros y una naturaleza, que diversifica las raíces de dichos saberes, hace una propuesta sobre las fuentes y el estatus que ocupa un profesor en la sociedad. Así como las maneras de interactuar con su entorno que se refleja en su práctica como profesional. El reconoce la importancia de vincular los sistemas escolares y las instituciones que forman al maestro tal es el caso de Universidades o Facultades de educación. Mostrando así un ejercicio que suele ser poco reflexivo en esta dirección, haciendo parecer que formar al maestro actual en palabras de Tardif se orienta hacia la competencia técnica y pedagógica para transmitir saberes elaborados a un grupo.

Caer en esta sintonía es oponerse a la idea de ver el conocimiento profesional del profesor como dinámica transformadora y productora de conocimiento. En este sentido, Tardif (2014, p. 28), precisa que las formaciones basadas en los saberes y la producción de saberes constituyen, dos polos complementarios e inseparables. Mostrando que los maestros tienen un papel tan fundamental socialmente al igual que las comunidades científicas que aportan conocimiento a la sociedad.

Ahora bien, el maestro de ciencias naturales tiene la posibilidad de acercar ambos mundos, en un escenario social, me refiero específicamente a los procesos de producción de conocimiento científico y la enseñanza de las ciencias o la didáctica de esta. De lo anterior, Martínez (2017, p 28) reconoce como una manera de pensar los problemas específicos en relación con la enseñanza y el aprendizaje de las ciencias en donde cabe la posibilidad de nuevas perspectivas de conocimiento como por ejemplo el conocimiento escolar y el conocimiento cotidiano, en el aula de clase que pueden relacionarse a través de un intercambio, y que involucra de manera permanente las construcciones culturales sea de la ciencia como de un conocimiento cotidiano, popular, ancestral, etc. Dando pie a reconocer el diálogo de saberes como propuesta potente, opuesta a los discursos homogeneizadores y colonizadores que carecen de carácter de intercambio y complementariedad. El diálogo de saberes propicia espacios de interlocución y comunicación en sujetos con ideas epistemológicamente diferenciadas o con interés hacia la complementariedad.

El investigador Ghiso (2000), menciona que el diálogo es un referente metodológico para reconocer los contextos y sus saberes en interacción configurando sentidos, procesos y acción del quehacer pedagógico. Dicha postura contribuye a las formas en como la educación popular procrea maneras de vincular diversos actores en los procesos educativos de una comunidad. El acoger este planteamiento en la enseñanza de las ciencias naturales implica asumir una ciencia abierta y dialógica con los contextos socioculturales locales. Una ciencia con una visión humanizada o como lo plantea Elkana (1983), la ciencia como un sistema cultural que no está por encima, ni por debajo de otros conocimientos importantes para comprender la trama de la vida, como lo plantea Capra en Leff (2004).

El parto como eje dinamizador de una clase exitosa. Aspectos metodológicos

La presente intervención toma un enfoque de tipo cualitativo, descriptivo Flick (2004) busca mostrar el conocimiento profesional del profesor de ciencias naturales desde el diálogo de saberes a través de una clase exitosa desarrollada en el marco del doctorado interinstitucional de Educación sede Universidad del Valle Cali. Para ello se retoman cuatro grandes categorías de análisis. Desde la perspectiva de Martínez C. A., Valbuena Ussa, E. O., Molina A., & Hederich, C. (2013) Contenidos escolares, Fuentes y criterios de contenidos escolares, Referentes epistemológicos del conocimiento profesional, Criterios de validez del profesor.

Descripción de Categorías

Contenidos escolares: corresponden a los tipos de contenidos que el profesor enseña sobre las ciencias pueden ser conceptos, procedimientos, actitudes y valores y su estructuración.

Fuentes y criterios de selección de contenidos escolares: se refiere a las fuentes que utiliza el profesor de ciencias para seleccionar los contenidos que enseña, tales como experiencias personales, materiales escritos (textos escolares, lineamientos curriculares, documentos institucionales, etc.), saberes de personas, entre otros. Así mismo, esta categoría incluye los criterios que utiliza el profesor para seleccionar dichos contenidos.

Referentes epistemológicos del conocimiento profesional sobre el conocimiento escolar: corresponden a la naturaleza de los diferentes tipos de conocimiento que intervienen en la clase de ciencias de primaria. Por ejemplo: conocimiento de origen científico, conocimiento curricular, concepciones de los estudiantes y creencias populares entre otros.

Criterios de validez del conocimiento escolar: hace referencia a los principios y sujetos que determinan si el conocimiento que se produce en la escuela es legítimo.

Fases del análisis

Fase 1. Descripción el conocimiento profesional del profesor de ciencias naturales desde el desarrollo de la clase exitosa "El parto: La gestación del diálogo de saberes y sus aportes al conocimiento profesional del maestro de ciencias: Análisis de una experiencia de enseñanza y aprendizaje "exitosa" sistematización elaborada por la profesora Eliana Bolaños. Posteriormente se condensa la información bajo cuatro categorías preestablecidas a. Contenidos escolares, b. Fuentes y criterios de selección de contenidos, c. Referentes epistemológicos de conocimiento profesiones del maestro de ciencias, d. Criterios de Validación de conocimiento profesional del maestro de ciencias naturales

Fase 2. Identificar los principios del diálogo de saberes para la formación de maestros de ciencias naturales. Se recogen 2 documentos.
1.   Ghiso, A. (2000). Potenciando la diversidad; diálogo de saberes, una práctica hermenéutica colectiva.

Fase 3. Propuesta para la formación de maestros de ciencias naturales desde el diálogo de saberes. Se partió de los resultados de la fase 1 y fase 2, para la conformación de esta propuesta.

Desarrollo de las fases

FASE 1. Protocolo de sistematización de la clase exitosa

A continuación, se recogen elementos bajo las 4 categorías que se muestran en la sistematización de la clase exitosa.

Contextualización de la clase. La clase desarrollada en una sesión a estudiantes de doctorado entre tercer y quinto semestre, tiene como misión reconocer las relaciones dialógicas que pueden coexistir en la enseñanza de las ciencias, se escoge el parto como eje estructurante para desarrollo de la clase.

Dicha clase tiene tres momentos, Antes de la clase que es la planeación, durante la denominada ejecución, después la retroalimentación. Para analizar dicha clase se recogen los siguientes insumos.

Tabla 1: Insumos del análisis de la Experiencia exitosa

Insumos	Descripción	Aporte de:
Sistematización	Narración detallada de la clase, contiene: propósitos, recursos y momentos.	Yovana, una de las profesoras que planeó y desarrolló la clase.
Lectura y video	Lectura: *Dr. C. Dailys García Jordá,I Dr. C. Zoe Díaz Bernal,II Lic. Marlen Acosta Álamo. (2013). El nacimiento en Cuba: análisis de la experiencia del parto medicalizado desde una perspectiva antropológica. Revista cubana de salud pública. 718-732* **Video**: parteras del pacifico colombiano (ASOPARUPA). Link https://www.youtube.com/watch?v=eWKu1i6XcnI&t=1141s	Yovana Grajales y Sonia Osorio
Modelo 3D	Pelvis en parto con feto	Sonia Osorio
Protocolo	Narración orientada de la clase escrita por un asistente	Clara Inés Marín estudiante de doctorado
Apreciaciones de la clase	Transcripción apreciaciones de la clase, que responde a la solicitud a los asistentes sobre lo que más le impactó de la clase.	Asistentes de la clase.

Fuente: Sistematización de clase exitosa, Eliana Bolaños

Basada en la recopilación, lectura y análisis de los insumos anteriores se tiene que:

1. Categoría contenidos escolares

Tabla 2: Relación de categoría y subcategoría

Categoría	Subcategorías
	Conocimiento científico: parto medicalizado, anatomía, lenguaje científico
Contenidos escolares sobre el parto medicalizado y en casa	**Conocimiento ancestral:** Parto en casa, tradición oral, saberes cotidianos. Experiencias personales
	Conocimiento cotidiano: reconocimiento de sujetos, Experiencias personales

Fuente: Elaboración propia

Análisis de la categoría

Dicha categoría muestra las relaciones que se tejen bajo tres contenidos escolares que las maestras escogen para la construcción de reflexiones en el aula, dichos contenidos tienen que ver con prácticas comunes de cualquier ser humano en este caso el parto, sin embargo, desde dos cosmovisiones que aparentemente son extremas y que no llegan a conversarse.

Ahora bien, si se reconoce que uno de los elementos que forjan el dialogo de saberes es comprender la diversidad y la diferencia de pensamientos, como lo es el parto asociado a una práctica medica deshumanizada y a una práctica ancestral que se centra en la importancia de dar vida. Potencia la necesidad de promover la complementariedad como principio complejo que caracteriza el diálogo. Reconociendo organizaciones como ASOPARUPA que fomenta el parteo como profesión o la ginecología obstetra como especialidad desde el conocimiento occidental, y la asociación de ambos conocimientos. Podríamos decir entonces que el aula de clase necesita de vincular varios conocimientos o saberes para potenciar el desarrollo del enseñanza- aprendizaje.

2. Categoría Fuentes y criterios de selección de contenidos

Tabla3: Relación de categorías y subcategoria

Categoría	Subcategoría
Fuentes y criterios de selección de contenidos sobre el parto medicalizado y en casa	Conocimiento científico: Lectura académica sobre el parto y las experiencias de mujeres cubanas
	Conocimiento ancestral: Video editado sobre testimonios de la comunidad ASOPARUPA (Asociación de parteras del pacifico colombiano)
	Finalidades: El diálogo de saberes como perspectiva
	Estrategias de formación: Construcción colectiva y debate sobre el parto medicalizado y el parto en casa

Fuente: Elaboración propia

Análisis: Las fuentes y criterios de selección de contenidos sobre el parto, hace referencia a los elementos que las maestras retoman para apoyar la clase en este caso el articulo académico, como fuente que valida el conocimiento científico, el video que muestra testimonios y experiencias de vida narradas, aportan elementos cruciales para llegar al diálogo de saberes que fundamenta la propuesta a través del debate sobre el parto.

Tabla 4: Referentes epistemológicos del conocimiento profesional

Categoría	Subcategorías
Referentes epistemológicos del conocimiento profesional	**Maestra 1. Formación inicial:** licenciatura en ciencias, formadora de maestros, maestría en educación línea diversidad cultural **Maestra 2. Fisioterapeuta**, maestría en anatomía
	El diálogo de saberes como punto de encuentro
	Conocimiento científico: El parto medicalizado desde un modelo hegemónico medico
	Conocimiento Ancestral: El parto en casa Las experiencias personales

Fuente: Elaboración propia

Análisis: Los referentes para comprender los intercambios dialógicos en la clase, involucra saberes disciplinares del conocimiento científico médico, las experiencias profesionales es decir el conocimiento experiencial del maestro gestiona de manera importante el desarrollo de la clase. Bolaños (2020) comenta que la maestra que ha vivido experiencias sobre el dialogo de saberes, como se evidencia en la siguiente cita tomada del texto experiencia exitosa.

> *"... después de revisar lecturas y referentes como Catherin Walsh y Anibal Quijano, se propone el parto como un momento inspirador que puede ser debatido bajo estas dos perspectivas. Ahora bien, la experiencia previa de la profesora Yovana en territorio costero Vallecaucano, permitió recordar cuán importante es el ejercicio de partería y sus implicaciones culturales sobre una comunidad como la de Buenaventura..."*

La influencia de la formación de pregrado y la labor yuxtapuesta de las maestras, esta unión opuesta entre los marcados referentes epistemológicos.

3. Criterios de Validación

Tabla 5: Relación de categorías y subcategorías

Categoría	Subcategoría
Criterios de Validación del conocimiento profesional desde el diálogo de saberes	Reconocer la diferencia: Valorar al otro
	Debate: Construcción colectiva
	Acción emotiva
	Actividad Experiencia personal
	Diálogo de saberes: la diferencia, la emoción y la experiencia
	El maestro como agente cultural
	Conocimiento científico
	Conocimiento ancestral

Fuente: Elaboración propia

Análisis: En esta categoría se movilizan la manera en cómo los saberes se van conjugando hacia el ser, por tanto, dicha validación de saberes se legitima en el aula de clase, pero con toda una construcción previa que parte desde la formación inicial del maestro hasta el encuentro con otras posturas, desencadenado la valoración del saber del otro, la experiencia personal, el debate y la construcción colectiva, en la enseñanza-aprendizaje.

FASE 2. Principios del diálogo de saberes

En la revisión del documento 2 como referente del diálogo de saberes se encuentra de manera resaltada dos principios base que favorecen los trabajos de investigadores en el campo comunitario la *complejidad*, pensada como fuente de visibilidad de diversidad de orígenes y contextos reconociendo el carácter recursivo, complementario y hologramatico de los componentes y relaciones del proceso formativo o de construcción de conocimiento, y la *transversalidad* como focos de lenguaje, el saber, el ejercicio del poder, las imágenes, ideas, nociones, comprensiones e intenciones ligadas a acciones, a recuerdos y a deseos que llevan hacia la reflexividad e interacción de sujetos que participan de la apuesta dialógica configurando vínculos y estableciendo la diversidad de estilos de conocimiento. Partiendo de los principios dialógicos e involucrando a sujetos que participan en un sistema de diálogo permitiendo que los involucrados puedan observar todas las dimensiones que conforman su ser, estar, tener, querer, conocer, expresar y sentir.

Figura 1: Principios del diálogo de saberes basado en Ghiso A, 2000.

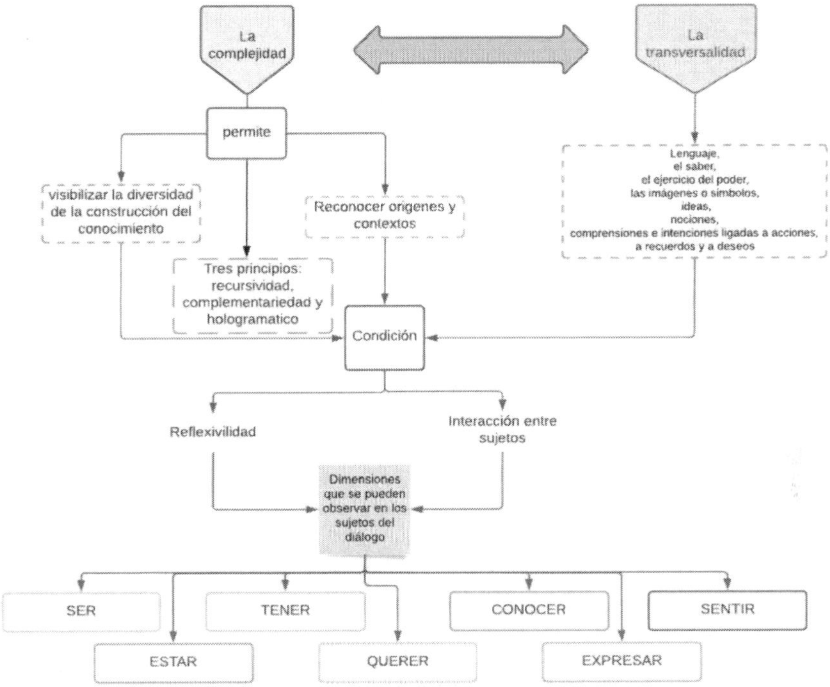

Fuente: Elaboración propia

FASE 3. El conocimiento profesional del profesor o profesora de ciencias naturales desde el diálogo de saberes.

Figura 2: Propuesta el conocimiento profesional del profesor o profesora de ciencias naturales desde el diálogo de saberes

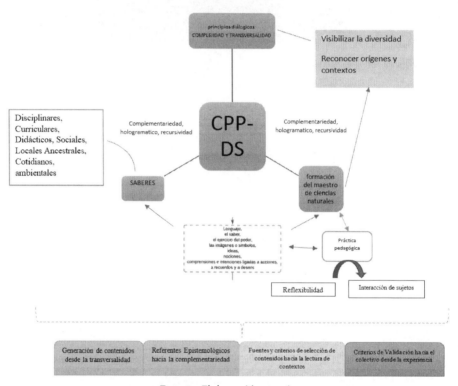

Fuente: Elaboración propia

Interpretación de la propuesta. El conocimiento profesional del profesor de ciencias naturales desde el diálogo se saberes, requiere que parte de dos principios dialógicos la complejidad y la transversalidad, dichos principios permiten visibilizar la diversidad en la escuela que permite reconocer los orígenes y los contextos que dicha institucionalidad tiene. Al validar estos principios se reflexiona sobre la formación del maestro de ciencias naturales y su práctica pedagógica que se visualiza como una constante reflexión en interacción con sujetos que permitan transformarla. Es así como se reconocen saberes profesionales que se conjugan para identificar lenguajes, ejercicios

EDUCAÇÃO, AMBIENTE, CORPO E DECOLONIALIDADE **403**

de poder, imágenes o símbolos, ideas nociones, interacciones, afectividades sobre las actividades desarrolladas en la formación de maestros de ciencias naturales, generando contenidos desde una visión transversal, ajustando referentes epistemológicos locales y coherentes que apunten hacia la complementariedad, reconociendo el contexto como una fuente de selección de contenidos y validando la construcción del conocimiento en diálogo con el yo, el otro y lo otro.

A modo de conclusión

El diálogo de saberes en la formación de maestros de ciencias naturales se ubica como referente que reconoce la escenarios de intercambio y transformación en sus participantes así recaen esta propuesta en el ámbito educativo, que por ser una base de toda sociedad ha restringido los conocimientos que forman al ciudadano en muchas ocasiones desde la asimilación de contenidos y pocas veces desde una reflexión reciproca, es así, como las propuestas educativas y formativas con enfoques dialógicos se apoyan en procesos endógenos e interculturales como un ejercicio para eliminar las brechas sociales y culturales desde la legislación y políticas públicas sin negar el saber propio y el saber del otro. Por lo que los contenidos escolares transcienden más hacia la transversalidad, los referentes epistemológicos se salen de los esquemas academicistas y reconocen otros referentes y otras fuentes como los saberes locales, ancestrales etc, y que deben ser parte de la formación de maestros, buscando una validación y legitimación de un conocimiento profesional desde el reconocimiento de la diversidad.

Es necesario acudir hacia la transformación de las practicas pedagógicas ya que la formación en la enseñanza de las ciencias de facultades de educación se ha construido desde una visión tradicionalista que recae en las prácticas educativas omitiendo la comprensión de la ciencia como un sistema cultural y los aportes de otros saberes (Quintanilla, 2004), aumentando la inequidad social, la imposición de políticas que no involucran los contextos y una representación de ciencia sobrevalorada y hegemónica. Propuestas como el desarrollo de clases exitosas basadas en elementos dialógicos como el caso del parto, implica repensarle la forma de enseñanza de las ciencias, y las maneras en como otros saberes no están por debajo ni por encima del conocimiento científico escolar, pues estos confluyen todo el tiempo en la escuela, pero suelen ser ignorados por los maestros obedeciendo a un sistema establecido que poco reflexiona sobre sus contextos propios.

Referencias

Elkana, Y. La ciencia como sistema cultural. **Boletín de La Sociedad Colombiana de Epistemología**, *3*(10–11), 17–29, 1983.

García, E., Sevillano, R., Castro, M., Grajales, Y., Castillo, M., & Carabalí, J. **Diversidad cultural en la enseñanza de las ciencias en Colombia**. Cali, Colombia: Universidad del Valle, 2019.

Ghiso, A. Potenciando la diversidad; diálogo de saberes, una práctica hermenéutica colectiva. **Desenvolvimento Del Medio Ambiente**, 1–13, 2000.

Izquierdo-Aymerich, M., & Adúriz-Bravo, A. Epistemological foundations of school science. **Science & Education**, *12*(1), 27-43, 2003.

Leff, E. **Meaning in building a sustainable future Racionalidad ambiental y diálogo de saberes**, 2004.

Martínez Rivera, C. A. **Ser maestro de ciencias**: Productor de conocimiento profesional y de conocimiento escolar (F. de publicaciones U. D. F. J. de Caldas, ed.), 2017.

Molina, A, Suarez, O., Castaño, N., Pérez, M., & Bustos, E. **Profesión docente y formación de profesores de ciencias**: enfoques desde el contexto y la diversidad cultural. *Revista Tecné, Episteme y Didáxis: TED*, (Extraordinario), 1747–1754, 2016.

Molina, A. A, Suárez, C. J. M., Utges, G. R., Ríos, L. M., Cifuentes, M. C., Roncancio, J. D. R., ... & Rivera, C. A. M. **Concepciones de los profesores sobre el fenómeno de la diversidad cultural y sus implicaciones en la enseñanza de las ciencias** (pp. 1-231). Universidad Distrital Francisco José de Caldas, 2014.

Molina, A., Mosquera, C. J., Utges, G., Mojica, L., Cifuentes, M. C., Reyes Roncancio, J. D., Martínez., & Pedreros, R.I. **Concepciones de los profesores sobre el fenómeno de la diversidad cultural y sus implicaciones en la enseñanza de las ciencias** (Vol. 53; U. D. F. J. de C. Fondo de Publicaciones, ed.). Bogotá, 2013.

Pérez, M. U., & Mosquera, C. J. **La formación del profesorado desde el enfoque intercultural Una aproximación a su estado actual**. 1698–1704, 2016.

Tardif, M. **Los saberes del docente y su desarrollo profesional** (Narcea, S.). España, 2014.

Urbina Range, F. Notas para un diálogo de saberes. **Artesanías de Colombia**, *2013*.

doi.org/10.29327/5220270.1-17

Capítulo 17

CONOCIMIENTO-EN-LA-LUCHA Y LA NIÑEZ DEL MOVIMIENTO DE LOS TRABAJADORES RURALES SIN TIERRA EN MOSSORÓ/RN

Júlia Amélia de Sousa Sampaio Barros Leal de Oliveira,
Celiane Oliveira dos Santos e Samuel Penteado Urban

Introducción

EL PRESENTE RELATO deriva de una investigación participante realizada en el Asentamiento Osiel Alves[62]. Las dos autoras y el autor están directamente involucrados con la Universidad del Estado del Rio Grande del Norte (UERN): la primeraa autora es recién-licenciada en Pedagogía por UERN; la segunda y el tercero son docentes de la misma universidad.

Con base en la vivencia con las campesinas y los campesinos del asentamiento Osiel Alves y de otros campamentos/asentamientos vinculados al Movimiento de los Trabajadores Rurales Sin-Tierra (MST), se hace posible conprender la forma como los adultos se relacionan con los niños a través de las canciones infantiles en el momento de la zaranda, a través de la libertad del habla, de la mirada de los niños sobre ellos mismos y de los juegos.

De esas imágenes, impresiones y enlaces, nació el deseo de conprender las experiencias infantiles de los Sin Tierrita como espacio de niñez que se construye y se produce culturalmente por ellos mismos, los niños.

En esa perspectiva se asienta el objetivo de la presente reflexión: comprender la percepción de la *niñez* y del *ser niño/niña* en el contexto del Asentamiento Osiel Alves[63], por medio de la mirada de los niños Sin Tierrita.

---

[62] El presente texto se elaboró a partir del trabajo de conclusión del curso en Pedagogía de la primera autora.
[63] El asentamiento está a los 29 km del município de Mossoró, interior del estado do Rio Grande do Norte (ubicado en el Oeste Potiguar), en una conunidad rural nombrada Eldorado Dos Carajás II[63], más conocida como

Para la fundamentación teórica, se analisaron los referenciales teóricos que tratan de la niñez y de la relación entre educación y los movimientos sociales.

En relación a la metodología de este trabajo, se optó por un abordaje cualitativo, específicamente por una investigación participante. Así, la primera autora se introdujo al campo en búsqueda de una horizontalidad con los niños del asentamiento y construyó los datos, conversando con ellas y entrevistándolas respecto a lo que es ser Sin Tierrita.

De forma más detallada, la interacción con los niños ocurrió entre los meses de marzo y abril de 2019. Para ello, ha sido necesario entrar en el asentamiento sin zapatos, con los pies en la tierra, en el universo de las especificidades infantiles del Asentamiento Osiel Alves, visando descubrir los modos de ver y ser niño. Así, la referida autora vivió y sintió muy cerca las singularidades de este contexto, adentrándose en los matorrales, cuidando a los animales, las plantaciones, jugando en las calles de barro, aventurándose en los inmensos quintales con los niños.

De esta forma, por medio de la escucha sensible de las voces de esos niños del campo Mossorense, se percibió sus sentidos en relación a los modos de vida y de relaciones sociales dentro del movimiento, sobretodo en lo que se refiere a los ideales de lucha del MST. Eso implica considerar el niño como actor social, reconociendo su capacidad y autonomía, señalándole como sujeto del proceso de la presente investigación, y no como un objeto a ser investigado.

Según Ferreira y Sarmento (2008), dar visibilidad a las voces de los niños a través de investigaciones auxilia en la construcción de una imagen de niño competente, apto a formular interpretaciones sobre su modo de vida y de revelar realidades sociales que ganan expresión en la creciente importancia de las metodologías participativas. Para los referidos autores:

> Se trata de tomar en serio la voz de los niños, reconociéndoles como seres dotados de inteligencia, capaces de producir sentido y con el derecho de presentarse como sujetos del conocimiento, aunque puedan expresarse diferentemente de nosotros, adultos; se trata de asumir como legítimas sus formas de conunicación y relación, mismo que los significados que los niños atribuyan a sus experiencias puedan no ser aquellos que los adultos que conviven con ellos se les atribuyan (p. 79).

Maísa. Este territorio se compone por 14 asentamientos, dentre estos, Osiel Alves. Residen en el asentamiento 132 famílias legalmente asentadas.

Los sujetos de la investigación son niños, hijas e hijos de los asentados; uno de los critérios de elección de los sujetos ha sido la vinculación de la família al MST[64]. Compusieron este estudio ocho niños, cuatro niñas y cuatro niños, en edades diferentes, entre cinco y diez años. De ese modo, hubo un cuidado con las elecciones respecto al género, para que fuera posible escuchar las niñas y los niños sobre sus vivencias en la niñez.

Lucha y niñez en el MST

Sin Tierrita es una identidad en la cual se resalta también que "desde chiquitos, los niños Sin Tierrita aprenden que para vivenciar sus derechos hay que luchar" (ADRIANO, 2019, p. 02). El trabajo con los *Sin Tierrita* se inicia con un proceso de educación informal, lo cual cuenta con uma pedagogía propia del MST, a partir de una sensibilidad social y de la fuerza del movimiento:

> Ser Sin Tierra también es más que luchar por la tierra; Sin Tierra es una identidad historicamente construída, primero como afirmación de una condición social: sin-tierra, y a los pocos no más como una circunstancia de vida a ser superada, sino como una identidad de cultivo: ¡Sin Tierra de MST! Eso está mucho más evidente en la construcción histórica de la categoría niños Sin Tierra, ou Sin Tierrita, que no difiriendo hijos e hijas de famílias campadas o asientadas, proyecta no una condición, sino un sujeto social, un nombre propio a ser heredado y honrado. Esta identidad se queda más fuerte a medida que se materializa en un modo de vida, o sea, que se constituye como cultura, y que proyecta transformaciones en la manera de ser de la sociedad actual y en los valores (o antivalores) que la sostienen. (CALDART, 2001, p. 211).

Esa identidad está vinculada al proceso de educación informal, que "opera en ambientes espontáneos[65], en donde las relaciones sociales se desarrollan segundo gustos, preferencias o pertenecimientos heredados. Los saberes adquiridos son absorbidos en el proceso de vivencia y socialización por los lazos culturales y por el origen de los indivíduos". (GOHN, 2010. p.18).

---

[64] De acuerdo con los datos fornecidos por una de las asentadas que organiza las reunines mensuales del movimiento sin-tierra, existen en asentamiento 62 crianças vinculadas al MST. Esos niños son atendidas en la organicidad de las llamadas zarandas infantiles y nombradas como *Sin Tierrita*.

[65] Isso não quer dizer que não haja intencionalidade.

Se considera, entonces, el movimiento social como sujeto pedagógico (CALDART, 2012). Su pedagogía reconoce el colectivo infantil y defiende la participación de los niños en reuniones mensuales en las zarandas infantiles, que se expanden para los encuentros estaduales y nacionales. Según Gohn (2009, p.18), delante del protagonismo de los niños sin tierrita, se posibilita la prática de la "ciudadanía colectiva" y la formación de la identidad colectiva que se suma a la lucha del MST. Eso se explica, según Gohn (2009, p. 16), por el hecho de que la educación ocupa lugar central en la acepción colectiva de ciudadanía, construyéndose "en el proceso de lucha que es, en si propio, un movimiento educativo". (GOHN, 2009, p. 16).

De forma complementar, Caldart (2001, p. 214), afirma que:

> Uno de los procesos educativos fundamentales de participación de los sin-tierra en la lucha está en su enraizamiento en una colectividad en movimiento, que aunque sea su propia construcción (los Sin Tierra son el MST), acaba se constituyendo como una referencia de sentido que está más allá de cada Sin Tierra, o mismo más allá de su conjunto, y que comienza a tener un peso formador, en mi opinión decisivo, en el proceso de educación de los Sin Tierra. Es la intencionalidad política y pedagógica del MST que garante o vínculo da lucha inmediato con el movimiento de la historia.

Esa intencionalidad política tiene como eje central y característico la lucha por la tierra. Lucha esta, que trae consigo otras luchas, pues as propias elecciones que las campesinas y campesinos de MST hicieron "historicamente sobre la manera de conducir su lucha específica (una de ellas la de que la lucha se haría por familias interas) acabaron llevando el Movimiento a desarrollar una série de otras luchas sociales combinadas". (CALDART, 2001, p. 208), con destaque para la educación, que se justifica, já que a lucha é feita por famílias enteras.

Los niños siempre están presentes en la lucha por la tierra, eso es, en ocupaciones y en demás actividades de la lucha. Ellos son testigos y frutos de proceso histórico de la lucha del movimiento. Y, en ese sentido, el movimiento social reconoce "los niños como sujetos que tienen derechos; desde bebés son individuos que merecen respeto en sus singularidades, que tienen importancia para la colectividad, pues son parte de este colectivo y, por lo tanto, deben tener la oportunidad de expresarse y que se les comprendan". (MST, 2004, p. 41-42). De ese modo, los adultos necesitan:

EDUCAÇÃO, AMBIENTE, CORPO E DECOLONIALIDADE

> (...) escuchar a los niños, considerarles y respetarles como niños, de hecho y de derechos, y no tratarlos como adultos en miniatura. Hay que respetar sus decisiones tanto como lo sería un otro trabajo de adulto. Imagina lo que una experiencia como esa, colectiva, de participación, de desarrollo, marca profundamente la vida y la experiencia en la niñez, experiencia esa que será siempre sellada en los cuerpos, ainda pequeños fisicamente, pero que cargarán en unos mismos tantas historias que señalan el perfil de mujeres y hombres que queremos de hecho construir. (MST, 1999, p. 25).

Así, el MST apunta para la importancia y el reconocimiento de los niños como sujetos históricos y de derechos, en sentido de valorar su participación, que se materializa en los encuentros nacionales y regionales de los sin tierrita, en las zarandas infantiles, etc.

La participación de los niños en la organicidad del movimiento posibilita que ellos comprendan la historia de lucha de su gente, apropiándose de los elementos históricos para la comprensión de la realidad.

Los Sin Tierrita en el asentamiento Osiel Alves

En esa sección será presentada la mirada de los niños Sin Tierrita, mostrando aspectos de una niñez vinculada al movimiento social (MST), en especial, de la niñez vinculada a los Asentamiento Osiel Alves, en Mossoró-RN.

De ese modo, es posible entender que la construcción de ese espacio, en donde los niños van conquistando su lugar dentro de la organización del Movimiento, es resultado de muchas determinaciones y de las condiciones objetivas de MST, como un movimiento que lucha por la Reforma Agraria. Se necesita pontuar, sin embargo, que en MST hay un objetivo más amplio que se trata de la emancipación humana y un nuevo proyecto de sociedad.

Con base en lo que ha sido discutido anteriormente respecto a los Sin Tierrita y complementando con los datos construídos en la investigación empírica, por medio de la observación participante y entrevistas, ha sido posible observar que los niños del asentamiento siempre expresaban, en sus diálogos, los sentidos de ser niño/niña Sin Tierrita: "¡jugar, sonreír, luchar!"

Los juegos y la naturaleza son elementos imbricados en el cotidiano de los Sin Tierrita y están presentes en la formación sociocultural de los niños en várias dimensiones: por la utilización de elementos naturales en el jugar, por la forma como explotan los espacios geográficos, como en las andanzas dentro del matorral, la cosecha de las frutas y la presencia diaria en el quintal. Vale señalar, entonces, que todas esas situaciones constituyen espacios de interlocuciones y vivencias de juegos.

Los niños y niñas juegan en la calle de lama, en el lodo, en los matorrales, en los árboles; juegan de cosechar fruta, andar en bicicleta, coger capín en los huertos, recoger a los animales, cuidar al bebé, amarrar el jumento en el pastizal, de correr con los perros, de pelota, de comprar en el mercadito y de cazar. En las perspectivas de los niños, jugar es la actividad preferida de ellos, conforme muestra el fragmento de entrevista a seguir:

> Investigadora: Érase una vez, un asentamiento que se llamaba...
> Amélia Osiel Alves.
> Investigadora: ¿Es ese nombre mismo?
> Bento: Osiel Alves...
> Investigadora: En ese asentamiento vivian los niños de muchas edades...
> Bento: Benjamin, Ana flor . . .
> Investigadora: Muy bien. En ese lugar habían muchas cosas, tenían grandes quintales, árboles llenos de frutos regionales, muchos pies de frijoles. Allá también tenían animales por toda parte y mucha tierra. Míralo. Los niños que vivian en el asentamiento hacían muchas cosas allá. Y ¿qué a ellos más les gustaba hacer?
> TODOS: ¡Jugar!
> Investigadora: ¿Jugar a qué?
> Bento: ¡De todo! Esconder, saltar cuerda...
> Investigadora: Y a ti, ¿qué te gusta más hacer?
> Benjamin. De papel y tijera.
> Bento: De correr en los matorrales y de subir en la cosas.
> Benjamin: Correr en la calle.
> Amélia: Me gusta jugar de correr en la calle, conversar en la acera...
> Ana Flor: Me gusta jugar la pelota y correr con los perros.
> (Entrevista grupo I 23/04/2019)

Las respuestas de los niños presentan formas de jugar que resisten a las adversidades y emergen en el cotidiano del asentamiento. Para Brougére (2008), "jugar es una mutación del sentido de la realidad: las cosas se convierten en otras. Es un espacio al margen de la vida común, que obedece a reglas creadas por las circunstancias". (p. 99). El juego amplía las fronteras entre la fantasía y la realidad, colaborando significativamente en la construcción de la identidad de los niños. En la cualidad de sujeto social, los niños no sólo están jugando; los niños no sólo están fantasiando, sino trabajando sus contradicciones, ambigüedades y valores sociales. Para Borba (2007, p. 38):

> Es importante enfatizar que el modo propio de comunicar de los juegos no se refiere a un pensamento ilógico, sino a un discurso organizado con lógica y características propias, lo que permite que los niños transpongan espacios y tiempos y transiten entre los planes de la imaginación y de la fantasía, explotando sus contradicciones y posibilidades.

Los juegos son de fundamental importancia para el desarrollo humano, en la medida en que los niños pueden transformar y producir nuevos significados sobre uno mismo y sobre el mundo. El acto de jugar posibilita inúmeros aprendizajes y se configura como un espacio significativo de producción de culturas infantiles.

Considerando el hecho de que jugar, luchar y el aprendizaje sobre da cultura campesina caminan juntos, más especificamente en lo que se refiere al trabajo en las actividades cotidianas, Ana Flor afirma que *"Ser una niña Sin Tierrita es no vivir presa dentro de casa, la gente tiene libertad de jugar del lado de fuera, pra poder subir en las plantas y cuidar a los cerdos"*. (Ana Flor - 9 años, entrevista, Mossoró, 24/03/2019).

Se observa así, el resultado de la educación informal campesina en que los niños aprenden con sus famílias sobre el trabajo en el medio rural. En las palabras de Ribeiro (2010), ese es un trabajo que asume una dimensión educativa, o sea, se observa aquí el trabajo como princípio educativo (FRIGOTTO e CIAVATTA, 2012).

El relato de Bento demuestra la relación entre cultura campesina en consonancia con la identidad de la lucha por la tierra: *"Sí, andamos en caballo, corremos por las calles, danzamos la zaranda, luchamos por la tierra, plantamos en la tierra, hacemos muchas cosas aquí"*. (Bento - 5 añoss, entrevista, Mossoró, 24/03/2019).

En ese sentido, es importante destacar que "La violencia histórica y estructural del capital, ahora exponenciada en su ápice imperialista, sigue encontrando el parapeto campesino, que resiste, creando y recreándose culturalmente". (TARDIN, 2012, p. 185).

Dicho eso, se puede decir que el trabajo en el campo y la lucha por la reforma agraria caminan de forma conjunta, o sea:

> La lucha por la reforma agraria, en popular consonancia con el trabajo campesino se vincula a la crítica a la "orden burguesa en el ambito de su modo de producción – relaciones sociales y con la naturaleza – va llevarlo a formular directrices y acciones que, bajo la orientación científica de la agroecologia, como fundadora de una práxis comprometida con la 'reconstrucción ecológica de la agricultura', priorizan la soberanía alimentar. (TARDIN, 2012, p. 185).

Todavía, respecto a la lucha por la tierra, sin dejar de un lado los puntos citados desde hace poco, Amélia presenta su protagonismo como Sin Tierrita, manifestado en el primero Encuentro Nacional de los Sin Tierritas, que sucedió en Brasília en el año de 2018 (entre 23 e 26 de julio), en donde alrededor de 1.200 niños se reunieron por cuatro días (GUIMARÃES, 2018):

> Oye, nosotros viajamos, participamos de los encuentros regionales y nacionales como hubo en el año pasado en Brasília, nosotros fuimos en autobús, estuvimos por vários días en la carretera, conversamos sobre la lucha de nuestros padres, hicimos plenárias, jugamos, cantamos, danzamos la zaranda, conocemos otros sin Tierrita de otros lugares, es muy bueno. (Amélia - 10 años entrevista, Mossoró, 24/03/2019).

En el mismo sentido, Benício presenta su voz respecto a la relación entre cultura campesina, lucha por la tierra y protagonismo de los niños de MST, con destaque para su experiencia en el primer Encuentro Nacional de Sin Tierritas:

> Lo que más me gusta es cantar canciones del cuaderno que ganamos en Brasília en el encuentro nacional de los sin Tierrita, me acuerdo que la maestra dijo que en el tenía mucha música,

EDUCAÇÃO, AMBIENTE, CORPO E DECOLONIALIDADE **413**

> juegos y fuerza para luchar y mucha cosa para aprender también. Ser sin Tierrita es demasiado bueno, nosotros jugamos, ayudamos al papá, saímos por los matorrales, ponemos los jumentos para dentro del cercado. (Benício - 9 años, entrevista, Mossoró, 24/03/2019).

Las respuestas de los niños apuntan para un detalle muy particular de una niñez que está vinculada al movimiento social. Ellas se reconocen como sujetos de derechos, participantes de luchas. De esta forma, apoyados en las voces de los niños, constatamos que ellas juegan, reflexionan, aprenden y dialogan sobre las cuestiones de sus propias existencias y sobre las condiciones del contexto en que viven.

En ese sentido, enfatizamos las contribuciones de Willian Corsaro (2011):

> Lo que vemos aquí es que los niños, a medida que se convierten en parte de sus culturas, tienen amplia libertad interpretativa para dar sentido a sus lugares en el mundo. Así, practicamente cualquier interacción en la rutina diaria es favorable para que los niños perfeccionen y amplíen sus conocimientos y competencias culturales en desarrollo (p. 36).

De forma general, los niños Sin Tierrita son considerados como sujetos de derecho, con valores, imaginación, fantasía y personalidad en formación. A ese proceso, se vinculan las vivencias relacionadas con la criatividad, sin dejar la lucha por la dignidad de concretizar la conquista de la tierra, la reforma agraria y los cambios sociales (MST, 2004, p. 37).

Los niños, al participar de las experiencias de lucha y movilización se van identificando con las simbologias del Movimiento, como las banderas, músicas y formas de movilización.

Aprenden, también, los gritos de orden de los niños del MST, las canciones de los CDs infantiles producidos por el Movimiento. Además de eso, participan de diversos Encuentros de los Sin Tierrita, regionales o estaduales. En algunos momentos de la investigación, los niños demostraron interés en compartir los materiales, las banderas y los cuadernos de las canciones, incluso pidieron para cantar. Como muestra en la entrevista a seguir:

> Benjamin: ¿podemos cantarte uma canción?
> Investigadora: Claro, me va a gustar mucho escucharles.
> Bento: Vamos allí coger el cuadernito de las canciones de los sin Tierrita
> Ana Flor: Lo que a mí más me gusta es cantar esas canciones.
> Améliami favorita es el himno de los Sin Tierrita
> Benício: vaya, a mí también.
> Ana Flor: Lo bueno es cuando viajamos.
> Açucena: Sí, me encanta andar en autobús.
> Todos: Se rescata nuestra fuerza por la llama de la esperanza
> en ek triunfo que vendrá
> forjaremos de esta lucha seguramente,
> pátria libre operária y campesina
> Nuestra estrella por fin triunfará!
> Ven, lutenos, puño erguido
> Nuestra fuerza nos lleva a edificar
> Nuestra Pátria libre y fuerte
> construída por el poder popular
> Todos: Vivan los sin Tierrita, sin Tierrita es para luchar!
> Investigadora: ¡Qué bonito verlos así!
> (Entrevista, Mossoró, 24/03/2019).

Es importante destacar que a lo largo del período de investigación en campo, los niños y familiares demostraron desagrado debido al hecho de no poder irse a los encuentros estaduales de los Sin Tierrita, que generalmente suceden dos vezes al año, en la ciudad Angicos-RN. Eso está ocurriendo por falta de recursos para costear todas las despesas en el evento, como alimentación, alquiler de autobús y hospedaje.

El dicho de Amélia, 10 años, ilustra la percepción de una niña sobre tal hecho: *"Mi madre dice que es ese gobierno el que está cortando todo, ese gobierno no es bueno, ¿lo ves?, porque si lo fuera respetaba nuestra organización. Me parece que a aquel tipo no le agradamos, el motivo no lo sé, no hecemos nada de malo, nadita a no ser luchar por lo que tenemos derecho".* (Amélia - 10 años, entrevista, Mossoró, 26/03/2019).

Así, los niños actúan a partir de esta expresión como ser social de sua propia historia, con capacidad de producir culturas específicas y sentidos personales para su existencia, o sea, una forma particular de aprensión de mundo y de construcción del conocimiento.

Para Delgado y Müller (2005, p. 173-174), se concluye que "las culturas de la niñez exprimen la cultura societal en que se insertan, pero los niños lo hacen de modo distinto de las culturas adultas, a la vez en que usan formas especificamente infantiles de inteligibilidad, representación y simbolización del mundo".

En esta perspectiva, los saberes producidos por los niños tienen la capacidad de generar procesos de referenciación y significación propia. Así, por este y por otros ejemplos, podemos entender que la organicidad del MST respeta el tiempo de niñez, posibilitando a los niños espacios de reflexión y de construcción del conocimiento. Los niños del MST están vinculados a su comunidad, teniendo el derecho de conocer todos sus procesos y contribuir para ellos.

Consideraciones Finales

Para la conclusión, enfatizamos la importancia del punto de vista de los niños Sin Tierrita sobre asuntos que se les conciernen, pues ellas traen elementos significativos a la conpreensión de sus experiencias. A partir de esa consideración, resaltamos también que el estudio evidencia cuestiones sobre los caminos metodológicos adoptados en la investigación participante cuando lo que se busca es aprender desde el punto de vista de los niños.

Los resultados de esa investigación se suman a lo que otros autores tienen apuntado: la importancia de la escucha de los niños como instrumento para repensarla, a partir de sus propias perspectivas, enfatizando a los juegos como derecho y fuente esencial de aprendizaje y desarrollo.

El MST adopta una perspectiva de niños como protagonista social, sujeto histórico y de derechos. De testigos de las luchas, marchas y ocupaciones, los niños pasaron, también, a la construcción de las luchas de su gente, consolidando su identidad como Sin Tierrita. En ese sentido, las voces de los niños revelan sus modos de vida, preocupaciones y alguna clareza de las dimensiones que involucran las luchas dentro del Movimiento.

Se trata aquí, de "conocimientos-en-la-lucha" (SANTOS, 2019, p. 123), o sea, "del conocimiento que circula en el ámbito de lucha o que se genera por la propia lucha". (SANTOS, 2019, p. 19), se destacando por el proceso de educación informal.

Observamos también como los niños entienden su niñez en los espacios que ocupan, como construyen y viven su en el asentamiento. En el espacio de la naturaleza, encontramos niños que destacaron, a partir de sus discursos y respuestas, las relaciones que poseen con la tierra e el acto de jugar, demostrando que hay un potente encuentro de sentidos entre esas dimensiones.

Referencias

ADRIANO, Juliana. **Sem Terrinhas na construção do Movimento**. Movimento dos Trabalhadores Rurais Sem Terra, 2019. Disponível em: https://mst.org.br/2019/02/21/sem-Tierritas-na-construcao-do-movimiento/. Acesso em: 20/02/2020.

BORBA, Ângela M. O brincar como um modo de ser e estar no mundo. In: BEAUCHAMP, J.; PAGEL, S. D.; NASCIMENTO, A. R. (Org). **Ensino fundamental de nove anos**: orientações para a incluson da criança de seis anos de idade. Brasília: Ministério da Educação, Secretaria de Educação Básica, 2007.

BROUGÈRE, Gilles. **Brinquedo e cultura**. Son Paulo: Cortez, 7ª ed., 2008.

GUIMARÃES, Juca. **Encontro Nacional de Sem Tierritas uniu diverson, aprendizado e mobilização**. Brasil de fato, 2018. Disponível en: https://bit.ly/3MmcJfs. Acesso en: 22 de fevereiro de 2020.

CALDART, Roseli Salete. O MST e a formação dos sem tierra: o movimento social como princípio educativo. **Estudos Avançados**, São Paulo, v. 15 n. 43, 2001.

CALDART, Roseli Salete. **Pedagogia do Movimiento Sem Tierra**. São Paulo: Expressão Popular, 2012.

CORSARO, Willian. **A. Sociologia da Infância**. Porto Alegre: Artmed, 2011.

DELGADO, Ana Cristina Coll; MÜLLER, Fernanda. En busca de metodologias investigativas con as niños e suas culturas. **Cadernos de Investigación**, v. 35, n. 125, maio/ago. 2005.

FERREIRA, Manuela. e SARMENTO, Manuel. J. – Subjectividade e ben-estar das niños: (in)visibilidade e voz. São Carlos, SP: **UFSCar**, v.2, no. 2, p. 60-91, nov. 2008. Disponível en http://www.reveduc.ufscar.br. Acesso em: 01/02/2023.

FRIGOTTO, Gaudência; CIAVATTA, Maria. Trabalho como princípio educativo. In: CALDART, Roseli Salete et al. **Dicionário da Educação do Campo**. São Paulo: Expressão Popular, 2012.

GOHN, Maria da Glória. **Educação Não Formal e o Educador Social**: atuação no desarrollo de projetos sociais. São Paulo: Cortez, 2010.

GOHN, Maria da Glória. **Movimientos Sociais e Educação**. São Paulo: Cortez, 2009.

MOVIMIENTO TRABALHADORES RURAIS SEM TIERRA. Como fazenos a escola de educação fundamental. **Caderno de Educação**. MST, s.l., n. 9, 1999.

MOVIMIENTO TRABALHADORES RURAIS SEM TIERRA. Educação Infantil: Movimiento da vida, Dança do Aprender. **Caderno de Educação**, São Paulo: MST, n. 12, novenbro 2004.

RIBEIRO, M. **Movimiento Camponês, Trabalho e Educação: Liberdade, autonomia, emancipação**: princípios/fins da formação humana. São Paulo: Expressão Popular, 2010.

SANTOS, Boaventura de Sousa. **O fim do Império cognitivo**: a afirmação das epistemologias do Sul. Belo Horizonte: Autêntica editora, 2019.

TARDIN, José Maria. **Cultura campesina**. In: CALDART, Roseli Salete et al. Dicionário da Educação do Campo. São Paulo: Expressão Popular, 2012.

doi.org/10.29327/5220270.1-18

Capítulo 18
PENSANDO UNA EDUCACIÓN POPULAR AMBIENTAL DESDE LOS TERRITORIOS

Constanza Urdampilleta, Patricia García y Raúl Esteban Ithuralde

Escenas

Escena 1: Mandala del Monte

ESTA EXPERIENCIA fue realizada en articulación entre las comunidades de San Ramón y Las Juntas del departamento Guasayán, la Mesa zonal de Tierras de Guasayán, la ONG Bienaventurados los Pobre, el GEPAMA y el Taller Libre de Proyecto Social de la Facultad de Arquitectura, Diseño y Urbanismo de la Universidad de Buenos Aires, en el marco de un proyecto de investigación sobre servicios ecosistémicos. Esta actividad fue nombrada de esta manera debido a la disposición circular de los elementos y las uniones entre los mismos. Se tomó como base una dinámica realizada en el taller sobre Manejo de Bosques Nativos para Escuelas organizado por la REDAF (Red Agroforestal Chaco) [Abt Giubergia et al., 2017].

Les participantes se ubican en ronda y se les reparten imágenes en papel que representan elementos presentes en los bosques nativos y actividades de las comunidades. Las personas nombran los elementos de las tarjetas y qué interrelaciones presentan con otras tarjetas. A medida que se van planteando las relaciones se tienden cintas entre los elementos correspondientes para visualizarlas. Se continúa hasta que se completa la ronda. Se observa que la configuración resultante es una red de relaciones que sostiene el funcionamiento del ecosistema bosque y que el mismo se sostiene en base a estas complejas interacciones. En la charla sobre los distintos elementos se profundiza en las interrelaciones mencionadas y sus implicancias para la vida cotidiana.

Figura 1: Actividad de la Mandala con la comunidad de San Ramón, 2019

Fuente: colección del autor

En la fotografía de la actividad de la Mandala con la comunidad de San Ramón (Figura 1) se puede apreciar el nutrido entramado de relaciones entre componentes del ambiente del cual forma parte la comunidad. Como se ve, la dinámica también propició la participación de personas de diferentes edades.

Al finalizar, las tarjetas con más vínculos son el monte y la comunidad. ¿Qué pasa si sacamos esas tarjetas?, nos preguntamos.

(en San Ramón)
Participante 1: *todo es una sola trama (…) todo está relacionado. (Si sacamos la lluvia) Uy, sonamos…*
P2: *todo se seca.*
P3: *perdemos todo.*
P4: *se mueren los caballos, la vaca de Bruno se muere.*
Coordinadora 1: *¿y si sacamos el monte qué pasa?*
P5: *todos se van, mis animalitos mueren (ella tiene cabras, ovejas).*
Un nene: *las abejas mueren.*
E: *la gente va a estar complicada.*
P3: *si no tenemos agua tampoco huerta. Y el maíz, si no llueve no vamos a cosechar.*
P5: *y si no hay cosecha nadie puede comer.*
C2: *¿y qué pasa si no está la comunidad?*

EDUCAÇÃO, AMBIENTE, CORPO E DECOLONIALIDADE **421**

P5: *las plantas del cerco no crecería (…) los animales no estarían vivos. Los chanchos nos necesitan a nosotros porque somos los que les damos el maíz.*

C2: *¿y qué pasaría acá alrededor cuando no están las personas? ¿Qué ha pasado en los montes donde no había comunidad o donde se fue la comunidad o han echado a la comunidad?*

P6: *fincas, porque entran, compran, a veces viene gente de afuera y compran con gente adentro y ahí vienen los problemas.*

P1: *viene el desmonte, con las máquinas voltean todo el monte.*

P6: *el tipo siembra y envenena la tierra y los animales toman esa agua cuando llueve. Mismo las avionetas que tiran veneno, desparrama con el mismo aire, con el viento. Y ellos no ven eso, no ven el campesino, por eso ha habido muchos atropellos en otros lugares. Yo he andado mucho, hemos estado acompañando a una gente que han tenido problemas.*

(en Las Juntas)

C3: *Si la gente se va a la ciudad…*

P1: *no se lo va a poder cuidar al bosque, las plantas medicinales no van a ser utilizadas, ni los animales.*

C3: *esos van a estar chochos.*

P1: *pasa que nosotros muchas veces los cuidamos también a ellos, que no hagan tanta cacería, que no los maten a todos, porque si uno deja que vengan y los arrasen con todos los bichos, nos vamos a quedar sin fauna. Claro, si no estamos nosotros viene uno de afuera y los mata a todos pobrecitos.*

….

C3: *Bueno y ¿Quién ganó?* (risas)

C4: *Los que se quedan en la red.*

La ruta natural

Una experiencia similar ha sido realizada desde *la ruta natural*, espacio de educación ambiental, recreado por 4 mujeres en Maco, localidad cercana a la ciudad Capital de la provincia de Santiago del Estero. Allí se reciben grupos escolares de distintos niveles educativos de escuelas urbanas. Usando una dinámica con relatos, del mismo modo que en el mandala del monte, se interconectaron elementos y seres de ese ambiente rural, que en este momento está sufriendo un fuerte avance de la urbanización.

422 EDUCAÇÃO, AMBIENTE, CORPO E DECOLONIALIDADE

En uno de los encuentros con jóvenes de 2 quintos años del Colegio Belén se interpretaron y debatieron esas voces puestas en la ronda (Figura 2A):

-*"Soy nacida y criada en Maco, Cristina me llamo. Criamos solo algunos animales y tenemos un cerco de siembra. Mi marido va a trabajar a la ciudad también. En el mes de octubre del año pasado se nos quemaron las plantitas que habíamos sembrado, parece que un vecino nuevo de la finca de al lado ha fumigado con un veneno muy fuerte. A él le importaba matar sus yuyos y con el viento se ha volado todo para aquí. Mis frutales como han sufrido. Yo anduve con vómitos, en la UPA me dijeron que era ese producto, que me intoxicó".*

Una de las jóvenes dice: *ese problema lo traen quienes no viven aquí. Quien haya tirado debe pagarle a la señora.*

Otra joven comenta: *se tira veneno en la finca y le afecta a la vecina, pobre, ella se ha intoxicado.*

Y así, varias de las chicas baten sus pareceres:
E1: *¿y cómo se hace entonces para no tener yuyos en la finca?*
E2: *capaz el veneno era muy fuerte. Hay que informarse que se puede tirar, cómo hay que echarlo.*
E3: *el viento lo ha llevado hasta la huerta de la vecina. Hay que aplicarlo un día que no haya viento.*
E4: *No!, no hay que tirar veneno. Se puede sacar a mano los yuyos, o cortar con máquina.*
E5: *También pueden no molestarte los yuyos y listo que queden ahí.*
Varias estudiantes: *Jajaja.*

En este pequeño diálogo, logramos identificar actores como son: la pobladora nativa del lugar, el dueño de la finca que viene solo los fines de semana y que es el responsable de aplicar el veneno, el centro de salud. Las jóvenes también enumeran a otros elementos y seres del ambiente que interactúan como ser: tierra, viento, agua, plantas de huerta y frutales, monte, vecinos. A su vez se amplió la mirada del problema interpretándolo desde sus

EDUCAÇÃO, AMBIENTE, CORPO E DECOLONIALIDADE **423**

múltiples dimensiones, dejando instalado el debate acerca de las fumigaciones con agrotóxicos en otras zonas rurales y la aplicación de venenos como métodos frecuentes en patios y fincas.

Luego se continuó con el relato del sauce, la estudiante que lee en voz alta :
-"*Soy un sauce criollo he pasado muchos veranos con mi amigo, el Dulce, bañándome día y noche, sigo en pie, solo un poco más viejo. La semana pasada el viento trajo un sonido que me dejó preocupado, árboles crujiendo entre motores*".
E1: *Ay me hace algo aquí* (se señala el pecho) *cuando lo leo.*
Otra estudiante pregunta:
E2: *¿Están talando el monte?*
Educadora de LR: *Si escuchan con atención se sienten máquinas trabajando.*
Varias estudiantes responden: *Ajá si, se escuchan.*
E3: *Ah sí, yo el otro día he ido hasta Solís por la costanera, ya está todo eso extendida.*
E4: *¿Están ampliando la costanera?*
E3: *Sí.*
Educadora de LR: *Ya lo van a comprobar ustedes mismas cuando lleguemos a la costa.*
E4: *¿Y eso es malo?*
Educadora de LR: *Bueno, les vecines de la zona no hemos sido consultades, nos enteramos cuando a un vecino del obrador (lugar donde la empresa contratista asentaron sus maquinarias) le usurparon el campo aplastando su alambrado y avanzando sobre su monte. Ahí se ha frenado ese avance y se ha pedido información al gobierno sin conseguirla...* El relato continúa.

Del mismo modo se ha dado momento a interpretar les sujetes en este conflicto y cuáles son las intencionalidades claramente opuestas en el territorio.

Además de estas dinámicas las jóvenes recorrieron los senderos disfrutando el monte, una bella llovizna se hizo presente y varias resaltaron que parecía de ensueño la caminata, llegaron al Río Dulce, jugaron en la arena. Al regresar, el sendero por donde retomaron era otro, se observó la topadora derribando árboles y una máquina un poco más lejos aplanando el terreno (Figura 2ByC). Quedaron en sus rostros expresiones de pregunta, de duda, de indignación. El sendero devuelve encanto y reingresaron al monte recibiendo calma.

Esta visita trascendió la tranquera, cuenta Ángela, una de las docentes que acompañó: "*Cuando fuimos nos impactó mucho. La tomamos como actividad disparadora y a lo largo del año con el quinto año de orientación humanística, hemos trabajado en proyectos sobre problemáticas ambientales y políticas públicas. En el curso que tiene la orientación en biología hicimos proyectos junto a estudiantes de la escuela primaria de Pampa Mayo: reactivamos la huerta escolar, usamos medicina natural, forestamos con árboles nativos, organizamos la campaña para reducir y reutilizar; con venta de esos materiales, cuyos fondos eran usados para costear los proyectos encarados en el voluntariado en Pampa Mayo.*

Figura 2: A- Ronda de jóvenes leyendo y reflexionando los relatos. B- Topadora destruyendo el monte de rivera. C- Recorrido por el desmonte.

Fuente: colección del autor

GIRA H2O

El paso de la Gira H2O por comunidades rurales y barriales en Santiago del Estero ha sido una experiencia movilizadora hacia el interior de las dinámicas vecinales que ha permitido reflexionar sobre el agua en sus múltiples dimensiones. Nos interesa traerla a este relato ya que responde a un proceso de Educación Ambiental, desde la Educación Popular. Ha conseguido integrar saberes locales en el aprovechamiento y cuidado de este bien, comunicar a través de herramientas artísticas problemáticas tales como no disponer de agua segura y en cantidades suficientes. Esta propuesta llevada adelante por artistas del litoral argentino ha sido recibida en la provincia por la ONG SEPyD (Servicio de Educación Popular y Desarrollo), junto a las organizaciones campesinas con las que trabajaba, durante los años 2006, 2007 y 2009.

Se concretaron talleres donde se analizaba *al agua en los territorios como elemento natural que está vivo, que a la vez da vida, que es parte de los cuerpos y de la tierra, que está en el aire y en las plantas, que está en los demás animales.* También *el agua como un elemento de poder, su administración da poder, y su distribución es completamente desigual.* Reflexiones que fueron recreadas en escuelas primarias y secundarias, comunicadas en partes de prensa, en documentos, en mesas de debate, visibilizando demandas al Estado y denuncias frente a desigualdades en el aprovechamiento del agua del río y canales. A su vez, se comunicó en diversos Festivales, organizados en pueblos y parajes, junto e intervenciones musicales en plazas y calles de algunas ciudades. La puesta en escena se equilibraba entre actuaciones y lecturas de breves conclusiones de los talleres.

En algunos grupos y organizaciones tras la visita, ha quedado plasmada toda una agenda de acción, resaltando: la redacción de proyectos, gestión en comisiones municipales y dependencias gubernamentales; participación en mesa zonal proyectando el trazado de un canal de riego; acceso a motobombas comunitarias, entre otras acciones que no se mencionan en este texto.

Existe bibliografía que contribuye a la reflexión de interpretar la relación personas-agua desde una perspectiva de Ecología Política, desarrollando la categoría de ciclo hidro-social, entendida como la inseparable relación establecida entre las transformaciones del – y en su interior – ciclo hidrológico a escala local, regional y global, por un lado, y las relaciones de poder social, político, económico y cultural, por el otro. (Rodríguez Sánchez y Sandoval Moreno, 2017).

En este ejemplo que comentamos, se ha interpretado a dicha categoría junto a un proceso de educación ambiental, visibilizando problemáticas ecológicas y conflictos socio – ambientales, resaltando el encuentro entre comunidades, el cuidado de la naturaleza de la que son parte y el mantenimiento de sus propios procesos organizativos.

Figura 3: Encuentro de ancian@s: Baldomera y "Dino" Baldo, anciana de El Rosado departamento Pellegrini, paraje rural al noroeste de la provincia de Santiago del Estero. Su familia y vecinos/as organizaron la visita de la Gira H2O en mayo de 2006 en la escuela primaria del lugar.

Fuente: colección del autor

Recuperando experiencias anteriores

Este es un recorrido que comenzó en diferentes caminos que se fueron cruzando y entrelazando para construir un sendero colectivo. Esos recorridos iniciales también tienen algo en común: el trabajo junto a organizaciones sociales campesinas e indígenas. Y en ello nos adentrarnos en nuevos territorios educativos: los que dichas comunidades construyen y además territorios no escolares. Estas experiencias, vivencias y sentires constituyen el lugar desde el que dialogaremos en este escrito. Dialogaremos con les posibles lectores y con la memoria hecha palabra (oral, escrita, gráfica) de otras organizaciones sociales latinoamericanas que en su práctica reflexionan, producen conocimiento y se forman en torno a lo ambiental.

En el pensamiento social crítico latinoamericano hay referencias de larga data a la necesidad de la descolonización. Descolonización en opuesto al colonialismo que sufrimos en nuestra condición de periferia del capitalismo de forma externa pero también interna, en tanto desde centros de poder nacionales las élites también generan procesos y relaciones coloniales hacia sus áreas de influencia [González Casanova, 1965]. De esta forma, el colonialismo no se terminó con la independencia respecto a los imperios europeos y la construcción de los Estados-Nación, sino que estos continuaron ejerciéndolo.

Desde la etapa colonial, ya se organizaron numerosas luchas contra la civilización que desde Europa se quería imponer en América, con importantes alzamientos de pueblos originarios: incas, aztecas, sioux, entre otros. Luchas que continuaron en la etapa independiente. En el pensamiento social crítico latinoamericano también registramos esto: desde Simón Rodríguez y su perspectiva de educación en lenguas indígenas, pasando por José Martí, José Mariátegui, Paulo Freire, Orlando Fals Borda, hasta las más actuales voces como las del Taller de Historia Oral Andino y Silvia Rivera Cusicanqui. Y tantas otras que por cuestiones de espacio no podemos mencionar, pero que desde el sedimento de esa memoria larga nos impulsan a seguir en el cultivo de nuestra huerta interior y epistemológicamente colectiva.

Una cuestión primordial entonces es que la perspectiva decolonial no es nueva sino que se inicia con el proceso de colonización de América y ya tenemos más de 500 años de Resistencia Indígena, Negra y Popular. Esto bien nos lo recordó la mencionada Campaña Continental que opuso a la mirada de Encuentro de Culturas la violencia que significó la conquista.

Lo mismo podemos postular respecto al pensamiento ambiental y su ética del cuidado de la vida. La famosa carta del gran Jefe Sioux al gran Jefe de Washington ya advertía de cómo el avance de la "civilización" estaba generando daños a la vida a mediados del siglo XIX y sobre la existencia de otras formas de relacionarnos con la naturaleza, de mayor cuidado, amor y respeto.

En la historia del discurso académico sobre la cuestión ambiental podemos encontrar diferentes momentos en los que se han ido produciendo diferentes perspectivas, más cercanos o más alejados de las personas y colectivos que habitan áreas definidas como de alto valor ecológico (Figura 4). Con la modernidad desde fines del siglo XV, ha habido una construcción de un discurso sobre el progreso y desarrollo, donde la sociedad aparece disociada de la naturaleza, y cuyo fin es conocerla para dominarla [Descartes, 1997]. La cuestión ambiental como problemática y objeto de prácticas sociales y pedagógicas de interés público en el marco de la sociedad moderna es reciente; la sensibilidad ambiental surge en los siglos XVIII y XIX vinculada al deterioro ambiental producto de la primera Revolución Industrial y la mercantilización de la naturaleza [Carvalho, 1999].

A fines del siglo XIX y durante el siglo XX, a partir de diferentes catástrofes ambientales y ante una creciente preocupación por la degradación ambiental, la pérdida de biodiversidad, aparecieron enfoques conservacionistas cuyo ideal de naturaleza es aquella no antropizada, prístina. Esta perspectiva de la "naturaleza a pesar de las personas", domina el campo de la conservación a lo largo del siglo 20 [Mace, 2014] y en Argentina se plasma en la política de generar Áreas Naturales Protegidas (ANP) expulsando a la población local [Caruso, 2015], pensadas como espacios para observar y contemplar. En los inicios de la Educación Ambiental, muy ligada a la ecología, este enfoque fue muy importante, coexistiendo en la actualidad al interior de las instituciones de conservación con otras perspectivas [Trentini, 2015].

Por otro lado, desde los años 60 del siglo XX, crecen los movimiento ambientalistas, y los territorios en disputa, en los cuales las comunidades locales se organizan en defensa frente a la avanzada extractivista en América Latina, denominado "ecologismo de los pobres" o "ecologismo popular" [Martinez-Alier, 2004]. Según Zibechi a partir de los 70' la tendencia de los movimientos sociales es en un primer punto el arraigo territorial, "los nuevos actores *enarbolan proyectos de largo aliento, entre los que destaca la capacidad de producir y reproducir la vida, a la vez que establecen alianzas*" (2007: p.23), lo que incluye la "educación en movimiento" y la transversalidad de lo ambiental.

Aunque en 1977 en Tbilisi, en la conferencia Intergubernamental sobre Educación Ambiental, se plantea la importancia de trascender los espacios escolarizados, no es hasta las últimas décadas años, que el interés se orienta a

EDUCAÇÃO, AMBIENTE, CORPO E DECOLONIALIDADE **429**

discutir la Educación Ambiental más allá [Gonzalez-Gaudiano, 2001]. Las múltiples interpretaciones de lo ambiental no garantizan una convergencia de miradas, sino que configuran disputas entre concepciones, intereses y grupos sociales sobre lo ambiental [Carvalho, 1999]. A pesar de los presuntos acuerdos sobre la importancia de la Educación Ambiental para la sustentabilidad de la vida en el planeta, estos conceptos y la práctica de la educación ambiental se adaptan de manera diferentes y contradictorias según los propios intereses, faltando un "campo de acuerdo de éticas mínimas, lo que demuestra la debilidad de la ética de la sociedad humana". Contemplando esta reflexión, desde el Pensamiento Ambiental Latinoamericano, se remarca que la primer tarea de la Educación Ambiental es deconstruir las lógicas montadas por el pensamiento moderno colonializante, revelar sus mecanismos y la naturaleza de sus postulados e intenciones subyacentes o expresadas metadiscursivamente [Sessano, 2016]. No solo eso, a partir de ahí, se trata de problematizar su horizonte histórico de posibilidades; de ahí el carácter no sólo estrictamente pedagógico, sino político de la educación ambiental [Carvalho, 1999].

En Argentina, en el sistema educativo la Educación Ambiental ha tardado en ingresar en el debate pedagógico. Recién desde 2002 se formaliza la incorporación en la currícula a partir de la Ley General del Ambiente y en 2006 la Educación Ambiental es incluida como enfoque transversal en la Ley de Educación Nacional. Actualmente, el Gobierno Nacional desde la Dirección Nacional de Educación Ambiental y participación Ciudadana, dentro del Ministerio de Ambiente continúa impulsando toda una política llamada Estrategia Nacional de Educación Ambiental (ENEA), iniciada en 2016, la cual propicia que las provincias construyan sus propios programas. Se facilitan capacitaciones y acciones dirigidas a promotores ambientales: "Plan Integral Casa Común", "La Escuela se Planta frente al CC", entre otras articulaciones y espacios. Se promovió la aprobación de la Ley de Educación Ambiental Integral, sancionada en 2021 (y que da fuerza de ley a la ENEA), y la implementación de Ley Yolanda Ortiz, la cual pretende capacitar a toda la administración pública en temática ambiental, aprobada en 2020. En enero de 2021 se organizó la semana de la Educación Ambiental, con charlas y talleres on-line, y se están organizando cursos de capacitación del Instituto Nacional de Formación Docente, que dan lugar a interpretar discursivamente una EA decolonial. Finalmente, en junio de 2021 se promulgó la Ley Nacional de Educación Ambiental Integral que promueve la transversalización de la misma com perspectiva de géneros en todos los niveles educativos.

Figura 4: sin buscar ser exhaustivos se presentan algunos momentos y referencias de la historia de la educación ambiental y otras afines en Argentina, América Latina e Instituciones Internacionales. Construido en base a: Capalbo (2000), Caruso (2015), Carvalho (1999), Corbetta (2019), Corbetta y colaboradores (2015), Corbetta y Sessano (2015), Gonzalez-Gaudiano (2001), Mace (2014), Quijano (2015), Sessano (2014)

Estas políticas educativas resultan de algún modo contradictorias frente a las prioridades del gobierno en el desarrollo productivo del país que mantiene su apuesta al extractivismo, favoreciendo la explotación de hidrocarburos, la minería a gran escala, la instalación de fábricas porcinas y el reemplazo de socio-ecosistemas nativos por implantación de pasturas y extensión de monocultivos transgénicos con aplicación de agrotóxicos.

Por otro lado, en las últimas décadas viene creciendo el cuerpo de profesionales que trabajan sobre problemáticas ambientales, los cambios globales, los cambios de uso de la tierra y el deterioro ambiental, que reconocen a) que los territorios de las comunidades locales campesinas e indígenas se superponen en gran medida con los ambientes de mayor conservación de ecosistema diversos, b) que las comunidades locales tienen modos de vida adaptados hace generaciones a los ecosistemas en los que habitan, c) y que los defienden del avance de modelos extractivistas por ser sus territorios de vida; esto se ve tanto en el ámbito académico como en ámbitos técnicos del Estado como la Administración de Parques Nacionales [Caruso, 2015]. El poder pensar ecosistemas habitados por personas que llevan adelante prácticas de vida (incluidas las productivas) sustentables implicó la convergencia de diversas formas de conocer el mundo y disciplinas y en ello, la necesidad de rupturas epistemológicas planteadas por la Educación Ambiental en la década de los ´80: complejidad e interdisciplina [Sessano, 2016]. Sin embargo, no existe en estos ámbitos una definición clara de la transversalidad ni de la postura ética y política planteada por la Educación Ambiental y el Pensamiento Ambiental Latinoamericano.

Encontramos algunos impulsos de Educación Ambiental institucionales en Santiago del Estero: los seminarios Día Mundial del Ambiente; voluntariados universitarios en escuelas a cargo de estudiantes de la Lic. en Ecología y Conservación del Ambiente; publicaciones de material bibliográficos compilando los seminarios mencionados y cartillas de fortalecimiento en educación media. También desde los Centros de Actividades Juveniles (CAJ) pertenecientes al Ministerio de Educación, como a través de Inta (Instituto de Tecnología Agropecuaria) se promueven acciones enfocadas en esta temática. Entre otros antecedentes escolares, como resultan las presentaciones en la feria de ciencias con iniciativas reconocidas en el ámbito de la Educación Ambiental. Valorando los esfuerzos encarados por los equipos, distinguimos que en la mayoría de los casos el enfoque otorgado no es el mismo que reconocemos en la actualidad quienes escribimos el artículo.

Entre las experiencias más potentes destinadas a jóvenes santiagueñes reconocemos a la innovadora Escuela de Agroecología y la Universidad Campesina (UNICAM) del MOCASE VC (Movimiento Campesino de Santiago del Estero Vía Campesina), además de otros espacios menos sistemáticos de organizaciones campesinas y barriales, de agricultores familiares y pueblos originarios de la provincia. En estos espacios la formación de sus participantes es un aspecto clave de la lucha por la defensa y recuperación de la tierra, por construir producciones sustentables para la vida en el campo y por transformar las relaciones de dominación [Burgos, 2013; MoCaSE, 2016 y 2017].

Repensando las experiencias

A continuación, recuperando estas herencias como una huella en nuestros propios senderos de aprendizaje y de otros, nos proponemos reflexionar sobre cómo se recrea el pensamiento ambiental y su ética del cuidado de la vida en nuestras prácticas, cómo nos apropiamos y hacemos reexistir este pensamiento en ellas y cómo lo hacen distintos espacios académicos y organizativos. Nos proponemos repensarlas desde la perspectiva de la educación ambiental decolonial, como procesos, como una alfabetización ambiental de nuestras prácticas para reencantar nuestros andares. Así en nuestras experiencias aparecen:

a) diálogo de saberes, vivires y sentires

No vemos como algo casual que las escenas que compartimos involucren la participación de un entramado de colectivos, actores/autores. En las tres escenas dialogan racionalidades diferentes en torno a la relación entre los mundos humajo-no humano, pero además se ponen en juego diferentes experiencias sociales, intersubjetividades, emociones, afectos. De este modo, se visibiliza una diversidad epistemológica, que nos acerca a esa forma chi'xi, jaspeada, de la que nos habla Silvia Rivera Cusicanqui (2006), que refiere a un gris que mirado de cerca es una yuxtaposición de blancos y negros.

Juliana Merçon y otres (2014) nos proponen ampliar el diálogo de saberes hacia uno de saberes, vivires y sentires, comprendería a los saberes no como conjuntos de conocimientos estables o conclusos, sino condicionados (y por lo tanto mutables) que permiten decir el mundo de una cierta manera, en un determinado espacio y tiempo. Otra característica importante que diferencia el diálogo de saberes del diálogo de vivires se refiere al lugar que ocupa el "no saber" en los procesos participativos. A partir del reconocimiento de nuestras ignorancias individuales y colectivas es que podemos buscar conocer lo que necesitamos conocer para fortalecer los procesos de cambio, incluyendo también "los sentires, creencias, sueños, preocupaciones, intereses, dudas, miedos, confianzas y desconfianzas, entre otras manifestaciones humanas" [Merçon et al, 2014: 30].

En la Mandala del Monte los hilos se enredan reconociendo contribuciones de la Naturaleza a las Personas que abarcan los sentires, como el aporte al buen vivir de los aromas o del ver las flores del monte. Este proceso de enredarse se realiza a partir de un diálogo entre pobladores, donde a partir de esa comunicación intersubjetiva, van produciendo la red de relaciones entre estas contribuciones. Contribuciones que han sido identificadas por pobladores y/o por las investigadoras, apareciendo así en las tarjetas dos o más formas epistémicas de realizar este reconocimiento, y que en el tejer la red dialogan entre sí.

Algo semejante sucede en la Ruta Natural, en el diálogo entre las pobladoras que organizan esta experiencia y docentes, jóvenes y niñes que participan de la misma en torno a sus diferentes cosmovisiones y representaciones sobre la naturaleza y sobre sus propios vínculos con la naturaleza.

b) recuperar la memoria histórica y colectiva

La Ruta Natural nos abre a una recuperación de la memoria histórica y colectiva de las comunidades y los barrios: es reconstruir el territorio, socializar saberes y vivires, volver sobre las tramas de vínculos que se forjaban entre vecinos, compañeres, y que pudieron haberse diluido en el tiempo o fortalecerse a partir de la acción conjunta. También reconstruimos una memoria ambiental de cómo era el bosque chaqueño ribereño y de formas ancestrales y actuales de apropiaciones sustentables del mismo y de cómo lo hacen las ideologías de progreso y desarrollo.

Desde la Escuela de Agroecología del MoCaSE-VC nos traen las siguientes palabras:

> Supongo que… primero que el santiagueño y más el campesino santiagueño, siempre habla de cuando era chico o que los abuelos le contaban o que "cuenta la historia", siempre, siempre, siempre hacen mención a eso. Y los que no éramos provenientes del campesinado santiagueño entendíamos el valor de eso. Un pueblo tiene que atarse a esa memoria y a esa historia, para entenderse cómo es, de dónde viene y hacia dónde quiere ir. Entonces siempre el tema de la memoria, de indagar, de preguntar, cómo fue, qué sentías, desde la producción hasta la crianza de los hijos, las fiestas, los ritos, la religiosidad popular, todas esas cosas, siempre fue parte de la conversación. Y creo que fue una herramienta importante digamos para volver a identificarse como lo que eran. Cuando trabajamos el tema de la salud, remarcamos mucho la memoria, las prácticas de antes. En esto de sentirnos y reconocernos como pueblos indígenas obviamente hubo que indagar en nuestra memoria y nuestra historia [MoCaSE-VC, 2017: 42].

Ese proceso, mirando al pasado, debe permitir repensarse y así transformar subjetividades e identidades colectivas, como nos cuenta la Flaca, que el Movimiento Campesino de Santiago del Estero pudo lograr "el cambio interior en casa uno; y creo que eso es lo más fuerte. Volverse a sentir como sus antepasados, que son personas y que pueden, y que deben, cambiar las injusticias, que no hay que quedarse de brazos cruzados" [MoCaSE-VC, 2017: 62].

Es una recuperación de la memoria social, pero también de la memoria ambiental, de las transformaciones ecológicas en el territorio y de las relaciones entre las comunidades y la naturaleza, de cómo ese vínculo ha ido cambiando, a veces de forma menos sustentable y otras hacia mayor sustentabilidad, para aprender esos procesos y mejorar la práctica hacia el futuro.

Al trabajar sobre la mandala podríamos pensar en una "mandala del pasado", que recupere cómo era antes esta red de relaciones del monte, que nos permita pensar qué hilos nuevos han aparecido y cuáles que antes estaban se han ido, visibilizando las transformaciones sociales y ambientales en las comunidades.

La gira H2O nos abre a recuperar las formas en que el agua nos ha llegado, para pasar a cómo deseamos que nos llegue y lleva a generar estrategias para que esto se transforme en realidad.

c) trabajar sobre conflictos ambientales

Desde la Educación ambiental se propone trabajar sobre contenidos transversales, entendiendo por contenidos transversales los que encierran demandas y problemáticas sociales, comunitarias y/o laborales, para los cuales la ética del cuidado de la vida, en pos de la sustentabilidad de la vida, resulta un concepto central [Corbetta, 2015; Corbetta y Sessano, 2021].

Al trabajar sobre las desigualdades ecológicas, es importante abordar los conflictos ambientales, disputas por la apropiación de la naturaleza existentes en el territorio. Esto necesita de identificar les diferentes actores que participan, de forma consciente o no, de forma voluntaria o no, en estas disputas y en cuál dirección podemos pensar su participación: en un sentido de mayor emancipación, en un sentido de sustentabilidad o no y en qué grados. Las formas de trabajo sobre los conflictos ambientales no son únicas, sino más bien diversas y situadas. Por ejemplo, el realizar mapeos sociales sobre el propio territorio puede ser una rica actividad para desarrollar este propósito [Urdampilleta et al, 2019], sobre todo si se construyen amplias comunidades de aprendizaje [Torres, 2004], que permitan desbordar a la comunidad educativa.

En el ejemplo de la mandala podríamos pensar qué acciones de cuáles actores cortan o debilitan hilos de ese entramado de relaciones que sostiene la vida en el monte. Y los efectos de esas rupturas no sólo sobre ese vínculo dañado, sino sobre toda la red, red que incluye a la propia comunidad humana. De este modo, podemos visibilizar los efectos de prácticas propias o ajenas y comenzar a construir colectivamente estrategias de transformación de esas prácticas hacia otras más sustentables. Este ejercicio además permite trabajar en la complejidad ambiental e identificar las partes, las relaciones y la unidad colectiva del ambiente.

En la Ruta Natural se pone de manifiesto el conflicto por el desmonte para las obras de construcción de una nueva avenida por zonas de bosque nativo en la ribera del río Dulce, perdiendo una biodiversidad de alto valor (entre otros, por la regulación de las crecientes). El conflicto es con pobladores con unas formas otras de apropiación de la naturaleza. La problematización del conflicto, la identificación de actorxs participantes, sus cosmovisiones e intereses permiten ampliar la mirada sobre el mismo.

En la gira del agua, el conflicto es por la distribución de este esencial bien común. Históricamente en el mundo rural santiagueño la administración del agua ha sido utilizada como forma de gestión del poder, una dimensión de las relaciones clientelares que se construyen en estos territorios [Vommaro, 2006 y 2009]. Poner en tensión este juego de poder, reflexionar sobre los mecanismos que operan, desandarlos y pensar estrategias de empoderamiento comunitario nos lleva a construir lo que pensamos como una Educación Ambiental popular.

d) tener un horizonte de transformación social igualitario, democrático en pos de la sustentabilidad de la vida

El diálogo en Freire (2014) implica reconocer las injusticias y disponerse a transformarlas, es poder llegar a reconocer esas "situaciones límites" que inmovilizan socialmente, problematizarlas, para llegar al *inédito viable*, aquello que se aparecía en una condición de imposibilidad y al que este trabajo territorial y cultural le abre las puertas de transformación. Según Freire (2014), lo que importa es la problematización del mundo junto a otros para transformarlo. El mundo es inseparable de su relación con los seres humanos, por lo tanto, lo que se debe problematizar, no es solo el mundo, sino también nuestra relación con él. Por su parte, además, dentro del mundo se abarcan tanto las condiciones sociales y las condiciones ecosistémicas. La transformación de la realidad sólo es posible en diálogo con los otros en tanto el mundo es un producto social.

La actividad de la Mandala se enmarca en jornadas más amplias en las cuales desde la Mesa Zonal de Tierras de Guasayán se comparte y abona la necesidad de una propuesta regional de sustentabilidad materializada en el proyecto de una Reserva de Usos Múltiples de las Sierras de Guasayán que tendría por objetivos: a) proteger el monte; b) mantener la regulación hídrica; c) detener actividades extractivistas; d) sostener el modo de vida campesino; e) conservación del Patrimonio Arqueológico. Además la Mesa es en sí un espacio de organización que trabaja cotidianamente para mejorar las condiciones de vida y el Buen Vivir de la zona, tanto en la resistencia al avance de proyectos extractivistas, como en facilitar el acceso a servicios estatales, como en fomentar el intercambio de saberes para la reproducción del modo de vida campesino. Esta forma de organización se basa en un fuerte anclaje territorial con acciones afirmativas como las describe Zibechi (2007). Al participar de estas actividades se comparte un hacer para "un proyecto de dimensión bastante utópica" que contagia la esperanza, una esperanza no ingenua sino que como una utopía posible baliza la transformación de la realidad, así como comparten Dumrauf y otros (2019).

La tercera escena nos muestra un caso de transformación social de la realidad: a partir de un proceso pedagógico en que las personas participantes abordan sus problemáticas más sentidas, sus temores y esperanzas, éstas cambian para luego cambiar a su mundo. La situación de inmovilidad se transforma en una de acción y lucha por un reparto del agua más justo. La Educación Popular, enraizada en América Latina y sus desigualdades y resistencias, entonces nos provee de herramientas para pensar una Educación Ambiental popular y decolonial. En este sentido, la Educación Ambiental decolonial debe ser, como lo propone la Educación Popular latinoamericana, ante todo creativa, promoviendo la producción de conocimiento pisando sobre las huellas de quienes nos anteceden.

Reflexiones finales

Desde la Filosofía Ambiental se piensa la crisis ambiental como consecuencia de la hegemonía de la razón moderna y las dicotomías jerárquicas que esta racionalidad genera: escinde cuerpo y mente, sociedad y naturaleza, con el objetivo de dominar uno sobre otro. Esto deviene en la mercantilización e instrumentalización de la naturaleza. También genera dicotomías jerárquicas entre culturas, jerarquizando la sociedad moderna sobre otras culturas, buscando justificar así la dominación colonial [Noguera de Echeverri, 2004]. Desde esta perspectiva, contraponen los conceptos de diálogo y diatriba para visibilizar distintas formas posibles de relación entre discursos, culturas o conocimientos. El diálogo implica una relación más horizontal en la construcción del vínculo entre actores, el centro es el encuentro, la convergencia, mientras que la diatriba implica la imposición o subsunción de un discurso sobre otro [Noguera de Echeverri, 2004]. Por esta razón, consideramos tan relevante repensarnos y repensar nuestras relaciones con el mundo junto con otres, construyendo comunidad. Reconocemos en eses otres que los movimientos sociales con los que compartimos disponen de tal apertura y ejercicio del diálogo que ejemplifica y da confianza, quita los miedos e invita a pensar otros mundos posibles. Otros mundos que se sustenten en el diálogo, la solidaridad, la ecología de saberes, construyendo así nuevos territorios en todo sentido: ecológico, epistémico, político, cultural, social, productivo, afectivo [Dumrauf et al, 2019].

Las escenas propuestas son acotadas pero habilitan pensarnos desde una Educación Ambiental popular: situada, desde el diálogo de saberes, recuperando la memoria histórica y colectiva, problematizando los conflictos ambientales que nos atraviesa, con un horizonte de transformación social igualitario, democrático en pos de la sustentabilidad de la vida. Compartirlas nos permite repensarlas y degustarlas, como ejemplos concretos que puedan servir de referencia o contrapunto a otras experiencias, al mismo tiempo que se suman a otras numerosas, mostrando que somos un colectivo amplio quienes elegimos senti-pensarnos desde otras epistemologías y otras discursividades y lo hacemos desde alternativas posibles.

Referencias

Abt Giubergia, M.M., Guzmán, A., Luna, E., Villalba, B. and Urdampilleta, C.M. **Informe de Talleres de Manejo Forestal para Escuelas Rurales en Santiago del Estero,** Red Agroforestal Chaco Argentina. Proyecto Bosques Nativos y Comunidad, Ministerio de Ambiente y Desarrollo Sustentable de la Nación, Birf AR 8493, 2017.

Alarcón-Cháires, P. **Epistemologías otras: conocimientos y saberes locales desde el pensamiento complejo,** México: Tsítnani, AC/UNAM, 2017.

Burgos, A. Educación, resistencia y contra-hegemonía: la Escuela de Agroecología del Movimiento Campesino de Santiago del Estero/Vía Campesina, **Question 1** (39): 1-15, jul./sept. 2013.

Capalbo, L. **Desarrollo: del dominio material al dominio de las ilimitadas potencialidades humanas,** El resignificado del desarrollo, 2000.

Caruso, S. A. **Análisis del proceso de creación de los Parques Nacionales en Argentina** Geograficando, 11, 2015.

Carvalho, I. **La cuestión ambiental y el surgimiento de un campo educativo y político de acción social,** Tópicos en educación ambiental, 1(1), p. 27-33, 1999.

Corbetta, S. Pensamiento ambiental latinoamericano y educación ambiental, **Revista del Plan Fénix,** Voces en el Fénix, Voces de la Tierra, 6(43), 2015.

EDUCAÇÃO, AMBIENTE, CORPO E DECOLONIALIDADE **439**

Corbetta, S. Educación y ambiente en la educación superior universitaria: tendencias en clave de la perspectiva crítica latinoamericana, **Revista Educación**, 43(1), 2019.

Corbetta, S., and Sessano, P. **La educación ambiental (EA) como 'saber maldito'**, Apuntes para la reflexión y el debate, 2015.

Corbetta, S., and Sessano, P. Fundamentos políticos y conceptuales para diseñar las políticas de educación ambiental en el sistema educativo argentino, **Praxis & Saber**, 12(28), e11560-e11560, 2021.

Corbetta, S., Franco, D., Blanco, P., Martínez, A.K. and Ruiz Marfilf, F.J. Pensamiento Ambiental Latinoamericano (PAL). Sistematización del corpus teórico-metodológico, reconstrucción histórica y perspectivas, In: Alba Carosio (Comp). **Tiempos para pensar, Tomo I Investigación social y humanística hoy en Venezuela**, Caracas CLACSO, CELARG, 2015.

Descartes, R. **Meditaciones metafísicas con objeciones y respuestas**, Introducción, Traducción y Notas Vidal Peña, Ed. Alfaguara S.A, ISBN 84 204 02117, 1977.

Dumrauf, A., Cordero, S., Cucalón Tirado, P., Guerrero Tamayo, K. and Garelli, F. "Hacia nuevos territorios epistémicos: aportes desde un camino de construcción pedagógica descolonizadora en Educación en Ciencias Naturaleza, Ambientales y en Salud", In: **DECOLONIALIDADES na Educação em Ciências**, Monteiro, B.A.P., Dutra, D.S.A., Cassiano, S., Sánchez, C., Oliveira, R.D.V.L., p. 286-306, 2019.

Freire. **Pedagogía del oprimido**, Buenos Aires, Siglo XXI, 2010.

Freire, P. **Educação como prática da liberdade**, Editora Paz e Terra, 2014.

González Casanova, P. **La democracia en México**, 1965.

González Casanova, P. **La universidad necesaria en el siglo XXI**, Colección Problemas de México, 2001.

Mace, G. M. Whose conservation?, **Science**, 345(6204), p. 1558-1560, 2014.

Martínez-Alier, J. **El ecologismo de los pobres**: Conflictos ambientales y lenguajes de valoración, Barcelona, Icaria/FLACSO, 2004.

Merçon, J, Núñez Madrazo, C, Camou-Guerrero, A and Escalona-Aguiler, MÁ ¿**Diálogo de saberes?** La investigación acción participativa va más allá de lo que sabemos, Decisio 39, p.29-33, 2014.

MOCASE-VC (2016a) **Memorias de los Orígenes de la Central Campesina de Productores del Norte**, Luján, EdUNLu-MoCaSE-VC, 2016a.

MOCASE-VC. **Raimundo Gómez, caminante de los montes. Edición Aumentada**, Luján, EdUNLu y MoCaSE-VC, 2016b.

MOCASE-VC. **Recorriendo caminos polvorientos**. Trabajo de base en el MoCaSE-VC, Quimilí, MoCaSE-VC, 2017.

MOCASE-VC. **Memorias de los Orígenes de la Central Campesina de Pinto,** Luján, EdUNLu y MOCASE-VC, 2018.

Noguera de Echeverri, A. P. **El reencantamiento del mundo**, Universidad Nacional de Colombia, 2004.

Quijano, P. **Panorama de la educación ambiental en los países del Convenio Andrés Bello,** Convenio Andrés Bello, Bogotá, 2015.

Rivera Cusicanqui, S (2006) El potencial epistemológico y teórico de la historia oral, **Voces recobradas** 21, p.12-23, 2006.

Rodríguez Sánchez A. and Sandoval Moreno A. **Hydro-social cycles and processes**: theoretical and methodological debates about basins, spaces, and territories, Waterlat-Gobacit Flickr collection, 4(3), p.96. 2017.

Sessano, P. **Praxis educativa, espacio político y alfabetización ambiental**: el desafío de los educadores ambientales frente al imperativo, en clave colonialidad/decolonialidad, La educación ambiental en la Argentina: actores, conflictos y políticas públicas, 2014.

Sessano, P. Tiene la educación ambiental un lugar en el pensamiento latinoamericano del medio ambiente o en el pensamiento socioambiental latino-americano, 2016.

Torres, R. M. **Comunidad de Aprendizaje.** Presentado en Simposio Internacional sobre Comunidades de Aprendizaje, Barcelona. 2004.

Trentini, M. F. **Pueblos indígenas y áreas protegidas**: procesos de construcción de identidades y territorialidades en el co-manejo del Parque Nacional Nahuel Huapi, Disertación doctoral, Universidad de Buenos Aires. Argentina, 2015.

Urdampilleta, C., Borón, C. I., Fischer, S. and Ithuralde, R. E. Introducción al análisis socio-ecológico a partir del mapeo colectivo del propio territorio: los usos por parte de distintos actores sociales y sus conflictos asociados, **Ciência & Educação** (Bauru), 25(3), 833-848, 2019.

Vommaro, G. "Acá no conseguís nada si no estás en política. Los sectores populares y la participación en espacios barriales de sociabilidad política", Anuario de Estudios en Antropología Social, 161 – 177, 2006.

Vommaro, G. **Redes políticas y redes territoriales en la construcción del posjuarismo**, In: Silveti, María Isabel (comp). El protector Ilustre y su régimen: redes políticas y protesta en el ocaso del juarismo, Santiago del Estero, Universidad Nacional de Santiago del Estero, 2009.

Zibechi, R. **Autonomías y emancipaciones: América Latina en movimiento**, San Marcos, Universidad Nacional Mayor de San Marcos, Fondo Editorial de la Facultad de Ciencias Sociales, 2007.

doi.org/10.29327/5220270.1-19

Capítulo 19

TELAS ESCURAS E VOZES SILENCIADAS NOS ESTUDOS REMOTOS: EM BUSCA DE EDUCAÇÕES DESCOLONIZADORAS

Luciana Azevedo Rodrigues, Márcio Norberto Farias e
Camila Sandim de Castro

Introdução

ESTE TEXTO discuti o modo com o qual licenciandas e licenciandos e em alguma medida docentes se relacionaram com as imagens e vozes de si mesmas e si mesmos durante os encontros de ensino remotos de uma disciplina, realizados em 2020 ao longo da pandemia de Covid-19 em uma Universidade Pública. Propõe esta discussão para sublinhar a importância de se evitar que a situação na qual significativa parte de estudantes mantinham suas câmeras microfones desligados seja registrada na história como algo naturalizado e decorrente da livre-escolha de cada estudante.

Para tal, pontua que os cursos de formação docentes recebem majoritariamente estudantes e docentes provenientes da classe trabalhadora, mestiços, negros e negras, portanto, aqueles e aquelas que além de não dispor de meios tecnológicos, espaços físicos e sociais estáveis, são aqueles que carregam consciente ou inconscientemente sobre si o peso de um imaginário social de loiricização historicamente reproduzido pela publicidade nacional, tal como afirma Sueli Carneiro.

Nesses termos, o texto argumenta que a situação de fechamento de câmeras e microfones reverbera no formato *high tech*, o longo processo opressivo colonizador do imaginário social que privilegia a brancura como modelo estético de representação humana e assim nega às pessoas pobres, descendentes africanos e indígenas meios de verem suas imagens e vozes reproduzidas em suas diversidades e singularidades, nos seus movimentos corporais, no cultivo de sua ancestralidade, naquilo que em suas vidas ainda se filia à natureza e, em especial, nas diferentes formas de recusar o culto capitalista do utilitarismo da vida.

O ponto de partida desta reflexão foi a própria experimentação do ensino remoto, a escuta e o diálogo com vários/as docentes que também o experimentaram e se manifestaram em diferentes reuniões científicas, artísticas e administrativas no sentido de apontar o desconforto produzido com a manutenção recorrente de telas fechadas por parte dos e das estudantes durante os encontros.

Como essa experiência ocorreu dentro de um curso de formação docente, vale ressaltar que se trata de um campo de produção de conhecimento historicamente desprestigiado no interior da Universidade e da sociedade brasileira, quando comparado a cursos de Medicina, Engenharias, Direito e Agronomia, tanto em referência aos sujeitos que formam e atuam quanto ao conhecimento que produzem; um curso constituído por estudantes e professores/as, em sua maioria, provenientes de estratos sociais, que durante muito tempo no Brasil estiveram excluídos da Universidade Pública.

Deter-se sobre o modo como as/os estudantes se relacionaram com suas próprias vozes e imagens corresponde a atentar-se para aquelas/aqueles que diuturnamente sofrem discriminações/desconfianças externas e internas, objetivas e subjetivas, sobre suas áreas de conhecimento, gênero, raça, cor e classe numa sociedade profundamente desigual economicamente como o Brasil, e onde a Universidade Pública ainda é para poucos/as, apesar do avanço de políticas públicas dos anos de 2003 a 2011.

Além de se referir ao modo como estas/es estudantes se relacionam com suas próprias imagens e vozes no ensino remoto, no contexto social e histórico mais amplo de exclusão e discriminação, este texto recupera um movimento artístico chamado Cinema Novo Brasileiro que teve como característica trazer para a tela as/os excluídas/os e famintas/os que continua desconhecido pelos/as estudantes, por professoras/es das licenciaturas e pela maior parte de brasileiros e brasileiras porque foi paulatinamente sufocado ao longo do século XX pelo avanço do cinema industrial e comercial.

Ao retomar a existência histórica do cinema novo brasileiro e o modo como ele foi abafado no passado, este texto visa tecer algumas ligações entre a escuridão das telas de licenciandas e licenciandos no ensino remoto com a sobreposição do referido movimento pelo brilho das telas que irradiam formas, cores, texturas, falas extraordinárias calculadamente produzidas para serem consumidas como performances naturais daqueles que se dizem feitos para mandar.

Para discorrer sobre o problema enunciado nesta introdução, este texto, como já foi dito, recupera um tempo vivido com os e as estudantes de um curso de licenciatura, com vistas a refletir sobre ele em diálogo com pensadores críticos modernos e contemporâneos. Com Adorno e Horkheimer e C. Türcke tal diálogo gira em torno do conceito de Indústria Cultural, considerando o tempo em que foi cunhado e as mudanças sociais que fizeram com que a ideologia professada pelo fenômeno que este conceito captura se tornasse ainda mais forte entre estudantes e docentes. Com W. Benjamin, o foco é retomar sua crítica ao capitalismo como culto que explora o cinema para a reprodução desse culto: uma exploração que tal como o fascismo viola as massas subjugando-as ao culto do líder e viola às máquinas colocando-as à serviço desse culto. Nesse sentido, barra o valor de exposição e a experiência do brincar e do ensaiar repetido como espaço de transformação dos objetos de culto em objetos do brincar.

Com os autores do Cinema Novo Brasileiro, a ideia é evidenciar seus esforços de não violentar nem o cinema nem as massas porque na forma e no conteúdo se contrapôs ao culto do líder. Com C. Türcke, a interlocução se desdobra sobre a divisão de atenção que as multitarefas tem imposto às pessoas como princípio organizativo do cotidiano de pessoas, especialmente aquelas cuja sobrevivência encontra-se bem mais ameaçada, como é o caso de estudantes das licenciaturas, que ao exaltá-la como tal acaba por colaborar com a pilhagem de sua própria atenção, mas também para o roubo dissimulado de seu direito de escutar, sentir, perceber o que lhe acontece no cotidiano. Para ressaltar esse direito de existir de uma existência não útil, o texto traz um diálogo com A. Krenak (2020), pois o que se espera com este trabalho é ressaltar o sagrado tempo da vida que pode ser fruída se os sujeitos passam a lutar por ele e pelo seu reconhecimento. Uma luta que enquanto não dispomos da rua talvez possa ser empreendida em meios remotos.

Cenas do ensino remoto em um curso de licenciatura

A turma de licenciandas/os, na qual se apoiaram as reflexões desenvolvidas neste texto foi de ingressantes em um curso noturno no campo das Ciências Humanas de uma Universidade Pública que expandiu tanto no referido campo quanto no das licenciaturas a partir de 2007, com o avanço da Educação à Distância promovidos com o Programa de Apoio a Planos de Reestruturação e Expansão das Universidades Federais conhecido como Reune.

Seu campus amplo, verde e reconhecido, especialmente pelos cursos na área de agrárias e veterinárias e outros deles desdobrados com seus laboratórios e bibliotecas, passou a receber um grande contingente de estudantes e um pouco mais de professores/as e técnicos/as de áreas mais diversificadas de conhecimento e de origens étnicas, econômicas e sociais acompanhando o movimento de expansão de universidades federais já mostrada por outros estudos.

Os cursos de licenciaturas assim como todos os outros da Universidade, devido à necessidade de distanciamento social produzida com a pandemia de Covid-19, passaram a realizar estudos remotos em meados de 2020, o que compreendeu a ministração de conteúdos por meio de atividades assíncronas e síncronas, sendo que as primeiras correspondem àquelas em que estudantes e docentes não estão juntos no mesmo tempo e as segundas em que docentes e discentes estão juntos num tempo comum. Em 17 de março de 2020, o Ministério da Educação publicou a Portaria n°343, em que autorizava, em caráter excepcional, a substituição das aulas de ensino presenciais por "aulas que utilizem meios e tecnologias de informação e comunicação (BRASIL, 2020) que posteriormente foi reafirmado na Resolução CNE/CP N° 2, de 10 de dezembro de 2020.

A disciplina dentro de um dos cursos de licenciatura dessa Universidade realizava encontros semanais com os e as estudantes para a leitura, debate e discussão de textos refletindo-os dentro do contexto social marcado pelo neoliberalismo e pela pandemia de Covid-19.

Da turma de 40 pessoas matriculadas na disciplina era recorrente a presença de 12 até 25 estudantes que nunca tinham vivido o campus da Universidade devido ao distanciamento social e que externavam forte expectativa de virem a fazê-lo.

A cena que este texto passa a descrever aconteceu quando se estudava um fragmento do livro "A nova razão do mundo" escrito pelos pensadores franceses contemporâneos Pierre Dardot e Christian Laval (2016). A dinâmica era muito semelhante aos outros encontros de estudo anteriores, nos quais a docente era a única que mantinha câmera e áudio abertos, enquanto as telas dos estudantes permaneciam fechadas, apesar dos apelos da docente desde o primeiro encontro para que experimentassem abri-las, e apesar da ênfase dada na disciplina às histórias dos sujeitos integrantes de todo trabalho e também da utilização de materiais musicais e poéticos que visavam a promover um clima de experimentação e ensaio de percepções, entendimentos e reflexões.

Foi já no final do encontro sobre a racionalidade neoliberal, depois de destaques da docente sobre a compreensão dos autores de que o sujeito neoliberal é aquele cujos desejos não vão além dos interesses da empresa e que o controle deste sujeito ocorre via o acionamento de sua dita liberdade individual, e que talvez aquele momento estivesse manifestando tal acionamento, quando eles/as – estudantes – assim como muitas outras pessoas que tendo condição material, preferiam comodamente manter suas câmeras e áudios fechados, se esquecendo que ao recusar-se o dar a ver para a docente também com isso estavam colaborando para o cultivo da inibição de si mesmos/as na interação com o mundo, para o existir fora de si em especial fora e para além das imagens que foram levados a idealizar em relação a si mesmas/os.

Depois de um instante de silêncio que se seguiu a essas observações uma estudante abriu a câmera dizendo: "Profa. você estava falando mais cedo…" e se interrompendo olhou para a câmera e disse "[…] ô gente, eu tô um dragão" e ao dizer isso sorriu, se descontraiu, se permitiu ser vista, se chamar de um dragão enfim, se permitiu enfrentar a imagem produzida na foto que havia escolhido para ser vista por seus interlocutores enquanto mantinha sua câmera desligada.

Neste momento em que a estudante decidiu se mostrar e se ver, houve um efeito em cadeia: outros estudantes abriram a câmera e o áudio e se deram a ver mesmo estando em ambientes não preparados para serem filmados, pois afinal estavam em suas casas, quartos, salas, etc., despreparados para serem vistos ou para corresponder àquilo que desejavam que deles fosse visto.

A impressão produzida foi de que a estudante não visava afirmar apenas a sua imagem ante aos outros e a si própria, mas afirmar a sua própria presença e a sua não colaboração com um mecanismo que reforça sua posição de consumidora ou de espectadora, seu desejo singular de não colaborar com o apagamento de sua diferença.

Esta cena adquire um sentido ainda mais denso quando é examinada em relação com as telas que ainda hoje impedem e inibem as pessoas pobres, pretas, indígenas e mestiças a aspirarem e a realizarem o direito de ter suas imagens projetadas nos meios de comunicação de massas. Um impedimento lembrado por Sueli Carneiro (2003) quando diz que apenas em 2003 o próprio governo federal passou a cumprir na prática o decreto que atendia a reivindicações históricas do movimento negro e afrodescendentes brasileiros e brasileiras ao direito de serem reproduzidos em imagens audiovisuais; mas que também pode ser facilmente notado quando se observa criticamente as telas de sucesso e as histórias concretas de pessoas negras. Duas mulheres que evidenciam bem isso por estarem recebendo na atualidade o devido reconhecimento dentro da Universidade por suas lutas contra o racismo, o sexismo e o classismo, são Lélia Gonzalez (1935-199) e Virgínia Leone Bicudo (1910-2003) ambas intelectuais brasileiras de enorme importância no cruzamento de estudos sociológicos e psicanalíticos, cujas origens afrodescendentes foram empalidecidas em fotos que se tornaram públicas.

A cena de estudantes abrindo por instantes suas câmeras observadas por este prisma histórico do empalidecimento instigou o desenvolvimento de um trabalho no qual os e as estudantes realizaram um jogral tendo que nele compor fragmentos fílmicos de si mesmos/as apresentando trechos do livro "A vida não é útil" do filósofo indígena brasileiro A. Krenak.

Com este jogral, se tornou possível tanto à docente quanto aos e às estudantes verem e ouvirem as próprias vozes em ensaios que, posteriormente, foram avaliados pelos próprios estudantes no final da disciplina como a atividade que mais extrapolou a aprendizagem do conteúdo dada sua forma experimental, ensaística que lhes permitiu se aproximarem mais uns dos outros.

Tanto naquele momento em que vários estudantes abriram por instantes suas câmeras e seus áudios quanto no processo de construção e exposição de suas próprias vozes e imagens na forma do jogral foi possível perceber uma forma de lidar com esses recursos de um modo criativo, brincante. E, especialmente, à docente um dos aspectos que chamou a atenção foi a diferença entre as imagens filmadas dos e das estudantes para as imagens produzidas de si nas fotografias selecionadas para ocupar o centro de suas telas escuras quando mantêm suas câmeras fechadas.

O apagamento de cor de pele e de outros traços corporais afrodescentes em alguns casos se evidenciava na fotografia, mas a imagem em vídeo aproximava a atitude dos/as estudantes dos sentidos de brinquedo e brincadeira presentes no pensamento de W. Benjamin e dos artistas populares brasileiros/as, mostrados muito bem no filme brasileiro chamado "Tarja branca" dirigido por Cacau Rhoden, também trabalhado com a referida turma.

Dito de outro modo, mesmo que por alguns instantes, a plataforma de ensino remoto Google Meet pareceu ser convertida de um objeto de culto em brinquedo, os/as estudantes não se restringiram a apenas experimentá-la, mas se experimentarem nela, permitindo se olhar, se dar a ver e não apenas como um espaço que já dispõe de recursos para serem simplesmente operados, que reproduz, imita e repete algo no lugar do/a brincante, oferecendo-lhe cada vez mais ferramentas aos e às estudantes de modo que a estes/as cabe apenas operar o previamente configurado para eles/as, acatando o conforto de não terem nenhum trabalho, nenhum desafio, mas também nenhuma mobilização de suas potencialidades.

Foi ao longo desse processo que o ensino remoto se mostrou como um espaço que pode tanto reproduzir uma forma *high tech* do velho processo de colonização da percepção de brasileiros e brasileiras quanto possibilitar uma prática de repetição imaginativa, experimental e criadora de cultura propriamente humano, pois junto dos conteúdos partilhados estavam sendo partilhadas as imagens de si, as marcas históricas e sociais dessas imagens de si.

Esta exposição das próprias vozes e imagens permitiu perceber a sua importância tanto para os/as discentes quanto para a docente. Por mais precária que esta experiência pode ter sido, ela evidenciou a necessidade de não naturalizar um processo que aprofunda relações de indiferenças entre professores/as e estudantes. Pois, à medida que docentes agem como se não fizesse diferença haver ou não estudantes do outro lado da tela escura, acabam por afirmar não só a indiferença ante o pensamento diverso do outro/a outra, mas também a indiferença ante as presenças diversas do/a outra/a.

Este sentimento de precariedade na presença virtual e, ao mesmo tempo, do reconhecimento de sua importância que leva à recuperação na próxima seção deste texto a abordagem do movimento artístico cinematográfico denominado Cinema Novo Brasileiro, que como já foi dito, ainda hoje tão pouco conhecido dentro do próprio território brasileiro e, especialmente, da sua educação formal.

Além desses recursos da câmera e do microfone oferecidos pela plataforma, um recurso adicionado ao longo dos estudos, e que chamou a atenção tanto da docente quanto dos e das estudantes foi uma mão virtual oferecida na forma de um ícone. Recebida pelos/as estudantes como um brinquedo, pois uma estudante mesmo sem ter a intenção de se manifestar, ao ver que havia algo diferente na tela buscou clicar para ver o que acontecia e depois de se certificar que a mão virtual passava a ser projetada dentro do retângulo na tela em que constava seu nome e imagem se desculpou e disse que apenas desejava entender do que se tratava. O ícone da mão tornava visível aqueles/as que intencionavam se manifestar sem que estes/as precisassem abrir seus microfones e câmeras para erguer sua própria mão.

Uma confortável ferramenta experimentada no contexto de câmera e microfone fechados que mais parecia funcionar para desinvestir a participação das pessoas dando-se a ver, em seus movimentos, sentimentos e impulsos de levantar as suas próprias mãos. A ferramenta mais parecia estar a serviço do estudante como cliente e consumidor, tal como os produtos da Indústria Cultural, referidos por Adorno e Horkheimer (1985), que habitua a não ver os outros, especialmente seus pares no caso as/os outras/os estudantes e também a não serem vistas, mas a se projetar e se identificar com astros e estrelas, a cultuá-los mesmo quando já se dispõe de recursos para se verem uns aos outros.

A impressão de que tal recurso se insere numa tradição de dispositivos que visam a estimular as pessoas a permanecerem confortavelmente nos lugares de comodismo, de ocultamento e de silenciamento, inclusive, para e com elas mesmas é o que reitera a abordagem na próxima seção junto com o Cinema Novo Brasileiro do conceito de Indústria Cultural.

Indústria Cultural: rechaçamento do Cinema Novo Brasileiro

Ao considerar o empalidecimento, embranquecimento, apagamento referido anteriormente neste texto, esta seção tece algumas relações entre a escuridão e o silenciamento dos e das estudantes no estudo remoto e as imagens audiovisuais que sobrepujaram o Cinema Novo desde os anos 1980 até hoje.

Ao fazer isso, tem em vista ressaltar que além da falta de acesso à rede *internet* e à microcomputadores, das resistências individuais à invasão tecnológica no espaço e tempo da casa e da família, a manutenção de câmeras e áudios desligados encobrem posturas que descuidam de si e dos outros para cooperar com um mecanismo que nega aos/às estudantes e, por conseguinte, aos e às professoras/es o direito de experimentar um tempo de vida comum e de aspirar ver suas próprias imagens reproduzidas.

Dito de outro modo, supõe-se que a oferta de imagens audiovisuais para o mero consumo e o rechaçamento do Cinema Novo Brasileiro, ao longo do século XX por meio do cinema comercial e da televisão, e nas primeiras décadas do século XXI, por meio dos algoritmos, sucessos de bilheteria ou de curtidas, de microcomputadores, celulares e *internet* tem habituado as pessoas a se relacionarem com a tela como um quadro cultural a ser ocupado por estrelas, astros ou então por pessoas que se orientam por tais perfis e que, no entanto, se veem interpeladas a fazer um novo uso deste espaço com a obstrução do contato social requerido pela pandemia de Covid-19.

Se até a pandemia, a câmera e o áudio eram bem menos acionados para a interação ao vivo entre pessoas comuns, em meio a Covid-19 e as tantas mortes sofridas em 2020 e 2021, tais recursos têm sido buscados por vezes para minimizar o sentimento de saudade entre pessoas queridas distantes assim como para abrir possibilidades de experimentar em um espaço comum virtual formado por pessoas de diferentes lugares e condições de vida e que também pode ser vivido dentro do chamado estudo remoto a que este texto se refere. Algo completamente diferente dos canais anteriores de youtubers.

O conceito "Indústria cultural" foi cunhado por dois filósofos alemães em em 1944, Adorno e Horkheimer, quando eles viviam seu exílio na Califórnia nos Estados Unidos da América. Com este conceito, eles buscavam diferenciar os produtos da cultura popular, os da cultura erudita de produtos que convertem os primeiros e os segundos em bens de consumo ajustados para reprodução de um modo de vida reduzido ao consumismo e ao produtivismo, bens estes distribuídos por meios de comunicação de massas que, na época, ainda eram em sua maioria composto pelo cinema, rádio, revistas e jornais.

Para esses pensadores, a dimensão revolucionária do cinema enquanto arte dos coletivos, enquanto inconsciente ótico capaz de nutrir a aspiração das pessoas de se verem reproduzidas, tal como compreendida por W. Benjamin no seu famoso texto de 1936, havia se afirmado apenas como um meio que acomoda as subjetividades ao modo de produção capitalista, um meio que se proliferou violando as massas, ao subjugá-las com o culto de líderes e violando as máquinas ao colocarem-nas à serviço deste culto.

É interessante notar que apesar de diferentes abordagens sobre cinema, W. Benjamin (2012), T. Adorno e M. Horkheimer (1985) coincidiram no entendimento de que a exploração capitalista do cinema promovia o culto ao espetáculo dessa própria exploração. Um sistema que busca acostumar as pessoas a se perceberem como consumidores e trabalhadores compulsivos com a oferta constante de esquemas perceptivos que inibem pensamentos e sentimentos e, ao invés de impulsionar a interação com o mundo e o consequente enriquecimento da subjetividade, enaltecem a conservação do sujeito para que ele não se perceba cada vez mais insensível e sem si mesmo.

Embora o conceito de Indústria Cultural tenha sido cunhado quando ainda não havia a rede *internet*, as mídias sociais como *Facebook*, *Instagram*, *Whatssapp* e outros, o que se observa é que o culto ao espetáculo, a astros e divas, fomentado pelo rádio, televisão e cinema foi expandido e intensificado com as novas mídias.

Por meio dos produtos da Indústria Cultural que deixaram de ser distribuídos apenas pelo cinema, rádio, jornais e revistas para serem compartilhados em redes sociais o que se vê é a reafirmação constante do capitalismo como um culto que tal como disse Benjamin (2013) celebra o utilitarismo da vida sem trégua nem piedade, que faz com que não exista "dias normais que impede dias que não seja festivo no terrível sentido da ostentação de toda pompa sacral, do empenho extremo do adorador" (2013, p.51).

Ao falar sobre dias festivos ostentados pelo empenho extremo do adorador, Benjamin remete-nos a especialmente os/as estudantes aqui referidos/as, que muitas vezes ouvem que para se tornarem alguém na vida devem concluir um curso de ensino superior, que buscam pensar justamente na perspectiva utilitarista da vida assumida sob a lógica do capital e são ensinados a não se admitir como pessoas que não tem uma utilidade para si e para os outros. Uma visão poderosamente combatida pelo pensamento indígena de A. Krenak, mas que é difundida com o culto ao espetáculo e pelas imagens audiovisuais espetaculares que sobrepujaram as imagens audiovisuais do Cinema Novo Brasileiro que se filiava muito mais a se impregnar dos dias normais e daquele tempo de vida no cotidiano entre pessoas despidas dos traços espetaculares de astros e estrelas, como se pode ver em Xavier (2001)

Ao falarem sobre Indústria Cultural como um sistema que oferece serviços às pessoas como consumidoras mantendo-as presas à condição de objetos, Adorno e Horkheimer (1985) nos fazem refletir se a nova plataforma para a realização de encontros de estudos poderia estar sendo gradativamente colocada a serviço da violação das pessoas, mantendo-as presas ao culto da ideia de ser líder, ou seja, da busca sem fim de cada um se tornar cada vez mais produtivas sem dar-se a ver sobre os efeitos disso para o sentido da vida.

A mão virtual como um novo recurso para o exercício desse culto pode até ser utilizada para se tornar dispensável, mas o que se pode perceber durante o período de estudos é sua "ajudinha" para as pessoas manterem suas câmeras fechadas enquanto as telas luminosas que cultuam o poder econômico, a branquitude e o patriarcado, veiculadas primeiro com o cinema, depois na televisão e mais recentemente nos microcomputadores celulares com as redes sociais, persistem bem abertas veiculando não só imagens audiovisuais espetaculares, mas ferramentas que podem num clima cultural predominado pela concorrência reproduzir mais imagens opressivas, promotoras de subjetividades inibidas em si mesmas e nas outras pessoas, nas suas intuições, na sua abertura para a experiência com outros, nas suas marcas corporais ancestrais.

Essa abertura nos soa diferente daquela na qual as/os estudantes, professoras/es podem experimentar dentro de pequenos grupos, tal como o que neste texto é referido e que cultivou pelo menos a expectativa entre as pessoas de vir a se conhecer presencialmente depois da pandemia.

Apesar de incipiente, é esta abertura para o outro que ainda parece fazer sentido frente ao culto do capital que prossegue com a oferta ainda mais intensa de choques audiovisuais que visam atingir isoladamente a cada uma das pessoas, inundando-a com multitarefas e inibindo-a para o existir entre outras pessoas, para com a sua própria presença no aqui e agora dos acontecimentos e, ainda para a aspiração de se ver reproduzida.

Se considerarmos que a intensificação de tal culto tem impelido as pessoas a assistirem a mais de uma tela simultaneamente, dada a multiplicação de *lives* e inúmeras outras ofertas de atividades, dá para entender o *chat* e os ícones de reações como ferramentas úteis que dispensam as pessoas de abrirem suas câmeras e microfones e aceitarem a inexistência entre outras, sua atenção dividida e, por conseguinte, a renúncia da aspiração em se ver reproduzida, uma dispensa que parece se alinhar com aquela autonomia típica do trabalhador livre a que Marx se referiu. Uma autonomia que conserva licenciados/as ainda mais reféns daquilo que as/os exploram e dominam.

Pois, é fechando tais dispositivos, que praticam calados as multitarefas, sejam elas *off* ou *on-line*, sacrificando um tempo, um espaço comum e uma presença do outro e de si mesmo em prol do culto do capital que converte a vida em "autômato" que lida com o próprio tempo de trabalho se esquecendo que se trata do tempo de sua própria vida.

Mas esta perspectiva autômata da vida tem sido alimentada com a onipresença de imagens audiovisuais que enaltecem o sentido utilitarista da própria existência tanto em seu conteúdo quanto na forma, que ocuparam e continuam ocupando o imaginário das pessoas, não dando a ver, nem o empobrecimento das águas, das terras, nem da população pobre, europeia, mas também indígena, negra e mestiça de brasileiros e brasileiras; não dando a ver nem atores/atrizes não profissionais nem estéticas cinematográficas experimentais que mostram pessoas comuns em seus lugares, tempos e relações cotidianas, expressam as diversas formas de violência, de exclusão, de exploração e de insensibilização assim como mostram o que na esfera do cotidiano, do imprevisto continua pulsando entre as pessoas como resistências ao culto utilitário da existência.

O Cinema Novo Brasileiro proibido e desinvestido de quaisquer sentidos se tornou desconhecido de muitos brasileiros e brasileiras e, hoje, quando a difusão das telas se intensifica em meio a pandemia, exigindo que as pessoas entrem na tela, pode-se perceber com mais clareza a importância do contato com a realidade que aquela cinematografia se propunha oferecer.

Se as telas luminosas oferecidas com plataformas como a *Netflix*, com as redes sociais como *Facebook* e *Instagram*, continuam mantendo as pessoas ligadas a imagens audiovisuais que não visam à legítima aspiração de brasileiros e brasileiras de se verem reproduzidos, mas fortalecem o culto do estrelato que como diz Benjamin torna " a pele e os cabelos, o coração e os rins..." daquele que desempenha um papel diante da câmera, mais um "artigo manufaturado em uma fábrica" [2002, p. 51], a pandemia de Covid-19, que impôs o isolamento social, fez com que as telas, em sua maioria espaços do espetáculo, pudessem ser usadas como espaços sociais de experimentação, de exposição de existências, passíveis de produzirem imagens audiovisuais não espetaculares com peles, cabelos, coração e rins não manufaturados conforme os ícones de maior sucesso de bilheteria.

Com estas imagens audiovisuais de corpos e espaços não manufaturados, as pessoas se encontram diante da possibilidade de ver a si mesmas nos e com os lugares de sua existência evocando o simples direito de existir em si, com e para os outros, com e para si mesmos, no contexto contraditório de 454 mil mortes de brasileiros e brasileiras. As pessoas se deram a ver em alguns momentos e em pequenos grupos em meio à tragédia de mortos, lembrando o quão a vida humana e da terra se encontram ameaçadas pelo modelo econômico capitalista. Apesar disso, pode-se notar que o uso da tela como este meio de contato é vivido com certo constrangimento por pessoas que aprenderam que a tela é um espaço para o consumo de imagens audiovisuais extraordinárias, de alta performance das telas luminosas que compreende filmes e jogos virtuais acessíveis com os microaparelhos eletrônicos e que envolve os gestos e as formas corporais do ator/atriz profissionais ou de avatares ante a câmera.

Imagens audiovisuais produzidas por alta tecnologia de produção de imagens que se guiam por conhecimentos técnicos, tais como: enquadramentos, ângulos, movimentos, filtros, lentes especiais, luz, sons, cortes, ritmos, montagem que apresentam uma realidade como se ela não fosse produzida com máquinas, e que tal como já apontou Benjamin "[...] é a mais artificial".

A discussão sobre este culto dentro dos processos educativos, especialmente de formação docente tem em vista fomentar o debate do tema e contribuir para que as pessoas não participem do seu próprio processo de exploração, para a reprodução do velho e opressivo processo colonizador que as levam a seguir a trilha dos vencedores e a máxima neoliberal do fazer-se por si mesmo, o *"selfie made man/ woman"*.

O brincar como espaço de transformação dos objetos de culto em brinquedos

Benjamin (1994) alerta que apesar da criança dispor de uma certa liberdade em aceitar ou recusar os brinquedos que lhe são oferecidos, os mais antigos brinquedos como a bola, o arco, a roda de penas, a pipa atestam que, primeiramente, foram "impostos" à criança como objetos de culto, e que apenas mais tarde, pela força da imaginação infantil, foram transformados em brinquedos.

Consideramos este apontamento de Benjamin precioso porque também hoje podemos dizer que vivemos em meio a uma nova forma de culto, aquele dirigido ao consumo de mercadorias *high tech* e ao próprio mercado de trabalho.

E é justamente devido a este culto que se torna importante retomar as ideias de W. Benjamin, de Türcke e dos/as artistas brasileiros/as do filme "Tarja Branca", especialmente para pensar sobre o papel da Universidade Pública na promoção de espaços e tempos sociais em que o estudo inclusive o remoto possa se realizar sem suprimir a brincadeira, a qual, segundo Benjamin (1994), por meio da repetição mobiliza a força de imaginação infantil, que possibilita de um lado o assenhoramento de si e de outro a transformação dos objetos de culto em brinquedos.

Observem que quando trazemos esta questão, acompanhamos também a ideia presente no filme "Tarja branca" de que o brincar extrapola uma fase específica do desenvolvimento humano, compreendendo-o como algo que devido a repetição permite um fazer sempre de novo que possibilita a transformação tanto das pulsões do sujeito que brinca quanto dos objetos/espaço e tempo por ele movimentados.

Na apresentação de seu argumento de que os primeiros brinquedos foram impostos às crianças como objetos de culto, Benjamin (1994) considera que é um desatino explicar a oferta do chocalho ao bebê afirmando que é devido a audição dele ser o primeiro sentido que necessita de exercício. Para evidenciar tal desatino, o filósofo lembra que "[...] desde tempos remotos o chocalho é um instrumento de defesa contra os maus espíritos, o qual justamente por isso deve ser colocado nas mãos dos recém-nascidos."(1994, p.97)

Ora, ao dizer isso, Benjamin permite entender que o chocalho é produto de uma prática social historicamente produzida que também promoveu a formação do próprio sensório humano. A explicação de que os brinquedos das crianças são objetos que atendem naturalmente às necessidades de seus sentidos, é um modo de invisibilizar os espaços e tempos sociais que foram fundamentais para a prática social produtora da cultura e da própria forma de ser humano. Uma invisibilização que a teoria desenvolvida por C. Türcke (2010) ajuda a reconhecer a medida que constrói uma espécie de arqueologia da atenção humana, mostrando-a como fruto de experiências sociais de milhares de séculos de formação do homo sapiens, a qual precisa ser cultivada também socialmente para não ser substituída pelo mero acompanhamento individual de choques audiovisuais cada vez mais chocantes.

Ao atentar para o fato de que o chocalho não advém de uma suposta necessidade natural da criança e sim de um processo social e histórico anterior a ela, W. Benjamin (1994) nos oferece elementos para pensar que também as telas eletrônicas não atendem a necessidades naturais das crianças, mas são instrumentos impostos a elas assim como tem sido impostos aos adultos devido à reprodução generalizada da dependência das pessoas em relação a estes para acessar o mercado de trabalho o que se tornou ainda mais evidente com a pandemia.

Nesse processo, os objetos de culto frente aos quais temos passado cada vez mais tempo, movem-se acelerados diante de nós, nos impactam constantemente e justamente pela velocidade não temos sequer tomado consciência dos temores que isto provoca em cada um de nós, não temos representado-os, recuperado-os de diferentes maneiras individual e socialmente. Ou seja, não dedicamos tempo para aquilo que W. Benjamin (1994) reconheceu como sendo o que se faz presente em toda a brincadeira, a lei da repetição, a qual C. Türcke (2016) identificou como central no processo de formação da cultura e da nossa própria humanidade.

Mas o ritmo *high tech* que permite produzir mais rapidamente, também produz o desdém face a quaisquer outros ritmos, requerendo que a educação busque se imunizar cada vez mais pelo caminho do brincar e do fazer artístico, e que a Universidade Pública comprometida também com a produção do conhecimento sensorial, sensível e social busque promover espaços e tempos sociais para o repetir criativo. Pois quando a educação reproduz cegamente o ritmo *high tech*, reproduz também o isolamento do indivíduo, desabitua-o de espaços e tempos sociais, reproduz o temor e estimula a cada um/a a seguir cegamente a doutrina da competição ilimitada, instigando-o a se olhar como o único capaz de professá-la, seguindo os bons exemplos de sucesso oferecidos, na maior parte das vezes, dentro dos espetáculos das telas midiáticas, enquanto todas as demais pessoas que recusam seguir tal doutrina são marcadas como incompetentes, improdutivas e vagabundas.

Ou seja, dentro deste culto, o horror e o temor têm sido calados dentro dos próprios seguidores às custas de sua projeção de tais sentimentos sobre outras pessoas, não raras vezes as mais fragilizadas social e economicamente, tais como crianças, mulheres, negros, indígenas, velhos, pessoas com deficiências.

Mas a alienação que tal doutrina implica tem avançado com a aceleração do ritmo da maquinaria tecnológica, especialmente durante a pandemia e o confinamento social que reproduz o capital junto com um modo de vida e de relação social onde todos devem temer ser substituídos cada vez mais cedo.

Isso impacta em nossa respiração, e com ela no nosso piscar, andar, dançar, sorrir, olhar em torno. Movimentos tão simples do existir, que em vez de brincados e saboreados passam a ser cada vez mais esquecidos, automatizados, encurtados, mecanizados e até imobilizados porque ao invés de serem dirigidos pela atenção das próprias pessoas seguem o ritmo dos aparelhos programados pelos interesses econômicos do capital. Ou seja, quanto mais subordinadas ao mero competir, menos as pessoas têm a chance de fruir tempos e espaços sociais necessários para exercitar aquela força da imaginação presente na brincadeira da criança e do brincante adulto e, para lidarmos com isso, parece indispensável que nos perguntemos como a Universidade Pública pode atuar em nome do ser brincante.

Se o chocalho foi, como nos disse Benjamin, um confronto do mundo adulto que introduziu a criança na esfera sagrada do social visível e invisível, e que mais tarde foi transformado em brinquedo, não seria urgente pensar, sentir e agir dentro da Universidade para que as telas eletrônicas possam vir a ser transformadas pela nossa força de imaginação em brinquedos, em artefatos do gênio artístico humano ao invés de ser apenas um meio que explora nosso sistema nervoso, tal como argumenta o filósofo C. Türcke?

Ao decidirem por abrir a câmera os/as estudantes ensaiam uma resposta para esta questão, pois brincaram, mesmo que por instantes, com as imagens de si sem filtros das atuais máquinas fotográficas. Os/as estudantes não apenas se colocaram contra os esquemas de percepção produzidos para eles e consumidos por eles, mas ao se permitirem o brincar, ressignificaram por um instante este espaço da tela midiática, usado historicamente para enquadrar astros, estrelas, lugares milimetricamente organizados para serem espetaculares, extraordinários, ou seja, este objeto de culto que se confrontou com eles, foi por eles transformado, mesmo que apenas por alguns instantes, em espaço para representar os medos e horrores produzidos no interior de uma sociedade que se torna cada vez mais excludente.

No gesto deles ainda pode-se encontrar algo da máxima Freiriana de que só é possível experimentar a potência do ato educativo quando ela se realiza com e não para os sujeitos.

Uma máxima que hoje se revitaliza com um outro mestre. Ao falar sobre a diferença entre a religião da mercadoria e a do planeta, Ailton Krenak, no programa Roda Viva do dia 19 de abril de 2021 diz "Talvez (...) a diferença esteja no coração a gente não precisa ter uma única visão sobre a vida e o mundo, esse é o problema dos totalitarismos, o totalitarismo não suporta muitos mundos, não suporta muitos gêneros, ele não suporta muitas espécies, então tem uma espécie, a humana que manda no mundo, o mundo é um (...) a mágica que me afeta é a de mundos plurais (...) não essa burrice de um mundo que eu vou comer e depois vou buscar outro, esse mundo fast-food essa obsessão estúpida"

Referências

ADORNO, T. W.; HORKHEIMER, M. **Dialética do esclarecimento**. Tradução de Guido Antonio de Almeida. Rio de Janeiro: Jorge Zahar, 1985.

BENJAMIN, Walter; LÖWY, Michael. **O capitalismo como religião**. Trad. de Nélio Schneider. São Paulo: Boitempo, 2013

BRASIL. **Portaria Nº 343 de 17 de março de 2020**. Diário Oficial da União. Brasília, DF, ed.53, p. 39, 2020. Disponível em: http://www.in.gov.br/en/web/dou/-/portaria-n-343-de-17-de-marco-de-2020-248564376. Acesso em: 01/02/2023.

DARDOT, Pierre; LAVAL, **Christian. A nova razão do mundo**: ensaio sobre a sociedade neoliberal. São Paulo: Boitempo, 2016.

KRENAK, A. **A vida não é útil**. São Paulo: Companhia das Letras, 2020

KRENAK, Ailton. **Roda Viva**/Ailton Krenak/ exibido em 19/04/21. Entrevistadores. Vera Magalhães, Denilson Baniwa, José Miguel Wisnik, Leão Serva, Renata Machado Tubinambá, Sidarta Ribeiro. Roda Viva. São Paulo: TV Cultura. 2021.

RATTS, Alex, RIOS, Flávia. Lélia Gonzalez. **Série Retratos do Brasil Negro**, coordenada por Vera Lúcia Benedito. São Paulo: Selo Negro, 2010.

TARJA branca, AKA Drops of Joy 2014 Filme Nacional Completo. 89'06". Videocamp. 2020. Disponível em: https://www.videocamp.com/pt/movies/tarja-branca. Acesso em 18/12/2020.

TURCKE, C. **Hiperativos**: abaixo a cultura do déficit de atenção. São Paulo: Paz e Terra, 2016.

TURCKE, C. **Sociedade Excitada**: filosofia da sensação. (Trad. A. Zuin, F. Durão, F. Fontanella & M. Frungillo). Campinas: Editora da UNICAMP, 2010.

XAVIER, Ismail. **Cinema brasileiro moderno**. São Paulo: Paz e Terra, 2001.

doi.org/10.29327/5220270.1-20

Capítulo 20

METODOESTESIS-PAIDAGOESTESIS EN LA AMBIENTALIZACIÓN DE LA EDUCACIÓN: LAS SENDAS DEL SENTIR EN LA CREACIÓN-RE-CREACIÓN DE MUNDOS-OTROS DESDE EL PENSAMIENTO AMBIENTAL SUR

Ana Patricia Noguera de Echeverri y Carlos Alberto Chacón Ramírez

Obertura

EL SENTIR, lo sensible, la sensibilidad, los sentidos, lo sentido, la vida sensible, emergen de la profundidad de la tierra que somos, nos habita y habitamos. Una urgente des-antropo-centrización de lo sensible en estos tiempos de penuria ha ido conmoviendo nuestro Pensamiento Ambiental Sur, ante la renuncia a lo imaginario, lo mágico, los sueños; al sentir y ser sentido; a las alteridades y otredades radicales, a la posibilidad de diseñar y crear mundos-otros, que el hombre moderno, al entregarle a la razón científico-técnica, a la razón moral y a la razón estética del Sujeto transcendental, el dominio de la Verdad, la Belleza, la Bondad, la Justicia y la Vida, como categorías universales y no como acontecimientos de la diferencia.

La ciencia y la tecnología que apoyaron y siguen apoyando la Revolución industrial (siglo XVIII) y su expansión global a través de conocimientos elaborados por el pensamiento calculador; la renuncia a lo sensible por parte de la razón indolente que ha sostenido la explotación y devastación de la tierra -y de nosotros sus hijos- para fines capitalistas y capitalizadores de los mundos de vida, hacen que los tránsitos culturales urgentes de una sociedad metafísica a comunidades ecosóficas; de una educación para el dominio de la tierra y del cosmos, a una educación para amar y respetar la tierra que somos; y de una biopolítica global de control de los recursos a una geopoética del habitar poético, se configuren en **el sentir**, como poderosa potencia diseñadora, creadora y transformadora de la vida.

En nuestro PAS (Pensamiento Ambiental Sur), policromías, polifonías, polirritmias y polisemias se tejen para que de esa densidad estética propuesta en la metodoestesis -paidagoestesis, emerja la fuerza ético-política con la cual puede ser posible una renovación de lo humano), aferrado a la tierra-madre, como la sienten comunidades ancestrales – originarias.

Metodoestesis

De nuevo, como hace cuatrocientos años lo hicieran René Descartes (1980), y Francis Bacon (1979), como hace doscientos años lo hicieran Hegel (1981) y Marx (1974) y hace un siglo lo hiciere el filósofo del mundo de la vida: Edmund Husserl (1991), la pregunta por el método, no como herramienta, sino como senda, como manera de hacer y con quienes hacemos, vuelve hoy a ser fundamental para construir tránsitos culturales y civilizatorios a mundos otros en los que la tierra, sus tejidos mundo vitales, sus diseños y creaciones de naturalezas comiencen a respetarse en su infinita y sagrada variedad.

El método científico, cuya esencia es la operatividad y eficacia del pensamiento calculante, ha dado frutos extraordinarios que han configurado la civilización occidental moderna. La exactitud presente en la verdad de la ciencia moderna, ha sido crucial para el desarrollo en todos sus órdenes por cuanto éste obedece al despliegue de la razón sobre sí misma, en una actividad crítica que ha conmovido los objetos, verdades y principios de la ciencia moderna. Así, ciencia y tecnología modernas han obedecido hasta el presente, al imperio de la razón pura como operación del sujeto sobre el mundo – objeto – natural – cultural y por lo tanto, la labor fundamental del sujeto ha sido ´salvar´ la verdad del *pathos* de la diferencia cultural. Volando por los cielos de la metafísica, la verdad debía tener aquello que la hacía **episteme**, y no tan solo **doxa:** exactitud y precisión que la hacían pura y por lo tanto, **universal.** La verdad científica se enfrentó así al **pathos de la cultura**, es decir, a su singularidad y a su diferencia; la ciencia moderna, la técnica como tecnología: técnica guiada por una lógica y cultura como arte, tomaron caminos distintos pese a que la ciencia moderna y la tecnología habían surgido de la cultura, no reducida al arte, sino de la cultura como tejido simbólico. Este bucle, esta relación compleja configuró un momento del tejido, del anudamiento, del amarre entre diversas pieles: del inter-tacto, del tocarse, y del auto-crearse y del auto-trasformar-se en clave del proyecto de la Razón Absoluta, lo que paradójicamente des-terrerizó, amputó lo sensible, para convertir ese anudamiento en amarre de conceptos, principios, teorías y métodos en el afuera de la physis, que como concepto presocrático era la naturaleza creadora de todo lo viviente, incluyendo lo humano. La paradoja estructurante del proyecto civilizatorio ha sido en clave nietzscheana, la tragedia de occidente. Así, aunque el imaginario emergente de dicha paradoja haya sido el de la ruptura, la escisión y la amputación de lo sensible, ciencia, tecnología y cultura modernas se afectan permanentemente como physis. No hay tejido simbólico: lenguajes, rituales, maneras de vivir, que no sea afectado por saberes y conocimientos que crean técnicas que van a transformar, a su vez, culturas, saberes y conocimientos.

La relación entre estos tres acontecimientos de la Modernidad, como en cualquier época, lugar, historia, relato o saber, no es causa-efecto, sino bucle autopoiésico y autoorganizador, pero y sobre todo, sensible y sintiente, porque los inter-tactos que transforman el yo-tu-nosotros son tocamientos que alteran las pieles profundas que se tocan-metamorfosean en otros.

En el tocar, que está relacionado autopoiésicamente con el sentir, se crea una otredad que conecta lo separado, sin mediación alguna. Esa conexión, esa nostridad, solo acontece en el sentir: no de lo uno separado de lo otro, sino en el inter-tacto que es lugar donde acontece el sentir. El pensar como emergencia de la vida sensible, nunca está realmente escindido del sentir... pero la paradoja oculta esta relación existencial y ha colocado el pensar sobre el sentir, lo que ha hecho que la Educación y por supuesto, la ambiental, haya tomado el camino de un pensamiento calculador que ha reducido lo ambiental a recursos naturales y la educación ambiental a cuidar dichos recursos para sostener el desarrollo.

La metodoestesis es la manera de nombrar la metamorfosis (Coccia, 2021), es decir la transformación permanente de la otredad vital, la alteración de sí misma en otra, otra, otra...la metodoestesis se sale de toda linealidad, de todo eje, de toda geometría reduccionista; de toda datificación y medición. Es el tejido de caminos que acude a movimientos intertactálicos, rizomáticos, magmáticos, azarosos, espirálicos, de diseños sagrados, cercanos a los *muyus* quichuas, a los coros atonales, a las armonías caóticas de las pinturas de Jackson Pollock, a las disonancias creadas por John Cage en su piano preparado, a los sonidos selváticos e indomables de la Amazonía ancestral, a las conexiones inesperadas de ritmos ancestrales con mantras y vocablos que nombran lo innombrable, ... a "La muchacha indecible": Kore, que narran-dibujan Giorgio Agambem y Mónica Ferrando (2014) en sus investigaciones sobre lo sensible presente en el mito. Escribir sobre metodoestesis, solo es posible sintiendo lo sensible. Así los cuerpos-entre-cuerpos, la intertactalidad que despliega Juan Pablo Alzate en su joven y serena escritura "Investigar entre - cuerpos. La investigación desde la piel en el habitar intercultural postcolonial sur andino", (2020), disuelve las barreras y los muros de los objetos creados por la epistemología moderna, para comprender la porosidad de las pieles-entre-pieles (Noguera, 2004, 2012, 2016, 2018, 2020, 2021, 2022) en sus indecibles transiciones, transformaciones y transcorporeizaciones.

Así, la metodoestesis permite el caminar por las sendas de la vida sensible (Coccia, XX) haciendo giros, tránsitos y transiciones de una educación cuya esencia es la contabilización de los recursos naturales por medio de la administración y control del mundo de la vida, a una educación cuyos sentidos se configuran en el florecimiento de la vida, el amor y el respeto por la tierra-madre-maestra (Noguera, 2017).

En lo sensible acontece lo acontecimental. Es en este lugar configurado por el inter-tacto, donde lo uno y lo otro se disuelven en geo-comunidad, acontecimiento fundante de territorio. Así, la práctica del estar ahí, contacto de todo contacto, se convierte en una especie de a priori en tanto es la experiencia que configura el darse de toda experiencia. Esta es el habitar - hábitat. El hábitat necesita del habitar para ser hábitat y el habitar solo es en tanto hábitat. El contacto es fundacional de todo contacto. Se configura en permanencia la vida, tejido de tejidos, plexo en el que el contacto es existencial, es decir, acontecimiento en despliegue, diáspora de la vida en su diversidad óntico-relacional.

La metodoestesis es re-encantamiento, asombro del vivir, de los paisajes que como lengua-deslenguada (Pardo, 1991), somos, habitamos-nos-habitan. Es la serie de trazos que marcan huellas-caminos, ires y venires, como el vuelo de la mariposa, sin objetivos, sin metas. Es caminar sin dirección, asombrando-se de estar-se tejiendo en la trama de la vida.

Las maneras de hacer de las artes, los artilugios y las artimañas (Mesa, 2010), las artes-sanas, es decir las artes que curan el dolor y la enfermedad de esta tierra devastada, reducida a extensión-recurso-mercancía-riqueza, constituyen los modos de hacer de la metodoestesis. Labrar, moldear, dibujar, componer, disolver, difuminar, escuchar, cantar, tocar, escribir, ... son verbos que conjugamos *estando ahí no más* (Kusch, 1968) expresión mapuche que advierte en el *estar ahí no más* geopoéticas del habitar sur, exterioridad radical. (Grosso, 2022)

Los maestros de los talleres renacentistas, de los talleres abyayalenses, de comunidades originarias o de los talleres de arte actuales, han enseñado estando, tocando, labrando, dibujando, escuchando, difuminando, escribiendo. No enseñan a, sino que enseñan, enseñando, colocando sus huellas, señas, marcas, tatuajes, en las pieles de los cuerpos-aprendiendo (Pallasmá, 2006) . El tocar, el inter-tacto es el acontecimiento fundante del estar transformando-se, metamorfoseando-se. Nunca somos. Siempre estamos en transición. En el inter-tacto acontece la metamorfosis. En el inter-tacto acontece lo ambiental, las trans-formaciones producidas por el con-tacto de los cuerpos simbólico-bióticos (Noguera, 2000 y 2004). Así la ambientalización de la educación está en la comprensión sensible de este entramado en el estando, gerundio, presente continuo del *estar ahí no más*.

Paidagoestesis

Esta educación ambiental, ambientalizada y ambientalizadora implica unas trayectorias: Paidagoestesis, en comunidades de sentires y sentidos de vida, donde se disuelve la relación profesor – alumno, en clave de una comprensión de nuestro estar-ser tejidos de vida, juntos en el flujo infinito de los procesos planetarios y cósmicos de metamorfosis permanente de todo lo existente. El camino: método, es el camino del sentir, de lo sensible, lo sintiente... estesis. La maestra-tierra es la compañera que enseña el amor a la naturaleza: Paidagoestesis...la pedagogía del sentir solo es posible si escuchamos la tierra: sus gritos, sus silencios, sus sentires, sus reacciones ante la explotación, la devastación, la atrocidad que la modernidad industrial realiza en los tejidos, plexos, pieles, texturas de la tierra.

Paidagoestesis que tanto anuncia como recuerda al paidagogo, el cuerpo caminante que en ruta al ágora, hacía camino en el sentido, en el *espíritu de la compañía* con el niño aprendiz; *juntos de la mano*. Andaduras del sentir, de lo sensible, de la vida sensible, para una ambientalización de la educación, en deseos de pensamiento ambiental Sur.

Paidagoestesis, porque es compañía de entre-cuerpos de las manos, que se disuelven como cuerpos-mundo-de-la-vida-biótico-simbólico-afectivo. Vidas sensibles, cuerpos afectados que quieren ser con-otros-s para comprensiones expandidas del mundo de la vida. Acontecer experiencial en el aula-escenario-lugar del habitar, que implica la pregunta oceánica de ¿cómo habitamos la tierra?; oceánica por profunda, abisal, abismal, cromática, agitada, embebida de la fuerza que le otorga la vida en sus adentros.

Paidagoestesis, que da cuenta de la compañía en posibilidad óntica, ética, política, estética en el con-versar con el otro en tensión con el acto dominador del con-vencer. Cuerpos-entre-cuerpos en expansiones telúricas del pensar, en magmáticas del nombrar, en el mutuo trato considerado, todos como renuncia a las convencionales maneras de docilización de los cuerpos. Paidagoestesis que alerta sobre las maneras biopolíticas de manipulación de los cuerpos dadas por los marcos del sujeto y de la naturaleza objetivada.

Acuerdo complejo en <u>Hifología</u>, como metáfora que reside en condición *fúngica*, es decir dérmica-terrea; como *rizoma* en bella metáfora vegetal de virtud intraterrenal. Como neología en Roland Barthes como *tex-jido*, de tejido, de tejer, trenzar, hilar; como el telar de árbol que se hace y disuelve en las policromias de la naturaleza y las culturas. Paidagoestesis, compañía-entre dos; en reunión de intimidades, en *complexus* como lo *que está tejido junto*, estésicamente aliados, *juntos de la mano*. Un dejar-se habitar por el otro y por lo otro, un enamorar-se del otro y de lo otro en el acto del morar y del morar-se.

Paidagoestesis en el acto de caminar en compañía, que en etimología latina es, *comer del mismo pan* que contiene la escena de incorporar-nutrirse de lo que emerge de la tierra cuando se camina por ella. Experiencia en el lugar que se camina y que alienta a que los sentidos florezcan y se expresen en maneras del rubor, de la piel estremecida por el gozo o el dolor; impresiones que configuran maneras del habitar. Caminos que se tornan cercanos, afectivos, intuitivos, del recuerdo o del olvido. Caminos que se convierten en excepcionales por las contorsiones, danzas, pausas, agitaciones en el momento del caminar; cuerpos en la senda alentados por el telón de fondo de la naturaleza, las culturas, las variegadas formas de ellas y entre ellas. Caminos que alejan de los abismos de la escisión, del desprecio por la vida, de la devastación, del desierto albergado, como recuerda Nietzsche.

Sendas que provocan el diálogo, la palabra entre dos, que se juntan en espacios-lugares que habitados se convierten en amados, emocionales, para asistir a lo sucesivo, a lo discontinuo, a la fugacidad. Habitar juntos en torno al pan de la mesa nutricia significa habitar los sucesos de la tierra, que a su vez se ligan y desligan en redes de relaciones como ritmos. Sendas geopoéticas del caminar para la reinvención del existenciario, en el aula, en la vida cotidiana.

Tierra y poéticas recorridas en el sentir ante las reverberaciones de la vida, que permiten el asombro para merecer vivir, en recuerdo vivo del maestro Ángel-Maya. Método del caminar-sentido que deja huellas no incrustadas al pasar, sino como mudanzas al caminar. Huella retenida en la ensoñación de su ausencia. Huella que jamás será copia ni calco, ni siquiera temporal, porque es única en su ocurrir huella; huella errante. Lugar entre huellas de los cuerpos en-a-morados que van de la mano.

Ejemplo de la huella, en bios extendido no humano en estar juntos, entre dos: avispa y orquídea en eros polinizador; *Ophrys bombyliflora*, belleza floral desplegada en variedades de color, atrae al insecto polinizador, que responde a su belleza en un acto-huella, como danza de festejo, revestida de color y de volátiles fragancias. El insecto se ausenta y la huella permanece en lo efímero de su encuentro; atracción de encantamiento y de genes arrebolados en la búsqueda de procrear, en acuerdo sustancial. Flor como morada temporal, como casa dulce que invita a residir; huella postergada para otra visita esperada. Dice Fritjof Capra *¿Qué patrón-se preguntaba- conecta el cangrejo con la langosta, la orquídea con la primavera y todas ellas conmigo? ¿Y a mi contigo?*

Paidagoestesis como teatro al que se asiste, y del que se es actor en compañía de otros actores en dramaturgias del mundo de la vida, en una implicación enigmática, tensa, misteriosa que se dispone ante el mundo en la forma de perspectiva teatral. Escena lugar-naturaleza-cuerpos como trenzas, filigranas, urdimbres de la vida. Paidagogo-maestro como cuerpo múltiple en los modos de construir-se con el otro en modos de sensación, de interpretar las tramas de la vida que los contiene.

Estéticas extensas que se practican en el interpretar, y se componen en el escuchar, en paladear los sabores del mundo, que recuerdan la casa natal, la morada original, la tierra hospitalaria y nutricia donde ocurren los más caros afectos. Escucha del cuerpo como un a-método en resistencia a las calculadas formas de la ortodoxia metodológica. Metodoestesis-Paidagoestesis en correspondencia con el hallar caminos, en clave del viaje; decurso de la asombrosa aventura del pensar las relaciones complejizantes de lo ambiental en sus profundidades ecosistémicas y culturales.

Paidagoestesis-*colere* como cultivo, sembradío, emergencia de lo sembrado, trato considerado con las cosas del mundo, descosificación de la vida. Sensibilidades en el *cuidado*, y entre ellas alerta: *colere* que se convirtió en la palabra *colonus*, que deriva en *colonia*; residuo de una colonización que aún inflige sus marcas en establecidas formas de imperio. No se trata de la postura del cuidado como vigilancia; como vigilante en el faro, y por ello, advertir la falacia de un tipo del cuidar como artilugio para desenterrar, para desenraizar, para extraer, para explotar las diversidades de la tierra. Preferible como giro de pensamiento ambiental, la tierra *abyayalense*; matriz generosa.

Paidagoestesis en un Aula Invertida. Potencias de la tectónica, magmática, telúrica, geográfica bios-diversa en esta América Profunda de Rodolfo Kusch, en esta América Invertida de Joaquín Torres García. De ellas, acontece en cercanía un aula otra, un *aula invertida*, como resistencia ante las monolíticas y enciclopédicas formas de escisión entre la naturaleza y las culturas, ante la decidida exclusión de las estéticas, las sensaciones, las emociones expandidas, los sentires y lo sentido. Aula-cuerpos-paidagoestésicos-invertidos en salida a las intenciones uniformantes que anclan a la mera observación y a fortuitos epistemológicos, lo que debe ser una máxima expresión del cuerpo del ser y del sentir, y, entonces romper la creencia que el mundo sólo se entiende desde estructuras cerradas y unidireccionales que señalan el norte como ideología para la exclusión, como teleología ilustrada, profesionalizante, institucionalizante , ensimismada en el competir. Aula Invertida es giro radical de una aula como fábrica que moldea identidades para la constitución de sujetos del consumo, febril y bulímico por la naturaleza como mercancía para el lujo eterno, a un *Aula-Flauta* como lugar habitado, donde se recreen los sones y musicalidades de los cuerpos habitantes que residen con sentidos de lugar, y atienden al trato considerado con la vida.

Aula invertida que acoge el espíritu de la compañía, *para comer del mismo pan,* que se condensa en clave de lugar, en la tesitura de la red, donde se zurcen los eventos, los azares que constituyen el mundo de la vida, que contiene la incertidumbre, el ocaso, las brumas, lo inextricable; donde se teje, en la manera de las hilanderas de Velásquez, en la hilandería que zurce los engramados de la vida; -entre Aracné y Minerva-, en las tensiones entre-nos, para lograr el más fino y amoroso tejido de la vida. Ya no será la misma rígida, ensimismada, unidireccional, la del plano cartesiano, que pone el mundo en las posiciones del arriba y del abajo, derecha e izquierda como geometrías inamovibles. Recinto marmoleo, monolítico, enciclopédico, acumulativo, edificado en la noción de un mundo seriado que se conserva en el eterno retorno de la matematización del mundo. Decididamente, desde el aliento de la América Invertida, simbólica de rotación crucial para el pensar paidagoestesico, que se promueve en el aula y sus cuerpos, todos incorporados.

Paidagoestesis en clave joven que no ocupa ni un lugar frívolo, ni se ocupa de un tiempo ligero; pues su lugar y su tiempo, son de las discontinuidades, como él discontinuo. Condición del joven-*jovial* por los tiempos de su inmanencia, de sus maneras de estar-ahí, como dice Kusch, de estar *ahí...no más...*; Cuerpos del aula que se deslizan por sus lugares y tiempos de excepción, y que expresan sus afectaciones más radicales. *Jóvenes viviendo a toda...* que luchan por que se les reconozca, pues como dicen: somos expresión no subversión.

Aula en topofilia, como en el Francisco de Asís de Bellini. Aula no editada, invertida por inédita, acontecimental, irrepetible, imprevisible, inesperada, en florecimiento. Se invierte por la dislocación de los discursos omniabarcantes de la razón científica, de la razón política. *Aulas inéditas-invertidas. Concebidas* con las manos de carpintero, con las manos de obrero, de herrero, de escultor, de labriego, de arador, de arquitecto y, en el vértigo que acompaña los cuerpos entrañados, el aula se torna vertiginosa, virtuosa, decididamente incorruptible.

Se invierte el camino áulico, es promenade-compañía por rutas desprevenidas, para **h**acer el movimiento marginal, movimiento del logos heredado y el cierre del bostezo academicista, hacia el *oscilum* de una ambientalización de la educación como geo-poetización, palabras de Ana Patricia Noguera. Y en tanto, *la educación, o es ambiental o no es educación*, del mencionado y Maestro, Augusto Ángel-Maya.

Referencias

Agambem, G; Ferrando, M. **La Muchacha Indecible.** Madrid: Ediciones Sexto Piso, 2014.

Alzate, J. P. Investigar entre - cuerpos. La investigación desde la piel en el habitar intercultural postcolonial sur andino. En: Noguera, A. P, editora académica. **Polifonías geo-ético-poéticas del habitar-sur.** Manizales: Editorial Universidad Nacional de Colombia, 2020.

Bacon, F. **Novum Organum**. Aforismos sobre la interpretación de la naturaleza y el reino del hombre. Barcelona: Fontanella S.A., 1979

Coccia, E. **Metamorfosis**. Buenos Aires: Editorial Cactus, 2021.

Descartes, R. **Discurso del Método**. México: Editorial Porrúa, S.A. Séptima Edición, 1980.

Hegel, G.F.W. **Fenomenología del Espíritu**. México: Fondo de Cultura Económica, 1981.

Husserl. E. **La Crisis de las Ciencias Europeas y la Fenomenología Trascendental**. Barcelona: Crítica, 1991.

Marx, Karl. **Manuscritos**: economía y filosofía. Madrid: Alianza Editorial, 1974

Mesa, C. **Superficies de contacto**. Adentro en el espacio. Medellín: Mesa Editores, 2010.

Noguera, A. P. **El reencantamiento del mundo**. Manizales– Bogotá: Editorial Universidad Nacional de Colombia; México: PNUMA/ Serie PAL n. 11, 2004.

Noguera, A. P. Cuerpo-Tierra. El Enigma, El Habitar, **La Vida**. Emergencias de un pensamiento ambiental en clave del reencantamiento del mundo. Berlín: EAE, 2012.

Noguera, A.P. Editora. **Voces del Pensamiento Ambiental**. Tensiones críticas entre Desarrollo y Abya Yala. Manizales: Editorial Universidad Nacional de Colombia, 2016.

EDUCAÇÃO, AMBIENTE, CORPO E DECOLONIALIDADE

Noguera, A.P. ¿Para qué poetas en tiempos de Devastación? El giro estético del Pensamiento Ambiental latino-abyayalanense. En: Reyes Ruiz, J; Castro Rosales, E; Noguera de Echeverri, A.P. (2017) **La Vida como Centro**. Arte y Educación Ambiental. México: Editorial Universidad de Guadalajara. p. 33 a 85, 2017.

Noguera, A.P. Editora. **Pensamiento Ambiental en la Era Planetaria**. Biopoder, Biética, Biodiversidad. Una interpretación de los desafíos simbólico-bióticos en la aldea global. Manizales: Editorial Universidad Nacional de Colombia, 2018.

Noguera, A.P. Editora Académica. **Polifonías ético-poéticas del Habitar Sur. Manizales**: Editorial Universidad Nacional de Colombia, 2020.

Noguera, A.P; Pineda, J. A; Chacón, C.A. Parte ii. Ambientalización de la educación en tiempos de transición civilizatoria. Tránsitos y giros epistémicos-estéticos-éticos-políticos. En: **Ministerio del Medio Ambiente y Desarrollo Sostenible**. (2021) Consideraciones de la Ambientalización en la Educación Superior, desde una Colombia compleja en clave del pensamiento ambiental colombiano. Bogotá: Ministerio del Medio Ambiente y Desarrollo Sostenible, 2021.

Noguera, A. P. **Metodoestesis**: las sendas de lo sensible en el Pensamiento Ambiental Sur. Manizales: Editorial Universidad Nacional de Colombia, Colección Apuntes Maestros. Inédito, 2022.

Pallasmaa, J. **Los ojos de la piel**. Barcelona: Gustavo Gili,SL, 2006.

Pardo, J.L. **Sobre los espacios Pintar Escribir Pensar**. Barcelona: Serbal, 1991.

doi.org/10.29327/5220270.1-21

Capítulo 21

PAULO FREIRE, ENSINO DE CIÊNCIAS E DECOLONIALIDADE

*Marcília Elis Barcellos, Elisabeth Gonçalves de Souza e
Soraia Wanderosck Toledo*

Introdução

ESTA TESSITURA DE IDEIAS, nasce num contexto excepcional de uma pandemia, a do COVID-19, que nos assola há mais de um ano, e que pode tornar-se ou assumir a forma endêmica, caso continuemos no ritmo de degradação ambiental e humana em que nos encontramos hoje. Talvez todos foquem na perspectiva da crise ambiental que desequilibra sistemas e traz à superfície vírus e bactérias desconhecidos da Ciência que destroem vidas, projetos, sonhos, muito mais do que destrói a economia. Mas, a crise ambiental evidente que assolou, no Brasil em 2020, a Amazônia e o Pantanal transformando-os em cinza e morte, só chegou a esse ponto, possivelmente porque parte da população que habita este planeta perdeu parte da capacidade de relacionar-se com o meio ambiente. Nossa crise sanitária é menor que a crise moral e humanitária que nos assola, sucumbe e destrói.

Perdemos, ao longo de um processo do tempo, nossa capacidade de nos relacionar com a natureza e de respeitar as diversas formas de vida. O ser humano, que nos seus primórdios, estabelecia uma relação harmoniosa com todas as formas de vida, passou a tentar controlá-la, principalmente com o advento da modernidade.

Essa tentativa de controle desordenada tem evidenciado uma "necrofilia" (amor à morte), muito mais que uma "biofilia" (amor à vida) FREIRE (2017a).

Havia um discurso comum no início da Pandemia, de que o vírus igualaria as pessoas, dada sua rápida propagação e por ter sido evidenciado primeiramente nas classes sociais com poder aquisitivo mais alto, no caso do Brasil. Puro equívoco contaminação não escolhe os sujeitos hospedeiros, mas o tratamento dado a essas pessoas varia consideravelmente tendo em vista os modos de vida, os acessos ao Sistema de Saúde e a possibilidade de um isolamento social. Ou seja, dependendo de onde o vírus pousa, a chance de sobrevivência está ligada à capacidade de uma vida digna, de um trabalho que permita o isolamento (trabalhar em casa), acesso a compras pela internet, água, sabão, álcool gel, termômetro, médicos, hospitais, respiradores. A ideia da distorção que tratamos aqui, diz respeito ao quanto o Coronavírus pode evidenciar sobre como a sociedade brasileira é desigual e o Coronavírus é apenas mais um elemento, dentre muitos outros, que o abismo social sobre a qual a sociedade brasileira, historicamente, se estruturou.

Nossos traços históricos, de uma cultura subjugada por outra, exterior, criou uma sobreposição de camadas na sociedade, que, sem um processo educacional nascido de dentro para fora, crítico, que leve em conta nossas especificidades, não tem condições de reverter os abismos impostos no nosso processo histórico-social.

Buscamos neste tecido, de muitos fios, que também se chama texto, discutir sobre os vários abismos que nos são impetrados: abismos do sistema educacional, abismos da igualdade social, de gênero, de raça. Mas, como professoras que somos, ao trançar estes fios, nos dedicaremos com mais profundidade a discutir mais uma vez, o quanto o sistema educacional brasileiro é desigual, e quanto esta desigualdade está relacionada ao nosso processo de colonização, o quanto o acesso à educação de qualidade ainda é longínquo, o quão cruel é a educação que não evidencia e discute as necessidades e as raízes de seu povo e prefere manter modelos coloniais que assolam e acabam contribuindo para a consolidação das lacunas sociais. Abordaremos também, o quanto os escritos de Paulo Freire, em especial nas obras "Educação e atualidade brasileira (2012)", "Educação como Prática de Liberdade (1991), "Pedagogia do Oprimido (2017)", "Pedagogia da Esperança (2016a)", "Pedagogia da Indignação (2016)" e "Pedagogia da Tolerância (2017)" nos revelam formas de superação e de cortar as amarras que nos prendem às formas coloniais de ser, existir e educar. Paulo Freire denunciou em suas obras, o caráter excludente da educação brasileira e a opressão entre os sujeitos.

Enquanto esse modelo excludente, pensado fora de nossa realidade, meritocrático estiver em voga, seremos assolados não só por pandemias, mas principalmente, seremos assolados por nós mesmos, pela falta de compreensão de quem somos, do que precisamos e da educação que queremos. A humanidade pode vir a ser extinta por sua pouca compreensão do humano.

EDUCAÇÃO, AMBIENTE, CORPO E DECOLONIALIDADE

De um humano que tenha como base as formas identitárias de ver o mundo, não um humano padrão, ideal, reflexo de um modo apenas de pensar.

Enquanto não pensarmos numa construção cultural, que represente os anseios desse povo multicultural, continuaremos a cometer os mesmos erros e a percorrer um círculo interminável, sem avanços. Acreditamos, assim como Paulo Freire que

> Em realidade, não nos será possível nenhum verdadeiro equacionamento de nossos problemas, com vistas a soluções imediatas ou a longo prazo, sem nos pormos em relação de organicidade com nossa contextura histórico-cultural. Relação de organicidade que nos ponha imersos na nossa realidade e de que emerjamos criticamente conscientes. Somente na medida em que nos fizermos íntimos de nossos problemas, sobretudo de nossas causas e seus efeitos, nem sempre iguais aos de outros espaços e outros tempos, ao contrário, quase sempre diferentes, poderemos apresentar soluções para eles (FREIRE, 2012, pág. 9).

Compreender as raízes históricas que marcaram nosso sistema de ensino é fundamental para compreendermos o modelo segregador que nos é apresentado e que consumimos, na maioria das vezes, passivamente. Uma das possibilidades para minimizar os problemas educacionais é implementar na escola espaços para o debate, o diálogo com base no conhecimento da realidade que nos permeia. Esta pode ser uma das saídas para vencermos o abismo educacional e, por conseguinte, o social que permeia nossa sociedade, reproduzindo colonialismos e outras desigualdades.

Sim, na luta de classes, mas também para além dela

Como pensar numa educação que transforme, se nossos pés estão cravados num modelo eurocêntrico colonial, elitista, branco, masculino, patriarcal? Esta questão, já respondida por Paulo Freire, ainda nos assola e parecemos não sair do lugar, ainda que denúncias já tenham sido publicadas e soluções esboçadas desde seus primeiros escritos. Para Freire,

> A história dos colonizados "começava" com a chegada dos colonizadores, com sua presença "civilizatória"; a cultura dos colonizados, expressão da sua forma bárbara de compreender o

> mundo. Cultura, só a dos colonizadores. A música dos colonizados, seu ritmo, sua dança, seus bailes, a ligeireza do movimento de seu corpo, sua criatividade em geral, nada disto tinha valor. Tudo isto, quase sempre, tinha de ser reprimido e, em seu lugar, imposto o gosto da Metrópole, no fundo, o gosto das classes dominantes (FREIRE, 1978, p. 20).

A imposição cultural da Metrópole encobre as práticas culturais aqui existentes e impõe uma divisão entre colonizados e colonizadores, separando a sociedade em classes, daqueles que mandam e daqueles que obedecem, criando assim uma exclusão de práticas e de formas de ser. Vale ressaltar, porém, que o encobrimento destas práticas não significa o total desaparecimento delas. Em muitos casos, a imposição de uma cultura gera um movimento de resistência daqueles que estão em posição subalterna.

Vale destacar, contudo, que mesmo silenciadas, as práticas culturais nativas, ainda que agonizantes, resistiam seja nas fugas dos nativos para o interior do país, dos negros com seus ritos nas senzalas e na fuga para os quilombos, nas lutas das mulheres por seus direitos"? Esses movimentos de resistência ao longo da história nos mostram o quanto estão entranhados na luta de classes. O que restou dessa cultura nascente é visto hoje na produção da Cultura Popular representativa de uma visão de mundo que "sobrevive nas crenças, lendas, religiões e festas populares, e que esconde uma sabedoria viva por trás da sua aparência primitiva e lúdica para as elites" (Xavier, 1994, pág. 35).

Para Freire, a superação de um modelo excludente, segregador, impositivo pode se dar pela perspectiva do diálogo, ponto central na obra freireana, tão bem conceituado em "Educação como Prática de Liberdade":

> E o que é diálogo? É uma relação horizontal de A com B. Nasce de uma matriz crítica e gera criticidade (Jaspers) Nutre-se do amor, da humildade, da esperança, da fé, da confiança. Por isso, só o diálogo comunica. E quando os dois polos do diálogo se ligam assim, com amor, com esperança, com fé um no outro, se fazem críticos na busca de algo. Instala-se uma relação de simpatia entre ambos. Só aí há comunicação (FREIRE, 1991, 107).

Romper com o laço colonial que nos prende e sufoca é urgente e só poderemos avançar se nos conscientizarmos de que é pelo diálogo que os seres humanos se conectam e reconectam, que se completam, que podem criar e recriar sua humanidade a partir de sua identidade. Pensar nela compreendendo as inúmeras diferenças que a cercam.

O movimento de imposição do modelo eurocêntrico, visa à padronização de todos os povos, reforçando uma ideia equivocada de que todos aqueles que não estivessem dentro deste padrão, são povos não civilizados. Esse movimento de imposição de formas de ver o mundo, de opressão, acabou gerando, conforme Freire, em duas categorias distintas – opressores e oprimidos. Estas duas categorias, mediadas por um processo de alienação, leva os oprimidos a buscarem os moldes do opressor, buscam nele o espelho e, por conseguinte, reforçam as categorias, e levam a um processo de estabilização da sociedade, não de transformação (FREIRE, 2017a). Cabe lembrar que esse debate já aparece em Marx e Engels (2010), autores que estão na base da obra de Freire.

Como defendemos neste texto, Paulo Freire nos apresentou, desde os anos 1950, possibilidades de superação da herança colonial. Para este autor, a primeira metade do século XX caracterizou-se, no que diz respeito à sociedade brasileira, num "racha". Para ele, até o início do século XX a característica principal de nossa sociedade era ser fechada, estática, controlada por forças externas que ditavam as formas de ser e que exploravam as formas de viver e sustentar-se. O processo inicial de industrialização fez com que a sociedade se movimentasse, entrasse em "trânsito".

> Esta sociedade rachou-se. A rachadura decorreu da ruptura das forças que mantinham a sociedade fechada em equilíbrio. As alterações econômicas, mais fortes neste século, e que começaram incipientemente no século passado, com seus primeiros surtos de industrialização, foram os principais fatores da rachadura da nossa sociedade. Se ainda não éramos uma sociedade aberta, já não éramos, contudo, uma sociedade totalmente fechada. Parecia-nos sermos uma sociedade abrindo-se, com preponderância de abertura nos centros urbanos e fechamento nos rurais(..) (FREIRE, 2012, p. 49.)

A movimentação da sociedade fez emergir discussões importantes sobre a identidade brasileira e sobre a relação opressores e oprimidos. Os anos 1950 foram marcados pelo crescimento dos movimentos de cultura popular, movimentos de resistência que buscavam ressaltar uma identidade própria e a construção de uma sociedade mais equânime. E Paulo Freire, com sua pedagogia, cujas bases vem dos movimentos populares, defende fortemente a ideia de que são estes grupos que podem ser os transformadores da sociedade, os capazes de romper com a herança colonial. Neste sentido, a pedagogia freireana é decolonial na sua essência.

O traço comum dos movimentos populares é significar a sua existência pelo pertencimento ao que lhe é seu, que lhe é identitário, que lhe constitui. Neste sentido, os movimentos de cultura popular reivindicam novas formas de ser, agir, pensar, ver o mundo, fora de um modelo padrão imposto. E educar para as novas formas de ser, agir, pensar e ver o mundo é a base da epistemologia freireana. Neste sentido, para Walsh

> Assim como o processo de desumanização está ligado à colonização, a existência e humanização encontram espaço no processo de descolonização a ser empenhado por estes grupos e coletivos. O processo de humanização requer ser consciente da possibilidade de existência, de que outras formas de atuar e pensar são possíveis, para que então se atue contra as estruturas sociais que pretendem negar a existência (Walsh, 2013, p. 43).

Walsh, na citação acima, reforça uma premissa freireana, ao relacionar o processo de colonização à desumanização, às formas de extinção do que é humano (morte), e que o processo de conscientização[66] (descolonização) está ligado à humanização, à valorização da vida em suas diferentes formas e manifestações, o que Freire vai definir como biofilia. Porém, Freire ressalta, que a transição de um modo para o outro, do que ele chama da consciência ingênua para a consciência transitiva crítica precisa ser permeado por um processo educativo transformador que leve os educandos a superarem sua percepção ingênua da realidade. Em Educação como prática de liberdade Freire defende que

> Precisávamos de uma Pedagogia de comunicação, com que vencêssemos o desamor acrítico e o antidiálogo. Há mais. Quem dialoga, dialoga com alguém sobre alguma coisa. Esta alguma coisa deveria ser o novo conteúdo programático da

---

[66] Nos remetemos aqui ao sentido que Freire se esforçou para conferir à palavra conscientização a despeito do sentidos reacionários com que foi tomada. Romão (2012) destaca que apesar de Freire se preocupar com os usos do termo e chegar a falar explicitamente em abandoná-lo, ele nunca deixou o conceito e tampouco o termo.

EDUCAÇÃO, AMBIENTE, CORPO E DECOLONIALIDADE

> educação que defendíamos. E pareceu-nos que a primeira dimensão deste novo conteúdo com que ajudaríamos o analfabeto, antes mesmo de iniciar sua alfabetização, na superação de sua compreensão mágica como ingênua, e no desenvolvimento da crescentemente crítica, seria o conceito antropológico de cultura. A distinção entre os dois mundos: o da natureza e o da cultura. O papel ativo do homem "em" e "com" sua realidade. O sentido de mediação que tem a natureza para as relações e comunicação dos homens. A cultura como o acrescentamento que o homem faz ao mundo que não fez. A cultura como resultado de seu trabalho. Do seu esforço criado e recriador humanista da cultura. A cultura como aquisição sistemática da experiência humana. Como uma incorporação, por isso crítica e criadora, e não como uma justaposição de informes ou prescrições doadas. A democratização da cultura – dimensão da democratização fundamental. O aprendizado da leitura e da escrita como uma chave com que o analfabeto iniciaria a sua introdução no mundo da comunicação escrita. O homem, afinal, no mundo e com o mundo. O seu papel de sujeito e não de mero e permanente objeto (FREIRE, 1991, pág. 108, 109).

Num contexto em que para a grande maioria da população, os processos educativos eram incipientes ou inexistentes, o que pode ser percebido pelo alto número de analfabetos no Brasil nos anos 1950, as formas de ensinar reforçavam uma diferenciação entre o trabalho intelectual, destinado a muito poucos e o trabalho braçal, destinado à grande maioria, geralmente mais pobre da população. É interessante perceber como essas raízes culturais que subordinam o trabalho braçal ao intelectual encontraram campo fértil no Brasil e colocaram em cena a luta daqueles que podem governar e daqueles que serão governados. Ao analisarmos as reformas educacionais do século XX, em especial as dos governos ditatoriais (Constituição de 1937 e Lei 5692/71), encontraremos ordenamento jurídico que consolida essa visão dual do processo educativo e a manutenção de um discurso colonial, que serviu para justificar o incipiente investimento e um descaso total para com a educação pública naquele período. A este respeito, Xavier aponta que:

> O trabalho braçal, concebido como "embrutecedor", era tarefa que Deus havia reservado a uma parcela da população que, expiando assim os seus pecados, teria o reino dos céus garantido. Era aos que desse trabalho eram poupados que se destinava a tarefa de instruir, para melhor e mais "justamente" gerir os negócios e a vida social (Xavier, 1994, pág. 47).

Este traço de separação entre sujeitos, entre humanos, é traço comum numa perspectiva colonial. Daí a importância atual da obra de Freire, que defende romper com essa segregação ao possibilitar a todos, homens, mulheres, crianças, negros, negras, marginalizados, uma educação que pudesse fazer com que estes seres humanos construíssem suas formas de ver e agir sobre o mundo, num processo de escolha, não num processo de imposição. Para o autor, era um processo de construção coletiva, "não como uma doação, uma imposição, mas de dentro para fora" (Freire, 1991).

A opressão colonialista

Não há dúvidas de que Freire é um marco importante no campo dos educadores críticos. Segundo Silva (2017) Freire faz uma análise do processo de dominação a partir de Marx, do marxismo humanista, da fenomenologia existencialista e cristã e de autores já decolonialistas como Fanon.

Freire reconhece várias formas de desigualdade, de opressão e escreve que:

> (...) se sou coerentemente progressista, é testemunhar, como pai, como professor, como empregador, como empregado, como jornalista, como soldado, cientista, pesquisador ou artista, como mulher, mãe ou filha, pouco importa, o meu respeito à dignidade do outro ou da outra. Ao seu direito de ser em relação com o seu direito de ter (FREIRE, 2017, p. 62).

Essa busca constante de Freire pela coerência entre o que vive, acredita, diz e escreve deixou em seus escritos e ideias, digitais claras do seu contexto e de sua cultura. Do contexto de um homem brasileiro, sul-americano, que com muita clareza reconhece as marcas deixadas pelo colonialismo nas histórias das nossas tantas desigualdades.

Sua visão de cultura e a centralidade que o esse conceito desempenha em sua obra marca uma visão que nega a superioridade da cultura do colonizador:

> De como, trabalhando o mundo da natureza que não fizemos, intervindo nele, terminamos por criar o mundo da cultura. A cultura em última análise, como expressão do esforço criador do ser humano. Neste sentido, é tão cultura o poço que camponeses, empurrados pela necessidade de água, cavam no chão, quanto um poema de trovador anônimo (FREIRE, 2017, p.111).

EDUCAÇÃO, AMBIENTE, CORPO E DECOLONIALIDADE

A partir dessa construção "político antropológica" (FREIRE, 2016) de cultura Freire condena o que chama de invasão cultural. A invasão cultural é o processo no qual uma visão de mundo, uma cultura, é considerada superior e se sobrepõem a outra, designada como inferior. Nesse processo há um sujeito que invade, a partir de seu espaço histórico cultural, para penetrar em outro espaço histórico cultural "superpondo aos indivíduos deste seu sistema de valores" (FREIRE, 1985, p.26). Trata-se, portanto, de uma relação autoritária e de violência simbólica.

Quando chamado a falar num evento por ocasião dos 500 anos do "descobrimento das Américas" Freire responde que:

> Não penso nada sobre o "descobrimento" porque o que houve foi conquista. E sobre a conquista, meu pensamento em definitivo é o da recusa. A presença predatória do colonizador, seu incontido gosto de sobrepor-se, não apenas ao espaço físico mas ao histórico e cultural dos invadidos, seu mandonismo, seu poder avassalador sobre as terras e as gentes, sua incontida ambição de destruir a identidade cultural dos nacionais, considerados inferiores, quase bichos, nada disto pode ser esquecido quando, distanciados no tempo, corremos o risco de "amaciar" a invasão e vê-la como uma espécie de presente "civilizatório" do chamado Velho Mundo. Minha posição hoje (...) é a de quem não se acomoda diante da malvadeza intrínseca a qualquer forma de colonialismo, de invasão, de espoliação. É a de quem recusa encontrar positividades em um processo por natureza perverso. Não serão pois os 500 anos que nos separam da chegada invasora que me farão bendizer a mutilação do corpo e da alma da América e cujas mazelas carregamos hoje ainda. O corpo e a alma da América, o corpo e a alma de seus povos originários, assim como o corpo e a alma dos homens e das mulheres que nasceram no chão americano, filhos e filhas de não importa de que combinações étnicas, o corpo e a alma de mulheres e homens que dizem não à dominação de um Estado sobre o outro, de um sexo sobre o outro, de uma classe social sobre a outra, sabem, o corpo e a alma dos progressistas e das progressistas, o que representou o processo de expansão europeia que trazia em si as limitações que nos eram impostas.(...) Por isso mesmo é que a melhor maneira, não de festejar os 500 anos de invasão, não cruzando, porém, os braços diante dos festejos a ele feitos, seria homenagear a coragem, a rebeldia, a decisão de brigar, a bravura, a capacidade de lutar contra o invasor; a paixão pela liberdade, de índios e índias, de negros e negras, de brancos e brancas, de mamelucos, que tiveram seus corpos rasgados, seus sonhos despedaçados, suas vidas roubadas (FREIRE, 2017 p. 81).

Seria interessante aqui destacar algumas palavras de Freire em relação à pós-modernidade. Segundo Ana Maria Araújo Freire, em nota que encerra uma das cartas pedagógicas que compõe o livro Pedagogia da Indignação, ela e Paulo puderam se inserir com mais radicalidade na postura da pós-modernidade progressista a partir do livro Pedagogia da Esperança.

Freire (2016) já em reflexão sobre o neoliberalismo dos anos de 1990 se mostra muito crítico ao movimento globalizado que pode nos levar ao fatalismo, que nos deixa de braços cruzados, conformados. Ele chama a ideia de que é preciso aceitar o controle e os ditames do poder globalizante de expressão pós-moderna de autoritarismo. Em outros trechos fala em reacionarismos pós-modernos traduzidos em uma visão pragmático-tecnicista que levaria a formação fragmentada e produtivista.

Por outro lado, ao negar as formas de compreensão mecanicistas e deterministas da história, Freire (2016) reconhece as marcas deixadas por interesses de grupos, classes e preconceitos, como as fortes marcas do nosso passado colonial e escravocrata. Ao não negar a subjetividades (mesmo que essas sempre em relação dialética com as objetividades) Freire reconhece as várias lutas que falam, ainda, de alguma forma, a linguagem da ética:

> O Movimento dos Trabalhadores Rurais Sem Terra, tão ético e pedagógico quanto cheio de boniteza, não começou agora, nem há dez ou quinze, ou vinte anos. Suas raízes mais remotas se acham na rebeldia dos quilombos e, mais recentemente, na bravura de seus companheiros das Ligas Camponesas que há quarenta anos foram esmagados pelas mesmas forças retrógradas do imobilismo reacionário, colonial e perverso. O importante porém é reconhecer que os quilombos tanto quanto os camponeses das Ligas e os Sem Terra de hoje todos em seu tempo, anteontem, ontem e agora sonharam e sonham o mesmo sonho, acreditaram e acreditam na imperiosa necessidade da luta na feitura da história como "façanha da liberdade" (FREIRE, 2016, p. 69).

Por uma educação decolonial, intercultural e emancipadora

Somos o Sul. Trazemos as marcas do colonialismo em nossos corpos, mentes e almas. Mistura de culturas, resultado de interações assimétricas de poder. Uma sociedade baseada na exploração do povo e da terra nativos e do povo africano escravizado. Vivemos um multiculturalismo marcado pela hegemonia cultural eurocêntrica e pelo apagamento de toda cultura não-eurocêntrica.

> As epistemologias do Sul referem-se à produção e à validação de conhecimentos ancorados nas experiências de resistência de todos os grupos sociais que têm sido sistematicamente vítimas da injustiça, da opressão e da destruição causadas pelo capitalismo, pelo colonialismo e pelo patriarcado. (SANTOS, 2020. p. 17)

Federici (2020) afirma que o capitalismo foi uma das respostas à crise de acumulação feudal. A classe dominante europeia se apropriou, em um dos períodos mais sangrentos e descontínuos da história, de novas fontes de riqueza, os corpos e terras não europeias. Também os corpos do proletariado europeu moderno, ainda em formação, passaram, de forma diferente, por divisões profundas que marcaram a exploração (especialmente a divisão entre mulheres e homens). Em resposta à crise populacional na Europa, por exemplo, mulheres foram subjugadas à reprodução. Na América, no entanto, a colonização, segundo Federici (2020), matou noventa e cinco por cento da população nativa e a mão-de-obra foi sustentada pela escravidão dos negros africanos.

> Já no século XVI, aproximadamente um milhão de escravos africanos e trabalhadores indígenas estavam produzindo mais-valia para a Espanha na América Colonial, com uma taxa de exploração muito mais alta que a dos trabalhadores na Europa, contribuindo em setores da economia europeia que estavam se desenvolvendo numa direção (Blaut, apud Federici). Em 1600, o Brasil, sozinho, exportava o dobro de valor em açúcar que toda lã exportada pela Inglaterra no mesmo ano (ibidem) A taxa de acumulação das plantações de cana brasileira era tão alta que, a cada dois anos, as fazendas duplicavam sua capacidade. (FEDERICI, 2020. p. 206)

A violência, simbólica e não, com a qual os povos do Sul global foram explorados pelo capitalismo europeu, levou culturas tradicionais a serem desmerecidas, subalternizadas, demonizadas. As instituições promotoras de educação tiveram papel determinante nesses processos de silenciamento das culturas tradicionais e de imposição da cultura eurocêntrica, capitalista, patriarcal. Principalmente, em relação às diferentes formas de produção do conhecimento, de saberes e dos mundos simbólicos. Candau, Oliveira (2010) elucida essa questão:

> Essa operação se realizou de várias formas, como a sedução pela cultura colonialista, o fetichismo cultural que o europeu cria em torno de sua cultura, estimulando forte aspiração à cultura europeia por parte dos sujeitos subalternizados. Portanto, o eurocentrismo não é a perspectiva cognitiva somente dos europeus, mas torna-se também do conjunto daqueles educados sob sua hegemonia. (CANDAU, MOREIRA, 2010)

Dessa forma a sociedade colonial já se constituiu multicultural. Não um multiculturalismo no qual as diferentes formas de estar no mundo tenham interações equilibradas, constituindo-se assim uma bela colcha de retalhos, nos quais todos os diferentes tecidos tenham igualmente representatividade. Não. O que resultou de todo esse processo de exploração foi uma sociedade na qual os valores eurocêntricos, capitalistas, opressores, sectários e a aderência ao opressor se configuram como marcas pós-coloniais. "É que a realidade opressora, ao constituir-se como um quase mecanismo de absorção dos que nela se encontram, funciona como uma força de imersão das consciências" (FREIRE, 2017a. p. 52).

Imersos como nos constituímos, não conseguimos nos enxergar oprimidos. Aderimos ao discurso do opressor, que nos imobiliza em uma zona de desconforto, aí nos mantendo pelo "medo da liberdade". Medo de que tudo possa ainda ficar pior, medo da miséria, da fome, da violência, medo de assumir o controle, de nos responsabilizar pela própria vida, de sair dessa zona de desconforto para sermos mais. Essa é a colonialidade que nos enfraquece e asfixia.

Libertar o povo da opressão, como nos ensina Freire (2017a), só se faz possível se trouxermos às consciências, por meio de interações dialógicas, problematizadoras da realidade historicamente vivida, em harmonia de poder entre os atores sociais, toda nossa "aderência ao opressor", nosso "medo de liberdade" para que consigamos encontrar a força da "unidade na diversidade" para a virada de jogo.

"Tudo que é sólido desmancha no ar" é o título escolhido por Berman (1998) ao apresentar a "aventura da Modernidade". Neste trabalho, o autor informa a rapidez e as profundas e permanentes revoluções propiciadas na Modernidade, momento histórico no qual todas as condições sociais, políticas e de produção vem sempre se redefinindo em uma constante incerteza. Tudo está em questionamento na Modernidade, a fé (e o Deus), os valores, as culturas, as identidades. Hall (2019) corrobora essas informações ao pontuar as inúmeras e constantes rupturas e fragmentações provocadas no decorrer do período. A ideia de unidade da sociedade se desmancha, as tradições e as estruturas se desmancham, porque a ideia de que eram divinamente estabelecidas e, consequentemente, não sujeitas a mudanças, foi igualmente desmanchada. O indivíduo se percebe livre das amarras que o aprisionam no "status, a classificação e a posição de uma pessoa na "grande cadeia do ser" - a ordem secular e divina das coisas." (HALL, 2019. p. 18). Ainda assim, a Modernidade não foi capaz de nos libertar a todos.

A Modernidade desmanchou a unidade da sociedade europeia. Em terras colonizadas, as diferentes culturas ancestrais, ainda que resistentes, foram silenciadas para que as epistemologias no Norte fossem impostas. E as instituições promotoras de educação formal continuaram com sua função de controle das massas e de imposição dos conhecimentos estabelecidos como os válidos, notadamente, aqueles construídos a partir das epistemes eurocêntricas.

Obviamente, a opressão não se estabeleceu da mesma forma para os diferentes grupos subalternizados, negros africanos, indígenas americanos, brancos europeus degradados, fugidos. Cada grupo identitário sofreu diferentemente a colonização e as imposições da Modernidade e da globalização. Resgatar as narrativas dessas diferentes formas de opressão é fundamental para ressignificarmos todo o processo. Para lançarmos justiça à história hegemonicamente contada.

Para tanto, precisamos abordar os entendimentos acerca desses grupos identitários, para que sejam visibilizados, para que suas narrativas sejam proclamadas. Hall (2019) aborda o tema do deslocamento das identidades, ocorridas na Modernidade Tardia (segunda metade do século XX), por conta de rupturas nos discursos provocados pelas epistemologias desse período.

O sujeito cartesiano, racional, consciente, situado no centro do conhecimento, assim entendido por Descartes quando afirma o dualismo entre

EDUCAÇÃO, AMBIENTE, CORPO E DECOLONIALIDADE

a "mente" e a "matéria", corroborado por Locke, com a ideia de "mesmidade do ser racional", ou seja, da identidade entendida como fixa e imutável, foi desconstruído. Com a inserção dos sujeitos nas dinâmicas do Estado Moderno, a "biologização" do humano (a razão tendo por base a natureza e a mente, o desenvolvimento cerebral) e a criação das novas ciências sociais, surge a ideia do sujeito social (sociológico). Nesta perspectiva, os indivíduos são analisados no interior das "estruturas e formações sustentadoras da sociedade" (HALL, 2019. p. 20). "Encontramos, aqui, a figura do indivíduo isolado, exilado ou alienado, colocado contra o pano de fundo da multidão ou da metrópole anônima e impessoal" (HALL, 2019. p. 21).

A ideia desse sujeito sociológico, por sua vez, vem sendo superada pelas bases do entendimento das identidades pós-modernas, a partir da análise dos deslocamentos (descentrações) das identidades modernas. Hall (2019) indica cinco deslocamentos: a reinterpretação dos escritos de Marx que indica ter ele proposto "(1) que há uma essência universal de homem; (2) que essa essência é o atributo de "cada indivíduo singular", o qual é seu sujeito real" (HALL, 2019. p. 23); a descoberta do inconsciente por Freud, que arrasa com o conceito de sujeito cognoscente e racional com uma identidade fixa e unificada, tendo em vista que a formação do "eu" se dá no olhar do "outro"; a ideia de Saussure que indica que "nós não somos em nenhum sentido, os "autores" das afirmações que fazemos ou dos significados que expressamos na língua" (HALL, 2019. p. 25); o destaque de Foucault em relação ao "poder disciplinar", preocupado na regulação, vigilância das vidas das populações em relação a trabalho, atividades, infelicidades e prazeres, a saúde física e moral, práticas sexuais, tudo em controle e, por último, o impacto do feminismo como crítica teórica e movimento social.

O feminismo teve papel de destaque nesses deslocamentos que levaram à possibilidade de superação da ideia dos sujeitos cartesiano e sociológico, ao indicar que o "pessoal é político". Assim, possibilitou que a contestação política pudesse permear espaços como a família, a sexualidade, o trabalho doméstico, a divisão de trabalho. Politizou, ainda, a subjetividade, a identidade e os processos de identificação, entre outras questões.

Em outras palavras, as identidades, quando entendidas a partir do essencialismo, ou seja, como fixas, estáveis, fundamentadas na biologia, acabam por marcar territórios de opressão. Gênero, raça, cor: foram escravizados porque pretos, perderam acesso a interações em sociedade, ao mercado de trabalho, ao conhecimento formalmente constituído porque mulheres. E essas condições não são passíveis de mudança, assim são.

Por outro lado, as identidades pós-modernas, assim apresentadas por Hall (2019), são entendidas a partir do não essencialismo, consideradas fluidas, mutantes, como constituintes do nosso *estar sendo* nesse mundo.

> Esse processo produz o sujeito pós-moderno, conceitualizado como não tendo uma identidade fixa, essencial ou permanente. A identidade torna-se uma "celebração móvel": formada e transformada continuamente em relação às formas pelas quais somos representados ou interpelados nos sistemas culturais que nos rodeiam (Hall, 1987). É definida historicamente, e não biologicamente. O sujeito assume identidades diferentes em diferentes momentos, identidades que não são unificadas ao redor de um "eu" coerente. Dentro de nós há identidades contraditórias, empurrando em diferentes direções, de tal que nossas identificações estão sendo continuamente deslocadas. Se sentimos que temos identidade unificada desde o nascimento até a morte é apenas porque construímos uma cômoda história sobre nós mesmos ou uma conformada "narrativa do eu" (ver Hall, 1990). A identidade plenamente unificada, completa, segura e coerente é uma fantasia. Ao invés disso, à medida que os sistemas de significação e representação cultural se multiplicam, somos confrontados por uma multiplicidade desconcertante e cambiante de identidades possíveis, com as quais poderíamos nos identificar a cada uma delas – ao menos temporariamente (HALL, 2019. p. 11/12).

Assim assumidas as identidades, podemos reconhecer os diferentes territórios de opressão nos quais de uma forma ou outra participamos e, trazendo às consciências as narrativas por séculos silenciadas, transformar em luta o que foi resignação, mesmo resignação que encobria certa rebeldia. Múltiplos e cambiantes precisamos, no entanto, negar os discursos que segregam e buscar forças na unidade dessa multiplicidade, como alerta Freire (2016a):

> As chamadas minorias, por exemplo, precisam reconhecer que, no fundo, elas são a maioria. O caminho para assumirem-se como maioria está em trabalhar as semelhanças entre si, e não só as diferenças, e, assim, criar a unidade na diversidade, fora da qual não vejo como aperfeiçoar-se e até como construir-se uma democracia substantiva, radical. (FREIRE, 2016a. p. 212)

Precisamos desconstruir discursos que, pautados nas diferentes identidades advogam pelo embate entre elas. Candau identifica esse tipo de multiculturalismo como diferencialista e aponta que "na prática, em muitas sociedades terminou-se por favorecer a criação de verdadeiros apartheid socioculturais" (CANDAU, 2018, p. 21/22). Distantes uns dos outros, porque evidenciadas suas diferenças em forma de embate, perdemos, assim, a força. Nesse sentido, com as múltiplas identidades e seus históricos de opressão resgatados, precisamos encontrar as similaridades que nos unem, nos fortalecem. Precisamos descontruir as oposições binárias. Interculturalidade. Diferentes identidades que se hibridizam, que se apoiam, que interagem dialogicamente, problematizando o mundo.

> (...) O diálogo tem significação precisamente porque os sujeitos dialógicos não apenas conservam sua identidade, mas a defendem e assim crescem um com o outro. O diálogo, por isso mesmo, não nivela, não reduz um ou outro. Nem é um favor que um faz ao outro. Nem é tática manhosa, envolvente, que um usa para confundir o outro. Implica, ao contrário, um respeito fundamental dos sujeitos nele engajados, que o autoritarismo rompe ou nos permite que se constitua. Assim também a licenciosidade, de forma diferente, mas igualmente prejudicial. (FREIRE, 2016a. p. 162/163)

Assim, professoras do Sul, conclamamos uma educação que promova consciência dos processos históricos de opressão e de invasão cultural, que possibilite descolamentos dos discursos opressores que nos subjugam, que nos subalternizam, que nos separam. Defendemos que as diferentes epistemologias têm valor, do saber popular ao acadêmico, e precisam ter espaço dentro dos processos de formação. Lutamos por uma ciência desmonumentalizada. Advogamos por uma educação que reconheça e atue de forma a atender às múltiplas e cambiantes identidades, sem que estas se configurem em guetos culturais, capazes de nos enfraquecer enquanto maioria de resistência que, inflamada pela esperança, busca justiça, autonomia, liberdade. Enfim, buscamos, fortemente, uma educação decolonial, intercultural, emancipadora, que se faça com o povo.

Um ensino de ciências decolonial

Como nos diz Santos (2010), se não devemos nos submeter simplesmente às epistemologias do Norte não nos resta, tampouco, negá-las. Freire (2016) já nos adverte que o educador progressista deve defender uma "prática docente em que o ensino rigoroso dos conteúdos jamais se faça de forma fria, mecânica e mentirosamente neutra" (FREIRE 2016, p. 23). Nesse sentido negar a ciência não é uma opção. Por outro lado, ensinar uma ciência neutra, fria e rigorosa também não.

Se a prática docente não é neutra, a ciência moderna também não o é. Como viemos argumentando ao longo desse texto, trata-se de um conhecimento que tem origem e história, de um conhecimento masculino, europeu e branco. De um conhecimento que se traduziu em indiscutível, superior, perfeito e, também, neutro. Uma Ciência Monumental que, a partir desse lugar e desse discurso, exerceu seu poder em benefício de seus detentores, ou seja, dos representantes ou dos "aderidos" do colonialismo, do patriarcado e do capitalismo, contribuindo, inclusive pela prática docente, para a manutenção do *status quo* de opressão.

O colonialismo, ao impor as epistemologias do Norte às colônias, utilizou-se dessa ciência monumental, que fez desmerecer, subalternizar, silenciar saberes ancestrais dos povos nativos. Aderidos ao opressor, colonizados, passaram, também, a acreditar que os únicos conhecimentos válidos eram aqueles constituídos como hegemônicos. Os conhecimentos não-científicos, os saberes ancestrais ou, nas palavras de Santos (2020), conhecimentos artesanais, que se caracterizam por saberes produzidos não em laboratórios, mas envolvidos nas dinâmicas sociais, nas culturas, precisam ser evidenciados como expressão genuína das gentes. Especialmente, aqui, das gentes do Sul e suas epistemologias: diferentes saberes (conhecimentos científicos e artesanais) articulados na luta contra a opressão.

Santos (2020) enfatiza que

> Um determinado sistema de conhecimento é hegemônico na medida em que omite convincentemente o desconhecido ou os desconhecimentos como os quais (com) vive ou gera, um sistema que nega crivelmente a existência de qualquer outro tipo de conhecimento em qualquer sistema cognitivo concorrente. (SANTOS, 2020, p. 69)

488   EDUCAÇÃO, AMBIENTE, CORPO E DECOLONIALIDADE

O entendimento da monumentalidade atribuída à ciência moderna é discutido por Santos (2020) com base na objetividade caracterizada pela simplicidade, consistência, capacidade explicativa, fazendo emergir a ideia de neutralidade. Conforme o autor, as epistemologias do Norte, apresentam dois aspectos relacionados à objetividade, a saber, a regulação social e a emancipação social. Ou seja, a transformação do caos em ordem (regulação) e da exclusão em solidariedade (emancipação). A confiança no conhecimento científico reside na consolidação destes objetivos.

Esse contexto, porém, representa as metrópoles. A colonização inaugurou outras dinâmicas: a apropriação e a violência. O que significa afirmar que os saberes ancestrais existentes nas colônias, desconectados dos objetivos de regulação, de ordem, ou eram apropriados ou violentamente suprimidos. Em termos freireanos, a invasão cultural. A colonialidade mantém essas dinâmicas, tanto para saberes ancestrais[67] (que ainda resistem), como para saberes artesanais[68].

Quanto à solidariedade, à emancipação, mesmo nas Metrópoles, este objetivo foi abafado pela ideia de regulação, em consonância aos ideais capitalistas, colonialistas e patriarcais. Assim, a exclusão passou a ser entendida como ordem e a solidariedade como caos.

Evidenciamos, aqui, a contribuição revolucionária de Freire ao resgatar os objetivos de solidariedade e emancipação, fortemente baseados nas teorias críticas (eurocêntricas), de dentro das subjetividades do Sul. Freire denuncia a apropriação e a violência exercidas pelos opressores e faz esperançar por solidariedade e emancipação das gentes subalternizadas. Freire enriquece as teorias críticas, que focaram quase exclusivamente nas dinâmicas do Norte, ao percebê-las nas dinâmicas do Sul.

Freire (2017a) contrapõe a teoria da ação antidialógica à dialógica. A primeira característica apresentada pelo autor, a conquista, ainda que apresentada de forma genérica, pode ser percebida no capitalismo, no colonialismo e no patriarcado, já que "implica um sujeito que, conquistando o outro, o transforma em quase "coisa" (FREIRE, 2017a. p. 226). Contrapõe essa característica antidialógica à co-laboração, dialógica. A co-laboração é base

---

[67] Saberes ancestrais são aqueles que provém de práticas sociais de formas ancestrais, anteriores o contato com os saberes modernos (SANTOS 2020).

[68] Saberes artesanais são saberes práticos, empíricos, populares, conhecimentos vernáculos que são produzidos de modo não isolado de outras práticas sociais (SANTOS 2020).

para que haja "sujeitos que se encontram para a pronúncia do mundo, para sua transformação" (FREIRE, 2017a. p. 227), por meio da problematização de sua própria opressão. Assim, oprimidos podem trazer à consciência a aderência ao opressor para buscar a emancipação.

Outra característica da ação antidialógica a ser destacada aqui, a invasão cultural, é contraposta por Freire (2017a) à síntese cultural. Ele afirma que a ação cultural ou está a serviço da dominação, ou da libertação das gentes, portanto, nunca neutra. Enquanto invasão cultural, a imposição dos conhecimentos científicos monumentalizados faz dos atores seres superpostos aos espectadores, seus objetos. Enquanto síntese cultural, as ecologias dos saberes ("vários tipos de conhecimento, bem como as articulações que se podem estabelecer entre eles nas lutas contra a opressão" (SANTOS, 2020. p. 73) promovem que "os atores se integrem com [as mulheres] e homens do povo, atores, também, da ação que exercem no mundo" (FREIRE, 2017. p. 247).

Freire (2017) diz claramente que "não existe neutralidade em coisa nenhuma, não existe neutralidade na ciência, na tecnologia". E também nos diz que não há como pensar a educação fora de uma relação de poder, que é uma questão eminentemente política. Santos (2020) afirma que:

> A neutralidade é um dispositivo ideológico numa sociedade dividia em opressores e oprimidos. Numa sociedade assim, permanecer neutro equivale a estar do lado dos poderosos e dos opressores. (SANTOS, 2020, p. 75)

Um de seus escritos publicados no livro "Pedagogia da Tolerância", Freire discursa sobre a educação de povos originários:

> Há gente elitista e incompetente que pensa que nessas culturas não há teoria, que nessas culturas não há educação sistemática teórica. Essas culturas são eminentemente pedagógicas, num sentido assim mais profundo que essa palavra tem. E as estórias nessas culturas têm um papel pedagógico imenso, enorme. (...) Na medida em que você corre o risco, não de desvelar a cultura do outro para se apoderar dela, mas para que o próprio nacional indígena se apodere dos valores da sua cultura, você está possibilitando que ele brigue melhor. (...) . De repente eles têm uma concepção física de mundo que merece todo o respeito. Mas a gente está discutindo aqui a luta da sobrevivência desses povos e eles lutam contra um opressor que tem o comando da ciência e da tecnologia. Quer dizer, eles não podem ficar simplesmente como reservas de uma cultura (FREIRE, 2017, p. 53).

Aqui podemos ver que Freire caracteriza que o ensino da Ciência pode se converter numa importante ferramenta na luta desses povos contra a opressão. Nesses termos, recorremos a Santos (2020, p.69) ao enfatizar que "Toda ignorância é ignorância de um dado tipo de conhecimento e todo conhecimento consiste em ultrapassar certo tipo de ignorância". Logo, todos os conhecimentos devem ser valorizados para que, compartilhados, possam ultrapassar as ignorâncias destes. Mais uma vez, trazemos a ideia de hibridização de culturas e de saberes, que deve se estabelecer em interações humanas equilibradas, horizontais, nas quais o "outro" se faz presente, problematizando o mundo.

A educação formal, como reprodutora dos conhecimentos científicos hegemônicos, socialmente respeitados e aceitos, acaba por promover os silenciamentos dos saberes outros, a manutenção do *status quo* de opressão. Freire (2017) é muito enfático ao afirmar que esse ensino não pode acontecer desta forma, a saber, como meio para a invasão cultural:

> Não há prática pedagógica que não parta do concreto cultural e histórico do grupo com quem se trabalha. Esse é o princípio fundamental dessa pedagogia, serve lá também. É absolutamente autêntico lá. (...) o repartir, o viver em comunidade, o respeito mútuo, ainda que uma cosmovisão diferente que não é certa sobre a ciência. (...) o que eu questionei lá é até que ponto vamos ser nós os delimitadores do que os índios devem saber (....) E, digo mais, a escola de vocês, a nossa escola, só será válida na medida em que, pensando diferente, respeita o pensamento diferente. Fora disso, é uma invasão a mais, é uma violência sobre a outra cultura (FREIRE, 2017, p. 74).

Nesse sentido podemos argumentar que um ensino de ciências decolonial precisa ser profundamente assentado sobre o respeito ao pensamento diferente. Respeitar a cultura do outro não significa manter o outro na ignorância (sempre relativa), mas superar essa ignorância não significa jamais ultrapassar os sistemas de interesses sociais e econômicos de uma dada cultura (FREIRE, 2017).

Sobre uma suposta passagem do saber do senso comum ao saber científico Freire (2017) nos diz que:

> É por isso que, nessa questão epistemológica da passagem do saber do senso comum pra um saber científico, eu acho que há uma superação, e não uma ruptura. Quer dizer, a curiosidade do índio que diz pro matemático: "Não, não, é um equívoco, é uma ilusão dos seus olhos", a curiosidade dele é igualzinha à curiosidade de Einstein. A diferença é que, antes, Einstein rigorizou os caminhos de aproximação da objetividade, quer dizer, ele tinha nos meios científicos a metodização rigorosa que resulta em achados mais ou menos exatos, mas a curiosidade que motiva, que conduz e empurra o conhecimento é a mesma, a do índio, a minha e a tua. Então, não há uma pura curiosidade do índio e da gente; o que há é uma superação no encontro dos achados, quer dizer, pode ser que até, eticamente, a gente fique atrás, mas, do ponto de vista da compreensão da realidade e do mundo, a gente, rigorizando a busca do objeto, pode achá-lo com mais precisão, o que não significa, porém, que você invalide o achado do índio. Eu acho que há muita arrogância nossa, dos intelectuais, dos cientistas (...) acho que a arrogância estraga tudo, o que não significa que o arrogante deixe de conhecer: ele conhece, mas ele, eticamente, sacrifica-se como gente (FREIRE, 2017, p.114).

Argumentamos, em consonância com as ideias de Freire, em favor de uma educação em ciências que não seja arrogante. Ensinar que a ciência é neutra ou que é a expressão máxima da verdade oculta e última da natureza, nos parece extremamente arrogante. E é também a máxima expressão de um saber e de uma postura colonial por excelência.

Aqui é preciso invocar a máxima da síntese cultural no lugar da invasão, ou seja, lidando com distintos saberes de forma igualitária e respeitosa.

Ensinar ciências de forma decolonial, como nos aponta Freire, se fundaria no máximo respeito à identidade cultural do outro, ao qual não posso impor nenhuma forma de ser, nem a científica. Mas que por outro lado nunca nega a curiosidade do outro em saber mais. Também sobre as ciências. E a partir desta construção de saberes, buscar ser mais.

Freire ainda nos lembra que não crê "na amorosidade entre mulheres e homens, entre os seres humanos, se não nos tornamos capazes de amar o mundo (FREIRE, 2017, p.24)". Retomando a realidade pandêmica na qual estamos todos e todas molhadas nesse momento podemos pensar que a modernidade e seu impulso de dominação da natureza de alguma forma são também responsáveis por nos trazer até aqui.

É preciso pensar que papel essa ciência tão dominadora exerceu sobre tudo isso e discutir de forma crítica os modos pelos quais essa mesma ciência pode melhorar a nossa vida, e a vida daqueles já tão flagelados pela nossa persistente desigualdade.

> A resistência precisa, portanto, ser plural; as formas de articulação e a associação de lutas implicam sempre uma multiplicidade de sujeitos que não são redutíveis à homogeneidade ou à singularidade. Para as epistemologias do Sul, a objetividade é sempre intersubjetividade, ou melhor, intersubjetividade autoconsciente. Por isso, os conhecimentos nascidos ou utilizados na luta são sempre cocriações. (SANTOS, 2020. p.75)

Ficamos com a defesa de um ensino de ciências fundado na dimensão de síntese cultural, a fim de não continuar a trabalhar pela colonialidade e pela crescente e arraigada desigualdade à qual já tanto nos referimos. Buscamos a hibridização das culturas, dos saberes: do senso comum, dos saberes populares e dos conhecimentos científicos, em interações horizontais, ou seja, a construção de conhecimentos e saberes com o povo.

Defendemos um ensino de ciências que leve em conta os pluralismos, as diferentes e cambiantes identidades; que, respeitando os critérios de objetividade, contribua, fortemente, para lutas contra a opressão, para a transformação do mundo.

> (...) subestimar a sabedoria que resulta necessariamente da experiência sociocultural é, ao mesmo tempo, um erro científico e a expressão inequívoca da presença de uma ideologia elitista. Talvez seja mesmo o fundo ideológico escondido, oculto, opacizando a realidade objetiva, de um lado, e fazendo, do outro, míopes os negadores do saber popular, que os induz ao erro científico. Em última análise, é essa "miopia" que, constituindo-se em obstáculo ideológico, provoca o erro epistemológico. (FREIRE, 2016(a). p. 117)

Ao destacar que "quanto maior a sujeição da comunidade científica aos objetivos da acumulação de capital, menor a probabilidade de o conhecimento científico vir a ser usado nas lutas sociais contra a própria dominação de que o capitalismo é parte integrante" (SOUZA 2020, p. 79), advogamos por uma ciência desmonumentalizada decolonial.

Isso tudo, sempre, com a esperança de quem sabe que: "o sonho de um mundo melhor nasce das entranhas de seu contrário" (FREIRE, 2016, p. 157).

Referências

Berman, M. **Tudo que é Sólido desmancha no Ar**. A Aventura da Modernidade. São Paulo: Companhia da Letras, 1998.

Candau, V. M. Multiculturalismo e educação: desafios para a prática pedagógica. In: Candau. V. M.; Moreira, A. F. **Multiculturalismo. Diferenças Culturais e Práticas Pedagógicas**. 10. Ed. Petrópolis: Vozes, 2018.

Candau, V. M.; Oliveira, L. F. Pedagogia decolonial e educação antirracista e intercultural no Brasil. **Educação em Revista**. v. 26 n. 1 Belo Horizonte, 2010.

Federici, S. **Calibã e a Bruxa**: mulheres, corpo e acumulação primitiva. São Paulo: Elefante, 2017.

Freire, P. **Cartas à Guiné-Bissau**: registros de uma experiência em processo. 4. ed. Rio de Janeiro: Paz e Terra, 1978.

Freire, P. **Comunicação ou Extensão**. Paz e Terra, 1985.

Freire, P. **Educação como prática da liberdade**. Rio de Janeiro: Editora Paz e Terra, 1991.

Freire, P. **Educação e Atualidade Brasileira**. São Paulo: Cortez Editora, 2012.

Freire, P. **Pedagogia da Esperança**. São Paulo/Rio de Janeiro: Editora Paz e Terra, 2016a.

Freire, P. **Pedagogia da indignação**: cartas pedagógicas e outros escritos. São Paulo: Paz e Terra, 2016.

Freire, P. **Pedagogia do Oprimido**. Rio de Janeiro/São Paulo: Editora Paz e Terra, 2017a.

Freire, P. **Pedagogia da Tolerância**. São Paulo: Paz e Terra, 2017.

Hall, S. **A Identidade Cultural na Pós-Modernidade**. Rio de Janeiro: Lamparina, 2019.

Marx, K. e Engels, F. Manifesto do Partido Comunista. Germinal: **Marxismo e Educação em Debate**, Londrina, v. 2, n. 2, p. 215-240; ago. 2010.

Romão, J. E. **Paulo Freire e Amílcar Cabral: a descolonização das mentes**. São Paulo: Editora e Livraria Instituto Paulo Freire, 2012.

Santos, B. S. **O Fim do Império Cognitivo**. A Afirmação das epistemologias do Sul. Belo Horizonte: Autêntica, 2020.

Walsh, C. Lo pedagógico y lo decolonial. Entretejiendo caminhos. In **C. Walsh, Pedagogias decoloniales. Prácticas insurgents de resistir, (re) existir y (re) vivir. TOMO I**. (pp. 23-68). Quito-Equador: Abya Yala, 2013.

Xavier, M. E.; Ribeiro, M. L. S.; Noronha, **O. M. História da Educação**: a escola no Brasil. São Paulo: FTD, 1994.

doi.org/10.29327/5220270.1-22

Capítulo 22

RELAÇÕES INDÍGENAS COM O MEIO AMBIENTE: O QUE TRABALHOS DE ENSINO DE CIÊNCIAS TÊM A NOS DIZER?

Sheila Cristina Ribeiro Rego e Yago Sacramento Moriello

Introdução

VÁRIOS são os problemas ambientais existentes no planeta. Poluição do ar e das águas, queimadas e desmatamentos são cada vez mais frequentes e afetam a qualidade de vida do ser humano e de outras espécies. No Brasil, não é diferente. Enfrentamos todos os dias graves ameaças aos nossos ecossistemas, como, por exemplo, a diminuição da nossa biodiversidade. A preocupação com sua conservação teve início, no Brasil, na década de 1970. Com o passar dos anos, chegamos a ser um exemplo para o mundo, devido à criação de Unidades de conservação, ao desenvolvimento de leis de proteção ambiental, ao surgimento de grupos consolidados de profissionais dedicados à conservação e às ações de acompanhamento de perda de vegetação, de espécies da fauna e da flora ameaçadas de extinção. "Entretanto, esse rótulo desbotou no decorrer do tempo e hoje foi completamente rasgado. Assim como as espécies e ecossistemas, todo esse processo em prol da conservação da biodiversidade brasileira está fortemente ameaçado de extinção" (Costa e Mello, 2020, p. 61).

Mas, para a continuidade da vida humana no planeta, já é conhecida, apesar de não ser aceita por toda a sociedade, a necessidade de preservação da vida vegetal e animal, o que inclui a nós mesmos, mesmo que não nos lembremos disso. E isso depende também de um estado saudável da terra, do ar, dos mares, rios e lagoas.

Nesse sentido, consideramos que o conhecimento tradicional indígena pode nos ajudar a pensar a conservação da vida, de modo que sejamos capazes de usufruir dos recursos naturais sem prejudicar as gerações futuras de todas as espécies.

> Quando falamos de conhecimento indígena tradicional, não só nos referimos aos distintos saberes e sabedorias acumuladas através dos séculos de existência e civilização, como também às formas distintas de ver o mundo, isto é, a visão holística pela qual a existência humana é descoberta pelas comunidades indígenas (Aguilar Cavallo, 2018, p. 375).

Os povos originários "possuem um conhecimento minucioso do meio natural e reconhecem não somente a diversidade biológica (variedade de espécies da fauna e da flora) como também a diversidade ecológica (variedade de ecossistemas)" (Giannini, 1995, p. 206). Estudos como o de Cunha, Magalhães e Adams (2021) se dedicaram a conhecer e divulgar as contribuições de sociedades tradicionais no cuidado, na origem e na manutenção da biodiversidade.

De acordo com Aguilar Cavallo (2018), os conhecimentos tradicionais indígenas, desde a colonização, foram considerados inferiores aos conhecimentos vindos da Europa, sendo desprezados em todas as áreas: ciência, direito, economia, política e religião. E podemos incluir aí a área da Educação, seja ela escolar ou não escolar.

Geralmente se percebe uma tendência de imposição de uma educação e ensino cujo modelo não é o das tradições indígenas, seja através dos materiais didáticos disponibilizados, do currículo escolar, das metodologias de ensino e até das linguagens utilizadas. O respeito às suas culturas e às suas formas de ver o mundo pode proporcionar uma aprendizagem mútua que possibilite reconhecer pontos de contato entre conhecimentos diferentes.

Em 2008, a Lei nº 11.645 estabeleceu como obrigatório o estudo da história e cultura afro-brasileira e indígena em todo o currículo da educação básica, incluindo aspectos de "(...) suas contribuições nas áreas social, econômica e política" (BRASIL, 2008, art. 26ª, § 10). Entretanto, quando se procura a presença da cultura indígena em pesquisas relacionadas ao ensino de ciências, percebe-se uma carência de olhares para essas comunidades, assim como é escassa sua representação nos livros didáticos. Ao analisar fotografias em livros didáticas de Física, Rego (2018) não encontrou pessoas com fenótipos indígenas nestas imagens.

Ao tratar do ensino de ciências para indígenas, podemos pensar em duas ciências (Wirti; Pereira; Pavani, 2019): a ciência indígena (ou nativa) que trata do conhecimento construído pelos vários povos indígenas sobre o mundo natural; e uma segunda ciência, que é aquela ensinada nas instituições de ensino regulares dos povos das cidades. Como fazer essas duas ciências dialogarem?

Tendo em vista a necessidade da conservação dos recursos naturais e a manutenção da biodiversidade no planeta, consideramos que deva ser uma das preocupações do ensino de ciências se aproximar dos conhecimentos indígenas tradicionais, de modo que possibilite o preparo da sociedade para uma relação de equilíbrio do ser humano com o meio ambiente.

Neste sentido, este trabalho tem por objetivo investigar como a área de ensino de ciências aborda as relações estabelecidas entre culturas indígenas e o meio ambiente de modo a considerar as contribuições das visões e conhecimentos indígenas acerca dos recursos naturais. Para isso, realizamos uma pesquisa bibliográfica nos anais do Encontro Nacional de Pesquisa em Educação em Ciências (ENPEC), no periódico Revista Brasileira de Educação do Campo (RBEC) e em dissertações e teses disponíveis na Plataforma Sucupira, com o objetivo de investigarmos aspectos das pesquisas desenvolvidas na área do Ensino de Ciências sobre a cultura indígena. Os trabalhos analisados foram publicados entre os anos de 1997 e 2019. Procuramos identificar as relações classificatória, pragmática e simbólica dos indígenas com o meio ambiente trazidas pelos textos.

Relações entre o ser humano e o meio ambiente

As formas como nos relacionamos com o meio ambiente são construídas a partir de nossas experiências culturais. Como percebemos o ambiente, as atitudes que temos em relação a ele e os valores que elaboramos sobre ele são determinantes para as nossas visões de mundo (Tuan, 1980). Assim, nossos pensamentos, sentimentos, sensações e ações no cotidiano são influenciadas pelos aspectos culturais que nos permeiam. "Duas pessoas não veem a mesma realidade. Nem dois grupos sociais fazem exatamente a mesma avaliação do meio ambiente. A própria visão científica está ligada à cultura - uma possível perspectiva entre muitas" (Tuan, 1980, p. 6).

Giannini (1995), a partir dos conhecimentos indígenas, apresenta três tipos de relações que uma sociedade pode estabelecer com a natureza, que chamamos aqui de classificatória, pragmática e simbólica.

A classificatória está relacionada à atividade de distribuir os seres da fauna e da flora em categorias, de modo a diferenciá-los entre si, nomeá-los e reuni-los em grupos de acordo com suas formas. Os indígenas Kayapó, por exemplo, conhecem e classificam "54 espécies de abelhas sem ferrão e duas espécies de abelhas com ferrão" (Ribeiro, 1995, p. 211).

No final do século passado, ainda era difícil encontrar estudos que apresentassem como os indígenas realizavam a categorização botânica das plantas (Ribeiro, 1995). Na década de 1980, num estudo com indígenas Yanomami, de um total de 600 plantas identificadas em sua língua, apenas 184 tiveram sua identificação botânica determinada, cujos usos foram reconhecidos para: alimentação, drogas e venenos, construção (de casas, meios de transporte, instrumentos domésticos e de trabalho), corante e ornamentação pessoal e ainda empregados em jogos e rituais (Ribeiro, 1995).

O critério da utilização é a base da relação pragmática. Segundo Ribeiro (1995), os principais vegetais que a humanidade usa em sua alimentação ou na indústria foram encontrados e trazidos ao cotidiano pelos indígenas americanos, como o abacaxi, as amêndoas, o amendoim, a batata, a batata-doce, o cacau, o caju, o feijão, o mamão, a mandioca, o milho e o tomate. A Europa passou a conhecer a borracha por causa de seu uso pelos indígenas da Amazônia que a empregavam na impermeabilização de objetos e na construção de bolas e seringas. Dos indígenas vieram o algodão, a erva-mate, o guaraná, a piaçaba e o tabaco (Ribeiro, 1995).

Outro conhecimento indígena que serve às populações rurais se refere às plantas medicinais, utilizadas como anestésico e no tratamento de enfermidades como malária, diarreia, feridas etc. (Ribeiro, 1995). Também observamos a relação pragmática com a fauna na alimentação através da pesca (de mamíferos, répteis e peixes), da caça, da coleta e do consumo de insetos. Além do uso mais prático da flora e da fauna, os indígenas possuem suas maneiras de administrar os recursos naturais, de modo a empregá-los em seu benefício e garantir a permanência desses recursos, como técnicas de cultivo e domesticação de plantas e animais.

A relação pragmática das culturas indígenas com a natureza nos parece ser bem mais aceita pela sociedade em geral do que a relação simbólica, com uma exceção bem marcante, talvez, para a medicina indígena que além de ter uma função pragmática é permeada por relações simbólicas. É possível que a relação simbólica com a natureza seja a mais distante do conhecimento científico que herdamos da Europa e, por isso, seja a mais difícil de abordar. Refere-se a como os indígenas se relacionam com a natureza em seus cantos, danças, crenças, mitos, cerimônias, no xamanismo e em sua compreensão de corpo, doença, saúde, pessoa, vida, sendo "[...] manifestações do modo pelo qual uma dada sociedade concebe o universo (cosmos) e, nele, situa a humanidade, também definida segundo critérios culturais próprios" (Giannini, 1995, p. 207).

Culturas indígenas chamam a Terra de mãe e os rios de avôs, indicando o simbolismo da natureza em sua relação com o ambiente. Ainda podemos mencionar a concepção de alguns povos sobre os quatro elementos, terra, água, fogo e ar, como formadores de toda a matéria. Aos seres são atribuídas características que nós, educados pela tradição europeia de conhecimento, só conferimos ao ser humano, como o falar dos pássaros e das águas, o dançar das montanhas, o cantar do vento e o sentir da Terra.

Esses aspectos simbólicos são criados por ligações afetivas com os outros seres que compõem o ambiente em que vivem. Algo que parece que precisamos resgatar para poder pensar, sentir e agir de modo a contribuir para a manutenção da vida no planeta.

Embora utilizemos a separação em 3 categorias (classificatória, pragmática e simbólica) para refletir sobre as formas de relação dos indígenas com o meio ambiente, a divisão parece nos servir apenas para a análise dos trabalhos, porque as três formas podem estar presentes numa mesma ação cotidiana. Na análise que realizamos da produção bibliográfica relativa à área de Ensino de Ciências, procuramos identificar aspectos dessas relações dos povos originários com o meio ambiente.

Caminho metodológico

Para investigar aspectos dos modos como a área de ensino de ciências vem abordando as relações com o meio ambiente a partir das culturas indígenas, foi realizado um levantamento da produção acadêmica brasileira, publicada no período entre 1997 e 2019, com textos completos disponíveis em plataformas virtuais. Para isso, buscamos artigos publicados nos anais do ENPEC, na RBEC e dissertações e teses na Plataforma Sucupira. Dessa forma, a pesquisa pode ser classificada como bibliográfica, pois está baseada na análise de material já publicado, possuindo um caráter exploratório, uma vez que busca um aprofundamento de ideias através de uma maior familiaridade com o tema em discussão (Gil, 2002).

As palavras "indígena" ou "indígenas" serviram para a localização dos trabalhos que, por conterem estes termos em seus títulos, resumos e/ou palavras-chave, fariam parte do material de análise para a presente pesquisa.

O ENPEC é um evento bienal promovido pela ABRAPEC (Associação Brasileira de Pesquisa em Educação em Ciências) e tem como um de seus objetivos reunir e favorecer a interação entre os pesquisadores da área de Educação em Ciências (ABRAPEC, 2020), sendo reconhecido, nacionalmente, como um dos eventos mais importantes da área. Conseguimos encontrar a maioria dos anais dos ENPECs, da sua primeira edição (I ENPEC - 1997) até a edição mais atual no momento da coleta de dados (XII ENPEC - 2019). Entretanto, não foi possível acessar as atas do I, II e VII ENPECs por questões técnicas nas páginas eletrônicas em que, a princípio, estariam disponíveis. Com isso, contabilizamos um total de 23 trabalhos que fazem parte do acervo da pesquisa.

A RBEC publica artigos inéditos de temas relacionados à Educação do Campo, dentre eles, Povos Indígenas e Educação. Apresenta "[...] como missão ser um veículo de comunicação científica de qualidade internacional que fomente importantes debates no campo educacional" (RBEC, 2021). Na última classificação do Qualis (2013-2016) da Coordenação de Aperfeiçoamento de Pessoal de Nível Superior (CAPES), a revista obteve avaliação no estrato superior (B1) na área de Ensino. Foram buscadas todas as publicações a partir da criação da revista, que compreende o período entre 2016 e 2019, totalizando 05 trabalhos que foram analisados.

Após análise dos arquivos coletados, concluímos que não havia trabalhos suficientes para compor nosso *corpus* de pesquisa, e com isso decidimos incluir dissertações e teses presentes na Plataforma Sucupira. Esta plataforma é um sistema de coleta de informações, análises e avaliações a serem utilizadas como base padronizadora do SNPG (Sistema Nacional de Pós-Graduação) brasileira. (MEC, 2014). Nosso período de busca inicia-se em 2013, ano a partir do qual ocorre a disponibilização dos textos completos na plataforma, até 2019. Ao todo foram 31 trabalho coletados.

Assim, nossa pesquisa somou 59 textos que foram analisados segundo algumas categorias pré-definidas. Para o presente trabalho, só nos interessavam os textos que tivessem relacionados à temática do meio ambiente. Por isso, analisamos as palavras-chave de todos os trabalhos, buscando identificar aquelas que fizessem menção a reflexões sobre o meio ambiente. Foram encontradas palavras como: Cerrado, Educação Ambiental, Educação Ambiental Crítica, Etnobiologia, Fauna, Peixes, Sensoriamento Remoto e Sociobiodiversidade. A partir das palavras-chave, selecionamos 07 trabalhos para a análise.

Resultados

Dos sete trabalhos que encontramos, quatro são dissertações e três são artigos apresentados no ENPEC (Quadro 1). As duas primeiras publicações são de 2005. Depois, temos sete anos em que não achamos produções que relacionavam a temática do meio ambiente em suas palavras-chave. Em 2013 e 2017 a temática reaparece e o ano de 2019 dá sinais de que a temática ganha ligeiramente mais força com a publicação de três trabalhos.

Quadro 1: Trabalhos analisados

Autor(a)	Tipo de texto	Ano de publicação
Cleise Helen Botelho Koeppe	Dissertação	2013
Gisele Marcon de Souza	Dissertação	2017
Milene Antunes de Alencar	Dissertação	2019
Wermiton Tiago Santos Solidera	Dissertação	2019
Jussara Paula Rezende Pereira, Lílian Boccardo e Júlio César Castilho Razera	Artigo (ENPEC)	2005
Edmilson Tadeu Canavarros dos Santos e Maria Guimar Carneiro Tomazello	Artigo (ENPEC)	2005
Welton Oda	Artigo (EPEC)	2019

Fonte: Elaboração própria

Não pensávamos encontrar apenas 05 artigos publicados na RBEC que abordassem o ensino de ciências, apresentando as palavras indígena ou indígenas como destaques. Mais inesperado, ainda, vou verificar que nenhum deles trazia uma palavra-chave relacionada ao meio ambiente. Talvez a expressão "Educação do campo" no título do periódico não exerça uma forte atração nos pesquisadores em Ensino de Ciências, uma vez que a maioria realiza suas atividades acadêmicas nas cidades.

Todas as pesquisas desenvolvidas nos trabalhos foram empíricas, isto é, estiveram baseadas numa coleta e análise de dados. As coletas tiveram a contribuição de sujeitos, como cacique, professores e estudantes indígenas, estudantes não indígenas e membros de comunidades indígenas, em geral. Além disso, várias etnias se fizeram presente nos trabalhos (Aikanã, Baniwa, Guarani Mbyá, Makurap, Tapeba, Xavante etc).

Percebemos que nenhum dos autores está presente em mais do que um trabalho, o que nos leva a pensar se não houve continuidade nas investigações sobre a temática do meio ambiente relacionada às culturas indígenas realizadas pelos pesquisadores dos trabalhos mais antigos.

O único estudo que teve a participação de sujeitos não indígenas foi o de Koeppe (2013). Ela desenvolveu atividades pedagógicas com estudantes não indígenas do 2º segmento do Ensino Fundamental I do Rio Grande do Sul, procurando "[...] compreender como as Etnociências e as Tecnologias de Informação podem contribuir para desmistificar preconceitos em relação às etnias indígenas brasileiras contemporâneas" (Koeppe, 2013, p. 19).

Com estudantes indígenas da Educação Básica foi desenvolvida a pesquisa de Pereira, Boccardo e Razera (2005) na investigação de suas percepções sobre a fauna. Os estudantes do primeiro segmento do Ensino Fundamental pertenciam à Tribo Tupinambá de Olivença (Bahia). Incluindo-se a comunidade escolar indígena, o trabalho de Alencar (2019) foi realizado com os povos de Tapeba do Trilho (Ceará), para compreender a maneira como a população vivencia questões socioambientais e culturais, através da realização da Festa da Carnaúba.

No nível educacional da formação de professores, estudantes Baniwa e Koripako do curso de Licenciatura Indígena da Universidade Federal do Amazonas (UFAM) foram interlocutores do trabalho de Oda (2019), que buscou investigar o que é biodiversidade para estes dois povos que vivem no Alto Rio Negro. A prática de professores indígenas foi investigada nos trabalhos de Canavarros dos Santos e Carneiro Tomazello (2005) e Souza (2017), ambos abordando a temática da educação ambiental, com a participação de professores xavantes do Mato Grosso e da etnia Guarani, respectivamente.

O estudo realizado com 35 pescadores indígenas na terra indígena Rio Branco, no estado de Rondônia, teve como objetivo investigar "[...] o conhecimento tradicional dos pescadores indígenas da bacia do rio Branco em relação à comunidade de peixes e as técnicas de pesca utilizadas por eles" (Solidera, 2019).

As relações pragmática e simbólica das culturas indígenas com o meio ambiente são mencionadas por todos os trabalhos. Já a relação classificatória foi identificada em duas dissertações e dois artigos. A seguir, apresentamos alguns aspectos dessas relações abordadas nos textos analisados

Relação Classificatória

Encontramos a relação classificatória nos trabalhos de Koeppe (2013), Oda (2019), Pereira, Boccardo e Razera (2005) e Solidera (2019). Os quatro abordaram a classificação da fauna e os dois primeiros, também, da flora.

Koeppe (2013) tratou, em atividades com estudantes não indígenas, da compreensão indígena sobre a flora e a fauna brasileiras através da leitura de textos, de modo a comparar as classificações taxonômicas lineenses com a etnotaxonomia. Citando Posey (1996), a autora menciona "[...] o fato do conhecimento indígena não se enquadrar em categorias e subdivisões previamente definidas como as organizadas artificialmente pela biologia" (Posey, 1996 apud Koeppe, 2013, p. 84).

A forma como estudantes indígenas dos povos Baniwa e Koripako classificam as plantas e os animais em sua própria língua foi investigada por Oda (2019). Em relação às plantas, as diferenciam como aquelas que são cultivadas e as que crescem espontaneamente, dividindo-as, ainda, de acordo com seus usos: alimentares, construção de moradia, ornamentais e medicinais. Outro termo utilizado foi referente às árvores: "plantas com âmago" (Oda, 2019, p.4). Em relação aos animais, inicialmente, os estudantes entenderam que "animais" dizia respeito apenas aos vertebrados. Para eles, a classificação está baseada nas ações dos animais: pular, rastejar, voar, morder, chupar etc., incluindo-se a categoria de inofensivos.

Pereira, Boccardo e Razera (2005) procuraram identificar os animais que estudantes indígenas mais conheciam. Dos 55 animais citados, os que foram mais mencionados foram gato, cachorro e cobra. Dezessete animais foram mencionados apenas uma vez. Dentre eles se encontram a zebra, o tubarão, o burro e o próprio homem. Os autores interpretam uma presença maior dos vertebrados, e, em especial, dos mamíferos, tendo em vista a possibilidade de uma maior convivência com esses animais já que a

> [...] maioria habita a zona rural, trabalha em fazendas ou tem pais que trabalham nesses locais [...]. O resultado pode, ainda, ser consequência da visibilidade dos mamíferos e de uma maior utilidade para eles, tanto sob o ponto de vista alimentar quanto utilitário. Na zona rural do estudo foi observado que é muito comum a ocorrência de boi, vaca, cavalo, porco, tatu, paca, entre outros." (Pereira; Boccardo; Razera, 2005, p. 7).

Entretanto, nossa percepção e, consequentemente, nossa relação com outros seres pode estar relacionada ao seu tamanho. No cotidiano, o que é muito pequeno ou muito grande não fazem parte do nosso campo de visão. Em relação aos outros animais, por exemplo, o vínculo emocional que estabelecemos com eles, geralmente, é determinado por seu tamanho (Tuan, 1980).

Apesar dos estudantes residirem numa área litorânea, não houve a citação de moluscos, que são utilizados no seu cotidiano tanto na alimentação quanto no artesanato, através do aproveitamento das conchas. São apontadas pelos autores duas justificativas possíveis para esta ausência: esquecimento diante dos outros animais mencionados ou, em sua percepção, os Tupinambás não consideram os moluscos como animais (Pereira; Boccardo; Razera, 2005).

Através das respostas recebidas na aplicação de um questionário a pescadores indígenas, Solidera (2019) identificou a menção a 21 espécies de peixes mais pescadas. Dentre as citadas com mais frequência estão pintado e curimba. Já as menos apontadas foram barbado, botoado, mandubé e matrinxã. Foram indicados pelos indígenas, ainda, na bacia do rio branco: o período migratório dos peixes, o período reprodutivo, as espécies que tiveram suas populações aumentadas, as espécies que desapareceram e as que surgiram. A maioria dos pescadores indicaram desaparecimento de espécies, como a matrinxã, a jatuarana e a corvina. Em relação ao surgimento de espécies, houve uma divisão de opiniões entre os pescadores, apontando a presença do tambaqui e do pirarucu (Solidera, 2019).

Percebe-se nestes estudos que as formas como as culturas indígenas pesquisadas classificam a fauna e a flora se referem mais à necessidade de

EDUCAÇÃO, AMBIENTE, CORPO E DECOLONIALIDADE

compreender a realidade da qual fazem parte do que à de dominar um conteúdo generalizado e universal. Assim, a classificação parece servir à maneira como eles se relacionam com o meio, que vai variar entre as culturas, já que cada uma pode viver num meio diferente, com contato com seres diversos e realidades ambientais distintas.

Relação Pragmática

Os sete trabalhos citaram relações pragmáticas estabelecidas entre as culturas indígenas e o meio ambiente, seja através de sua flora, fauna e/ou do território em que vivem, tendo sido o uso da fauna mencionado em 6 textos, o da flora, em 4, e o do território em um.

As relações pragmáticas mais presentes que se referiam à fauna, dizem respeito à fonte de alimentação e/ou renda, tendo sido a pesca indicada em 3 trabalhos. Outros tipos de relações mostradas foram a produção de vestes, o uso em festas e rituais e como auxílio para o trabalho, no caso de animais.

A flora, apesar de ter sido citada em menos trabalhos, apareceu com uma diversidade maior de utilização do que a fauna. Entretanto, a alimentação continuou sendo o tipo de relação que predominou nos textos, seguida dos seus usos medicinais e das técnicas agrícolas indígenas. Outras maneiras de utilização da flora indicadas foram na ornamentação, vestuário, comércio, construção de moradia, pinturas corporais, brinquedos etc.

A lagoa, como um aspecto do território indígena, foi mencionada como elemento presente no seu cotidiano tanto na pesca como em atividades de recreação de crianças e jovens (Alencar, 2019).

Professores indígenas, ao falar da caça como ação importante para a realização de festas rituais e casamentos, indicaram que, como no Cerrado os animais estão acabando, as festas de casamentos também não estão ocorrendo (Canavarros dos Santos e Carneiro Tomazello, 2005). Outros trabalhos tratam da falta dos animais (Solidera, 2019; Pereira; Boccardo; Razera, 2005), tanto para a alimentação quanto para a comercialização, devido, por exemplo, ao desmatamento, caça indevida, poluição da água e aumento do número de predadores em determinadas regiões.

Relação Simbólica

A relação simbólica do ser humano com o meio ambiente a partir das culturas indígenas está presente em todos os trabalhos analisados se referindo à fauna, à flora e ao próprio local onde vivem. As

> [...] relações simbólicas entre seres humanos e elementos da natureza, características da perspectiva cosmológica indígena, são reafirmadas por muitos pesquisadores da cultura indígena [...]. Segundo eles, os indígenas não dissociam homem e natureza. O potencial mítico e ritualístico da fauna e flora são indicadores de que, para esses povos, homem e natureza são indissociáveis e participam igualmente da construção do cosmos (Koeppe, 2013, p.73).

Alencar (2019) e Oda (2019) mencionam a relação simbólica com o local onde vivem, evidenciada em diversos aspectos sociais, como em rituais e mitos, cantos, ornamentos, medicina, doenças e tabus alimentares. No trabalho de Oda (2019), a relação fica clara quando em entrevistas, os estudantes indígenas falam em como os recursos naturais fazem parte do seu cotidiano e até mesmo de sua compreensão de vida. Em um dos diálogos do trabalho

> [...] os estudantes afirmaram que certos minerais, como as rochas, serras e praias de alguns de seus lugares sagrados, comportam-se como seres vivos, afetando a saúde (causando tumores e outros agravos) e outros aspectos de sua vida. Além disso, nos relatos, foram feitas referências à Nãperikoli, Kuwai e Dzuliferi, seres que integram sua religiosidade e cosmovisão e que, segundo os estudantes, estariam contidos no conceito de vida. (Oda, 2019, p.4)

Nos trabalhos de Pereira, Boccardo e Razera (2005), Canavarros dos Santos e Carneiro Tomazello (2005), Koeppe (2013), Alencar (2019) e Solidera (2019) encontramos a relação simbólica com a fauna por meio de um conjunto de animais de uma determinada região, com destaque para os peixes e os mamíferos em geral, através de relações mutualísticas entre os seres.

Canavarros dos Santos e Carneiro Tomazello (2005) abordaram, em entrevistas e questionários com professores indígenas, as ideias desses profissionais sobre as questões ambientais que affligem a reserva e sua posição enquanto professor no que tange à educação ambiental dos alunos. Quando esses interlocutores foram questionados quanto aos principais problemas ambientais que enfrentavam, foram mencionadas as mudanças causadas no estilo de vida da aldeia devido a esses problemas, como por exemplo as queimadas, as caçadas e o desmatamento, pois

> [...] o fogo destrói a vida da natureza, dos animais, dos insetos, por isso não pôr fogo, se não queima a vida. Às vezes quando quer fazer a roça, faça mas não é tanta derrubar a mata só para plantar algumas coisas que serve para comer. [...] estão acabando a caça a gente manter as festas as tradições por causa disso que a gente não está tendo mais esse casamento por causa que os animais estão acabando. (Canavarros dos Santos e Carneiro Tomazello, 2005, p. 5)

A forma que a fauna está intrínseca ao conceito de "vida" na cultura indígena, não só na alimentação, mas como uma extensão da sua existência, ou até mesmo no potencial mítico e religioso dessa fauna, faz que com indígenas tenham, além do sentimento de pertencimento à natureza, a preocupação com o cuidado e a preservação da "vida" da região que habitam.

A relação simbólica com a flora se dá por meio de um conjunto de plantas características de uma região, sendo o Brasil o país mais rico em diversidade vegetal do mundo (FAPESP, 2016). Encontramos essa relação nos trabalhos de Pereira, Boccardo e Razera (2005), Canavarros dos Santos e Carneiro Tomazello (2005), Alencar (2019) e Souza (2017). Neste último, ao abordar a cultura do plantio e colheita de alguns alimentos, como por exemplo o aipim, o feijão e o milho, identificamos essa relação:

> Dentre as culturas cultivadas, destacam-se o milho, aipim, feijão e batata. É oportuno, fazer uma menção especial à cultura do milho para a etnia Guarani. Para eles, o milho trata-se de um alimento sagrado [...], sendo a semente presenteada aos Guarani por Nhanderú. (SOUZA, 2017, p.24).

No trabalho de Alencar (2019), a autora traz à tona a importância da Carnaúba e de outras árvores, plantas e sementes para o povo Tapeba, que constitui um grupo étnico localizado no município de Caucaia (CE). Foram realizadas pesquisas de campo, juntamente à Escola Indígena Tapeba do Trilho, que permitiram explorar de forma mais detalhada a chamada "Festa da

Carnaúba", um evento anual onde os índios agradecem à árvore por tudo que ela fornece à tribo durante o ano, com uma celebração especial, iniciada com um ritual sagrado, e que acontece às margens da Lagoa dos Tapeba. Em trabalhos apresentados no evento, percebemos como a flora está ligada de forma intrínseca à cultura do povo local. Na dissertação a autora relata a importância da Carnaúba para a origem e a subsistência do povo Tapeba, e destacam o uso desta árvore para a construção de casas com os seus troncos, os telhados e as vestes que são feitos a partir das suas palhas, comercialização da cera que é extraída da arvore e para a fabricação de uma fibra utilizada para artesanato, o Tucum.

É possível compreender através desses estudos, que as diversas tribos indígenas pesquisadas, possuem uma relação simbólica para com a fauna, a flora e os recursos naturais, muito difícil de separar das relações pragmática e classificatória. Esse relacionamento dos povos tradicionais com o ambiente que os cerca, não está baseado na concepção de exploração, e sim num caráter de subsistência, uma vez que os povos nativos observam a natureza como uma extensão da sua humanidade.

Considerações Finais

Na maioria dos trabalhos analisados pudemos perceber uma tentativa de aproximação com as culturas indígenas de modo a trazê-las para um diálogo com a cultura escolar e/ou acadêmica. Entretanto, sentimos falta de olhares que se direcionassem a uma outra construção de sociedade, que reflita sobre o pensamento baseado na colonialidade, a partir dos conhecimentos, práticas e valores indígenas.

De maneira nenhuma questionamos a importância dos estudos desenvolvidos até aqui. Pensamos que para promover uma transformação nos fundamentos sociais baseada em outro paradigma, é necessário, antes, iniciarmos alguma forma de comunicação com aquilo ou aqueles(as) que podem nos mostrar outras percepções de mundo. Dessa forma, é preciso um esforço para a busca da compreensão das relações das culturas indígenas com o meio ambiente e a biodiversidade para o resgate da cultura dos povos originários por nós e por eles mesmos, na medida em que muitos podem ter se afastado de suas tradições, incluindo costumes, línguas e crenças.

As maneiras como os indígenas classificam a flora e a fauna identificadas pelos textos analisados pode parecer limitada tendo em vista o conhecimento disponível hoje sobre o assunto. Porém, demonstra uma relação mais íntima com os outros seres e uma significação maior para suas vidas, do que as de um estudante da educação básica diante de um conteúdo escolar que ele aprende a decorar para realizar provas, testes e responder questionários.

Essa intimidade também é demonstrada na utilização do meio ambiente em seu cotidiano. Talvez nós, que não conhecemos outras formas de estar no mundo que não sejam baseadas em pedidos de refeições e medicamentos por aplicativos de telefonia móvel, alimentação vinda de supermercados e habitação em apartamentos, ao refletir sobre o uso da flora, da fauna e do ambiente que nos cerca, em geral, tenhamos dificuldade de pensar em algo diferente da alimentação. Mas todas as coisas ao nosso redor, de alguma maneira, têm em sua composição recursos retirados da natureza ou precisaram deles para serem fabricados: os remédios, as roupas, os computadores, os móveis, a energia elétrica etc.

Para além dessas relações vinculadas à epistemologia e ao uso prático, as culturas indígenas nos remetem às relações simbólicas com o meio ambiente, que, para a maioria de nós "outros" se perdeu no início de nossa infância. Quando pequenos, respondemos ao ambiente como se tudo tivesse as características de gente: conversamos com as plantas, corremos das nuvens, mandamos beijos para a lua, brincamos com as ondas do mar, brigamos com as bonecas, temos um cachorro como irmão... Será que precisamos voltar a conceber os outros seres do ambiente, vivos e não vivos, como parentes para darmos a mesma importância a eles, que damos (ou deveríamos dar?) aos seres humanos? Será que nosso conceito de vida deve ser transformado para abarcar esses seres em nossa preocupação com a preservação da vida no planeta?

Talvez precisemos pensar num ensino de ciências que não esteja apenas interessado num diálogo com as culturas indígenas, mas numa transmutação em busca de uma sociedade mais equilibrada para todos os seres. Se for assim, necessitaremos investir mais em pensamentos e práticas interculturais, não apenas com sentido de respeito às diversidades de identidades e culturas, mas como uma reconfiguração conceitual que nos ajude a construir perguntas e respostas cognitivas, éticas e políticas.

Referências

ABRAPEC. **Primeira Circular do XIII ENPEC**, 2020.

Aguilar Cavallo, G. Conhecimentos ecológicos indígenas e recursos naturais: a descolonização inacabada, **Estudos Avançados**, 32 (94), 2018. Disponível em: https://bit.ly/435BEK9. Acesso em: 01/02/2021.

Alencar, M. A. **A Festa da Carnaúba como ação educativa no ensino de Ciências e Biologia na Escola Indígena Tapeba do Trilho**, Dissertação (Mestrado Profissional) – Universidade Federal do Ceará, Centro de Ciências, Programa de Pós-Graduação em Ensino de Ciências e Matemática, 2019.

Brasil. **Lei n. 11.645**, de 10 de março de 2008. Altera a Lei no 9.394, de 20 de dezembro de 1996. Brasília, 2008.

Canavarros dos Santos, E. T. e Carneiro Tomazello, M. G. Educação Ambiental para índios: uma educação necessária? In: **Anais do V Encontro Nacional de Pesquisa em Educação em Ciências (ENPEC)**, 2005. Disponível em: http://abrapecnet.org.br/atas_enpec/venpec/conteudo/artigos/1/pdf/p669.pdf. Acesso em: 24/01/2021.

Costa, R. N. e Mello, R. de. Um panorama sobre a biologia da conservação e as ameaças à biodiversidade brasileira, **Sapiens**, v. 2, n. 2, p. 50-69, 2020. Disponível em: https://revista.uemg.br/index.php/sps/article/view/5493/3307. Acesso em: 28 mar 2021.

Cunha, M. C. da, Magalhães, S. B. e Adams, C. (orgs). **Povos tradicionais e biodiversidade no Brasil**: contribuições dos povos indígenas, quilombolas e comunidades tradicionais para a biodiversidade, políticas e ameaças, São Paulo: SBPC, 2021.

FAPESP - Fundação de Amparo à Pesquisa do Estado de São Paulo. A maior diversidade de plantas do mundo, 2016. Disponível em: https://revistapesquisa.fapesp.br/a-maior-diversidade-de-plantas-do-mundo/. Acesso em: 30 jan 2021.

Giannini, I. V. O conhecimento indígena da natureza. In: Silva, A. L.; Grupioni, L. D. B. (orgs.) **A temática indígena na escola**. Brasília, MEC/MARI/UNESCO, 1995.

Gil, A. C. Como elaborar projetos de pesquisa. 4. ed. São Paulo: Atlas, 2002.

Koeppe, C. H. B. **Desmistificando preconceitos em relação às etnias indígenas brasileiras contemporâneas na educação em ciências do Ensino fundamental**: contribuições das etnociências e das tecnologias de informação e comunicação. Dissertação (Mestrado) - Pontifícia Universidade Católica do Rio Grande do Sul. Faculdade de Física. Programa de Pós-Graduação em Educação em Ciências e Matemática, 2013.

MEC – **Ministério da Educação**. Sistema de pós-graduação colhe informação com nova ferramenta, 2014. Disponível em: http://portal.mec.gov.br/ultimas-noticias/212-educacao-superior-1690610854/20337-sistema-de-pos-graduacao-colhe-informacao-com-nova-ferramenta. Acesso em 24 fev 2021.

Oda, W. Em que língua as licenciaturas indígenas pronunciam biodiversidade?, In: **Anais do XII Encontro Nacional de Pesquisa em Educação em Ciências (ENPEC)**, 2019

Pereira, J. P. R., Boccardo, L. e Razera, J. C. C. "Percepções sobre a fauna em estudantes indígenas de uma tribo Tupinambá", In: **Anais do V Encontro Nacional de Pesquisa em Educação em Ciências (ENPEC)**. Disponível em: http://abrapecnet.org.br/atas_enpec/venpec/conteudo/artigos/3/pdf/p105.pdf. Acesso em: 24 jan. 2021.

RBEC. **Foco e Escopo da Revista**, 2021. Disponível em https://sistemas.uft.edu.br/periodicos/index.php/campo/about. Acesso em: 30 jan 2021.

Rego, S. C. R. Imagens em livros didáticos de física: características de seres humanos em fotografias, **Em Aberto**, Brasília, v. 31, n. 103, p. 177-190, 2018. Disponível em: http://rbep.inep.gov.br/ojs3/index.php/emaberto/article/view/3265/3000. Acesso em: 30 jan. 2021.

Ribeiro, B. G. A contribuição dos povos indígenas à cultura brasileira. In: Silva, A. L.; Grupioni, L. D. B. (orgs.) **A temática indígena na escola**. Brasília, MEC/MARI/UNESCO, 1995.

Solidera, W. T. S. **Caracterização do conhecimento indígena sobre os recursos pesqueiros da terra indígena Rio Branco**, Dissertação (Mestrado Acadêmico em Ensino e Ciências da Natureza) – Fundação Universidade Federal de Rondônia, 2019.

Souza, G. M. **Análise de Diálogos sobre as Relações entre a Herança Cultural e a Educação Ambiental em um Território Etnoeducacional Guarani do Rio Grande do Sul**. Dissertação (Mestrado) – Programa de Pós-Graduação em Educação em Ciências e Matemática. PUCRS, 2017.

Tuan, Yi-fu. Topofilia: um estudo da percepção, atitudes e valores do meio ambiente. São Paulo: Difel, 1980.

Wirti, L. E., Pereira, A. P de, Pavani, D. B. Ensinando astronomia para crianças indígenas: quem precisa atravessar a fronteira? In: **Anais do XII Encontro Nacional de Pesquisa em Educação em Ciências (ENPEC)**, 2019. Disponível em: http://abrapecnet.org.br/enpec/xii-enpec/anais/resumos/1/R0843-1.pdf. Acesso em: 24 jan. 2021.

Agradecemos ao financiamento do Programa Institucional de Bolsas de Iniciação Científica (PIBIC) da Graduação do CEFET/RJ.

SOBRE AUTORES E AUTORAS

Adela Molina Andrade

Dra en Educación Didáctica Universidade de São Paulo-Brasil; Magister en evaluación y currículo Pontificia Universidad Javeriana Bogotá-Colombia; Lic en Biología Universidad Distrital Francisco José de Caldas, Bogotá-Colombia. Profesora Titular Universidad Distrital Francisco José de Caldas, Bogotá-Colombia, en el Doctorado Interinstitucional en Educación y Maestría en Educación, Líder Grupo de Investigación INTERCITEC (INterculturalidad, Ciencia y Tecnología); Investigadora Emérita Vitalicia (Minciencias-Colombia 2019). Con libros, capítulos de libro, artículos resultados de investigación publicados.

Ana Patricia Noguera de Echeverri

Licenciada en Filosofía y Humanidades de la Universidad Santo Tomás de Aquino, de Bogotá, Magíster en Filosofía (Universidad Nacional de Colombia Sede Bogotá) y Doctora en Filosofía de la Educación (Universidad Estadual de Campinas – Brasil). Postdoctorados en Estéticas Ambientales Urbanas (Universidad de Barcelona y en CTS + I. COLCIENCIAS – OEI en Bogotá). Profesora Titular y Emérita de la Universidad Nacional de Colombia Sede Manizales. Investigadora Emérita Vitalicia de MINCIENCIAS; Coordinadora del Grupo de Investigación en Pensamiento Ambiental (MINCIENCIAS "A"). Directora del Centro-Red de Pensamiento Ambiental "Augusto Ángel-Maya". Autora y coautora de 49 libros y numerosos artículos sobre "Pensamiento ambiental y educación, filosofía, cultura, geo-ética, geo-estética, geo-poéticas y metodoestesis". Proponente y co-creadora del Doctorado en Estudios Ambientales de la Universidad Nacional de Colombia y coordinadora académica del mismo Doctorado en la Universidad Nacional de Colombia Sede Manizales.

Angela de Oliveira Pinheiro Torres

Graduada em pedagogia pela Universidade do Estado da Bahia – UNEB(2013). Mestranda em Ensino, História e Filosofia das Ciências – PPGEFHC-UFBA/UEFS. Tem experiência na área de Educação, atuando principalmente nos seguintes temas: Educação Crítica; Decolonialidade, negritude, Ensino, Formação docente e Relação professor e aluno. Participa do grupo de estudos DICCINA - Diversidade e Criticidade das Ciências Naturais- IQ - UFBA. É professora da Educação Básica e supervisora de segmento no Colégio 2 de Julho.

Ayane de Souza Paiva

Doutora em Ensino, Filosofia e História das Ciências (UFBA/UEFS, 2019), mestra em Educação (UFBA, 2014), e licenciada em Ciências Biológicas (UNIJORGE, 2010). Professora adjunta na Universidade Federal do Mato Grosso (UFMT).

Bárbara Carine Soares Pinheiro

Graduada em Química e em Filosofia pela Universidade Federal da Bahia. Tem mestrado e doutorado em Ensino de Química pelo programa de pós-graduação em Ensino, Filosofia e História das Ciências da UFBA/UEFS. Realizou estágio de Pós-doutorado na Cátedra de Educação Básica - IEA USP. É membro do corpo permanente de docentes do Programa de pós-graduação em Ensino, Filosofia e História das Ciências da UFBA/UEFS. Mulher negra cis, mãe e nordestina. Idealizadora da escola Afro-brasileira Maria Felipa, primeira escola Afro-brasileira do Brasil.

Bruno Andrade Pinto Monteiro

Doutor em Educação em Ciências e Saúde (NUTES/UFRJ) com estágio sanduíche na Universidade de Aveiro (UA/PT). Licenciado em Química (UFRJ) e em física (UNIS). Professor do programa de Pós-graduação em Educação em Ciências e Saúde (NUTES/UFRJ). Professor do Programa de Pós-Graduação Profissional em Ambiente, Sociedade e Desenvolvimento (PPG-ProASD). Membro do Grupo de Pesquisa em Linguagens no Ensino de Ciências (LINEC-UFRJ / Macaé).

Caio Ricardo Faiad

Da favela do México 70 à universidade pública. Graduado em Química (Unesp) e em Letras (USP), mestre em Química Orgânica (Unicamp) e doutorando em Ensino de Ciências (PIEC-USP). Coeditor da Revista BALBÚRDIA e divulgador científico no perfil Caio Faiad - um químico nas letras: @ocaiofaiad em todas as redes sociais.

Camila Sandim de Castro

Doutora em Educação pela Universidade Federal de São Carlos, Mestra em Educação pela Universidade Federal de Lavras e Licenciada em Educação Física pela Universidade Federal de Lavras. Professora da Rede Municipal de Ensino de Barroso/MG.

Carlos Alberto Chacón Ramírez

Docente titular Licenciatura en Ciencias Naturales y Educación Ambiental Universidad del Quindío Docente Maestría en Medio Ambiente Universidad del Quindío Investigador Grupo de investigación en Biodiversidad y Educación Ambiental de la Universidad del Quindío (BIOEDUQ) Investigador Grupo-Centro-Red de Pensamiento Ambiental de la Universidad Nacional de Colombia-sede Manizales. Formación Académica.

Claudia Miranda

Pós-doutora em Psicossociologia de Comunidades (Programa de Estudos Interdisciplinares de Comunidades e Ecologia Social - EICOS/UFRJ) e Consultora Ad hoc do CNPq. Graduada em Letras (portugués-espanhol -1992) pela UFRJ; frequentou graduação em Ciências Sociais, é Mestre em Educação (UFRJ) e Doutora em Educação (PROPEd/UERJ). Professora Associada I (Departamento de Didática-UNIRIO).

Claudia Sepulveda

Professora titular do Departamento de Educação da Universidade Estadual de Feira de Santana, Doutora em Ensino, Filosofia e História das Ciências (UFBA/UEFS), membro do grupo Caburé: Ciência, Sociedade e Educação (UEFS).

Celiane Oliveira dos Santos

Professora do Departamento de Educação da Universidade do Estado do Rio Grande do Norte. Doutoranda em Educação pelo Programa de Pós-Graduação em Educação: Conhecimento e Inclusão Social, da Faculdade de Educação da Universidade Federal de Minas Gerais.

Celso Sánchez Pereira

Biólogo, professor associado da UNIRIO. Doutor em educação e mestre em psicossociologia de comunidade e ecologia social pela PUC- RIO. Coordena o Grupo de Estudos em Educação Ambiental desde el Sur (GEASur).

Constanza Urdampilleta

Lic. y Dra. en Cs. Biológicas (UBA), Dip. Sup. en Educación y Pensamiento Ambiental Latinoamericano (EIE-UNSE), cursó Esp. en Agroecología (UN-LaM). Becaria postdoctoral CONICET en INSIMA-FCF-UNSE e integrante del equipo Educación, Ambiente Hábitats y Territorios (INDES FHCSS-UNSE/CONICET).

Daisy de Brito Rezende

Doutora em Química Orgânica e professora do Departamento de Química Fundamental (IQUSP). Orientadora plena do Programa de Pós-graduação Interunidades em Ensino de Ciências (PIEC-USP). Líder do Grupo de Pesquisa LiEQui. Diretora (2020-22) da Divisão de Ensino da SBQ. Representante da América do Sul na IOSTE (2020-2022).

Damires dos Santos França

Doutoranda do Programa de Pós-Graduação em Filosofia da Universidade Federal do Rio de Janeiro (PPGF/UFRJ), Mestre em Educação, Especialista em Administração Escolar e Licenciada em Pedagogia e bacharela em Ciências Sociais pela UFRJ. Atua como técnica em assuntos educacionais no Instituto de Filosofia e Ciências Sociais (IFCS/UFRJ). É membra dos grupos de pesquisa Coletivo de Pesquisas Decoloniais e Libertárias (CPDEL/UFRJ) e do Grupo de Estudos em Educação Ambiental Desde el Sur (GEASUR/UNIRIO).

Débora Santos de Andrade Dutra

Graduada em Matemática e em Física, ambas pela Universidade Federal do Espírito Santo (Ufes). Mestre em Educação Matemática pela Universidade Federal de Ouro Preto (Ufop). Doutora em Educação em Ciências e Saúde (Nutes) Universidade Federal do Rio de Janeiro(UFRJ). Professora de Matemática do Instituto Federal do Espírito Santo - Campus Vila Velha.

Elisabeth Gonçalves de Souza

Pedagoga, Mestre em Educação (UFSJ), Doutora em Estudos Linguísticos (UFMG), professora da Licenciatura em Física do Cefet/RJ e colaboradora do mestrado profissional do CAED/UFJF, pesquisadora em Letramentos, Alfabetização, Políticas Públicas.

Fabiana de Freitas Poso

Doutoranda e mestra em Educação em Ciências e Saúde pelo Instituto Nutes / UFRJ. Especialista na Docência Básica pelo Colégio Pedro II. Licenciada em Ciências Biológicas pela UFRRJ. É colaboradora do laboratório de Linguagens e Mediações da UFRJ e possui como linha de pesquisa a formação profissional e docente nas Ciências e na Saúde. É professora da SEEDUC desde 2006 e SME desde 2007.

Hiata Anderson Silva do Nascimento

Sociólogo, formado pela Universidade Federal do Espírito Santo. Possui especialização em Gênero e Sexualidade, pelo Instituto de Medicina Social da Uerj. Mestre em sociologia pela Unicamp e doutor em Educação em Ciências e Saúde, pelo Instituto Nutes/UFRJ. Professor no Instituto Federal do espírito Santo, campus Barra de São Francisco.

Humberto Martins de Souza

Professor de ciências e biologia e mestre em educação em ciências e saúde pelo Instituto NUTES de educação em ciências e saúde – UFRJ. Investiga as relações entre diferentes linguagens e o ensino de ciências.

Guadalupe Román

Profesora de Historia (ISP N°8 Almirante G. Brown). Magíster en Museología (IIM-España). Se desempeña como docente en escuelas de Educación Media y en Nivel Superior. Integró durante varios años la Casa de la Cultura Indo-Afro-Americana "Mario Luis López" de la ciudad de Santa Fe. Desde ese espacio, gestionó diversos proyectos educativos y culturales junto a instituciones locales y nacionales. Ha participado como ponente en congresos, seminarios y ha publicado ensayos. Se reconoce como militante feminista decolonial y antirracista.

Isabel Gomes Rodrigues Martins

Doutora em Educação pela University of London. Professora do Núcleo de Educação em Ciências e Saúde – NUTES/UFRJ, Brasil. Tem como interesses de pesquisa as relações entre linguagens e educação em ciências, com especial referência para estudos acerca de processos de produção, circulação e recepção discursiva em espaços de educação e divulgação científica.

Jairo Andrés Velásquez Sarria

Profesor de la Universidad del Tolima (Ibagué, Colombia), director del programa de Licenciatura en Ciencias Naturales y Educación Ambiental y director del Grupo de Investigación en Educación Ambiental-GEA. Licenciado en Educación Ambiental, Magíster en Educación y Doctor en Ciencias de la Educación de la Universidad de Caldas (Manizales, Colombia)

Jacson Oliveira dos Santos

Mestrando do Programa de Pós-Graduação em Ensino, Filosofia e História das Ciências (UFBA/UEFS), membro do grupo Caburé: Ciência, Sociedade e Educação (UEFS). Professor de Ciências e Biologia da Educação Básica.

Júlia Amélia de Sousa Sampaio Barros Leal Oliveira

Licenciada em Pedagogia pela Universidade do Estado do Rio Grande do Norte. Professora da rede básica de ensino, com ênfase nas práticas sociais e culturais da leitura e escrita. Desenvolve projetos com Literatura Infantil na perspectiva da formação humana.

Katemari Rosa

Professora do Instituto de Física da UFBA, graduada em Física pela UFRGS, mestra em Ensino, Filosofia e História das Ciências pela UFBA, mestra em Science Education pelo Teachers College e doutora em Science Education pela Columbia University.

Leyson Jimmy Lugo Perea

Ingeniero agro-ecólogo de la Universidad de la Amazonia, magíster en Desarrollo Rural de la Pontificia Universidad Javeriana, magíster en Filosofía Contemporánea y especialista en Filosofía Contemporánea de la Universidad de San Buenaventura – Bogotá. Profesor de planta de la Universidad del Tolima, adscrito al Departamento de Estudios Interdisciplinarios del Instituto de Educación a Distancia – IDEAD. Fundador y director del programa de Ingeniería en Agroecología de la misma universidad. Miembro del Grupo de Investigación en Agroecologías, Ambientes y Ruralidades – GIAAR, adscrito al IDEAD.

Luciana Azevedo Rodrigues

Possui Graduação em Educação Física/UEM, mestrado em Educação/UNIMEP, doutorado em Educação/UFSCar, pós-doutoramento em Filosofia da Educação na Universidade de Leipzig. Atualmente é professora associada da UFLA.

Luiz Rufino Rodrigues Júnior

Doutor em educação pelo PROPED/UERJ (2017), mestre em educação (2013) e graduação em Pedagogia pela Universidade do Estado do Rio de Janeiro (2010). Atua principalmente nos seguintes temas: conhecimentos, educações e linguagens outras. Crítica Decolonial, antirracismo, processos de formação em diferentes contextos educativos, processos identitários, outras pedagogias e educações nas culturas populares.

Mara Karidy Polanco Zuleta

Licenciada em Educação Básica com Ênfases em Ciências Naturais e Educação Ambiental pela Universidad del Valle, Cali-Colômbia. Magister em Educação Ambiental, pela Universidade Federal do Rio Grande, Rio Grande do Sul, Brasil. Douctora em Educação, pela Universidad Autónoma de Tlaxcala, Tlaxcala, México. Pesquisa em: educação ambiental crítica, formação de professores, estudos decoloniais e feminismos.

Marcelo Aranda Stortti

Doutor em Educação na UNIRIO, membro do Grupo de Estudos em Educação Ambiental desde el Sur (GEASur) e do Grupo Reexistência/IFBA. Mestre em Educação na UNESA. Possui graduação e licenciatura em Ciências Biológicas pela UGF. Especialista em Ensino de Ciências e Biologia e curso no Centro Internacional de Estudos Pedagógicos da França na área de ensino de ciências e biologia. Possui experiência em pesquisa na área de Educação Étnico-Raciais, indígena, ambiental, conflitos e justiça ambiental. Trabalhou na FIOCRUZ e em outras instituições de pesquisa.

María Angélica Mejía-Cáceres

Doutora em Educação em Ciências e Saúde pela Universidade Federal do Rio de Janeiro, com estágio sanduíche na University de Saskatchewan – Canada. Mestre em Educação em Ciências e Saúde pela Universidad del Valle, Cali-Colômbia. Especialista em gestão Social pela Pontificia Universidad Javeriana, Cali- Colômbia. Licenciada em Educação Básica com Ênfases em Ciências Naturais e Educação Ambiental Saúde pela Universidad del Valle, Cali-Colômbia. Pós-doutorado em na Universidade Federal Rural de Pernambuco e na Universidade Federal do Rio de Janeiro. Pesquisa em educação ambiental, educação para à mudança climática, formação de professores, análise crítico de discurso e formulação de política educativa.

Maritza Mateus-Vargas

Formada em Licenciatura em biologia da Universidad Distrital Francisco José de Caldas. Magister em Docencia de la Química de la Universidad Pedagógica Nacional. Doutora em ensino, filosofia e história das ciências da Universidade Federal da Bahia/Universidade Estadual Feira de Santana (UFBA/UEFS) y Doctora en Educación del Doctorado Interinstitucional en Educación de la Universidad Distrital Francisco José de Caldas. Pertencente aos grupos de pesquisa DICCINA e INTERCITEC.

Marta Regina dos Santos Nunes

Professora adjunta na área de Química junto a Universidade Estadual do Rio Grande do Sul – UERGS. Pesquisadora nas temáticas de gênero e raça em STEM, educação para a diversidade étnico-racial, ciência e tecnologia dos alimentos. Militante antirracista e mãe do Chico.

Marcília Elis Barcellos

Docente licenciada em Física, doutora em Ensino de Ciências (USP). Professora do CEFET/RJ Campus Petrópolis. Pesquisa em história, epistemologia, filosofia e sociologia da ciência e currículo e formação de professores.

Márcio Norberto Farias

Graduado em Educação Física pela UEM. Mestre em Educação pela UNIMEP. Doutor em Sociologia pela UNESP/Campus Araraquara. Pós-doutorado em Filosofia da Educação pela Universidade de Leipzig/Alemanha. Atualmente é Professor Associado na UFLA.

Micaela Severo da Fonseca Jessof

Candomblecista, Cientista Social – licenciatura, 26 anos. Pesquisa temáticas como: Educação e Relações Étnico Raciais; Estudos sobre Cultura Yoruba e Culto a Ancestralidade na Diáspora.

Vicente Paulino

Nascido em Holsa-Maliana no dia 1 de oubutro de 1978. É Licenciado e Mestre em Ciências da Comunicação pela Faculdadde de Ciências Sociais e Humanas da Universidade Nova de Lisboa. Doutorado em Estudos de Literatura e Cultura/especialidade em Cultura e Comunicação pela Faculdade de Letras da Universidade de Lisboa. Professor Convidado e Director do Centro de Estudos de Cultura e Artes da Universidade Nacional Timor Lorosa'e (CECA-UNTL). Em 2013 a 2020 assumiu a função de Director da Unidade de Produção e Disseminação do Conhecimento do Programa de Pós-Graduação e Pesquisa da UNTL. Foi Professor Convidado para o curso de mestrado em Relações Internacionais da Universidade da Paz (UNPAZ) em 2016-2017. Investigador colaborador de instituições de investigações como o CEMRI da Universidade Aberta de Lisboa, o CLEPUL da Faculdade de Letras da Universidade de Lisboa e o IELT – Instituto de Estudos de Literatura e de Tradição da FCSH-NOVA de Libsoa, e CDT-LSC – Colégio Doutoral Tordesilhas - Linguagens, Sociedades e Culturas, PPGL-Universidade Presbiteriana Mackenziedo - Brasil. Tendo autor e co-autor de alguns livros – Representação Identitária em Timor-Leste: Culturas e os Media (Porto - Edições Afrontamento, 2019), Tradições Orais de Timor-Leste (Casa Apeoma - Belo Horizonte, Díli, 2016), O que é sociologia? (Lisboa – Escolar Editora, 2016), Leituras do Mundo e da Natureza – Poemas (Casa Apoema - Díli, 2018), Olhares sobre as narrativas de origem em Timor-Leste (Casa Apoema - Brasil, Díli, 2020), O que é Tradição? (Lisboa – Escolar Editora, 2021), Existem Valores Universais? (Lisboa – Escolar Editora, 2021), Alma Guerreira Timorense – Poesia (Díli, 2021), incluindo a publicação de vários artigos em capítulos de livro e revistas de arbitragem científica.

Patricia García

Ecóloga. Ha sido profesora de secundario. Pertenece al equipo Educación, Ambiente Hábitats y Territorios (INDES FHCSS-UNSECONICET) y el grupo de Didáctica de las Ciencias (IFLySiB UNLP/CONICET), es becaria del CONICET. Cursa doctorado en Ciencias de la Educación de la UNLP. Ha comenzado una investigación educativa con enfoque etnográfico y etnobiológico colaborativo.

Rafael Nogueira Costa

Licenciatura em Ciências Biológicas pela Universidade Federal do Rio de Janeiro (UFRJ/2005). Mestrado em Engenharia Ambiental pelo Instituto Federal Fluminense (IF Fluminense/2010). Doutorado pelo Programa de Pós-Graduação Multidisciplinar em Meio Ambiente, Universidade do Estado do Rio de Janeiro (UERJ/2016). Pós-Doutorado em Educação pela Universidade Federal do Espírito Santo (Ufes/2020). Professor Adjunto IV na Universidade Federal do Rio de Janeiro (UFRJ), vinculado ao Instituto de Biodiversidade e Sustentabilidade (Nupem/UFRJ).

Raúl Esteban Ithuralde

Lic., Prof. y Dr. en Química (UBA). Inv. CONICET en el equipo Educación, Ambiente, Hábitat y Territorios (INDES FHCSS-UNSE/CONICET) y grupo de Didáctica de las Ciencias (IFLYSIB UNLP/CONICET) y Prof. Adj. CCPEMS-CEFIEC, FCEN, UBA.

Rita Silvana Santana dos Santos

Pedagoga, Mestra em Engenharia Ambiental e Doutora em Educação. Docente da Faculdade de Educação da UnB, do Programa de Pós-Graduação em Educação – Modalidade Profissional (PPGEMP) e Programa de Pós-Graduação em Direitos Humanos e Cidadania. Atua com educação ambiental, currículo, formação docente e raça-etnia. Estágio Pós- Doutoral na UFBA no PGEDU e PPGDC.

Samuel Penteado Urban

Professor do Departamento de Educação da Universidade do Estado do Rio Grande do Norte. Atua no Programa de Pós-Graduação em Educação (POSEDUC) e nos cursos de Pedagogia e Educação do Campo na mesma universidade.

Suzani Cassiani

Professora titular do Programa de Pós-graduação em Educação Científica e Tecnológica da Universidade Federal de Santa Catarina e líder do Grupo de Estudos e Pesquisas Discursos da Ciência e da Tecnologia na Educação. Licenciada em Ciências Biológicas com Especialização, mestrado e doutorado em Educação pela UNICAMP e Pós-doutorado em Ciências Sociais na Universidade de Coimbra, Portugal. Desenvolve programas de cooperação educacional com o Timor-Leste. Área de investigação: estudos discursivos, estudos decoloniais na educação em ciências. É membro do Comitê de Assessoramento de Educação do CNPq e bolsista de produtividade em pesquisa 1C, CNPq.

Sheila Cristina Ribeiro Rego

Licenciada em Física e Mestre em Educação (UFRJ). Doutora em Educação em Ciências e Saúde (Instituto NUTES/UFRJ). Atua no Programa de Pós-Graduação em Ciência, Tecnologia e Educação (PPCTE/Cefet/RJ), do qual foi coordenadora de 2019 a 2021.

Soraia Wanderosck Toledo

Professora: Libras e Práticas Docentes nas Licenciaturas do Cefet/RJ. Licenciada em Letras (FFSD), Mestre em Sistemas de Gestão (UFF). Áreas de interesse: inclusão educacional na perspectiva intercultural e universo Surdo.

Vívian Parreira da Silva

Educadora, caixeira e brincante. Doutora em Educação pela Universidade Federal de São Carlos com pesquisa em educação das relações étnico-raciais. Mestre em educação pela mesma universidade, com pesquisa junto ao Terno de Congado Marinheiro de São Benedito. Possui graduação em história pela Universidade Federal de Uberlândia (2005) Licenciatura e Bacharelado. Fundadora e coordenadora do grupo de pesquisa e prática em danças brasileiras Girafulô. Pertence à comunidade de axé Ile Omo Aiyê, integra o congado Marinheiro de São Benedito, Grupo Jongo D'ilê e a Irmandade Congo de Ouro.

Yago Sacramento Moriello

Graduando em Engenharia Ambiental (Cefet/RJ). Membro do grupo de pesquisa em Educação em Ciências, História da Ciência e Cultura (Cefet/RJ). Foi bolsista do PIBIC (Cefet/RJ), de 2020 a 2021.

Yonier Alexander Orozco Marin

Professor Adjunto do Curso de Licenciatura em Biologia da Universidade Federal do Norte de Tocantins. Licenciado em Biologia pela UDFJC (Bogotá, Colômbia), Mestre em Ensino de Ciências e Matemáticas pela UFAC (Rio Branco, Brasil), Doutor em Educação Científica e Tecnológica pela UFSC (Florianópolis, Brasil).

Yovana Alexandra Grajales Fonseca

Docente de tiempo completo de la Universidad Santiago de Cali; Cali-Colombia. Integrante del grupo de investigación, Ciencia de la Educación Superior y conceptos (CIEDUS) de la Universidad Santiago de Cali, y del grupo de investigación Ciencia, Educación y Diversidad de la Universidad del Valle, Cali-Colombia. Docente hora cátedra de la Universidad del Valle desde el 2015. Licenciada en Ciencias Naturales y Educación Ambiental y magíster en Educación con énfasis en Ciencias Naturales. Estudiante del Doctorado Interinstitucional de la Universidad del Valle. Par académico en la Maestría de Educación en Ciencias Naturales de la misma universidad. Coinvestigadora en proyectos de investigación avalados por Colciencias y la Universidad del Valle.